DYNAMICS OF LATTICE MATERIALS

点阵材料的动力学

〔加〕A. 斯里坎塔 · 帕尼（A. Srikantha Phani）
〔美〕马哈茂德 · I. 侯赛因（Mahmoud I. Hussein） 编

刘咏泉 李 冰 周 浩 译

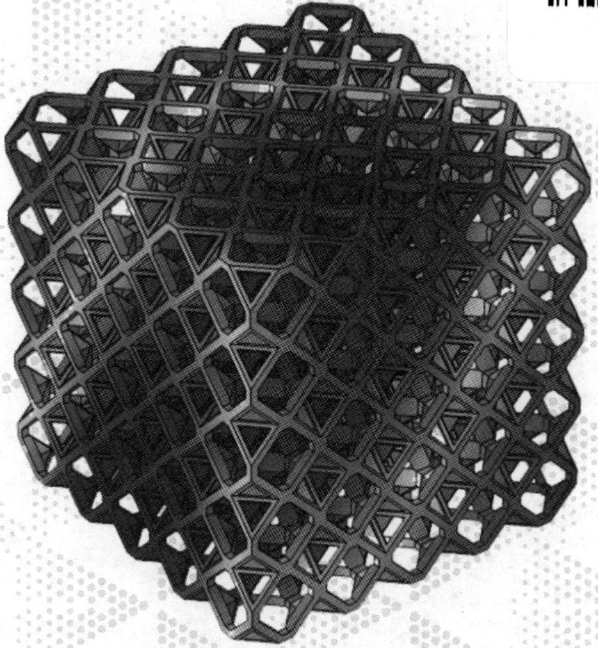

西安交通大学出版社
XI'AN JIAOTONG UNIVERSITY PRESS
国 家 一 级 出 版 社
全国百佳图书出版单位

WILEY

A. Srikantha Phani and Mahmoud I. Hussein
Dynamics of Lattice Materials
ISBN:978-1-118-72959-5

陕西省版权局著作权合同登记号:25-2021-069

图书在版编目(CIP)数据

点阵材料的动力学/(加)A. 斯里坎塔·帕尼(A. Srikantha Phani),(美)马哈茂德·I. 侯赛因(Mahmoud I. Hussein)编;刘咏泉,李冰,周浩译. —西安:西安交通大学出版社,2022.11
书名原文:Dynamics of Lattice Materials
ISBN 978-7-5693-2603-1

Ⅰ.①点… Ⅱ.①A…②马…③刘…④李…⑤周… Ⅲ.①材料力学-动力学-研究 Ⅳ.①TB301.2

中国版本图书馆 CIP 数据核字(2022)第 090415 号

DIANZHEN CAILIAO DE DONGLIXUE
书　　名　点阵材料的动力学
编　　者　〔加〕A. 斯里坎塔·帕尼　〔美〕马哈茂德·I. 侯赛因
译　　者　刘咏泉　李　冰　周　浩
责任编辑　陈　昕
责任校对　李　文
封面设计　任加盟

出版发行　西安交通大学出版社
(西安市兴庆南路 1 号　邮政编码 710048)
网　　址　http://www.xjtupress.com
电　　话　(029)82668357　82667874(市场营销中心)
(029)82668315(总编办)
传　　真　(029)82668280
印　　刷　陕西天意印务有限责任公司

开　　本　720mm×1000mm　1/16　　**印张** 20.5　　**字数** 400 千字
版次印次　2022 年 11 月第 1 版　　2022 年 11 月第 1 次印刷
书　　号　ISBN 978-7-5693-2603-1
定　　价　109.00 元

如发现印装质量问题,请与本社市场营销中心联系。
订购热线:(029)82665248　(029)82667874
投稿热线:(029)82665397
读者信箱:banquan1809@126.com

译者序

点阵材料是一种周期性的多孔材料，由大量相同的点阵胞元通过某种周期形式有序地组合而成。相比于非周期性的多孔材料，点阵材料的性能更加稳定，并且具有更高的设计灵活性。通过调整点阵的相对密度、胞元构型、连杆尺寸等拓扑设计，可以达到其强度、刚度、韧性等静力学性能与隔振、吸声、抗冲击等动力学性能的完美平衡。近年来，随着3D打印等先进制造技术的快速发展，轻质点阵材料与结构技术迎来了新的发展机遇，已经实现了在航空航天、汽车工业和生物医学工程等多个领域的应用，具有广阔的发展前景。

国内外关于点阵材料与结构的研究已取得丰硕的研究成果，例如：方岱宁院士所著《轻质点阵材料力学与多功能设计》，侧重于点阵材料的力学理论与多功能设计；卢天健教授所著《周期性多孔金属材料的热流性能》，侧重于金属点阵材料的传热性能研究；吴林志教授所著《复合材料点阵结构力学性能表征》，侧重于复合材料点阵的制备与实验表征。而本书是一本专门介绍点阵材料动力学的专著。

本书涵盖的主题有点阵材料弹性静力学、点阵材料弹性动力学、阻尼点阵材料中的波传播、非线性点阵材料中的波传播、点阵材料的稳定性、点阵材料的冲击与爆炸响应、五模点阵结构、点阵材料模型的模态缩聚、点阵材料的拓扑优化、局域共振和惯性放大点阵材料动力学、纳米点阵材料动力学等。本书全面介绍了与点阵材料动力学相关的概念和基础理论，并系统分析了当前这一领域的研究现状，主线分明，各章又自成体系，内容丰富，阐述深入。

关于点阵材料(lattice material)，国内有学者建议称之为格栅材料或晶格材料。考虑到传统的格栅材料往往指二维的平面周期结构，晶格材料常见于固体物理学领域，而本书侧重于动力学性能研究，因此遵循力学领域的惯用说法，将其翻译为“点阵材料”。

参与本书翻译工作的除译者外，课题组的研究生宿广原、张云浩、徐少杭、范洪郡、李春霖、胡亚斌、淦家康、徐兰赫、李锋磊、王佳宁、李美臻、张志林、李昊等也参与了相关资料的整理，在此一并表示感谢。还要感谢西安交通大学出版社的曹昳和陈昕副编审在本书翻译过程中给予的帮助。本书的出版得到了国家自然科学基金(项目编号：11902239、11902262、12172041、12172271)的资助和支持。

由于译者水平有限，书中难免有疏漏和不妥之处，恳请广大读者批评、指正。

译者

2022年4月

序

当斯里坎塔·帕尼(Srikantha Phani)和马哈茂德·侯赛因(Mahmoud Hussein)邀请我为本书作序时,我起初是有些犹豫的,因为我正忙于写一本新书[《复合材料理论在其他科学领域的延伸》(*Extending the Theory of Composites to Other Areas of Science*),部分章节与马克桑斯·卡西耶(Maxence Cassier)、奥尔内拉·德马泰(Ornella Mattei)、莫尔德艾·米尔格龙(Mordehai Milgrom)和阿龙·韦尔特斯(Aaron Welters)合著,现已出版]。但后来,当我看到专家们提交的高质量章节内容后,便欣然同意了。

1928年,费利克斯·布洛赫(Felix Bloch)在他的博士论文中首次用布洛赫波来描述电子,建立了固体量子理论。在此后的1931—1932年,艾伦·赫里斯·威尔逊(Alan Herries Wilson)采用电子能带理论解释了材料可以是导体、半导体或绝缘体的原因。随后,有大量的研究工作直接用能带结构——通过求解周期系统的薛定谔方程——来研究晶体的电子性质。然而,直到20世纪80年代末,人们才对人造周期结构[层状材料除外,瑞利(Rayleigh)勋爵在1887年发现其具有带隙特性]中的波动方程进行了类似的计算,这是相当令人惊讶的。随后,如乔纳森·道林(Jonathan Dowling)[1]关于光子、声波带隙和超材料的文献总结(截至2008年)所示,这一领域受到的关注呈指数级增长。如今,在二维量子霍尔效应的背景下研究拓扑绝缘体的学者们似乎也有类似的想法,他们将相同的思路迁移到研究人造周期结构中的类似效应,其中包括时间对称破缺现象。在弹性力学中,这种时间对称破缺可以用陀螺超材料(gyroscopic metamaterials)[2]来实现。在这种材料中,最重要的特点是波只能在边界附近沿单一方向传播。

本书从不同角度阐明了点阵材料的动力学。在我阅读这本书的时候,它与其他研究工作(有时是我自己的工作)的联系浮现在我脑海里。我认为这是我与来自不同学术流派的作者们的共鸣,我也相信这种思想的交叉碰撞总是有利于科学进步的。因此,希望我在此处的评述可以引导读者们涉猎不同的思想(如果他们有时间追踪我提供的参考文献的话),以作为对本书各章节内容的一个补充。

第1章是本书的导论,对点阵材料作了简短而出色的介绍。本章讨论了用于确定结构刚度的麦克斯韦准则。正如作者们提到的，麦克斯韦(Maxwell)意识到了这只是保证结构刚度的一个必要条件，而充要条件是很难确定的。但在二维结构中，可以通过“卵石博弈”(pebble game)来解决这个问题[3]。麦克斯韦计数准则已被推广到周期点阵材料[4]。虽然我还没有充分地调研文献，但“卵石博弈”很可能已被推广到二维周期点阵材料的研究中。具有柔性关节的刚性杆组成的周期阵列在运动学上是超静定的，我对这种结构的运动方式相当感兴趣，文献[5][6]和其中的参考文献论述了这种结构宏观运动为仿射变换时的情况。

帕西尼(Pasini)和阿拉布内贾德(Arabnejad)在第2章对点阵材料的弹性静力学均质化方法进行了很好的论述。这个研究领域依旧活跃并且十分重要，这不仅因为均质化方程决定了点阵材料的宏观响应，而且如帕西尼和阿拉布内贾德所强调的那样，所谓的胞元问题的解可以用来有效地估计材料的最大场值，这对于判断材料是否发生塑性屈服或者开裂很有帮助。尽管帕西尼和阿拉布内贾德的论述聚焦于周期性点阵材料，但值得一提的是，对于随机复合材料，渐近展开法[如式(2.12)]中的逐项对应需要连续的、更高的空间维度[7]。虽然二维和三维的复合材料具有实用价值，但是人们当然可以考虑更高维度的复合材料。另外，很重要的是借助高对比度线弹性材料，我们在理论上可以实现符合弹性能正定这一自然约束条件的任意均质化响应[8]。也就是说，均质化方程中的非局部相互作用可以用哑铃状夹杂实现，夹杂中心连杆处的直径很小，以保证其不与毗邻区域以外的介质耦合。由于哑铃受压时这种杆很容易发生屈曲，这些结果仅适用于线弹性框架。塞普佩赫尔(Seppecher)、阿利贝尔(Alibert)和德尔·伊索拉(Dell Isola)[9]给出了一些超越科瑟拉(Cosserat)理论的奇异弹性行为的漂亮范例。

由帕尼撰写的第3章对点阵材料的弹性动力学作了很好的介绍。我特别喜欢他们采用的简单的质点-弹簧模型。我和合作者发现，质点-弹簧模型加上刚性元件在解释诸如负的等效质量、各向异性质量密度和复数型等效质量密度(当弹簧有黏性阻尼时)等一些概念时非常有用[10-11]。事实上，在线弹性框架下，可以对多端质点-弹簧网络可能发生的动态响应给出一个完整的描述[12]。帕尼在图3.13至图3.17中漂亮地呈现了频散图各分支的变形模态，相比大多数科学家频繁使用的频散曲线，这可以更清楚地揭示波传播行为。另外，我还要提一下，波传播具有方向性的一个生动例子是声子聚焦[13]。如果在低温环境中采用激光照射加热晶体下表面的某一点，那么其上表面的热量分布(由于喷泉效应，上表面的液氦将追踪热流，因而热量分布可以通过液氦的高度来表征)将呈现出令人惊奇的图案。这是由于晶体弹性张量决定的弹性波传播的方向性会致使“慢度”面产生焦散。弹性波也携带热量(声子)。值得注意的是，本苏桑(Bensoussan)、利翁(Lions)和帕帕尼古劳(Papanicolaou)在其著作[14]的第4章中，对频散图中驻点(包括局部最小值点或最大值点，甚至鞍点)处的高频均质化做出了开创性贡献[14]，重新激发了人们对该问题的研究兴趣[15-21]。在驻点处形成调制的布洛赫波，并且满足合适的等效方程。最有趣的现象发生在鞍点处：此时等效方程为双曲方程，且存在相关的特征方向。当然，我们也可以对频散图中其他的行波点采用均质化方法[22-26]。

第 4 章中，克拉蒂格(Krattiger)、帕尼和侯赛因研究了阻尼点阵材料中的波传播问题，包括自由波和强迫波的传播问题。人们很少看到考虑阻尼效应的频散图，但显而易见，阻尼对许多材料来说都是一个重要的因素。阻尼点阵材料的强迫波频散图(图 4.2 和图 4.4)具有有趣而复杂的结构。有趣的是，一些周期性阻尼材料具有平凡的频散关系：当模量是频率无关但与复变量 $x_1+\mathrm{i}x_2$ 有关的解析函数时(其中，$\mathrm{i}=\sqrt{-1}$，x_1 和 x_2 为二维笛卡儿空间坐标)，其频散图可以与均质的阻尼材料等效[27-28]。霍斯利(Horsley)、阿尔托尼(Artoni)和拉罗卡(La Rocca)发现了一些这种材料，并认识到无论入射角度如何变化，它们都不会反射来自一侧的入射波[29]。

曼克特洛(Manktelow)、鲁泽嫩(Ruzzene)和利米(Leamy)合编的第 5 章讨论了一个激动人心的话题：非线性点阵材料中的波传播。复合材料中的非线性效应是一个非常开放、广阔的研究领域，有许多有趣和新奇的方向可以探索，毫无疑问其中会有惊喜等着我们。比如，我们发现对于以固定比例混合而成的线性导电复合材料，如果想实现沿电场方向的最大电流，材料层边界需平行于外加电场[30]；相比之下，对于一些非线性材料，最大电流有时需要边界垂直于外加电场。曼克特洛、鲁泽嫩和利米讨论了非线性材料中高次谐波的产生，低成本绿色激光的使用者会有兴趣了解。绿色激光是使用非线性晶体对钕离子振荡器发出的红外光进行倍频而产生的，由于红外光会损害眼睛，如果转换出现故障会产生危险[31]。

在第 6 章，卡萨代(Casadei)、王派(Pai Wang)和贝托尔迪(Bertoldi)在屈曲会导致模式转变的背景下讨论了非线性效应及其在调控弹性波传播方面的应用。这是一项了不起的工作，开辟了一个全新的方向。屈曲失稳在贝托尔迪团队众多的研究工作中尤为著名，他们创造了一种名为 Buckliball 的结构化球体，它在屈曲时可以保持近似球状，同时屈曲尺寸显著减小[32]。这个领域还有很多值得探索的问题。我发现在动态弯曲实验中，组合稳相和非稳相的材料可以得到比金刚石更高的刚度[33]，这是一个非常重要的发现。人们也曾希望在静稳态材料中实现刚度远远高于其组分材料的结构[34]，但由于意识到著名的弹性变分原理在一些组分为非稳态(弹性模量为负)时依然有效，这种想法被摒弃了[35]。

第 7 章中史密斯(Smith)、坎特韦尔(Cantwell)和官(Guan)关于点阵材料冲击和爆炸响应的讨论很有趣。他们在实验中发现，当点阵结构屈曲时，应力有一个平台期。这个特性恰好可以用来将物体与结构碰撞时受到的最大外力降到最低，但前提是物体需要在一个限定距离内完成减速。最近，我们在优化设计一种非线性绳索(以防攀岩者不慎坠落)时，也遇到了类似的问题[36]。我们发现非线性攀岩绳的最优性能要求其响应类似于一根形状记忆绳索，需要有一个应力平台期与一个大的滞回环来吸收能量。近来抗冲击复合材料领域取得了相当惊人的进展，如阿夫桑·拉比(Afsaneh Rabiei)制备的复合金属泡沫竟可以抵挡子弹[37]。

安德鲁·诺里斯(Andrew Norris)在第 8 章讨论了我最关心的一类材料——五模材料。当我们在 1995 年发明它们的时候[38]，从没想过它们会被制造出来，但马丁·韦格纳(Martin Wegener)团队利用惊人的三维光刻技术做到了[39]。他们制备的五模材料结构类似于金刚石，用坚硬的双锥结构来模拟碳键。这种结构保证了每个顶点上都有四个尖端相交的双锥结构。这个特征是至关重要的：若将双锥结构视为支柱，根据简单的力平衡原理，仅利用一个支柱受到的拉力即可确定其他三个支柱受到的拉力。因此，这种结构作为一个整体本质上只能支持一个应力，但通过适当的结构设计，该应力可以是任意的对称矩阵的形式。五模材料既可以像水一样仅承受静水压力，又可以支持任意的应力矩阵，也就是剪切和压缩的理想组合，这为构造任意的正定弹性矩阵 $\boldsymbol{C}_*$ 提供了基础。三维材料的弹性张量实际上是四阶的，它们在对称矩阵空间上的线性映射尤其如此，但使用对称矩阵六维空间上的一个基，可以把它们表示成工程标记法中常见的 6×6 矩阵的形式。把 $\boldsymbol{C}_*$ 表示为其特征向量和特征值的形式：

$$\boldsymbol{C}_* = \sum_{i=1}^{6} \lambda_i \boldsymbol{v}_i \otimes \boldsymbol{v}_i \tag{1}$$

大致来说，我们就是要找到六种五模结构，每种均支持一个由向量 $\boldsymbol{v}_i(i=1,2,\cdots,6)$表示的应力。为此，需要对材料的刚度和结构顶点上连接区域的颈部进行调整，使每个五模结构的有效弹性张量接近

$$\boldsymbol{C}_*^{(i)} = \lambda_i \boldsymbol{v}_i \otimes \boldsymbol{v}_i \tag{2}$$

然后，依次叠加所有的六个五模结构，并偏置它们的点阵结构以避免碰撞。此外，避免碰撞还需要使结构适当地变形[38]，这时有必要重新调整结构中材料的刚度以保持 λ_i 的值不变。随后，出于技术上的考虑，使用柔性极好的材料填充结构中剩余的空隙。这样做是为了确保均质化理论假设的有效性，从而可以用一个等效张量来描述总体结构的弹性特性。但这种柔性导致总体的有效弹性张量只是六个五模结构有效弹性张量的和。换句话说，它忽略了六个五模结构之间的弹性相互作用。这样，我们就可以得到一种弹性张量 $\boldsymbol{C}_*$ 接近预期值的材料。现在，诺里斯和韦格纳团队已经成为五模材料及其二维等效材料(严格来说，应称为双模材料)领域的权威。诺里斯的一个重要发现是[见式(8.5)]：在没有重力和其他体力的情况下，一个宏观不均匀的五模材料支持的应力场应该是无散度的。在诺里斯所写的这一章中，新的重要内容是对弯曲效应的解析分析，以更好地理解等效弹性张量中的元素。

在克拉廷格(Krattinger)和侯赛因(Hussein)合写的第 9 章中，在布洛赫模态

展开时采用缩聚的模态来研究目标频段内板的振动问题。他们扩展了结构力学的思想(即把一个结构分解成多个子结构并进行模态分析,然后通过界面边界条件将这些模态联系起来),在胞元尺度上开发了一个名为"布洛赫模态合成法"的程序,可以非常高效地计算能带结构。我非常喜欢"板状声子晶体"(platonic crystal)[40]这个词——类比于光子晶体、声子晶体和等离子体晶体——该术语是由罗斯·麦克费德兰(Ross McPhedran)为周期性结构板中的弯曲波传播问题创造的。这个词在罗斯常去的澳大利亚、法国、新西兰和英国已经很时兴,但在美国还不流行。

比拉尔(Bilal)和侯赛因在第10章讨论了点阵材料的拓扑优化问题。他们基于像素的设计让我想起了我的同事拉杰什·梅农(Rajesh Menon)提出的数字超材料(也是通过拓扑优化设计的,但是在电磁学背景下),它取得了难以置信的成功,如衍生出世界上最小的偏振分束器[41]。拓扑优化通过产生吸引人的、有时是出乎意料的几何结构来优化某些方面的性能,并取得了一系列惊人的成就。需要特别指出的是,丹麦的奥勒·西格蒙德(Ole Sigmund)团队因精通这门技术而闻名,并在最近将其用于声学设计[42];下一代交响音乐厅也可能使用他们的这门技术。

第11章介绍了伊尔马兹(Yilmaz)和赫尔伯特(Hulbert)在局域共振和惯性放大点阵材料的动力学方面的工作。纳米尺寸的金、银金属球粒通过与光波共振造就了古罗马莱克格斯杯(Lycurgus cup)的美丽色彩[43],许多有色的玻璃窗也是由于局域共振才具有色彩的[44]。金属开口环的谐振阵列可以产生人工磁性[45],其等效磁导率在适当的频段内可以为负值[46]。日科夫(Zhikov)[47-48]发现了弹性波的低频带隙。2000年,局域共振引起的负等效质量密度被发现[49],而直到2005年这一实验现象才得以解释[50]。对于由开口圆柱体组成的周期阵列,其负磁导率与反平面振动引起的负等效质量密度有关,因为它们涉及的振动和电磁波都遵循亥姆霍兹方程(Helmholtz equation)[51]。在11.3.1节中,伊尔马兹和赫尔伯特使用一维模型很好地解释了惯性放大引起的带隙,他们的关键发现是:小的宏观运动会导致内部质量的大幅振动。他们随后又探究了二维和三维的点阵材料。尽管我还没调研文献,但是非线性效应在这些模型中应该会非常显著,即使是对振幅很小的情况也不例外。

在第12章,斯蒂夫斯(Steeves)、希巴德(Hibbard)、阿里亚(Arya)和劳西奇(Lausic)对点阵材料的3D打印作了精彩绝伦的介绍。他们一步一步地讲解了打印过程,并特别介绍了金属涂层聚合物结构的优势。在图12.2中,添加金属涂层似乎没有带来明显的改变,这是因为(在图的右边)采用了一个不同的尺度,所以结构能承受的拉应力实际上被提高了大约一个数量级。此外,本章对点阵材料的弹性特性进行了预测,讨论了在给定频率下让带隙尽可能宽的优化问题。在带隙优化方面有大量的数值研究工作,其中我觉得最有趣的是当两相材料性质差别较小时，可以预测出突变的带隙宽度的上界[52]。

我的序到此结束，希望读者们能继续读下去，尽情地享受这本书。

格雷姆・W. 米尔顿（Graeme W. Milton）
犹他州，盐湖城

参考文献

[1]J. Dowling, "Photonic and sonic band-gap and metamaterial bibliography," nd. URL:http://www.phys.lsu.edu/~jdowling/pbgbib.html.

[2]L. M. Nash, D. Kleckner, A. Read, V. Vitelli, A. M. Turner, and W. T. M. Irvine, "Topological mechanics of gyroscopic metamaterials," *Proceedings of the National Academy of Sciences*, vol. 112, no. 47, pp. 14495 - 14500, 2015.

[3]D. J. Jacobs and B. Hendrickson, "An algorithm for two-dimensional rigidity percolation: The pebble game," *Journal of Computational Physics*, vol. 137, no. 2, pp. 346 - 365, 1997.

[4]S. D. Guest and P. W. Fowler, "Symmetry-extended counting rules for periodic frameworks," *Philosophical Transactions of the Royal Society of London A: Mathematical, Physical and Engineering Sciences*, vol. 372, no. 2008, p. 20120029, 2013.

[5]G. W. Milton, "Complete characterization of the macroscopic deformations of periodic unimode metamaterials of rigid bars and pivots," *Journal of the Mechanics and Physics of Solids*, vol. 61, no. 7, pp. 1543 - 1560, 2013.

[6]G. W. Milton, "Adaptable nonlinear bimode metamaterials using rigid bars, pivots, and actuators," *Journal of the Mechanics and Physics of Solids*, vol. 61, no. 7, pp. 1561 - 1568, 2013.

[7]Y. Gu, "High order correctors and two-scale expansions in stochastic homogenization," *arxiv.org*, pp. 1 - 28, 2016.

[8]M. Camar-Eddine and P. Seppecher, "Determination of the closure of the set of elasticity functionals," *Archive for Rational Mechanics and Analysis*, vol. 170, no. 3, pp. 211 - 245, 2003.

[9]P. Seppecher, J.-J. Alibert, and F. D. Isola, "Linear elastic trusses leading to continua with exotic mechanical interactions," *Journal of Physics: Conference Series*, vol. 319, no. 1, p. 012018, 2011.

[10]G. W. Milton, M. Briane, and J. R. Willis, "On cloaking for elasticity and

physical equations with a transformation invariant form," *New Journal of Physics*, vol. 8, no. 10, p. 248, 2006.

[11]G. W. Milton and J. R. Willis, "On modifications of Newton's second law and linear continuum elastodynamics," *Proceedings of the Royal Society A: Mathematical, Physical, & Engineering Sciences*, vol. 463, no. 2079, pp. 855 - 880, 2007.

[12]F. Guevara Vasquez, G. W. Milton, and D. Onofrei, "Complete characterization and synthesis of the response function of elastodynamic networks," *Journal of Elasticity*, vol. 102, no. 1, pp. 31 - 54, 2011.

[13]B. Taylor, H. J. Maris, and C. Elbaum, "Phono. focusing in solids," *Physical Review Letters*, vol. 23, no. 8, pp. 416 - 419, 1969.

[14]A. Bensoussan, J.-L. Lions, and G. C. Papanicolaou, *Asymptotic Analysis for Periodic Structures*, vol. 5 of Studies in Mathematics and its Applications. Amsterdam: North-Holland Publishing Co., 1978.

[15]M. S. Birman and T. A. Suslina, "Homogenization of a multidimensional periodic elliptic operator in a neighborhood of the edge of an internal gap," *Journal of Mathematical Sciences (New York, NY)*, vol. 136, no. 2, pp. 3682 - 3690, 2006.

[16]R. V. Craster, J. Kaplunov, and A. V. Pichugin, "High frequency homogenization for periodic media," *Proceedings of the Royal Society A: Mathematical, Physical, & Engineering Sciences*, vol. 466, no. 2120, pp. 2341 - 2362, 2010.

[17]M. A. Hoefer and M. I. Weinstein, "Defect modes and homogenization of periodic Schrödinger operators," *SIAM Journal on Mathematical Analysis*, vol. 43, no. 2, pp. 971 - 996, 2011.

[18]T. Antonakakis and R. V. Craster, "High frequency asymptotics for microstructured thin elastic plates and platonics," *Proceedings of the Royal Society A: Mathematical, Physical, & Engineering Sciences*, vol. 468, no. 2141, pp. 1408 - 1427, 2012.

[19]T. Antonakakis, R. V. Craster, and S. Guenneau, "Asymptotics for metamaterials and photonic crystals," *Proceedings of the Royal Society of London. Series A*, vol. 469, no. 2152, p. 20120533, 2013.

[20]T. Antonakakis, R. V. Craster, and S. Guenneau, "Homogenization for elastic photonic crystals and metamaterials," *Journal of the Mechanics and Physics of Solids*, vol. 71, pp. 84 - 96, 2014.

[21]L. Ceresoli, R. Abdeddaim, T. Antonakakis, B. Maling, M. Chmiaa, P. Sabouroux, G. Tayeb, S. Enoch, R. V. Craster, and S. Guenneau, "Dynamic effective anisotropy: Asymptotics, simulations and microwave experiments with dielectric fibres," *Physical Review B: Condensed Matter and Materials Physics*, vol. 92, no. 17, p. 174307, 2015.

[22]G. Allaire, M. Palombaro, and J. Rauch, "Diffractive behaviour of the wave equation in periodic media: weak convergence analysis," *Annali di Mathematica Pura ed Applicata. Series IV*, vol. 188, no. 4, pp. 561-590, 2009.

[23]M. Brassart and M. Lenczner, "A two-scale model for the periodic homogenization of the wave equation," *Journal de Mathématiques Pures et Appliquées*, vol. 93, no. 5, pp. 474-517, 2010.

[24]G. Allaire, M. Palombaro, and J. Rauch, "Diffractive geometric optics for Bloch waves," *Archive for Rational Mechanics and Analysis*, vol. 202, no. 2, pp. 373-426, 2011.

[25]G. Allaire, M. Palombaro, and J. Rauch, "Diffraction of Bloch wave packets for Maxwell's equations," *Communications in Contemporary Mathematics*, vol. 15, no. 06, p. 1350040, 2013.

[26]D. Harutyunyan, R. V. Craster, and G. W. Milton, "High frequency homogenization for travelling waves in periodic media," *Proceedings of the Royal Society A: Mathematical, Physical, & Engineering Sciences*, vol. 472, no. 2191, p. 20160066, 2016.

[27]G. W. Milton, "Exact band structure for the scalar wave equation with periodic complex moduli," *Physica. B, Condensed Matter*, vol. 338, no. 1-4, pp. 186-189, 2003.

[28]G. W. Milton, "The exact photonic band structure for a class of media with periodic complex moduli," *Methods and Applications of Analysis*, vol. 11, no. 3, pp. 413-422, 2004.

[29]S. A. R. Horsley, M. Artoni, and G. C. La Rocca, "Spatial Kramers-Kronig relations and the reflection of waves," *Nature Photonics*, vol. 9, pp. 436-439, 2015.

[30]G. W. Milton and S. K. Serkov, "Bounding the current in nonlinear conducting composites," *Journal of the Mechanics and Physics of Solids*, vol. 48, no. 6/7, pp. 1295-1324, 2000.

[31]C. W. C. Jemellie Galang, Alessandro Restelli and E. Hagley, "The

dangerous dark companion of bright green lasers," *SPIE Newsroom*, 10 *January*, 2011. URL: http://spie.org/newsroom/3328 - the-dangerous-dark-companion-of-bright-green-lasers.
[32]Bertoldi Group webpage. URL: http://bertoldi.seas.harvard.edu/pages/buckliball-buckling-induced-encapsulation.
[33]T. Jaglinski, D. Kochmann, D. Stone, and R. S. Lakes, "Composite materials with viscoelastic stiffness greater than diamond," *Science*, vol. 315, no. 5812, pp. 620-622, 2007.
[34]R. S. Lakes and W. J. Drugan, "Dramatically stiffer elastic composite materials due to a negative stiffness phase?" *Journal of the Mechanics and Physics of Solids*, vol. 50, no. 5, pp. 979-1009, 2002.
[35]D. M. Kochmann and G. W. Milton, "Rigorous bounds on the effective moduli of composites and inhomogeneous bodies with negative-stiffness phases," *Journal of the Mechanics and Physics of Solids*, vol. 71, pp. 46-63, 2014.
[36]D. Harutyunyan, G. W. Milton, T. J. Dick, and J. Boyer, "On ideal dynamic climbing ropes," *Journal of Sports Engineering and Technology*, 2016.
[37]M. Shipman, "Metal foam obliterates bullets—and that's just the beginning," *NC State News*, 5 April, 2016. URL: https://news.ncsu.edu/2016/04/metal-foam-tough-2016/.
[38]G. W. Milton and A. V. Cherkaev, "Which elasticity tensors are realizable?" *ASME Journal of Engineering Materials and Technology*, vol. 117, no. 4, pp. 483-493, 1995.
[39]M. Kadic, T. Bückmann, N. Stenger, M. Thiel, and M. Wegener, "On the practicability of pentamode mechanical metamaterials," *Applied Physics Letters*, vol. 100, no. 19, p. 191901, 2012.
[40]Wikipedia article, "Platonic crystal." URL: https://en.wikipedia.org/wiki/Platonic_crystal.
[41]B. Shen, P. Wang, R. Polson, and R. Menon, "An integrated-nanophotonics polarization beamsplitter with $2.4 \times 2.4\ \mu m^2$ footprint," *Nature Photonics*, vol. 9, no. 2, pp. 378-382, 2015.
[42]R. E. Christiansen, O. Sigmund, and E. Fernandez-Grande, "Experimental validation of a topology optimized acoustic cavity," *The Journal of the Acoustical Society of America*, vol. 138, no. 6, pp. 3470-

3474, 2015.

[43]Wikipedia article, "Lycurgus cup." URL: https://en. wikipedia. org/wiki/Lycurgus_Cup.

[44]J. C. Maxwell Garnett, "Colours in metal glasses and in metallic films," *Philosophical Transactions of the Royal Society A: Mathematical, Physical, and Engineering Sciences*, vol. 203, no. 359 - 371, pp. 385 - 420, 1904.

[45]S. A. Schelkunoff and H. T. Friis, *Antennas: The Theory and Practice*, pp. 584 - 585. New York / London / Sydney, Australia: John Wiley and Sons, 1952.

[46]J. B. Pendry, A. J. Holden, D. J. Robbins, and W. J. Stewart, "Magnetism from conductors and enhanced nonlinear phenomena," *IEEE transactions on microwave theory and techniques*, vol. 47, no. 11, pp. 2075 - 2084, 1999.

[47]V. V. Zhikov, "On an extension and an application of the two-scale convergence method,"*Matematicheskii Sbornik*, vol. 191, no. 7, pp. 31 - 72, 2000.

[48]V. V. Zhikov, "On spectrum gaps of some divergent elliptic operators with periodic coeffcients," *Algebra i Analiz*, vol. 16, no. 5, pp. 34 - 58, 2004.

[49]Z. Liu, X. Zhang, Y. Mao, Y. Y. Zhu, Z. Yang, C. T. Chan, and P. Sheng, "Locally resonant sonic materials,"*Science*, vol. 289, no. 5485, pp. 1734 - 1736, 2000.

[50]Z. Liu, C. T. Chan, and P. Sheng, "Analytic model of phononic crystals with local resonances," *Physical Review B: Condensed Matter and Materials Physics*, vol. 71, no. 1, p. 014103, 2005.

[51]A. B. Movchan and S. Guenneau, "Split-ring resonators and localized modes,"*Physical Review B: Condensed Matter and Materials Physics*, vol. 70, no. 12, p. 125116, 2004.

[52]M. C. Rechtsman and S. Torquato, "Method for obtaining upper bounds on photonic band gaps,"*Physical Review B: Condensed Matter and Materials Physics*, vol. 80, no. 15, p. 155126, 2009.

前　言

点阵材料可以看作是一种放大的、精心设计的晶体，它通过人工结构精确地实现具有工程价值的预设功能。它由相互连接的杆、梁、板或其他细长结构的周期性空间网络组成。点阵材料可以通过定制胞元结构来实现传统材料不能企及的优异力学、弹性动力学和声学性能，以满足众多的工业应用需求。受晶体物理学概念的启发，点阵材料的研究方法和分析技术可以直接应用于一般的周期性材料，包括具有局域共振或其他独特特征的声子晶体和弹性超材料。

在这本书中，我们试图描绘点阵材料动力学这一新兴领域的全貌。本书由来自三大洲的本领域内具有引领性的研究人员共同撰写，既细致地介绍了本学科分支中的关键概念和基础理论，也相当深入地分析了当前的研究状态。

本书涵盖的主题包括弹性静力学(第 2 章)和弹性动力学(第 3 章)、阻尼的影响(第 4 章)、非线性(第 5 章)、不稳定性(第 6 章)、冲击载荷(第 7 章)，以及对五模特性(第 8 章)等奇异的动力学行为的介绍。另外，涉及模态缩聚(第 9 章)和优化设计(第 10 章)、局域共振和惯性放大超材料(第 11 章)，以及纳米点阵材料(第 12 章)的概念。第 1 章是引言，综合论述了一系列与点阵材料相关的主题，以便读者更方便地理解各章节之间的内在联系。

本书可供动力学、振动、声学、材料力学和强度，以及凝聚态物理和材料科学等领域的研究生和学者使用，也可以为上述领域学术界的研究人员以及工业实验室和设计中心的从业者提供有用的参考。另外，本书也可以作为点阵材料力学研究生课程的教科书，或者是关于周期性材料中波传播的专题课程教材。

许多人直接或间接地对本书做出了贡献。首先(也是最重要的)，要感谢每一章的作者同仁们，他们为各章的主题提供了深刻的表述并始终勤勉地回应编辑的要求。作者们对本书的出版做出了巨大贡献，但书中任何拼写错误和遗漏之处由编辑们负责。特别要感谢格雷姆·米尔顿教授为本书作了见解深刻的学术性序言。本书的成功出版也要感谢 Wiley 出版团队，特别是保罗·彼得拉利亚(Paul Petralia)先生积极的、持续的领导，以及南迪尼·坦达瓦莫沃斯(Nandhini Thandavamoorthy)女士在出版过程各个阶段的辛勤工作和耐心。斯里坎塔·帕尼感谢加拿大自然科学与工程研究委员会(National Sciences and Engineering

Research Council，NSERC）通过各种项目为他提供的研究资金，感谢他的研究生贝赫鲁兹·优素福扎德（Behrooz Yousefzadeh）、拉利塔·拉加万（Lalitha Raghavan）、普拉蒂克·乔普拉（Prateek Chopra）和伊赫桑·穆萨维梅尔（Ehsan Moosavmehr）提供的帮助以及家人［尤其是阿纳尼娅（Ananya）和克里希纳（Krishna）］的支持。马哈茂德·侯赛因感谢多个美国联邦机构为他提供的研究资金，特别是国家科学基金会与科罗拉多大学博尔德分校提供的大量启动经费，以及H. 约瑟夫·斯米德（H. Joseph Smead）教师奖学金提供的慷慨支持。除了他的学生合著者迪米特里·克拉蒂格（Dimitri Krattiger）和乌萨马·比拉尔（Osama Bilal）外，马哈茂德·侯赛因也感谢现在及以前的博士生布鲁斯·戴维斯（Bruce Davis）、迈克尔·弗雷泽（Michael Frazier）、罗米克·哈杰图里安（Romik Khajehtourian）、克莱芒丝·巴凯（Clémence Bacquet）、侯赛因·霍纳瓦尔（Hossein Honarvar）、亚历克·库卡拉（Alec Kucala）和玛丽·巴斯塔沃斯（Mary Bastawrous），以及前博士后研究员莉娜·扬（Lina Yang），感谢他们对科罗拉多大学博尔德声子晶体实验室的贡献。感谢迪米特里（Dimitri）为本书封面绘制了点阵图像。最重要的，马哈茂德·侯赛因感谢在博尔德的家人阿拉（Alaa）和小伊斯梅尔（Ismail），以及在埃及开罗的家人赫博（Heba）、纳赫拉（Nahla）、伊其兹（Iziz）和老伊斯梅尔（Ismail）。

本书的首要目的是激励更多学者从事相关的基础和应用研究，推动点阵材料和结构的设计、制造和应用推广，满足众多现有的和尚在构想中的应用需求。

A. 斯里坎塔·帕尼（A. Srikantha Phani）
不列颠哥伦比亚省，温哥华
马哈茂德·I. 侯赛因（Mahmoud I. Hussein）
科罗拉多州，博尔德
2017 年 2 月

编者简介

A. 斯里坎塔·帕尼(A. Srikantha Phani)博士是不列颠哥伦比亚大学机械工程系副教授,点阵材料与器件动力学领域的加拿大首席科学家[Canada Research Chair(Tier 2)],美国机械工程师协会会员、剑桥联邦协会会员。帕尼博士毕业于剑桥大学,其主要研究兴趣包括动力学与振动、先进材料的纳米力学及其在工程和心血管医学中的应用。

马哈茂德·I. 侯赛因(Mahmoud I. Hussein)博士是科罗拉多大学博尔德分校航空工程科学系教授、工程预科项目教务主任。他是国际声子学学会副主席、美国机械工程师协会会员。侯赛因博士的主要研究方向是材料和结构的动力学,包括硅基纳米结构材料的声学和晶格动力学,尤其关注色散、共振、耗散和非线性对连续尺度和原子尺度上周期性材料的影响。

译者简介

刘咏泉，西安交通大学航天航空学院，主要从事弹性波动理论与超材料设计研究。

李　冰，西北工业大学航空学院，主要从事轻质超结构设计与无损检测技术研究。

周　浩，中国空间技术研究院北京空间飞行器总体设计部，主要从事航天器超结构设计理论与应用研究。

贡献者名单

M. 阿里亚(M. Arya)
多伦多大学
安大略
加拿大

S. 阿拉布内贾德(S. Arabnejad)
麦吉尔大学
蒙特利尔
魁北克
加拿大

K. 贝托尔迪(K. Bertoldi)
哈佛大学
剑桥
马萨诸塞
美国

O. R. 比拉尔(O. R. Bilal)
科罗拉多大学博尔德分校
科罗拉多
美国

W. J. 坎特韦尔(W. J. Cantwell)
哈利法科学技术大学
阿布扎比
阿联酋

F. 卡萨代(F. Casadei)
哈佛大学
剑桥
马萨诸塞
美国

官忠伟(Z. W. Guan)
利物浦大学
英国

G. 希巴德(G. Hibbard)
多伦多大学
安大略
加拿大

G. M. 赫尔伯特(G. M. Hulbert)
密歇根大学
安阿伯
美国

M. I. 侯赛因(M. I. Hussein)
科罗拉多大学博尔德分校
科罗拉多
美国

D. 克拉蒂格(D. Krattiger)
科罗拉多大学博尔德分校
科罗拉多
美国

A. T. 劳西奇(A. T. Lausic)
多伦多大学
安大略
加拿大

M. J. 利米(M. J. Leamy)
佐治亚理工学院
亚特兰大
美国

K. 曼克特洛(K. Manktelow)
佐治亚理工学院
亚特兰大
美国

A. N. 诺里斯(A. N. Norris)
罗格斯大学
皮斯卡塔韦
新泽西
美国

D. 帕西尼(D. Pasini)
麦吉尔大学
蒙特利尔
魁北克
加拿大

M. 鲁泽嫩(M. Ruzzene)
佐治亚理工学院
亚特兰大
美国

M. 史密斯(M. Smith)
谢菲尔德大学
罗瑟勒姆
英国

A. S. 帕尼(A. S. Phani)
不列颠哥伦比亚大学
温哥华
加拿大

C. A. 斯蒂夫斯(C. A. Steeves)
多伦多大学
安大略
加拿大

C. 伊尔马兹(C. Yilmaz)
博阿齐奇大学
伊斯坦布尔
土耳其

王派(P. Wang)
哈佛大学
剑桥
马萨诸塞
美国

目　录

第 1 章　点阵材料简介……………………………………………………………………（1）
A. 斯里坎塔·帕尼（A. Srikantha Phani）和马哈茂德·I. 侯赛因（Mahmoud I. Hussein）
1.1　引言 ……………………………………………………………………………（1）
1.2　点阵材料和结构 ………………………………………………………………（2）
1.2.1　材料与结构的对比 …………………………………………………………（3）
1.2.2　研究动机 ……………………………………………………………………（3）
1.2.3　点阵的分类和麦克斯韦准则 ………………………………………………（4）
1.2.4　制造方法 ……………………………………………………………………（5）
1.2.5　应用 …………………………………………………………………………（6）
1.3　章节概述 ………………………………………………………………………（8）
致谢………………………………………………………………………………………（9）
参考文献…………………………………………………………………………………（9）

第 2 章　点阵材料弹性静力学 ……………………………………………………（21）
D. 帕西尼（D. Pasini）和 S. 阿拉布内贾德（S. Arabnejad）
2.1　引言……………………………………………………………………………（21）
2.2　代表性体积单元………………………………………………………………（23）
2.3　表面平均法……………………………………………………………………（24）
2.4　体积平均法……………………………………………………………………（26）
2.5　基于力的方法…………………………………………………………………（27）
2.6　渐近均质化方法………………………………………………………………（27）
2.7　广义连续介质理论……………………………………………………………（30）
2.8　基于布洛赫波分析和柯西-玻恩准则的均质化方法 ………………………（32）
2.9　基于多尺度矩阵的计算方法…………………………………………………（34）
2.10　基于运动方程的均质化方法 ………………………………………………（36）
2.11　算例研究：六角形点阵的等效特性预测……………………………………（37）

2.12 总结 …… (42)
参考文献 …… (43)

第 3 章 点阵材料弹性动力学 …… (55)
A. 斯里坎塔·帕尼(A. Srikantha Phani)
3.1 引言 …… (55)
3.2 一维点阵 …… (57)
3.2.1 布洛赫定理 …… (59)
3.2.2 布洛赫定理的应用 …… (60)
3.2.3 频散曲线和胞元共振 …… (61)
3.2.4 连续点阵:局域共振和亚布拉格带隙 …… (63)
3.2.5 梁点阵的频散曲线 …… (65)
3.2.6 导纳法 …… (65)
3.2.7 一维点阵概要 …… (68)
3.3 二维点阵材料 …… (68)
3.3.1 布洛赫定理在二维点阵中的应用 …… (68)
3.3.2 离散的方形点阵 …… (71)
3.4 点阵材料 …… (73)
3.4.1 胞元的有限元建模 …… (76)
3.4.2 点阵拓扑的能带结构 …… (77)
3.4.3 波传播的方向性 …… (84)
3.5 隧穿波和倏逝波 …… (86)
3.6 结语 …… (87)
致谢 …… (88)
参考文献 …… (88)

第 4 章 阻尼点阵材料中的波传播 …… (96)
迪米特里·克拉蒂格(Dimitri Krattiger)、A. 斯里坎塔·帕尼(A. Srikantha Phani)和马哈茂德·I. 侯赛因(Mahmoud I. Hussein)
4.1 引言 …… (96)
4.2 一维质点-弹簧-阻尼器模型 …… (97)
4.2.1 一维模型描述 …… (97)
4.2.2 自由波解 …… (99)
4.2.3 强迫波解 …… (100)
4.2.4 一维阻尼能带结构 …… (101)

4.3 二维板状点阵模型 …… (102)
4.3.1 二维模型描述 …… (102)
4.3.2 强迫波计算方法在二维的拓展 …… (103)
4.3.3 二维阻尼能带结构 …… (103)
参考文献…… (107)

第5章 非线性点阵材料中的波传播…… (111)
凯文·L.曼克特洛(Kevin L. Manktelow)、马西莫·鲁泽嫩(Massimo Ruzzene)和迈克尔·J.利米(Michael J. Leamy)
5.1 综述 …… (111)
5.2 弱非线性频散分析 …… (112)
5.3 一维单原子链中的应用 …… (117)
5.3.1 概述 …… (117)
5.3.2 模型描述和非线性控制方程 …… (117)
5.3.3 单波频散分析 …… (118)
5.3.4 多波频散分析 …… (119)
5.3.5 数值验证和讨论 …… (125)
5.4 二维单原子点阵中的应用 …… (126)
5.4.1 概述 …… (126)
5.4.2 模型描述与非线性控制方程 …… (127)
5.4.3 多尺度摄动分析 …… (128)
5.4.4 频散偏移的预测分析 …… (131)
5.4.5 数值模拟验证 …… (133)
5.4.6 应用:振幅可调聚焦…… (136)
5.5 总结 …… (138)
致谢…… (138)
参考文献…… (139)

第6章 点阵材料的稳定性…… (143)
菲利波·卡萨代(Filippo Casadei)、王派(Pai Wang)和凯蒂娅·贝托尔迪(Katia Bertoldi)
6.1 引言 …… (143)
6.2 几何形状、材料和加载条件…… (144)
6.3 有限尺寸试件的稳定性 …… (145)
6.4 无限周期性试件的稳定性 …… (146)

6.5 后屈曲分析 …………………………………………………………………… (149)
6.6 屈曲和大变形对弹性波传播的影响 ………………………………… (151)
6.7 总结 ……………………………………………………………………………… (154)
参考文献……………………………………………………………………………… (154)

第 7 章 点阵材料的冲击与爆炸响应……………………………………… (158)
马修·史密斯(Matthew Smith)、韦斯利·J. 坎特韦尔(Wesley J. Cantwell)和官忠伟(Zhongwei Guan)
7.1 引言 ……………………………………………………………………………… (158)
7.2 文献综述 ……………………………………………………………………… (158)
7.2.1 多孔结构的动力学响应 ……………………………………………… (159)
7.2.2 多孔结构冲击和爆炸响应 …………………………………………… (160)
7.2.3 多孔结构的动态压痕性能 …………………………………………… (161)
7.3 制造过程 ……………………………………………………………………… (161)
7.3.1 选择性激光熔凝技术 …………………………………………………… (161)
7.3.2 夹层板制造 ……………………………………………………………… (163)
7.4 点阵材料的动态和爆炸加载 ……………………………………………… (164)
7.4.1 实验方法:落锤冲击试验……………………………………………… (164)
7.4.2 实验方法:点阵立方体的爆炸试验………………………………… (165)
7.4.3 实验方法:复合点阵夹层结构的爆炸试验………………………… (167)
7.5 结果与讨论 …………………………………………………………………… (167)
7.5.1 落锤冲击试验 …………………………………………………………… (167)
7.5.2 点阵结构爆炸试验 ……………………………………………………… (169)
7.5.3 夹层板爆炸试验 ………………………………………………………… (173)
7.6 总结 ……………………………………………………………………………… (176)
致谢……………………………………………………………………………………… (176)
参考文献……………………………………………………………………………… (176)

第 8 章 五模点阵结构……………………………………………………… (183)
安德鲁·N. 诺里斯(Andrew N. Norris)
8.1 引言 ……………………………………………………………………………… (183)
8.2 五模材料 ……………………………………………………………………… (187)
8.2.1 一般特性 ………………………………………………………………… (187)
8.2.2 五模材料的小刚度和泊松比 ………………………………………… (189)
8.2.3 五模材料中的波动 ……………………………………………………… (190)

8.3　五模材料的点阵模型 …………………………………………………… (191)
8.3.1　二维和三维点阵的等效五模材料特性 ……………………………… (191)
8.3.2　横观各向同性五模点阵 …………………………………………… (192)
8.3.3　二维等效模量 ……………………………………………………… (197)
8.4　二维和三维点阵的准静态五模特性 …………………………………… (197)
8.4.1　广义刚度式 ………………………………………………………… (197)
8.4.2　五模极限 …………………………………………………………… (198)
8.4.3　有限刚度的二维结果 ……………………………………………… (199)
8.5　结论 ……………………………………………………………………… (200)
致谢………………………………………………………………………………… (200)
参考文献…………………………………………………………………………… (201)

第 9 章　点阵材料模型的模态缩聚……………………………………………… (205)
迪米特里·克拉蒂格(Dimitri Krattiger)和马哈茂德·I. 侯赛因(Mahmoud I. Hussein)
9.1　引言 ……………………………………………………………………… (205)
9.2　平板模型 ………………………………………………………………… (206)
9.2.1　明德林-赖斯纳平板有限元………………………………………… (206)
9.2.2　布洛赫边界条件 …………………………………………………… (208)
9.2.3　模型示例 …………………………………………………………… (209)
9.3　缩聚的布洛赫模态展开 ………………………………………………… (210)
9.3.1　缩聚的布洛赫模态展开方法 ……………………………………… (210)
9.3.2　缩聚的布洛赫模态展开示例 ……………………………………… (211)
9.3.3　缩聚的布洛赫模态展开其他注意事项 …………………………… (213)
9.4　布洛赫模态合成 ………………………………………………………… (214)
9.4.1　布洛赫模态合成方法 ……………………………………………… (214)
9.4.2　布洛赫模态合成示例 ……………………………………………… (216)
9.4.3　布洛赫模态合成其他注意事项 …………………………………… (218)
9.5　缩聚的布洛赫模态展开与布洛赫模态合成的比较 …………………… (218)
9.5.1　模型尺寸 …………………………………………………………… (218)
9.5.2　计算效率 …………………………………………………………… (218)
9.5.3　易用性 ……………………………………………………………… (220)
参考文献…………………………………………………………………………… (220)

第 10 章　点阵材料的拓扑优化 …………………………………………………… (222)
乌萨马·R. 比拉尔(Osama R. Bilal)和马哈茂德·I. 侯赛因(Mahmoud I. Hussein)
10.1　引言……………………………………………………………………………… (222)
10.2　胞元优化………………………………………………………………………… (223)
10.2.1　参数、形状和拓扑优化 ……………………………………………… (223)
10.2.2　代表性文献调研………………………………………………………… (223)
10.2.3　设计搜索空间…………………………………………………………… (224)
10.3　板状点阵材料胞元……………………………………………………………… (225)
10.3.1　运动方程和有限元模型………………………………………………… (225)
10.3.2　数学描述………………………………………………………………… (227)
10.4　遗传算法………………………………………………………………………… (228)
10.4.1　目标函数………………………………………………………………… (228)
10.4.2　适应度函数……………………………………………………………… (229)
10.4.3　筛选……………………………………………………………………… (229)
10.4.4　繁衍……………………………………………………………………… (229)
10.4.5　初始化和终止…………………………………………………………… (230)
10.4.6　案例……………………………………………………………………… (230)
10.5　附录……………………………………………………………………………… (231)
参考文献……………………………………………………………………………… (233)

第 11 章　局域共振和惯性放大点阵材料动力学 ………………………………… (239)
切廷·伊尔马兹(Cetin Yilmaz)和格雷戈里·M. 赫尔伯特(Gregory M. Hulbert)
11.1　引言……………………………………………………………………………… (239)
11.2　局域共振点阵材料……………………………………………………………… (240)
11.2.1　一维局域共振点阵……………………………………………………… (240)
11.2.2　二维局域共振点阵……………………………………………………… (247)
11.2.3　三维局域共振点阵……………………………………………………… (250)
11.3　惯性放大点阵材料……………………………………………………………… (252)
11.3.1　一维惯性放大点阵……………………………………………………… (252)
11.3.2　二维惯性放大点阵……………………………………………………… (255)
11.3.3　三维惯性放大点阵……………………………………………………… (259)
11.4　结论……………………………………………………………………………… (262)
参考文献……………………………………………………………………………… (262)

第 12 章　纳米点阵动力学:聚合物-纳米金属点阵 …………………………… (267)
克雷格 · A. 斯蒂夫斯(Craig A. Steeves)、格伦 · D. 希巴德(Glenn D. Hibbard)、马南 · 阿里亚(Manan Arya)和安特 · T. 劳西奇(Ante T. Lausic)
12.1　引言………………………………………………………………………… (267)
12.2　制备………………………………………………………………………… (267)
12.3　点阵动力学………………………………………………………………… (271)
12.3.1　点阵特性………………………………………………………………… (272)
12.3.2　有限元模型……………………………………………………………… (274)
12.3.3　弗洛凯-布洛赫定理 …………………………………………………… (278)
12.3.4　八面体点阵的频散曲线………………………………………………… (282)
12.3.5　点阵调节………………………………………………………………… (284)
12.4　结论………………………………………………………………………… (285)
12.5　附录:六节点自由度铁摩辛柯梁的形函数 ………………………………… (286)
参考文献………………………………………………………………………… (287)

索引…………………………………………………………………………… (290)

第 1 章

点阵材料简介

A. 斯里坎塔·帕尼(A. Srikantha Phani)[1] 和马哈茂德·I. 侯赛因(Mahmoud I. Hussein)[2]

1. 加拿大,温哥华,不列颠哥伦比亚大学,机械工程系

2. 美国,科罗拉多大学博尔德分校,航空航天工程科学系

1.1 引言

"点阵"(lattice)一词指一种以空间周期性为特征的有序形态,也就是对称性。比如,在晶体类固体中,原子以一种周期性的模式或点阵排列。这样的晶体点阵由胞元和定义胞元铺排方向的相关基矢量来确定[1-2]。其实,空间上的重复模式并不是原子尺度所特有的,它们出现在广泛的长度范围内,并且跨越多个学科和应用领域,代表性实例如图 1.1 所示。碳纳米管[3]和单层石墨烯[4]是纳米尺度的周期性材料,微机电系统(microelectromechanical system, MEMS)使用微米尺度的周期结构来形成机械滤波器[5],生物医学植入物如心血管支架是周期性的圆柱形网状结构[6-7]。在宏观及更大的尺度上,周期结构广泛应用于材料工程中的复合材料[8-9]、航空航天工程中的涡轮机[10-11]和土木工程中的桥塔结构[12]。飞机表面通常使用一系列等间隔的加强筋或纵梁来加固机身壳体结构。类似地,用于机尾和尾翼的肋-蒙皮飞机结构部件由与肋相互连接的两块蒙皮(板)组成[13]。有兴趣的读者可以进一步研读吉布森(Gibson)和阿什比(Ashby)的著作[14],以及米德

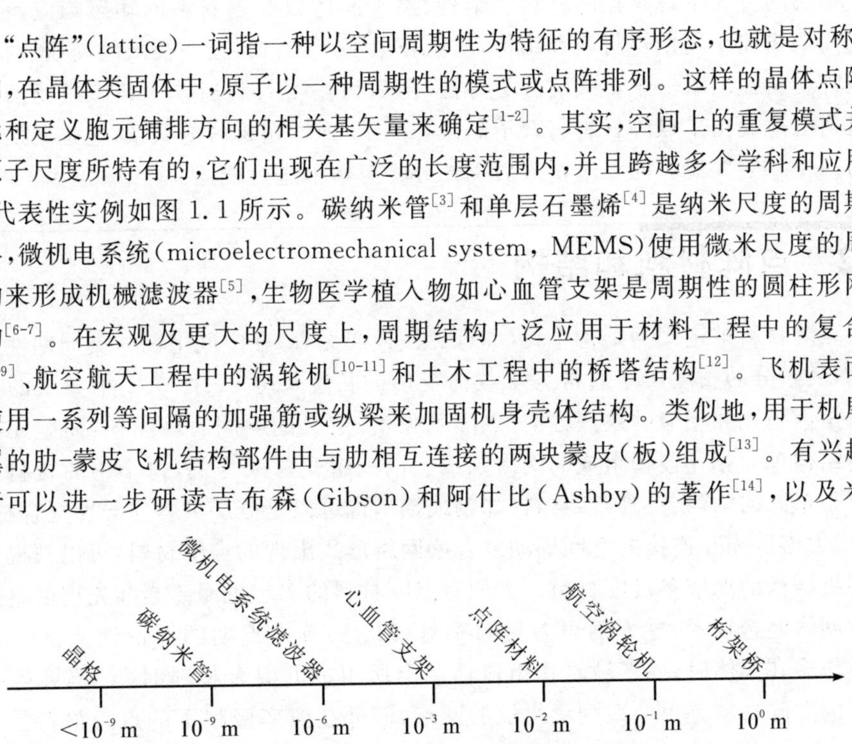

图 1.1　不同尺度和学科的周期性材料和结构(微机电系统)

(Mead)和侯赛因(Hussein)等人对一般性周期性材料动力学的评述[15-16]。

在另一个密切相关的研究领域中，周期性材料被称为声子晶体(phononic crystals)[17-18]，与它们的电磁对应物光子晶体有着强烈的相似之处。虽然点阵材料和声子晶体之间存在着明显的重叠[19-20]，但前者主要与结构力学应用中的低密度构造和应用有关，而后者主要与应用物理学中的应用有关，包括滤波[21]、波导[22]、传感[23]、成像[24]，以及最近的振动能量收集[25]、纳米尺度的热传输管理[26]和壁面边界流控制[27]。另一类具有独特波传播特性的人工材料是声学/弹性超材料(acoustic/elastic metamaterials)[28]。它们类似于声子晶体，只是增加了局部谐振器——嵌入或附着在主体材料介质上的微小振荡子结构[29-30]。然而，与点阵材料和声子晶体不同的是，周期性不是超材料的必要条件。除了控制声音和振动以外，局域共振的“纳米声子超材料”已经被证明可以降低热导率[31]。最近的一本书[32]和综述文章[16]中介绍了声子晶体和超材料的历史背景、分析和设计的最新进展以及它们的应用。近几年，这一领域涉及对“声波”的研究和操纵，涵盖了各种空间和时间尺度[33-34]，被更广泛地称为声子学(phononics)，并出现了一个新的研究群体。

本书的首要主题是点阵材料和结构、声子晶体以及超材料的动态响应。我们首先简要概述了周期性材料和结构，重点介绍了点阵材料这一类新的周期性材料。对点阵材料提出了一个正式的分类方法，随后讨论了其制造技术和应用场景。我们也适时地提出了点阵材料与声子晶体和声学/弹性超材料的联系，这是周期性材料另一个新的发展方向。本章最后一部分将对本书进行概述。

1.2 点阵材料和结构

点阵材料被定义为结构单元(如杆、梁、板或壳等)在空间上的一类周期性网络结构，其组分的长度尺寸通常大于载荷变形的长度尺寸①。图 1.2 中典型的点阵材料是由胞元和相应的镶嵌方向(点阵基矢量)定义的空间有序图样，而胞元本身是由结构单元相互连接组成的网络结构。以一组受弯梁为例，每个梁的材料成分可以是单一的均匀各向同性材料(如钢或铝)，也可以是分层的各向异性复合材料。因此，大多以相互连接的空间周期复合梁网络形式出现的点阵材料，可以被视为具有层级结构的离散多尺度材料。人们对点阵材料的兴趣也源于当前先进的空间周期梁网络制造技术，这方面可参见弗莱克(Fleck)等人近期的评论性文章[35]。当被看作多孔固体时，或者被看作由流体和金属组成的混合材料时[36]，高孔隙率极限下的点阵材料是由一系列梁组成的网络，而低孔隙率极限下的点阵材料是含孔

① 该条件不一定适用于点阵超材料。在超材料中，胞元的尺寸可能小于变形的长度尺寸。

的连续体。本书中涉及的大多数讨论和示例都集中在高孔隙率的材料构型，但其思想通常也适用于低孔隙率构型的情况。

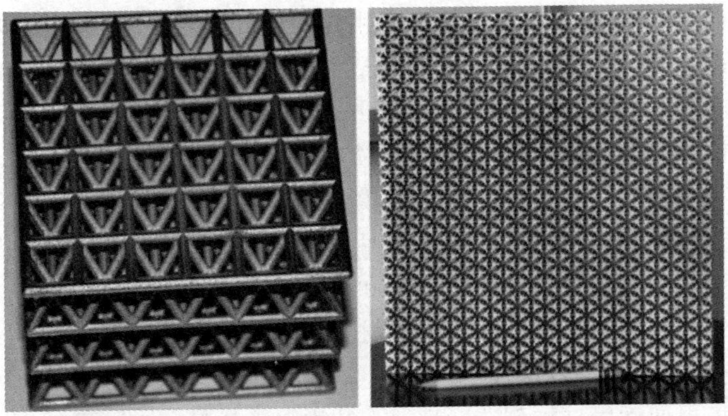

(a) 超轻纳米技术桁架混合点阵　　(b) 五模点阵

图 1.2　由周期性梁网络组成的点阵材料

1.2.1　材料与结构的对比

一个由结构单元（比如梁）组成的空间周期性网络，既可以被看作是一种材料，也可以被看作是一种结构。这是因为在工程应用中采用桁架梁点阵作为夹芯板的芯层时，每根点阵梁的长度与夹芯板的厚度相当，而梁的厚度通常要小一个数量级。当所关注的变形过程在长度尺度上远远小于单个梁的长度时，周期性排布的梁网络就被称为“点阵材料”，并具有自己的等效性质；而当长度尺寸与每根梁的长度相当时，周期性排布的梁网络则表现为一个结构，就像建筑物的框架或桥梁的桁架那样。因此，结构力学的原理可应用于点阵材料的设计中[37]。另一种方法是依据胞元的数量以及胞元内部的对称性来区分材料和结构。一般认为，一个有限系统要表现出材料特性，至少需要几个胞元[38-39]。此外，尽管从理论上讲，频散能带结构适用于分析无限个单元组成的周期性结构[40-41]，但对于由具有内部对称特征的单元重复排列形成的有限结构来说，它们也可能呈现出与频散能带结构相一致的动态载荷响应。

1.2.2　研究动机

设计多功能材料和结构的需求推动了点阵材料的发展。这些多功能材料和结构不仅要质量轻、刚度大，而且要具有理想的声振响应、热量传输特性和其他特性。例如，克服金属泡沫局限性的需求推动了点阵材料的发展[42-43]，而这一过程也得益于人们对多孔固体已经作了较为深入的研究[37,44-48]。同样地，对周期性材料和结构（如飞机部件和常规复合材料）动力学的持续研究为研究点阵材料中的波传播特性提供了很多有价值的知识储备。下面，我们列出了一个不完整但有指导性的总结，概述了当前点阵材料研究的成果和研究动机。

(1)设计具有点阵芯层的轻质、高刚度/高强度结构，以满足多功能应用需求[49-52]。在这方面，当前的研究旨在调整桁架点阵芯层的等效刚度和强度，在尽可能低密度的同时达到高性能。利用拓扑优化和其他计算方法发现新的胞元，是进一步改进结构构型的一个大有前途的方法[53-54]。

(2)复杂点阵结构的先进数学建模和分析。这包括发展点阵的均质化技术[55-56]，以及深入研究阻尼[57-59]和非线性[60-62]对点阵材料频散行为的影响。

(3)开发具有可调弹性动力学[63-65]和稳定性[66]特性的点阵胞元结构。

(4)基于周期性微结构发展点阵超材料，实现传统材料无法实现的、奇异的动态(声学或弹性力学)等效特性[67-68]。

(5)基于周期性微结构创造新型纳米结构点阵材料，并发展其在力学[50,69-70]和热学[26,31,71]方面的应用。

1.2.3 点阵的分类和麦克斯韦准则

可以根据点阵的几何或者力学变形特性对其进行分类。在数学和固体物理学中，普遍依据几何特性进行分类。在二维情形下，平面点阵分为规则和半规则两类[72]。规则点阵通过镶嵌单一的、规则的、多边形单元来填充一个平面。这里，正多边形被定义为等角(所有角都相等)且等边(所有长度都相等)的平面图形。因为正方形、三角形和六边形是仅有的可以平面填充的正多边形，所以只有三种规则的平面点阵：正方形点阵、三角形点阵和六边形点阵。与规则点阵不同的是，半规则点阵通过镶嵌多个正多边形的单元来填充一个平面。只存在八种这样的半规则点阵，详见坎迪(Cundy)和罗利特(Rollett)的文章[72]。笼目点阵或三角六边形点阵是半规则点阵，广泛应用于篮筐编织和建筑物建造中。关于三维点阵和多面体的详细分类可以在文献[72][73]中找到。

根据点阵的刚度，可以将其分为弯曲主导型和拉伸主导型[37,73]。弯曲主导型点阵通过胞元壁的弯曲来抵抗外部载荷，而拉伸主导型点阵主要通过拉伸变形来抵抗外部载荷。在相同的孔隙率或相对密度下，弯曲主导型点阵的刚度和强度要小于拉伸主导型点阵，其中相对密度 $\bar{\rho}$ 是指点阵材料的密度与固体密度的无量纲比。$\bar{\rho}$ 值低表示孔隙率高，而 $\bar{\rho}=1$ 表示孔隙率为零。因此，确定一个给定的点阵是弯曲主导型还是拉伸主导型是很重要的。

麦克斯韦的简单刚架准则[74]提供了一个严格的数学框架来判定任意给定的点阵是否属于简单刚架。根据麦克斯韦准则[74]，如果一个具有 b 根杆和 j 个无摩擦接头的自由支承铰接形成的点阵是简单刚性的，那么在二维情况下需满足 $b=2j-3$，在三维情况下为 $b=3j-6$。这里，我们定义简单刚性点阵是同时静定且动定的。静定性意味着所有由外力引起的杆的张力都可以通过独立的平衡方程计算得到，而静不定点阵中存在着自应力状态。类似地，动定性意味着关节位置是由各个杆的长度唯一决定的。动不定点阵（比如一个通过销钉连接的正方形点阵）则形成可以活动的机构。因此根据麦克斯韦准则，一个有 j 个连接点的点阵在三维空间中需要使用 $3j-6$ 个杆来保证其成为简单刚架：杆少的话则形成动不定的机构；而如果杆数多于 $3j-6$ 则存在自应力状态，点阵处于静不定状态。

麦克斯韦准则是一个必要非充分条件。麦克斯韦在其最初的工作[74-75]中意识到了这一必要条件的特例，并为佩莱格里诺（Pellegrino）和卡勒丁（Calladine）使用矩阵方法导出广义的麦克斯韦准则[76]奠定了坚实的基础。比如，某些张拉整体结构具有比满足麦克斯韦准则要少的杆件数，但它们不是动不定的机构。麦克斯韦已经预测出它们的刚度是较低的。这种特殊情况允许至少一种自应力状态，为一个或多个无穷小的机构提供一阶刚度[75]。巴克敏斯特・富勒（Buckminster Fuller）在他提出的一些张拉整体结构中发展了这一理论。不足为奇的是，麦克斯韦准则的特例也出现在生物纤维结构中[77-78]。

用矩阵代数法[75-76]推导出的广义麦克斯韦准则在二维点阵中表述为 $b-2j+3=s-m$，对于三维点阵则表述为 $b-3j+6=s-m$，其中 s 和 m 分别是自应力和机构的状态数。我们注意到，对于具有相似节点（从任何节点看点阵都是相同的）的特殊点阵，二维点阵为简单刚架的充要条件可以证明是 $Z=6$，而三维点阵为简单刚架的充要条件是 $Z=12$，其中 Z 是节点的连通性，即从该节点发出的杆数[73]。已经证明，无限点阵不可能同时是静定且动定的[79]。

作为本小节的结尾，让我们来举例研究二维的笼目点阵或三角六方点阵。它们的等效弹性性质达到了哈辛-什特里克曼（Hashin-Shtrikman）上界，其每个节点处有四个杆，因此 $Z=4$。在宏观载荷作用下，它们的等效面内模量与相对密度线性相关。这一特性是由于周期性坍塌机制的存在，结构不会产生宏观应变而造成的[80]。然而，在结构有缺陷的情况下，笼目点阵表现出大面积的弯曲主导边界层，并且该边界层最先出现在边界和界面处[35,81]。已有研究表明[82]，这种弯曲主导的边界层可以提高断裂韧性，从而提高结构对缺陷的容忍度。

1.2.4 制造方法

制造技术的进步是点阵材料发展的核心，尤其是对于那些具有复杂晶胞特征的材料。桁架是一种自然选择的结构，利用桁架可以用最少的材料填充最大的空间，而不会牺牲刚度和强度。然而，制造柱长在毫米量级、直径在微米量级的中尺度桁架是一个不小的挑战。针对其制造，在微电子行业[83]和传统金属以及复合材料制造业[84]中出现了几种先进的制造技术。金属点阵的制造方法包括板材成型、线材组装、穿孔板折叠/拉拔、熔模铸造和线材组装；可以在文献[84]至[86]中找到对于不同制造技术的全面综述。虽然通过 LIGA(光刻、电镀和模铸,或光刻、电沉积和成型)等微加工技术可以得到平面点阵,但实现三维点阵是一个挑战。三维点阵可以通过逐层制造技术制备,或使用诸如激光微加工等一系列技术从固体上雕刻或"写入"三维微观结构。使用软光刻(快速原型制作和微接触印刷)与电沉积相结合的技术,也可以制造出小型、轻质、空间填充的桁架结构[87]。该方法使用黄铜模具以特定角度折叠成二维银网格,然后组装成三维的银模板。银模板上的电沉积镍连接了三层(两个平面点阵层和一个桁架点阵芯层),进而强化了整体的三维桁架系统。

最近,人们已经制造出具有空心支柱的超轻(小于 10 mg/cm^3)多级金属微点阵。它首先由自传播光聚合物波导原型形成模板,使用化学镀镍涂覆模板,然后蚀刻掉模板[50]。它存在三个分级结构和相应的长度尺度:晶胞(毫米至厘米)、空心管点阵组元(毫米)和空心管壁(纳米至毫米)。由于每个构造单元可以独立控制,因此可以对所得微点阵的设计和属性进行特殊控制。近期,模仿生物材料长度尺度和层级结构的陶瓷支架[88]已经被制备出来,启发了仿生耐损伤多级工程材料的设计。空心管氧化铝纳米点阵已经可以使用双光子光刻、原子层沉积和氧等离子体蚀刻等技术制造出来[89]。纳米晶体杂化点阵表现出了出色的刚度和强度特性[69]。此外,发展迅速的 3D 打印技术已被用于制造具有分形微结构的分级点阵[90]和具有连续可变机械性能的点阵材料[91-92]。这些持续的发展促使学者们考虑将 3D 打印集成到设计过程中[93],为实现具有良好的可制造性和服役性能的点阵材料和结构提供了一个前景广阔的研究方向。总而言之,微纳米制造技术的快速发展使得在多个长度尺度上制造和开发桁架点阵材料成为可能,并将继续为点阵材料开辟新的应用领域。

1.2.5 应用

点阵材料和结构的应用跨越多个技术领域。本节简要概述了快速扩展的点阵材料和结构的应用基础。

航空航天、汽车、船舶和其他行业对轻质结构的需求量很大。由于桁架点阵在三明治夹芯结构中充当开放式的芯层部分,因此在上述领域内的多功能结构中可以使用点阵材料和结构[35,94-95]。点阵的等效热弹性刚度和强度特性是拓扑相关的,在给定的相对密度下拉伸主导型点阵结构是最硬的。图 1.3 比较了固定相对密度下不同平面点阵的面内杨氏模量和剪切模量,可以看出,点阵拓扑的对称性决定了给定点阵是各向同性还是各向异性。此外,还可以人为定制结构的等效特性,例如设计出具有极端正值和负值的泊松比的结构[46,96-98]。在航空航天领域,具有低热膨胀系数(coefficients of thermal expansion, CTE)的点阵构型[99-101]也已被研究。

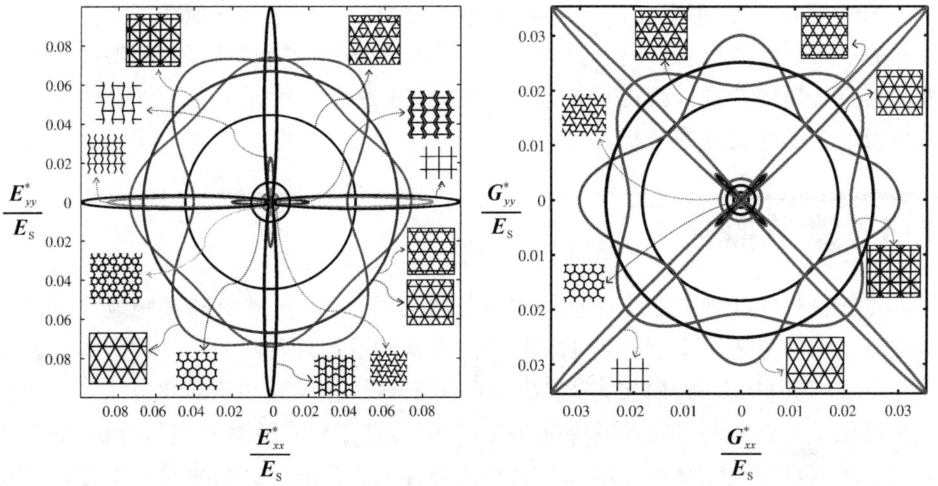

图 1.3　相同质量下平面点阵与晶胞几何相关的有效面内弹性模量
[杨氏模量张量分量 $\boldsymbol{E}_{ii}^*$（左）和剪切模量张量分量 $\boldsymbol{G}_{ii}^*$（右）沿笛卡儿坐标 $\boldsymbol{x}$（正向右）和 $\boldsymbol{y}$（正向上）轴，各向同性母体固体的杨氏模量表示为 $\boldsymbol{E}_S$]

由于点阵的空间周期性和在胞元界面处的诱导散射特性，点阵自然地充当频率（时间域）和波数（空间域）机械波的滤波器[15,18,102-104]。其他值得注意的工程应用包括可重构点阵[105-106]和借助致动器实现的可变形点阵[107-110]。微桁架点阵结构已应用于纳米工程复合材料中，可以同时获得高刚度和高阻尼性能[70]。例如，把碳纳米管桁架掺杂到耗散聚合物中，可以组合设计出一种同时表现出高刚度和高阻尼的复合材料。纳米工程点阵材料对未来的结构应用具有重要意义。

桁架点阵材料也被用于能量吸收，特别是用于设计耐冲击和爆炸结构[111-117]。研究表明，具有点阵或泡沫芯层的三明治夹芯板比相同质量的均质板的抗冲击性能更好。由于夹芯板获得的动量减小，水下爆炸中的流固耦合作用可以显著提高结构的性能，并且这种增强效果作用在水中比在空气中更加明显。

最近，根据周期性结构设计的生物医学植入物也已经出现[118]。研究人员利用各种具有互连孔隙的蜂窝状、网格状和开孔泡沫的几何阵列制造复杂的、功能性的整体结构。这些复杂的阵列具有独特的骨相容性以及对骨组织自然长入的适应潜力。例如，利用点阵结构设计心血管支架，可以适应血管系统的发育。形状优化方法也已经被用于设计自膨胀镍钛诺支架移植物的无应力集中点阵[119]。科学家还系统研究了胞元的几何形状对点阵材料膨胀特性的影响规律[120-121]。此外，常规点阵和拉胀（负泊松比）点阵结合起来可以设计出一种支架，使得它在人体动脉内展开经受大的径向塑性变形时仍保持轴向缩短率为零。这些特定的例子说明了点阵结构在生物医学植入物（如组织工程支架）设计领域中的巨大潜力。

如 1.1 节所述，声子晶体和声学/弹性超材料的出现[15,16,32]增加了点阵材料一系列的应用。点阵材料/结构与声子晶体/超材料之间的密切联系主要源于对周期性的利用。周期性是这两类材料的共同主题，其本身也从关于晶体材料的大量文献中汲取了一些灵感和分析方法[1-2]。

1.3 章节概述

点阵材料的线性和非线性动态响应是本书的主题，在书中的某些地方也涉及对点阵结构的论述。全书分为 12 章，每一章都涉及点阵材料的一个特定方面。在第 2 章中，我们从点阵材料的弹性静力学响应开始，重点介绍均质化方法。均质化方法提供了对点阵的等效连续介质力学描述，以便于对点阵材料进行分析、降低计算量。第 3 章讨论一维和二维点阵材料的弹性动力学响应。特别值得关注的是点阵材料中的弹性波传播特性，以及周期性结构所特有的一些现象。本章从一维点阵构型开始，以二维点阵材料结束，并在论述过程中建立了固体物理学和结构动力学相关文献之间的联系。第 4 章使用状态空间变换、二次特征值分析和布洛赫-瑞利(Bloch-Rayleigh)摄动法描述了点阵材料中耗散引起的现象。在考虑自由波和强迫波时，需要注意阻尼对频散关系的影响。特别有趣的是耗散如何改变由布拉格散射(Bragg scattering)引起的波动各向异性。第 5 章探讨了弱非线性点阵，以及有效开发和调控非线性所带来的新功能。本章介绍了非线性点阵的分析方法，并通过相关实例研究突出展示了非线性在材料、系统和设备设计中的潜力。非线性点阵的出现为开发可调和可控的声子晶体器件提供了一个丰富的宝库。

周期性多孔弹性结构中的力学失稳可能会形成均匀的图案，这将为与系统的几何形状相关的广泛应用开辟新的道路。第 6 章展示了如何通过屈曲失稳来调整在等双轴压缩下的方形点阵中的弹性波传播，从而增强其对动态响应的可调性。第 7 章评估了体心立方点阵结构和夹芯结构的冲击和爆炸响应。在一定应变率范围内的测试表明，点阵结构是应变率敏感的，在应变率提高大约 6 个数量级时平台应力增加了 20%以上。对样品进行实验后分析可见，对于给定的点阵结构，失效机制不随应变率而变化。通过对碳纤维增强聚合物外皮夹芯板进行动态测试发现，作为外皮的复合材料层可以抑制变形，从而改善点阵结构的性能。

第 8 章回顾了连续五模材料的静态和动态特性。五模材料(pentamode material, PM)只有一种高刚度的模式。五模点阵结构类似于抗压缩、不抗剪切的液体，但它在节点连接处具有虽小但有限的刚度，确保了结构的稳定性。对于配位数为 $d+1$($d=2,3$，是空间维度)的晶胞，使用简单的梁理论可以确定周期性点阵五模材料的等效模量。本章的主要结果是得到了准静态刚度 C 的显式关系。作为具体的点阵微结构示例，作者同时展示了各向同性和各向异性五模材料。

点阵胞元的模型可能相当大，特别是对于三维点阵材料而言，需要大量的计算资源来获得其能带结构和其他动力学特性。当需要多次重复计算（如参数扫描和单元拓扑优化）时，这一问题就更加突出。第 9 章介绍了两种用于计算能带结构的模型缩聚技术，并讨论了每种技术在节省计算资源和保证预测准度之间的权衡方法。第 10 章扩展了快速计算点阵材料能带结构这一主题，考察了胞元的设计和优化问题，提出了一种专门针对点阵材料能带结构的遗传算法，并给出了一种优化后的二维点阵拓扑。

第 11 章讨论了基于局域共振和惯性放大的反共振点阵材料，列出了求得局域共振和惯性放大点阵的频散曲线的详细数学过程。在考虑无限和有限系统的情况下，以一维、二维和三维点阵作为示例来描述和讨论这些系统的动态响应并进行对比研究。第 12 章重点介绍了纳米桁架点阵。这些纳米点阵材料是使用聚合物 3D 打印（这项技术擅长制造复杂的几何形状）制造的，然后通过电沉积纳米晶金属获得高的结构强度。作为聚合物，纳米金属复合材料可以通过优化设计使其具有优异的力学性能。由于 3D 打印提供了近乎无限的几何灵活性，因此可以设计此类点阵材料以实现额外的功能。本章还研究了聚合物——纳米金属复合材料在波传播现象显著时的应用，并概述了将弗洛凯-布洛赫（Floquet-Bloch）分析方法与理想性能的纳米点阵设计联系起来的理念。

致谢

作为编辑，感谢每一位撰稿人的不懈努力与通力合作。感谢普拉蒂克・乔普拉（Prateek Chopra）先生对图 1.3 的协助。

参考文献

[1] L. Brillouin, *Wave Propagation in Periodic Structures*, 2nd edn. Dover Publications, 1953.

[2] C. Kittel, *Introduction to Solid State Physics*, 8th edn. Wiley Publishers, 2004.

[3] S. Iijima, "Helical microtubules of graphitic carbon," *Nature*, vol. 354, pp. 56 - 58, 1991.

[4] K. S. Novoselov, A. K. Geim, S. V. Morozov, D. Jiang, Y. Zhang, S. V. Dubonos, V. Grigorieva, and A. A. Firsov, "Electric field effect in atomically thin carbon films," *Science*, vol. 306, pp. 666 - 669, 2004.

[5] I. El-Kady, R. H. Olsson, and J. G. Fleming, "Phononic band-gap crystals

for radio frequency communications," *Applied Physics Letters*, vol. 92, p. 233504, 2008.

[6] J. Vincent, *Structural Biomaterials*, 3rd edn. Princeton University Press, 2012.

[7] L. Gibson, M. Ashby, and B. Harley, *Cellular Materials in Nature and Medicine*. Cambridge University Press, 2010.

[8] C. T. Sun, J. D. Achenbach, and G. Herrmann, "Time-harmonic waves in a stratified medium propagating in the direction of the layering," *Journal of Applied Mechanics-Transactions of the ASME*, vol. 35, pp. 408 – 411, 1968.

[9] R. Esquivel-Sirvent and G. Cocoletzi, "Band-structure for the propagation of elastic-waves in superlattices," *Journal of the Acoustical Society of America*, vol. 95, pp. 86 – 90, 1994.

[10] D. J. Ewins, "Vibration characteristics of bladed disk assemblies," *Journal of Mechanical Engineering Science*, vol. 15, pp. 165 – 186, 1973.

[11] M. P. Castanier, G. Ottarsson, and C. Pierre, "A reduced order modeling technique for mistuned bladed disks," *Journal of Vibration and Acoustics-Transactions of the ASME*, vol. 119, pp. 439 – 447, 1997.

[12] M. Brun, A. B. Movchan, and I. S. Jones, "Phononic band gap systems in structural mechanics: Finite slender elastic structures and infinite periodic waveguides," *Journal of Vibration and Acoustics-Transactions of the ASME*, vol. 135, p. 041013, 2013.

[13] A. L. Abrahamson, *The response of periodic structures to aero-acoustic pressures with particular reference to aircraft skin-rib-spar structures*. PhD Thesis, University of Southampton, 1973.

[14] L. Gibson and M. Ashby, *Cellular Solids: Structure and Properties*, 2nd edn. Cambridge Solid State Science Series, Cambridge University Press, 1999.

[15] D. Mead, "Wave propagation in continuous periodic structures: Research contributions from Southampton 1964 – 1995," *Journal of Sound and Vibration*, vol. 190, no. 3, pp. 495 – 524, 1996.

[16] M. I. Hussein, M. J. Leamy, and M. Ruzzene, "Dynamics of phononic materials and structures: Historical origins, recent progress, and future outlook," *Applied Mechanics Reviews*, vol. 66, no. 4, pp. 040802 – 040802, 2014.

[17]M. M. Sigalas and E. N. Economou, "Elastic and acoustic wave band structure," *Journal of Sound and Vibration*, vol. 158, no. 2, pp. 377 - 382, 1992.

[18]M. S. Kushwaha, P. Halevi, L. Dobrzynski, and B. Djafari-Rouhani, "Acoustic band structure of periodic elastic composites," *Physical Review Letters*, vol. 71, pp. 2022 - 2025, 1993.

[19]E. Yablonovitch, "Inhibited spontaneous emission in solid-state physics and electronic," *Physical Review Letters*, vol. 58, pp. 2059 - 2062, 1987.

[20]S. John, "Strong localization of photons in certain disordered dielectric superlattices," *Physical Review Letters*, vol. 58, pp. 2486 - 2489, 1987.

[21]M. I. Hussein, G. M. Hamza, Hulbert, R. A. Scott, and K. Saitou, "Multiobjetive evolutionary optimization of periodic layered materials for desired wave dispersion characteristics," *Structural and Multidisciplinary Optimization*, vol. 31, pp. 60 - 75, 2006.

[22]M. M. Sigalas, "Defect states of acoustic waves in a two-dimensional lattice of solid cylinders," *Journal of Applied Physics*, vol. 84, pp. 2026 - 3030, 1998.

[23]R. Lucklum and J. Li, "Phononic crystals for liquid sensor applications," *Measurement Science and Technology*, vol. 20, p. 124014, 2009.

[24]L. S. Chen, C. H. Kuo, and Z. Ye, "Acoustic imaging and collimating by slabs of sonic crystals made from arrays of rigid cylinders in air," *Applied Physics Letters*, vol. 85, pp. 1072 - 1074, 2004.

[25]M. Carrara, M. R. Cacan, M. J. Leamy, M. Ruzzene, and A. Erturk, "Dramatic enhancement of structure-borne wave energy harvesting using an elliptical acoustic mirror," *Applied Physics Letters*, vol. 100, no. 20, 2012.

[26]J. K. Yu, S. Mitrovic, D. Tham, J. Varghese, and J. R. Heath, "Reduction of thermal conductivity in phononic nanomesh structures," *Nature Nanotechnology*, vol. 5, pp. 718 - 721, 2010.

[27]M. I. Hussein, S. Biringen, O. R. Bilal, and A. Kucala, "Flow stabilization by subsurface phonons," *Proceedings of the Royal Society A*, vol. 471, p. 20140928, 2015.

[28]Z. Y. Liu, X. X. Zhang, Y. W. Mao, Y. Y. Zhu, Z. Y. Yang, C. T. Chan, and P. Sheng, "Locally resonant sonic materials," *Science*, vol. 289, no. 5485, pp. 1734 - 1736, 2000.

[29]Y. Pennec, B. Djafari-Rouhani, H. Larabi, J. O. Vasseur, and A.-C. Ladky-Hennion, "Low-frequency gaps in a phononic crystal constituted of cylindrical dots deposited on a thin homogeneous plate," *Physical Review B*, vol. 78, p. 104105, 2008.

[30]T. T. Wu, Z. G. Huang, T. C. Tsai, and T. C. Wu, "Evidence of complete band gap and resonances in a plate with periodic stubbed surface," *Applied Physics Letters*, vol. 93, p. 111902, 2008.

[31]B. L. Davis and M. I. Hussein, "Nanophononic metamaterial: Thermal conductivity reduction by local resonance," *Physical Review Letters*, vol. 112, p. 055505, 2014.

[32]P. A. Deymier, *Acoustic Metamaterials and Phononic Crystals*. Springer, 2013.

[33]M. I. Hussein and I. El-Kady, "Preface to special topic: Selected articles from Phononics 2011: The First International Conference on Phononic Crystals, Metamaterials and Optomechanics, 29 May - 2 June, 2011, Santa Fe, NM," *AIP Advances*, vol. 1, p. 041301, 2011.

[34]M. I. Hussein, I. El-Kady, B. Li, and J. Sánchez-Dehesa, "Preface to special topic: Selected articles from Phononics 2013: The Second International Conference on Phononic Crystals/Metamaterials, Phonon Transport and Optomechanics, 2 - 7 June, 2013, Sharm El-Sheikh, Egypt," *AIP Advances*, vol. 4, p. 124101, 2014.

[35]N. A. Fleck, V. S. Deshpande, and M. F. Ashby, "Micro-architectured materials: past, present and future," *Proceedings of the Royal Society A*, vol. 466, no. 2121, pp. 2495 - 2516, 2010.

[36]M. F. Ashby, "Hybrids to fill holes in material property space," *Philosophical Magazine*, vol. 85, no. 26 - 27, pp. 3235 - 3257, 2005.

[37]M. F. Ashby, "The properties of foams and lattices," *Philosophical Transactions of the Royal Society: Mathematical, Physical and Engineering Sciences*, vol. 364, no. 1838, pp. 15 - 30, 2006.

[38]D. Mead, "Wave propagation and natural modes in periodic systems: Ⅰ. Mono-coupled systems," *Journal of Sound and Vibration*, vol. 40, pp. 1 - 18, 1975.

[39]M. I. Hussein, G. M. Hulbert, and R. A. Scott, "Dispersive elastodynamics of 1D banded materials and structures: Analysis," *Journal of Sound and Vibration*, vol. 289, pp. 779 - 806, 2006.

[40]D. Mead, "Wave propagation and natural modes in periodic systems: Ⅱ. Multi-coupled systems, with and without damping," *Journal of Sound and Vibration*, vol. 40, pp. 19 - 39, 1975.

[41]L. Raghavan and A. S. Phani, "Local resonance bandgaps in periodic media: Theory and experiment," *Journal of the Acoustical Society of America*, vol. 134, pp. 1950 - 1959, 2013.

[42]J. Banhart, "Light-metal foams—history of innovation and technological challenges," *Advanced Engineering Materials*, vol. 15, no. 3, pp. 82 - 111, 2013.

[43]M. F. Ashby, T. Evans, N. A. Fleck, L. J. Gibson, J. W. Hutchinson, and H. N. G. Wadley, *Metal Foams: A Design Guide*. Butterworth-Heinemann, 2000.

[44]R. Lakes, "Materials with structural hierarchy," *Nature*, vol. 361, no. 6412, pp. 511 - 515, 1993.

[45]L. J. Gibson, M. F. Ashby, G. S. Schajer, and C. I. Robertson, "The mechanics of two-dimensional cellular materials," *Proceedings of the Royal Society of London A*, vol. 382, no. 1782, pp. 25 - 42, 1982.

[46]L. J. Gibson and M. F. Ashby, *Cellular Solids: Structure and Properties*, 2nd edn. Cambridge Solid State Science Series, Cambridge University Press, 1997.

[47]S. Torquato, L. Gibiansky, M. Silva, and L. Gibson, "Effective mechanical and transport properties of cellular solids," *International Journal of Mechanical Sciences*, vol. 40, no. 1, pp. 71 - 82, 1998.

[48]R. Christensen, "Mechanics of cellular and other low-density materials," *International Journal of Solids and Structures*, vol. 37, no. 1 - 2, pp. 93 - 104, 2000.

[49]V. S. Deshpande, N. A. Fleck, and M. F. Ashby, "Effective properties of the octet-truss lattice material," *Journal of the Mechanics and Physics of Solids*, vol. 49, pp. 1747 - 1769, 2001.

[50]T. A. Schaedler, A. J. Jacobsen, A. Torrents, A. E. Sorensen, J. Lian, J. R. Greer, L. Valdevit, and W. B. Carter, "Ultralight metallic microlattices," *Science*, vol. 334, pp. 962 - 965, 2011.

[51]X. Zheng, H. Lee, T. H. Weisgraber, M. Shusteff, J. DeOtte, E. B. Duoss, J. D. Kuntz, M. M. Biener, Q. Ge, J. A. Jackson, S. O. Kucheyev, N. X. Fang, and C. M. Spadaccinil, "Ultralight, ultrastiff

mechanical metamaterials,"*Science*, vol. 344, pp. 1373 - 1377, 2014.
[52]L. R. Meza, A. J. Zelhofer, N. Clarke, A. J. Mateos, D. M. Kochmann, and J. R. Greer, "Resilient 3D hierarchical architected metamaterials," *Proceedings of the National Academy of Sciences*, vol. 112, pp. 11502 - 11507, 2015.
[53]O. Sigmund, "Tailoring materials with prescribed elastic properties," *Mechanics of Materials*, vol. 20, no. 4, pp. 351 - 368, 1995.
[54]A. Evans, J. Hutchinson, N. Fleck, M. Ashby, and H. Wadley, "The topological design of multifunctional cellular metals,"*Progress in Materials Science*, vol. 46, no. 3 - 4, pp. 309 - 327, 2001.
[55]S. Gonella and M. Ruzzene, "Homogenization of vibrating periodic lattice structures,"*Applied Mathematical Modelling*, vol. 32, pp. 459 - 482, 2008.
[56]S. Nemat-Nasser, J. R. Willis, A. Srivastava, and A. V. Amirkhizi, "Homogenization of periodic elastic composites and locally resonant sonic materials,"*Physical Review B*, vol. 83, p. 104103, 2011.
[57]R. P. Moiseyenko and V. Laude, "Material loss influence on the complex band structure and group velocity in phononic crystals," *Physical Review B*, vol. 83, p. 064301, 2011.
[58]A. S. Phani and M. I. Hussein, "Analysis of damped Bloch waves by the Rayleigh perturbation method," *Journal of Vibration and Acoustics-Transactions of the ASME*, vol. 135, p. 041014, 2013.
[59]M. J. Frazier and M. I. Hussein, "Metadamping: An emergent phenomenon in dissipative metamaterials,"*Journal of Sound and Vibration*, vol. 332, pp. 4767 - 4774, 2013.
[60]R. K. Narisetti, M. J. Leamy, and M. Ruzzene, "A perturbation approach for predicting wave propagation in one-dimensional nonlinear periodic structures,"*Journal of Vibration and Acoustics-Transactions of the ASME*, vol. 132, p. 031001, 2010.
[61]R. Khajehtourian and M. I. Hussein, "Dispersion characteristics of a nonlinear elastic metamaterial,"*AIP Advances*, vol. 4, p. 124308, 2014.
[62]B. Yousefzade and A. S. Phani, "Energy transmission infinite dissipative nonlinear periodic structures from excitation within a stop band," *Journal of Sound and Vibration*, vol. 354, pp. 180 - 195, 2015.
[63]M. Ruzzene and F. Scarpa, "Directional and band-gap behavior of periodic

auxetic lattices,"*Physica Status Solidi (B)*, vol. 242, pp. 665 - 680, 2005.

[64]O. Sigmund and J. Søndergaard Jensen, "Systematic design of phononic band gap materials and structures by topology optimization,"*Philosophical Transactions of the Royal Society of London A*, vol. 361, no. 1806, pp. 1001 - 1019, 2003.

[65]O. R. Bilal and M. I. Hussein, "Ultrawide phononic band gap for combined in-plane and out-of-plane waves,"*Physical Review E*, vol. 84, p. 065701, 2011.

[66]K. Bertoldi and M. C. Boyce, "Mechanically triggered transformations of phononic band gaps in periodic elastomeric structures,"*Physical Review B*, vol. 77, p. 052105, 2008.

[67]D. Torrent and J. Sánchez-Dehesa, "Acoustic cloaking in two dimensions: a feasible approach,"*New Journal of Physics*, vol. 10, p. 063015, 2008.

[68]A. N. Norris, "Acoustic cloaking theory,"*Proceedings of the Royal Society of London A*, vol. 464, pp. 2411 - 2434, 2008.

[69]B. Bouwhuis, J. McCrea, G. Palumbo, and G. Hibbard, "Mechanical properties of hybrid nanocrystalline metal foams,"*Acta Materialia*, vol. 57, no. 14, pp. 4046 - 4053, 2009.

[70]J. Meaud, T. Sain, B. Yeom, S. J. Park, A. B. Shoultz, G. Hulbert, Z.-D. Ma, N. A. Kotov, A. J. Hart, E. M. Arruda, and A. M. Waas, "Simultaneously high stiffness and damping in nanoengineered microtruss composites,"*ACS Nano*, vol. 8, no. 4, pp. 3468 - 3475, 2014. PMID: 24620996.

[71]C. A. Steeves and A. G. Evans, "Optimization of thermal protection systems utilizing sandwich structures with low coefficient of thermal expansion lattice hot faces,"*Journal of the American Ceramic Society*, vol. 94, pp. s55 - s61, 2011.

[72]H. Cundy and A. Rollett, *Mathematical Models*. Tarquin Publications, 1981.

[73]V. Deshpande, M. Ashby, and N. Fleck, "Foam topology: bending versus stretching dominated architectures,"*Acta Materialia*, vol. 49, no. 6, pp. 1035 - 1040, 2001.

[74]J. C. Maxwell, "On the calculation of the equilibrium and stiffness of frames,"*Philosophical Magazine Series 6*, vol. 27, pp. 294 - 299, 1864.

[75]C. Calladine, "Buckminster Fuller's 'tensegrity' structures and Clerk

Maxwell's rules for the construction of stiff frames," *International Journal of Solids and Structures*, vol. 14, no. 2, pp. 161 - 172, 1978.

[76]S. Pellegrino and C. Calladine, "Matrix analysis of statically and kinematically indeterminate frameworks," *International Journal of Solids and Structures*, vol. 22, no. 4, pp. 409 - 428, 1986.

[77]C. P. Broedersz, X. Mao, T. C. Lubensky, and F. C. MacKintosh, "Criticality and isostaticity in fibre networks," *Nature Physics*, vol. 7, no. 12, pp. 983 - 988, 2011.

[78]E. van der Giessen, "Materials physics: Bending Maxwell's rule," *Nature Physics*, vol. 7, no. 12, pp. 923 - 924, 2011.

[79]S. Guest and J. Hutchinson, "On the determinacy of repetitive structures," *Journal of the Mechanics and Physics of Solids*, vol. 51, no. 3, pp. 383 - 391, 2003.

[80]R. Hutchinson and N. Fleck, "The structural performance of the periodic truss," *Journal of the Mechanics and Physics of Solids*, vol. 54, no. 4, pp. 756 - 782, 2006.

[81]A. S. Phani and N. A. Fleck, "Elastic boundary layers in two-dimensional isotropic lattices," *Journal of Applied Mechanics*, vol. 75, p. 021020, 2008.

[82]N. A. Fleck and X. Qiu, "The damage tolerance of elastic-brittle, two-dimensional isotropic lattices," *Journal of the Mechanics and Physics of Solids*, vol. 55, no. 3, pp. 562 - 588, 2007.

[83]M. Madou, *Fundamentals of Microfabrication: The Science of Miniaturization*, 2nd edn. Taylor & Francis, 2002.

[84]H. Wadley, "Cellular metals manufacturing," *Advanced Engineering Materials*, vol. 4, no. 10, pp. 726 - 733, 2002.

[85]H. N. Wadley, "Multifunctional periodic cellular metals," *Philosophical Transactions of the Royal Society of London A*, vol. 364, no. 1838, pp. 31 - 68, 2006.

[86]K.-J. Kang, "Wire-woven cellular metals: The present and future," *Progress in Materials Science*, vol. 69, no. 0, pp. 213 - 307, 2015.

[87]S. T. Brittain, Y. Sugimura, O. J. Schueller, A. Evans, and G. M. Whitesides, "Fabrication and mechanical performance of a mesoscale space-filling truss system," *Journal of Microelectromechanical Systems*, vol. 10, no. 1, pp. 113 - 120, 2001.

[88]D. Jang, L. R. Meza, F. Greer, and J. R. Greer, "Fabrication and deformation of three-dimensional hollow ceramic nanostructures," *Nature Materials*, vol. 12, no. 10, pp. 893 - 898, 2013.

[89]L. R. Meza, S. Das, and J. R. Greer, "Strong, lightweight, and recoverable three-dimensional ceramic nanolattices,"*Science*, vol. 345, no. 6202, pp. 1322 - 1326, 2014.

[90]R. Oftadeh, B. Haghpanah, D. Vella, A. Boudaoud, and A. Vaziri, "Optimal fractal-like hierarchical honeycombs," *Physical Review Letters*, vol. 113, p. 104301, 2014.

[91]P. S. Chang and D. W. Rosen, "The size matching and scaling method: A synthesis method for the design of mesoscale cellular structures," *International Journal of Computer Integrated Manufacturing*, vol. 26, pp. 907 - 927, 2013.

[92]T. Stankovic, J. Mueller, P. Egan, and K. Shea, "A generalized optimality criteria method for optimization of additively manufactured multimaterial lattice structures," *Journal of Mechanical Design-Transactions of the ASME*, vol. 137, p. 111405, 2015.

[93]J. Mueller, K. Shea, and C. Daraio, "Mechanical properties of parts fabricated with inkjet 3D printing through efficient experimental design," *Materials and Design*, vol. 86, pp. 902 - 912, 2015.

[94]N. Wicks and J. W. Hutchinson, "Optimal truss plates," *International Journal of Solids and Structures*, vol. 38, pp. 5165 - 5183, 2001.

[95]A. Evans, J. Hutchinson, and M. Ashby, "Multifunctionality of cellular metal systems,"*Progress in Materials Science*, vol. 43, no. 3, pp. 171 - 221, 1998.

[96]R. Lakes, "Foam structures with a negative Poisson's ratio,"*Science*, vol. 235, no. 4792, pp. 1038 - 1040, 1987.

[97]K. E. Evans and A. Alderson, "Auxetic materials: Functional materials and structures from lateral thinking!"*Advanced Materials*, vol. 12, no. 9, pp. 617 - 628,2000.

[98]G. W. Milton, "Composite materials with Poisson's ratios close to - 1," *Journal of the Mechanics and Physics of Solids*, vol. 40, no. 5, pp. 1105 - 1137, 1992.

[99]R. Lakes, "Cellular solid structures with unbounded thermal expansion," *Journal of Materials Science Letters*, vol. 15, no. 6, pp. 475 - 477, 1996.

[100]C. A. Steeves, S. L. dos Santos e Lucato, M. He, E. Antinucci, J. W. Hutchinson, and A. G. Evans, "Concepts for structurally robust materials that combine low thermal expansion with high stiffness," *Journal of the Mechanics and Physics of Solids*, vol. 55, no. 9, pp. 1803 - 1822, 2007.
[101]C. Steeves, C. Mercer, E. Antinucci, M. He, and A. Evans, "Experimental investigation of the thermal properties of tailored expansion lattices," *International Journal of Mechanics and Materials in Design*, vol. 5, no. 2, pp. 195 - 202, 2009.
[102]R. Langley, N. Bardell, and H. M. Ruivo, "The response of two-dimensional periodic structures to harmonic point loading: A theoretical and experimental study of a beam grillage," *Journal of Sound and Vibration*, vol. 207, no. 4, pp. 521 - 535, 1997.
[103]A. S. Phani, J. Woodhouse, and N. A. Fleck, "Wave propagation in two-dimensional periodic lattices," *The Journal of the Acoustical Society of America*, vol. 119, no. 4, pp. 1995 - 2005, 2006.
[104]M. Ruzzene, F. Scarpa, and F. Soranna, "Wave beaming effects in two-dimensional cellular structures,"*Smart Materials and Structures*, vol. 12, no. 3, p. 363, 2003.
[105]J. Shim, S. Shan, A. Kosmrlj, S. Kang, E. Chen, J. Weaver, and K. Bertoldi, "Harnessing instabilities for design of soft reconfigurable auxetic/chiral materials," *Soft Matter*, vol. 9, pp. 8198 - 8202, 2013.
[106]A. Q. Liu, W. M. Zhu, D. P. Tsai, and N. I. Zheludev, "Micromachined tunable metamaterials: a review,"*Journal of Optics*, vol. 14, no. 11, p. 114009, 2012.
[107]S. dos Santos e Lucato, J. Wang, P. Maxwell, R. McMeeking, and A. Evans, "Design and demonstration of a high authority shape morphing structure,"*International Journal of Solids and Structures*, vol. 41, no. 13, pp. 3521 - 3543, 2004.
[108]S. Mai and N. Fleck, "Reticulated tubes: effective elastic properties and actuation response,"*Proceedings of the Royal Society of London A*, vol. 465, no. 2103, pp. 685 - 708, 2009.
[109]N. Wicks and S. Guest, "Single member actuation in large repetitive truss structures,"*International Journal of Solids and Structures*, vol. 41, no. 3 - 4, pp. 965 - 978, 2004.
[110]R. Hutchinson, N. Wicks, A. Evans, N. Fleck, and J. Hutchinson,

"Kagome plate structures for actuation," *International Journal of Solids and Structures*, vol. 40, no. 25, pp. 6969 - 6980, 2003.

[111]N. A. Fleck and V. S. Deshpande, "The resistance of clamped sandwich beams to shock loading," *Journal of Applied Mechanics*, vol. 71, no. 3, pp. 386 - 401, 2004.

[112]J. W. Hutchinson and Z. Xue, "Metal sandwich plates optimized for pressure impulses," *International Journal of Mechanical Sciences*, vol. 47, no. 4 - 5, pp. 545 - 569, 2005.

[113]K. P. Dharmasena, H. N. Wadley, Z. Xue, and J. W. Hutchinson, "Mechanical response of metallic honeycomb sandwich panel structures to high-intensity dynamic loading," *International Journal of Impact Engineering*, vol. 35, no. 9, pp. 1063 - 1074, 2008.

[114]Z. Xue and J. W. Hutchinson, "A comparative study of impulse-resistant metal sandwich plates," *International Journal of Impact Engineering*, vol. 30, no. 10, pp. 1283 - 1305, 2004.

[115]N. Kambouchev, R. Radovitzky, and L. Noels, "Fluid-structure interaction effects in the dynamic response of free-standing plates to uniform shock loading," *Journal of Applied Mechanics*, vol. 74, no. 5, pp. 1042 - 1045, 2006.

[116]J. Harrigan, S. Reid, and A. S. Yaghoubi, "The correct analysis of shocks in a cellular material," *International Journal of Impact Engineering*, vol. 37, no. 8, pp. 918 - 927, 2010.

[117]A. Evans, M. He, V. Deshpande, J. Hutchinson, A. Jacobsen, and W. Carter, "Concepts for enhanced energy absorption using hollow micro-lattices," *International Journal of Impact Engineering*, vol. 37, no. 9, pp. 947 - 959, 2010.

[118]L. E. Murr, S. M. Gaytan, F. Medina, H. Lopez, E. Martinez, B. I. Machado, D. H. Hernandez, L. Martinez, M. I. Lopez, R. B. Wicker, and J. Bracke, "Next-generation biomedical implants using additive manufacturing of complex, cellular and functional mesh arrays," *Philosophical Transactions of the Royal Society of London A*, vol. 368, no. 1917, pp. 1999 - 2032, 2010.

[119]E. M. K. Abad, D. Pasini, and R. Cecere, "Shape optimization of stress concentration-free lattice for self-expandable nitinol stent-grafts," *Journal of Biomechanics*, vol. 45, no. 6, pp. 1028 - 1035, 2012.

1

[120]G. R. Douglas, A. S. Phani, and J. Gagnon, "Analyses and design of expansion mechanisms of balloon expandable vascular stents," *Journal of Biomechanics*, vol. 47, no. 6, pp. 1438 - 1446, 2014.

[121]T. W. Tan, G. R. Douglas, T. Bond, and A. S. Phani, "Compliance and longitudinal strain of cardiovascular stents: Influence of cell geometry," *Journal of Medical Devices*, vol. 5, no. 4, pp. 041002 - 041002, 2011.

1

第 2 章

点阵材料弹性静力学

D. 帕西尼(D. Pasini)和 S. 阿拉布内贾德(S. Arabnejad)
加拿大,魁北克省,蒙特利尔,麦吉尔大学,机械工程系

2

2.1 引言

多孔材料可根据胞元的排列形式大致分类。在海绵中,胞元通常是无序排列的,而在点阵材料中,胞元的排列通常是有序的[1]。点阵材料是由一个初始胞元沿周期性方向排列产生的网格状结构,其胞元的特征长度比整体长度低至少一到两个数量级,材料的整体特性可根据它的一个代表性体积单元(representative volume element, RVE)确定。如果点阵材料的力学响应与代表性体积单元相同,则点阵材料可简单地等效为与其特性相同的均质连续体。这是均质化过程的基本原理。它可以避免对每个离散胞元的直接分析,从而节省时间和计算资源。

一般来说,对于点阵材料,代表性体积单元可以(在规则点阵中)仅包含一个典型的胞元,也可以(在半规则点阵中)包含不同的胞元。然而,如果要对点阵材料的非线性行为进行研究,代表性体积单元一般应包含多个胞元[2]。

点阵材料的力学响应受许多因素的影响。最主要的一种是描述胞元内单元排布的拓扑,这与周期桁架结构中的构件布局非常相似。除了胞元拓扑以外,点阵材料的节点连接方式、体积分数以及材料属性也具有影响,它们共同决定了胞元的变形模式(可以为拉伸、弯曲或两者混合),进而影响结构强度(比如拉伸主导型单元会比弯曲主导型单元具有更高的结构强度)。为了便于区分,可以将结构力学的一些基本概念(如桁架的静定性分析)适当地推广到点阵材料中[3-7]。基于此,可以通过计算胞元平衡矩阵的秩 k 来识别其自身的应力状态和内部自由度。比如,$k = 3$(或 6)是确定二维(或三维)销接框架刚度的充要条件[3]。满足此条件的刚性点阵结构有正三角(二维)和八角(三维)桁架。如果 k 超过这些值,点阵材料会变为静不定的冗余结构。另一方面,在三维点阵材料中,$k < 6$ 意味着存在 $6 - k$ 个独立自由度,比如 $k = 3$ 的立方销接点阵具有 3 个自由度[3]。

可以通过多种理论、计算以及实验的手段来研究点阵材料的力学性能[8-26]。希夫松(Gibson)和阿什比(Ashby)[27]、马斯特斯(Masters)和埃文斯(Evans)[9]、克里斯坦森(Christensen)[10]以及旺(Wang)和麦克道尔(McDowell)[11,28]等开展了一系列值得关注的理论研究,采用代表性体积单元获得了材料等效力学特性的封闭解。这里简要介绍上述理论方法通常采用的一些基本假设。一般来说,在代表性体积单元边界上应施加均匀的牵引力,并假定其中的胞壁遵循欧拉-伯努利(Euler-Bernoulli)梁假设。然后,通过求解变形关系和平衡方程来确定胞元内各个元件的内力和弯矩,并获得正应变和剪应变,以此计算其等效弹性特性和屈服强度。这是一种"基于力"的均质化方法,该方法适用于研究静定和动定的胞元,但是对于包含一种或多种自应力状态或内部自由度的静不定胞元还需要额外的处理[11]。其他需要注意的理论方法是微极理论(micropolar theory)[13-17,29]。在该理论中,除了平移变形外,还需要引入独立的微观转动自由度[30-31],通过对代表性体积单元的显式结构分析[16-17]或根据能量法[12-15]来获得刚度矩阵中的微极弹性常数。

在众多计算方法中,渐近均质化(asymptotic homogenization, AH)方法已成功地被用于预测周期性复合结构的等效力学性能[19,32-34]。该方法不仅广泛应用于多孔材料(如组织支架[20,35-37])的表征,还广泛应用于复合材料的表征以及结构的拓扑优化[38-41]。渐近均质化方法假设任何场量(如位移)都可以表示为渐近展开的形式,这样就能够通过平衡控制方程推导出结构的等效性质[32-33]。实验结果表明,渐近均质化方法可以可靠、准确地预测出非均质周期性结构的性能[42-47]。

结合布洛赫定理和柯西-玻恩(Cauchy-Born)准则的方法也已经成功地被用于研究二维点阵材料的弹性静力学响应[48-49]。哈钦森(Hutchinson)和弗莱克(Fleck)[48]首先确定了点阵材料的微观节点变形与宏观应变场的关系,以此推导出材料的宏观刚度特性。该方法最初用于表征胞元具有一定对称性的拓扑结构,比如笼目点阵和三角-三角点阵,后来进一步推广到胞元是任意的几何形状的情形[49]。

另一种方法涉及对均质连续体偏微分运动方程的分析[50]。它通过对胞元进行有限元离散来建立离散点阵的方程,由此确定周期性介质的控制方程。然后,通过比较均质化方程和连续体弹性方程的系数来确定胞元的均质化特性。最近,一种更为通用的基于矩阵的方法也被用于分析弯曲主导型和拉伸主导型的二维和三维胞元拓扑结构[51-52]。这种多尺度的研究框架已用于对点阵材料进行线性和非线性分析,可以同时确定其等效材料刚度和屈服强度。

综上所述,目前已经建立了多种方法来表征点阵材料的弹性静力学行为。其中一些是专门为多孔材料提出的,其他的则源于处理非均质介质、材料空间随机性、固体物理学和应用力学等多个相关学科。在本章中,我们仅选择了一些最相关的方法进行介绍。在下一节中，我们首先介绍代表性体积单元和它所采用的主要边界条件，然后对每一种同质化方法进行简要回顾，重点介绍其基本假设和优缺点。紧接着，我们采用一系列不同的均质化方法分析六角形点阵。在给定的相对密度范围内，对比分析研究了它们对等效弹性常数和强度的预测精度。

2.2　代表性体积单元

代表性体积单元是确定点阵材料等效性质的基础，这一概念起源于埃谢尔比(Eshelby)[53]采用自洽方法研究具有均匀边界条件的无限体中含椭球夹杂的问题，并由希尔(Hill)[54]、哈辛(Hashin)[55-56]、内马特-纳塞尔(Nemat-Nasser)[57]和威利斯(Willis)[58]等人在研究特征长度比宏观介质低几个数量级的非均质材料时正式提出。他们假设非均匀材料的总体性质可以通过对其局部区域进行分析而得到。在这部分区域中，通过均质化过程，可以方便地采用代表性体积单元获得等价均匀介质的等效性质。为此，代表性体积单元应包含非均质材料的主要微观结构特征，并在边界上受到均匀应变或应力作用时具有与无限介质相同的响应[26,59-60]。不像全尺寸模拟那样对每个微观非均质体都进行明确描述，均质化方法在节省计算时间方面具有明显的优势。

图 2.1 说明了含正方形胞元点阵材料的均质化方法。具有周期性微结构的物体 Ω，在边界 Γ_t 和 Γ_d 分别受到面力 t 和位移 d 约束，并承受体力 f。假设该物体可用一个均匀的物体 $\bar{\Omega}$ 代替，受到的位移约束和外力约束保持不变。那么，令 Ω 和 $\bar{\Omega}$ 的宏观力学行为一致可以确定代表性体积单元的等效力学性能。

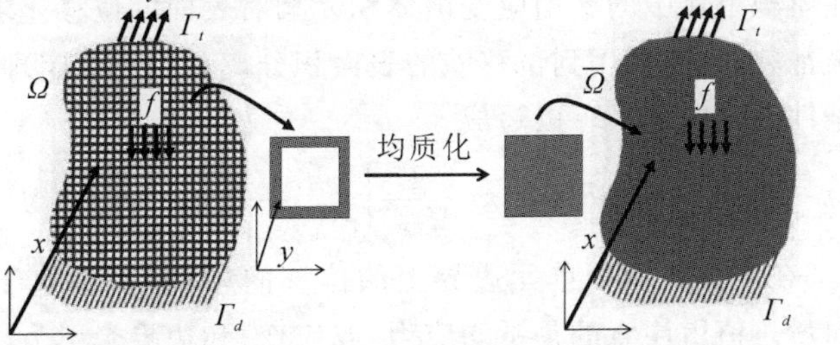

图 2.1　均质化示意图：将一个由方形胞元组成的点阵材料(左图)等效为均匀介质(右图)(等效特性通过分析代表性体积单元得到)

对于点阵材料以及任意一类复合材料来说，最简单的均质化方法是混合法则。该方法假设非均质材料的等效性质可以通过对其物理性质简单地加权求平均得到，而不需要考虑边界条件、胞元的拓扑特性及其他因素。另外，周期性介质 Ω 的代表性体积单元定义具有更多的限制性要求。一个要求是均质化后 $\bar{\Omega}$ 的本构方程和材料性质是位置无关的。另一个要求则涉及代表性体积单元和等效介质力学行为的等价性:对于给定的形状和尺寸,等效性条件应始终满足;并且当两个体积胞元的力学场量(如应力和应变)的平均值相等时,这一条件也应满足(图 2.1)。等效性质可以分别针对代表性体积单元的表面积或者体积来运算求解[61-65]。前者利用代表性体积单元的表面性质计算应力和应变的平均值,而后者则是通过计算体积的平均应变能求解。我们将在 2.3 节和 2.4 节中以点阵材料为例,分别介绍面平均和体积平均这两种均质化方法,本章后续章节将介绍其他的均质化方法。

2

2.3 表面平均法

表面平均法假设对代表性体积单元表面施加分布的应力或应变,在与代表性体积单元同等大小的均质材料中,这些分布载荷会产生平均应力(对于给定牵引力)或平均应变(对于给定位移)。平均应力与边界上所施加的牵引力的关系为

$$\bar{\boldsymbol{\sigma}} = \frac{1}{V_{\mathrm{RVE}}}\int_{V_{\mathrm{RVE}}} \boldsymbol{\sigma}\mathrm{d}V_{\mathrm{RVE}} = \frac{1}{V_{\mathrm{RVE}}}\int_{\Gamma_{\mathrm{RVE}}} \frac{1}{2}(t_i y_j + t_j y_i)\mathrm{d}\Gamma_{\mathrm{RVE}} \tag{2.1}$$

其中,$\bar{\boldsymbol{\sigma}}$为整体的平均应力张量;$\boldsymbol{\sigma}$ 为代表性体积单元中每一点处的应力张量;t_i 为施加在代表性体积单元边界上的牵引力;y_j 为代表性体积单元边界上每一点的坐标;Γ_{RVE}为代表性体积单元的边界。下标 i 和 j 遵循爱因斯坦求和约定。式(2.1)描述了应力分量沿代表性体积单元表面的分布情况。

第二个要求是代表性体积单元和等效介质内分别产生的应变张量 $\boldsymbol{\varepsilon}$ 和$\bar{\boldsymbol{\varepsilon}}$ 的等价性。代表性体积单元中的平均应变由体积元相对表面的位移差求得。如果位移差沿表面不是常数,则需要用到位移差的表面积分。利用散度定理,平均应变张量与位移边界条件之间的关系可以写成

$$\bar{\boldsymbol{\varepsilon}} = \frac{1}{V_{\mathrm{RVE}}}\int_{V_{\mathrm{RVE}}} \boldsymbol{\varepsilon}\mathrm{d}V_{\mathrm{RVE}} = \frac{1}{V_{\mathrm{RVE}}}\int_{\Gamma_{\mathrm{RVE}}} \frac{1}{2}(\boldsymbol{u}_i\boldsymbol{n}_j + \boldsymbol{u}_j\boldsymbol{n}_i)\mathrm{d}\Gamma_{\mathrm{RVE}} \tag{2.2}$$

式中,$\boldsymbol{u}_i$ 为施加在代表性体积单元边界上的位移向量;$\boldsymbol{n}_j$ 为垂直于代表性体积单元边界的法向量。值得注意的是平均应力(或应变)和边界牵引力(或位移)之间的关系并不是唯一的。不同的边界积分位移可以得到相同的平均应变。因此,当原位边界条件未知时,一般认为式(2.1)中的位移或式(2.2)中的牵引力是均匀的。

一般来说,可以采用不同的边界条件来预测代表性体积单元的特性。主要的边界条件有狄利克雷(Dirichlet)边界条件、诺伊曼(Neumann)边界条件、混合边界条件和周期性边界条件。由于混合边界条件包含了狄利克雷边界条件和诺伊曼边界条件,它可以根据狄利克雷边界条件和诺伊曼边界条件得到。对于这些边界条件,我们可以将弹性问题的控制方程写成

$$\sigma(x)_{ij,j}=0, x\in\Omega\begin{cases}\boldsymbol{u}_i\mid_{\Gamma}=\bar{\boldsymbol{\varepsilon}}_{ij}^{kl}x_j\mid_{\Gamma_{\mathrm{RVE}}} & \text{狄利克雷边界条件}\\ \boldsymbol{T}_i\mid_{\Gamma}=\bar{\boldsymbol{\sigma}}_{ij}^{kl}\boldsymbol{n}_j\mid_{\Gamma_{\mathrm{RVE}}} & \text{诺伊曼边界条件}\\ \boldsymbol{u}_i^{A+}-\boldsymbol{u}_i^{A-}=\bar{\boldsymbol{\varepsilon}}_{ij}^{kl}(x_j^{A+}-x_j^{A-}) & \text{周期性边界条件}\end{cases}\tag{2.3}$$

其中，$\boldsymbol{\sigma}_{ij}$ 为应力张量在代表性体积单元中的分量；$(\cdot)_{,i}$ 为某个场量在全局坐标系下的梯度；x_i 为节点坐标；$\bar{\boldsymbol{\varepsilon}}_{ij}^{kl}$ 和 $\bar{\boldsymbol{\sigma}}_{ij}^{kl}$ 是代表性体积单元边界上第 kl 个牵引力（或应变）的宏观单位应变和应力；$A+$ 和 $A-$ 表示代表性体积单元边界上第 A 对相对应的平行表面。在定义代表性体积单元时，对狄利克雷边界条件和周期性边界条件在边界节点上应施加单位应变，而对诺伊曼边界条件则应施加均匀的牵引力。在有限元分析中，可以通过节点的位移约束施加周期性边界条件，这自动保证了代表性体积单元边界上的牵引力连续性。

2

对于狄利克雷边界条件和周期性边界条件，只需将三种均匀应变状态（三维情况下为六种）应用于代表性体积单元。然后，引入一个局部结构应变张量 $\boldsymbol{M}$，把局部（微观）应变 $\boldsymbol{\varepsilon}^{kl}$ 表示为平均应变 $\bar{\boldsymbol{\varepsilon}}^{kl}$ 的函数：

$$\boldsymbol{\varepsilon}^{kl}=\boldsymbol{M}\bar{\boldsymbol{\varepsilon}}^{kl}\tag{2.4}$$

利用 $\boldsymbol{M}$，代表性体积单元内任意一点的局部应变就可以通过平均应变计算得到：

$$\boldsymbol{\varepsilon}=\boldsymbol{M}\bar{\boldsymbol{\varepsilon}}\tag{2.5}$$

然后，根据胡克(Hooke)定律得到代表性体积单元上的微观应力分布：

$$\boldsymbol{\sigma}=\boldsymbol{E}\boldsymbol{\varepsilon}\tag{2.6}$$

其中，$\boldsymbol{E}$ 是点阵中基体材料的刚度张量。把式(2.5)和式(2.6)代入式(2.1)，可得到代表性体积单元上应力的平均值：

$$\bar{\boldsymbol{\sigma}}=\frac{1}{V_{\mathrm{RVE}}}\int_{V_{\mathrm{RVE}}}\boldsymbol{\sigma}\mathrm{d}V_{\mathrm{RVE}}=\frac{1}{V_{\mathrm{RVE}}}\int_{V_{\mathrm{RVE}}}\boldsymbol{E}\boldsymbol{M}\mathrm{d}V_{\mathrm{RVE}}\,\bar{\boldsymbol{\varepsilon}}\tag{2.7}$$

由此，描述代表性体积单元等效弹性特性的等效刚度张量可以定义为

$$\bar{\boldsymbol{E}}=\frac{1}{V_{\mathrm{RVE}}}\int_{V_{\mathrm{RVE}}}\boldsymbol{E}\boldsymbol{M}\mathrm{d}V_{\mathrm{RVE}}\tag{2.8}$$

其中，$\bar{\boldsymbol{E}}$ 是描述代表性体积单元有效弹性特性的刚度张量。

对于诺伊曼边界条件，需要将三种均匀的应力状态（三维为六种）施加在代表性体积单元上，然后求解局部问题可得微观应力分布。假设存在一个线弹性介质，可定义一个局部结构应力张量 $\boldsymbol{N}$ 来联系平均应力 $\bar{\boldsymbol{\sigma}}^{kl}$ 和局部（微观结构）应力 $\boldsymbol{\sigma}^{kl}$：

$$\boldsymbol{\sigma}^{kl}=\boldsymbol{N}\bar{\boldsymbol{\sigma}}^{kl}\tag{2.9}$$

局部结构应力张量还可用于从代表性体积单元内任一点的任意宏观应力获取其局部应力。为了获得等效材料特性，应由式(2.2)计算代表性体积单元的平均应变。宏观应变和应力可以通过等效柔度矩阵 $\bar{\boldsymbol{S}}$ 联系起来：

$$\bar{\boldsymbol{\varepsilon}}=\bar{\boldsymbol{S}}\bar{\boldsymbol{\sigma}}\tag{2.10}$$

由于对代表性体积单元施加的是均匀宏观应力，等效柔度矩阵的每一列都是由式(2.2)计算的宏观应变。

边界条件对任何均质化方法都是至关重要的。与其他边值问题一样，作用于代表性体积单元的边界类型会影响解的精度。狄利克雷边界条件和诺伊曼边界条件没有严格的物理基础，它们不能保证整个点阵材料中位移场的连续性。此外，基于它们获得的结果通常会受到代表性体积单元的大小和形状的影响，这是不可取的。研究表明，狄利克雷边界条件的结果接近沃伊特(上)界[66]，而诺伊曼边界条件的结果接近罗伊斯(下)界[67]。适用于代表性体积单元的一种更精确的边界条件类型是混合边界条件[26,68]，它产生的结果非常接近使用周期性边界条件得到的结果。然而，混合边界条件也有其局限性，它只能应用于至少具有正交各向异性对称性的点阵材料。而周期性边界条件则不受胞元拓扑类型的限制，因为它保证了位移和牵引力在代表性体积单元边界上的连续性，从而协调了胞元之间的变形。在本章最后的算例中，我们将进一步比较狄利克雷边界条件、诺伊曼边界条件和周期性边界条件三种边界条件。

2

2.4 体积平均法

对于某些拓扑结构(如非正交各向异性拓扑结构)的胞元，使用表面平均法预测等效应变能时会产生误差。例如，如果力偶作用在单元节点和代表性体积单元表面上，式(2.1)计算的代表性体积单元表面的平均应力为零，这意味着通过表面平均方法确定的等效特性不能解释力偶的贡献。虽然对于一些基本形状的胞元，通过选择外表面 Γ_{RVE} 不受力偶作用的代表性体积单元可以避免这一限制[69-71]，但对于更复杂几何形状的胞元，表面平均方法是无法使用的。在这种情况下，可以采用体积平均法[64-65]。

体积平均法基于如下假设：当给定的代表性体积单元与等效介质的应变能相等时，可以认为它们产生的力学响应也是等效的，即

$$W_{\mathrm{RVE}}=\frac{1}{2}\int_{V}\boldsymbol{\sigma}^{kl}\boldsymbol{\varepsilon}^{kl}\,\mathrm{d}V=\frac{V}{2}\,\bar{\boldsymbol{\varepsilon}}^{kl}\bar{\boldsymbol{E}}\,\bar{\boldsymbol{\varepsilon}}^{kl}=\frac{V}{2}\,\bar{\boldsymbol{\sigma}}^{kl}\bar{\boldsymbol{S}}\,\bar{\boldsymbol{\sigma}}^{kl} \tag{2.11}$$

其中，W_{RVE} 和 V 分别为代表性体积单元的应变能和体积。

对于具有正交各向异性单元拓扑的二维问题，等效刚度和柔度矩阵由四个独立的分量定义。为了获得等效刚度张量，需要在具有诺伊曼边界条件或周期性边界条件的代表性体积单元上施加四种均匀应变状态，即两个单轴应力、一个双轴应力和一个剪应力。例如，如果 $\bar{\boldsymbol{\varepsilon}}^{11}=[1\quad 0\quad 0]$ 应用于胞元，刚度张量的第一个分量为 $\bar{E}_{1111}=(2W_{\mathrm{RVE}})/V$。另一方面，通过对代表性体积单元边界施加均匀应力 $\bar{\boldsymbol{\sigma}}^{11}=[1\quad 0\quad 0]$，我们可以得到柔度张量的第一分量为 $\bar{S}_{1111}=(2W_{\mathrm{RVE}})/V$。与狄

利克雷边界条件类似，局部代表性体积单元问题的未知量个数应与柔度张量独立参数的个数相对应。因此，对于一般的二维或三维的各向异性点阵材料，需要分别对代表性体积单元施加 6 个或 21 个均匀的宏观应变/应力，才能得到等效的刚度/柔度张量。

此外，体积平均法常用于预测多孔材料的等效性能[72-74]。由于使用了能量守恒这一连续介质力学的基本定律，该方法具有坚实的物理基础，其应用也不受胞元拓扑及几何对称性的限制。

2.5 基于力的方法

经典的基于力的方法已经广泛应用于预测多孔材料的线弹性行为[9,27,75-81]。早期的线弹性变形研究仅考虑多孔材料中壁的轴向伸长[75,82]，后来的修正模型将弯曲和剪切变形也考虑在内[9,77,79-81]。由于这种方法通常采用细长胞壁假设[9,11,27]，所以对于弯曲主导型的点阵材料，主要采用欧拉-伯努利梁和铁摩辛柯(Timoshenko)梁单元来描述胞壁变形[9,11,27]；而拉伸主导的点阵材料则把胞壁视为一维杆单元，主要通过拉伸变形模式来描述。

基于力的方法应用于点阵材料时，一般需要假定场量在代表性体积单元上是均匀的，因此一般对代表性体积单元的边界施加均匀的牵引力。如果点阵的拓扑结构是拉伸主导且静定的，如二维三角形点阵、笼目点阵和菱形点阵，由于不存在内部自由度和自应力状态，每个胞元内的力可简单地由平衡方程和周期性边界条件得到。另一方面，对于超静定点阵，如正方形/三角形混合拓扑和其他更复杂的胞元拓扑结构，经常会出现一个或多个自应力状态被忽略的情况。在这种情况下，静平衡方程不足以确定内力和胞壁内的反作用力，这时可以根据点阵节点处的协调方程把胞元内的正应变表示为内力的函数。因此，通过求解这个线性方程组可以得到点阵内的微观应力和应变，从而确定点阵的等效弹性特性和屈服强度。

基于力的方法的主要优点是可以用封闭表达式来描述材料的等效特性，从而可以很方便地生成材料特性表。等效弹性模量和屈服强度可表示为相对密度的函数，进而用于点阵材料的分析和设计。已有的研究表明，这些表达式通常仅适用于相对密度较低($\bar{\rho}<0.3$)的情形[11,27]；对于相对密度较高的情况，由于胞元边缘和顶点处具有明显的轴向和剪切变形，杆/梁理论预测的结果会引起较大误差[83]。

2.6 渐近均质化方法

渐近均质化方法是一套成熟的方法，具有坚实的数学基础。该方法源于 20 世纪 70 年代，应用于传热学、波传播和电磁学[34,87-89]等多个物理学和工程领域中，求解周期性材料的等效特性[84-86]。已有的研究表明，渐近均质化可以得到与实验一致的结果[42-47]。它的基本假设是每个物理场量由两个不同的尺度决定：一个是宏观层面的 x；另一个是微观层面的 $y=x/\varepsilon$，ε 是一个将胞元尺寸放大到宏观材料尺寸的放大因子。渐近均质化还假设位移等物理场量在宏观上是平滑变化的，而在微观上是周期性的[32,90]。利用渐近均质化，可将多孔弹性体中的位移场 u 等每个物理场展开为关于 ε 的幂级数的形式：

$$u_i^{\varepsilon}(x)=u_{0i}(x,y)+\varepsilon u_{1i}(x,y)+\varepsilon^2 u_{2i}(x,y)+\cdots \tag{2.12}$$

其中，函数 u_{1i} 和 u_{2i} 是由于微结构引起的位移场扰动；u_{0i} 是仅依赖于宏观尺寸的位移场的平均值[32]。它们相对于局部坐标 y 是周期性变化的，这意味着它们在胞元的相对面上会产生相同的值。在全局坐标下对位移场的渐近展开式求导，并利用链式法则可以把小变形应变张量写为

2

$$\boldsymbol{\varepsilon}=\bar{\boldsymbol{\varepsilon}}+\boldsymbol{\varepsilon}^*,\bar{\varepsilon}_{ij}=\frac{1}{2}\left(\frac{\partial u_{0i}}{\partial x_j}+\frac{\partial u_{0j}}{\partial x_i}\right),\varepsilon_{ij}^*=\frac{1}{2}\left(\frac{\partial u_{1i}}{\partial y_j}+\frac{\partial u_{1j}}{\partial y_i}\right) \tag{2.13}$$

其中，$\bar{\boldsymbol{\varepsilon}}$ 为平均应变或宏观应变；$\boldsymbol{\varepsilon}^*$ 为周期性扰动的微观应变。将应变张量代入胞元体 Ω 的平衡方程标准弱形式中，可以得到[90]

$$\int_{\Omega}\boldsymbol{E}(\boldsymbol{\varepsilon}^0(v)+\boldsymbol{\varepsilon}^1(v))(\bar{\boldsymbol{\varepsilon}}+\boldsymbol{\varepsilon}^*)\mathrm{d}\Omega=\int_{\Gamma_t}\boldsymbol{tv}\,\mathrm{d}\Gamma \tag{2.14}$$

其中，$\boldsymbol{E}$ 为与代表性体积单元内部位置有关的局部弹性张量；$\boldsymbol{\varepsilon}^0(v)$ 和 $\boldsymbol{\varepsilon}^1(v)$ 分别为虚宏观应变和虚微观应变；$\boldsymbol{t}$ 为边界 Γ_t 上的牵引力；虚位移 $\boldsymbol{v}$ 只在微观层面上变化，而在宏观层面上保持不变。基于上述假设，可以得到微观尺度上的平衡方程为

$$\int_{\Omega}\boldsymbol{E}\boldsymbol{\varepsilon}^1(v)(\bar{\boldsymbol{\varepsilon}}+\boldsymbol{\varepsilon}^*)\mathrm{d}\Omega=0 \tag{2.15}$$

对代表性体积单元进行体积分(V_{RVE})，式(2.15)可改写为

$$\int_{V_{\mathrm{RVE}}}\boldsymbol{E}\boldsymbol{\varepsilon}^1(v)\boldsymbol{\varepsilon}^*\,\mathrm{d}\Omega=-\int_{V_{\mathrm{RVE}}}\boldsymbol{E}\boldsymbol{\varepsilon}^1(v)\bar{\boldsymbol{\varepsilon}}\mathrm{d}\Omega \tag{2.16}$$

式(2.16)表示定义在代表性体积单元内的一个局部问题。对于给定的宏观应变，如果已知波动应变 $\boldsymbol{\varepsilon}^*$，就可以对材料进行表征。对边的节点位移应设置为相等，同时在代表性体积单元边缘施加周期性边界条件来保证应变场的周期性[90-91]。式(2.16)可以离散化，并通过有限元分析求解[19,33,90,92]。于是，将式(2.16)简化可得到微观位移场 $\boldsymbol{d}$ 与力矢量 $\boldsymbol{f}$ 的关系：

$$\boldsymbol{Kd}=\boldsymbol{f} \tag{2.17}$$

其中，$\boldsymbol{K}$ 为全局刚度矩阵，其定义为

$$\boldsymbol{K}=\sum_{e=1}^{m}\boldsymbol{k}^e,\boldsymbol{k}^e=\int_{Y^e}\boldsymbol{B}^{\mathrm{T}}\boldsymbol{EB}\,\mathrm{d}Y^e \tag{2.18}$$

其中，$\sum_{e=1}^{m}(\cdot)$ 为有限元装配算子，m 是单元的个数；$\boldsymbol{B}$ 是应变-位移矩阵；Y^e 是单

元的体积。式(2.17)中的力矢量 $\boldsymbol{f}$ 表示为

$$\boldsymbol{f}=\sum_{e=1}^{m}\boldsymbol{f}^{e},\boldsymbol{f}^{e}=\int_{Y^{e}}\boldsymbol{BE}\,\bar{\boldsymbol{\varepsilon}}(u)\mathrm{d}Y^{e} \tag{2.19}$$

式(2.19)既可以用于微观结构的线弹性分析,也可以用来表征胞元弹塑性变形引起的材料非线性效应。材料的屈服强度和等效弹性模量可以通过对微结构的线性分析来表征,而材料的极限强度需要通过弹塑性分析求得。在最新的关于二维拓扑结构的研究中,渐近均质化方法已被应用于分析点阵材料的弹塑性行为[93]。

考虑小变形假设和弹性材料特性,式(2.17)的解可通过局部结构应变张量 $\boldsymbol{M}$ 表示为与宏观应变 $\bar{\boldsymbol{\varepsilon}}(u)$ 和微观应变 $\boldsymbol{\varepsilon}(u)$ 有关的形式:

$$\boldsymbol{\varepsilon}(u)=\boldsymbol{M}\bar{\boldsymbol{\varepsilon}}(u) \tag{2.20}$$

对于二维情况,需要三个独立的单位应变来构造 $\boldsymbol{M}$ 矩阵:

$$\bar{\boldsymbol{\varepsilon}}^{11}=[1\quad 0\quad 0]^{\mathrm{T}},\bar{\boldsymbol{\varepsilon}}^{22}=[0\quad 1\quad 0]^{\mathrm{T}},\bar{\boldsymbol{\varepsilon}}^{12}=[0\quad 0\quad 1]^{\mathrm{T}} \tag{2.21}$$

将宏观应变代入式(2.21)中,可以通过式(2.17)计算得到微观位移所需的力矢量。利用应变-位移矩阵 $\boldsymbol{B}$ 确定扰动应变张量 $\boldsymbol{\varepsilon}^{*}(u)$,进而通过式(2.13)计算微观应变张量 $\boldsymbol{\varepsilon}(u)$。一旦 $\bar{\boldsymbol{\varepsilon}}(u)$ 和 $\boldsymbol{\varepsilon}(u)$ 已知,求解三组方程(二维情况下)就可以得到单元质心处的局部结构张量 $\boldsymbol{M}$。由于此处考虑了三个独立的单位应变,矩阵 $\boldsymbol{M}$ 的每一列表示微观应变张量 $\boldsymbol{\varepsilon}(u)$。通过对代表性体积单元上的微观应力积分并除以其体积,可以确定等效刚度矩阵,如式(2.7)所示。由于式(2.8)定义的等效刚度矩阵 $\bar{\boldsymbol{E}}$ 将均质化材料的宏观应变与宏观应力联系起来,所以渐近均质化还可以确定宏观应力,进而得到微观屈服强度、疲劳极限或断裂强度。为了计算胞元的屈服强度,可通过下式确定与多轴宏观应力 $\bar{\boldsymbol{\sigma}}$ 对应的微观应力分布 $\boldsymbol{\sigma}$:

$$\boldsymbol{\sigma}=\boldsymbol{EM}(\bar{\boldsymbol{E}})^{-1}\bar{\boldsymbol{\sigma}} \tag{2.22}$$

然后,利用微结构的冯·米塞斯(von Mises)应力分布得到胞元的屈服面,即

$$\bar{\boldsymbol{\sigma}}^{y}=\frac{\sigma_{\mathrm{ys}}}{\max\{\sigma_{\mathrm{vM}}(\boldsymbol{\sigma})\}}\bar{\boldsymbol{\sigma}} \tag{2.23}$$

其中,$\bar{\boldsymbol{\sigma}}^{y}$ 为胞元的屈服面;σ_{ys} 为基体材料的屈服强度;$\sigma_{\mathrm{vM}}(\cdot)$ 为微结构在宏观应力作用下的冯·米塞斯应力。为计算胞元在 x、y 方向单轴拉伸以及纯剪切下的屈服强度,可将宏观单位应力代入式(2.23)。$\bar{\sigma}_{xx}^{y}$、$\bar{\sigma}_{yy}^{y}$ 及 $\bar{\tau}_{xy}^{y}$ 分别为胞元在 x、y 方向单轴拉伸以及纯剪切条件下的宏观屈服强度。为了在多轴加载下确定胞元的屈服面,应对多轴应力的交替组合重复上述过程。

实验结果表明,渐近均质化方法对于非均质周期材料的等效力学性能的预测结果是准确的[42-47]。高野(Takano)等人[42]用渐近均质化分析了编织结构复合材料在大变形条件下的微观-宏观耦合行为,预测的微结构大变形与实验结果吻合。此外,为了验证渐近均质化方法计算结果的准确性,研究者们将孔隙率为 3.1%的

氧化铝等效弹性模量预测值与实验结果比较发现，相对误差仅为1%[43]。吉诺瓦特-迪亚斯(Guinovart-Díaz)等[44-45]利用渐近均质化方法计算了两相纤维复合材料的等效热弹性系数，计算结果与实验结果吻合。在最近的一项研究中，渐近均质化方法被应用于预测三维编织复合材料的失效行为，其预测的应力-应变响应和失效模式与实验结果也吻合[47]。

与其他均质化方法相比，渐近均质化方法的一个显著优点是可以准确确定胞元内的应力分布，因此可被用于仔细分析非均质周期材料的强度和损伤[34,92,94]。此外，渐近均质化方法不受胞元拓扑结构和相对密度范围的限制，因而可以处理任意相对密度的点阵材料。近期的一项研究求解了六种二维胞元拓扑结构在完整的相对密度范围内的等效弹性常数和屈服强度等相关的等效力学特性[103]。另一方面，渐近均质化方法也存在一些不足，对于场量不满足周期性假设的区域，应该特别注意其算得的应力和应变的准确性。这些区域包括材料内局部的非均质区域、具有高阶梯度场量的区域或者边界附近的区域[95-101]。不过，这些边界效应可以进一步通过引入边界层校正方法[95,97]、空间衰减的应力局部化函数[102]或采用多级计算方法[96,98-100]来确定。

2

2.7 广义连续介质理论

在经典的连续介质理论中，假设一点的应力状态仅与该点的应变状态有关。由于一点的位移是唯一需要考虑的运动学变量，因此只通过力矢量就可以描述两个相邻质点之间的相互作用。然而，如果存在裂纹尖端、缺口或高阶梯度应变，这种假设就不再成立[104-105]。E. 科瑟拉(E. Cosserat)、F. 科瑟拉(F. Cosserat)[106]和爱林根(Eringen)[30]认为，在这种情况下需要推广经典的连续介质理论。科瑟拉理论(又称微极理论)可以捕捉到介质的非局部特性、高应变梯度和尺寸效应的影响。它的主要假设是，一点的位移和转动是独立的运动学变量，可以用一个力偶矢量来表示介质中两点之间的相互作用[30,107]。

对于点阵材料，微极理论假设节点平移和节点转动对节点处的总位移均有贡献[16-17,108-110]。图2.2显示了典型胞元中一个单元的初始和变形后节点的平移和转动。

在线性微极弹性体中，运动关系可以表示为

$$\boldsymbol{\varepsilon}_{ij} = \boldsymbol{u}_{j,i} - \boldsymbol{e}_{kij}\phi_k, \quad \boldsymbol{k}_{ij} = \boldsymbol{\phi}_{j,i} \tag{2.24}$$

其中，$\boldsymbol{\varepsilon}_{ij}$是应变张量；$\boldsymbol{u}_{j,i}$是位移梯度；$\boldsymbol{e}_{kij}$是置换张量；$\phi_k$是微转动；$k_{ij}$是曲率应变张量；$\boldsymbol{\phi}_{j,i}$是微转动梯度。微极连续介质的广义应变矢量可用位移梯度、微转动、微转动梯度来表示：

$$\boldsymbol{\varepsilon} = [\varepsilon_{11}\ \varepsilon_{22}\ \varepsilon_{12}\ \varepsilon_{21}\ k_{13}\ k_{23}]^{\mathrm{T}}$$

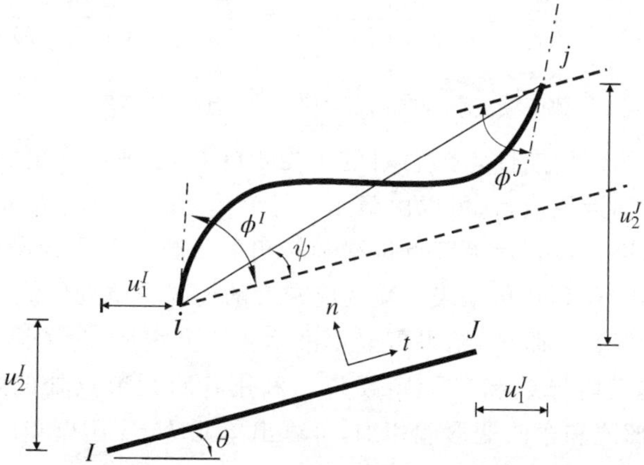

图 2.2　多孔实体胞元中一个单元的初始(IJ)和变形后(ij)的几何形状

$$= [u_{1,1} \quad u_{2,2} \quad u_{2,1} - \phi \quad u_{1,2} + \phi \quad \phi_{,1} \quad \phi_{,2}]^{\mathrm{T}} \tag{2.25}$$

其中,$\phi_{,1}$和$\phi_{,2}$分别是$\phi_{3,1}$和$\phi_{3,2}$的缩写。广义应力矢量为

$$\boldsymbol{\sigma} = [\sigma_{11} \quad \sigma_{22} \quad \sigma_{12} \quad \sigma_{21} \quad m_{13} \quad m_{23}]^{\mathrm{T}} \tag{2.26}$$

其中,m_{13}和m_{23}分别是x和y平面内的偶应力。各向异性微极弹性固体的二维本构关系可表示为

$$\boldsymbol{\sigma} = \bar{\boldsymbol{C}}\boldsymbol{\varepsilon} \tag{2.27}$$

其中,$\bar{\boldsymbol{C}}$为微极连续介质的 6×6 本构系数矩阵。为了将多孔材料表示为微极连续介质,必须确定本构系数矩阵$\bar{\boldsymbol{C}}$。由于本构矩阵是对称的,所以含有 13 个独立参数。对于一般的平面正交各向异性材料,只需要 5 个微极弹性常数[105]。

可以采用基于力的方法或者能量方法确定点阵材料的微极弹性常数[15-17]。在基于力的方法中,代表性体积单元的一般变形状态可以通过在胞元上施加均匀的宏观应力确定。在计算节点位移和微转动时,除了单轴拉应力和剪应力外,还需要施加偶应力。代表性体积单元的变形由胞元结构(或胞壁)相交节点处的位移和转动决定,并且这里假设胞壁是细长的,可以通过欧拉-伯努利梁理论来描述。为了使用基于力的方法,还需假设代表性体积单元中的应力是根据作用在其边界独立结构上的应力的合力确定的。给定宏观应力后,可以求出代表性体积单元上的局部平衡方程,以及各个独立结构的内力和弯矩,然后通过胞元的位移梯度计算得到应变。基于此可计算得到代表性体积单元的等效应力和应变,并确定其本构关系。

另外,如果使用能量方法,可以通过应变能密度w关于应变分量的导数来确定胞元的应力和偶应力:

$$\sigma_{11} = \frac{\partial w}{\partial \varepsilon_{11}} = \frac{\partial w}{\partial u_{1,1}}, \sigma_{22} = \frac{\partial w}{\partial \varepsilon_{22}} = \frac{\partial w}{\partial u_{2,2}}$$

$$\sigma_{12}=\frac{\partial w}{\partial \varepsilon_{12}}=\frac{\partial w}{\partial(u_{2,1}-\phi)},\sigma_{21}=\frac{\partial w}{\partial \varepsilon_{21}}=\frac{\partial w}{\partial(u_{1,2}+\phi)}$$

$$m_{13}=\frac{\partial w}{\partial k_{13}}=\frac{\partial w}{\partial \phi_{,1}},m_{23}=\frac{\partial w}{\partial k_{23}}=\frac{\partial w}{\partial \phi_{,2}} \tag{2.28}$$

要得到一个给定周期性点阵材料的本构矩阵 $\bar{\boldsymbol{C}}$，必须计算出胞元的应变能在连续介质假设下的近似值，这可以由胞元中每个单元的应变能之和求得。于是，胞元的应变能可以进一步表示为节点位移和转角的函数。利用泰勒级数展开，可以通过胞元中心的位移和转角来表示应变能密度的连续介质近似值。如果只考虑位移和转角的泰勒级数一阶项，结果可能不准确。研究表明，为了满足节点的平衡，需要同时考虑其一阶导数和二阶导数[14]。利用各胞元节点处的位移和转角（图2.2），将轴向变形能和弯曲变形能相加，可算出单元 $I-J$ 胞壁单位宽度的总应变能（W^{IJ}）：

$$W^{IJ}=\frac{E_S}{2}\begin{bmatrix}u_t^I & u_t^J\end{bmatrix}\begin{bmatrix}1 & -1\\ -1 & 1\end{bmatrix}\begin{Bmatrix}u_t^I\\ u_t^J\end{Bmatrix}+$$

$$\frac{E_S h^3}{24L}\begin{bmatrix}u_n^I & \phi^I & u_n^J & \phi^J\end{bmatrix}\begin{bmatrix}12/L^2 & 6/L & -12/L^2 & 6/L\\ 6/L & 4 & -6/L & 2\\ -12/L^2 & -6/L & 12/L^2 & -6/L\\ 6/L & 2 & -6/L & 4\end{bmatrix}\begin{Bmatrix}u_n^I\\ \phi^I\\ u_n^J\\ \phi^J\end{Bmatrix} \tag{2.29}$$

其中，E_S 为固体胞壁材料的弹性模量；u_n 和 u_t 分别为沿法向（n）和切向（t）的位移分量；I 和 J 为梁的节点指标；h 为梁的厚度。上式忽略了剪切变形的贡献，只考虑了轴向和弯曲变形的应变能。根据代表性体积单元各组分的应变能总和，可以计算得到胞元的总应变能。根据式（2.28）可以得到等效微极弹性介质的本构方程，对应的等效弹性常数为

$$\bar{E}_{xx}=\frac{C_{1111}C_{2222}-C_{1122}C_{1122}}{C_{2222}},\bar{E}_{yy}=\frac{C_{1111}C_{2222}-C_{1122}C_{1122}}{C_{1111}}$$

$$\bar{v}_{xy}=-\frac{C_{1122}}{C_{2222}},\bar{v}_{yx}=-\frac{C_{1122}}{C_{1111}},\bar{G}=\frac{C_{1212}+C_{1221}}{2} \tag{2.30}$$

上述微极理论与应变能原理结合的方法只适用于含有单个中心节点的特殊胞元。由于微极弹性胞元的每个节点都有一个额外的微转动自由度，因此分析微极弹性的点阵材料需要使用自定义的微极弹性单元。

2.8 基于布洛赫波分析和柯西-玻恩准则的均质化方法

布洛赫波分析和柯西-玻恩准则通常用于研究周期性晶体结构，也可以结合结构力学的概念（特别是平衡分析和运动分析）来计算点阵材料的均质化特

性[49,111-112]。布洛赫定理最初被用来描述电子粒子在晶体结构中的输运特性[113]，也经常用于描述周期波在点阵结构中的传播，并揭示点阵节点上周期性位移的产生机理。它可以识别均匀的宏观应变作用下点阵材料节点的失效机理和自应力状态。关于布洛赫定理在理论物理领域中的广泛背景和应用可见参考文献[113]至[115]。另一方面，柯西-玻恩准则着眼于所施加应变引起的宏观机制，它要求把点阵材料的微观节点变形表示为宏观应变场的函数。具体而言，柯西-玻恩准则[12,116-118]指出周期性点阵材料的无穷小位移场等于宏观均匀应变场$\bar{\boldsymbol{\varepsilon}}$对应的变形与每个胞元的周期性位移场两部分的总和[49]，即

$$\boldsymbol{d}(\boldsymbol{j}_l+\vec{\boldsymbol{R}},\bar{\varepsilon})=\boldsymbol{d}(\boldsymbol{j}_l,\bar{\boldsymbol{\varepsilon}}=0)+\boldsymbol{R}\bar{\boldsymbol{\varepsilon}} \tag{2.31}$$

其中，$\boldsymbol{j}_l$ 和 $\boldsymbol{j}_l+\vec{\boldsymbol{R}}$ 为点阵结构内两个周期性节点 i 和 j 的位置矢量；$\boldsymbol{d}(\boldsymbol{j}_l,\bar{\boldsymbol{\varepsilon}}=0)$为节点 $\boldsymbol{j}_l$ 的周期性位移场；$\boldsymbol{R}$ 为关联宏观应变与点阵节点位移的矩阵。利用由布洛赫定理得到的变换矩阵 $\boldsymbol{T}_{\mathrm{d}}$[49]，可以将周期性节点位移向量 $\boldsymbol{d}$ 简化为$\tilde{\boldsymbol{d}}$：

$$\boldsymbol{d}=\boldsymbol{T}_{\mathrm{d}}\tilde{\boldsymbol{d}} \tag{2.32}$$

把式(2.32)代入式(2.31)得到

$$\boldsymbol{d}=\boldsymbol{T}_{\mathrm{d}}\tilde{\boldsymbol{d}}+\boldsymbol{R}\bar{\boldsymbol{\varepsilon}} \tag{2.33}$$

基于此，可将点阵的运动方程写成

$$\boldsymbol{B}\cdot\boldsymbol{d}=\boldsymbol{e} \tag{2.34}$$

其中，$\boldsymbol{B}$ 为控制节点位移矢量 $\boldsymbol{d}$ 的运动矩阵；$\boldsymbol{e}$ 是杆件的变形矢量。将式(2.33)代入胞元的运动方程，即式(2.34)，可以得到柯西-玻恩条件：

$$\boldsymbol{B}\{\boldsymbol{T}_{\mathrm{d}}\tilde{\boldsymbol{d}}+\boldsymbol{R}\bar{\boldsymbol{\varepsilon}}\}=\boldsymbol{e} \tag{2.35}$$

式(2.35)建立了微观节点位移与均质宏观应变场$\bar{\boldsymbol{\varepsilon}}$的显式关系，已成功地应用于规则点阵材料，即胞元为正多边形，如正方形和三角形的点阵材料。然而，具有更复杂的胞元排列与胞元拓扑结构的平面点阵材料也存在，例如，含有至少两个尺寸不同的多边形的点阵，以及具有多个节点的胞元。在这种情况下，如果用来构造点阵平面的初始胞元贯穿结构框架，则需要关于其节点周期性的完整信息。为此，一种"虚拟节点方案"被引入，以分析具有任意胞元拓扑结构的点阵材料[49]。由式(2.35)可将宏观应变场$\bar{\boldsymbol{\varepsilon}}$与单元约化变形矢量$\tilde{\boldsymbol{e}}$通过矩阵 $\boldsymbol{H}$ 联系起来[49]：

$$\tilde{\boldsymbol{e}}=\boldsymbol{H}\bar{\boldsymbol{\varepsilon}} \tag{2.36}$$

计算 $\boldsymbol{H}$ 的零空间，可以得到与零组元扩展相容的宏观应变场的独立模态。当 $\boldsymbol{H}$ 的零空间为零时，点阵材料能够承受外加应变场产生的所有宏观模态。变换矩阵 $\boldsymbol{e}=\boldsymbol{T}_{\mathrm{e}}\tilde{\boldsymbol{e}}$ 将单元变形的全矢量与其各自的约化周期矢量联系起来，基于此可将胞元内各单元的变形写成宏观应变的形式：

$$\boldsymbol{e}=\boldsymbol{T}_{\mathrm{e}}\boldsymbol{H}\bar{\boldsymbol{\varepsilon}} \tag{2.37}$$

式(2.37)也可用于结合施加的宏观应变确定胞元的等效屈服强度。先确定胞元内各单元的变形，再由胡克定律确定局部的微观应力，然后将这些微观应力与材

料屈服强度进行比较，以判定点阵材料的等效屈服强度。

根据式(2.37)可以计算点阵材料的宏观应变能密度，进而得到均质化的刚度矩阵。考虑式(2.37)的单元变形，可得胞元的应变能密度为[119]

$$W=\frac{1}{2}\bar{\boldsymbol{\sigma}}\,\bar{\boldsymbol{\varepsilon}}=\frac{1}{2|Y|}\sum_{k=1}^{b}t_k e_k \tag{2.38}$$

其中，$\bar{\boldsymbol{\sigma}}$为宏观应力场；$|Y|$为胞元面积；$t_k$ 为杆单元内的拉力。当点阵为销接时，杆单元仅承受轴向载荷，这时拉力表示为

$$t_k=\left(\frac{E_s A}{L}\right)e_k \tag{2.39}$$

其中，E_s 为材料的杨氏模量；A 为杆单元的横截面积；L 为杆长。将式(2.37)和式(2.39)代入式(2.38)可得

$$W=\frac{1}{2}\bar{\boldsymbol{\sigma}}:\bar{\boldsymbol{\varepsilon}}=\frac{E_s A}{2L\,|\,Y\,|}\sum_{k=1}^{b}(\boldsymbol{H}(k,:)\,\bar{\boldsymbol{\varepsilon}})^2 \tag{2.40}$$

其中，$\boldsymbol{H}(k,:)$是矩阵 $\boldsymbol{H}$ 的第 k 行。将应变能密度关于宏观应变进行偏微分，可得到等效弹性张量为

$$\bar{C}_{iijj}=\frac{\partial^2 W}{\partial\bar{\varepsilon}_{ii}\,\partial\bar{\varepsilon}_{jj}} \tag{2.41}$$

上式已被用于确定 10 铰接平面点阵材料的刚度特性[48-49,111]。结果表明，拉伸主导型点阵结构的刚度矩阵是满秩的，而弯曲主导型点阵结构(比如方形和六角形点阵结构)的刚度矩阵是奇异的。因此，销接点阵结构仅适用于某些加载条件，除非节点被假定为刚性节点，此时点阵结构也变为了弯曲主导型结构。有学者拓展了柯西-玻恩准则来表征刚性节点点阵结构，并成功用于平面点阵[111,120]。在这种情况下，把胞元的各元件建模为梁，胞元节点的转动被认为是独立的运动变量，因此相应胞元的平衡方程实际上考虑了弯矩的影响。这时需要修正柯西-玻恩准则，才能把微观节点变形表示为施加在点阵材料上的均匀宏观应变场的形式。在计算节点受力和变形后，使用虚功原理推导材料的均质刚度。到目前为止，基于柯西-玻恩准则的均质化方法的基本假设是胞壁为梁/杆单元，与基于力的方法类似，这些假设限制了它在低相对密度范围($\bar{\rho}<0.3$)的应用。

2.9 基于多尺度矩阵的计算方法

在对一般的多相材料(尤其是随机介质)进行多尺度建模的方法中，有几种计算方法可用于点阵材料的建模[33,96,121-135]。这些方法通常叫作全局-局部分析法，它们一般用于非均质介质，并通过分析代表性体积单元来确定本构关系。它们通常不是发展本构方程的解析表达式，而是追求本构关系在两个尺度中都发挥作用。在宏观尺度上，通过假定材料是均质的，来求解胞元的有限元模型。在微观尺度

上，通过数值求解受宏观模型边界条件约束的边界值问题，来确定宏观模型各积分点处的应力-应变关系。随后，将宏观应力表示为代表性体积单元上微观应力场的平均值。

基于这种局部-全局分析法，最近提出了一种适用于销接和刚接点阵结构的多尺度方案[2,51-52,136]。该方案假定点阵结构的宏观应力可以表示为应变能密度关于宏观位移梯度分量的梯度。其采用的运动学假设是关于点阵变形的，特别是在变形过程中，点阵的周期性指向应与宏观位移梯度保持一致。此外，代表性体积单元还受经典周期性平衡条件的约束。此方法已被用于确定二维和三维点阵拓扑结构的等效弹性常数和屈服强度[51-52]。

图 2.3 总结了多尺度方法的主要步骤。在微观层面，将胞元的节点自由度表示为宏观应变场分量的函数后，确定组成点阵的各个组元的内力，进而检验胞元的固体材料是否失效。这里需要考虑两个边值问题：一个是宏观的胞元尺度；另一个是微观尺度。通过适当定义宏观模型和微观模型的恰当关系进行求解，求解步骤如下：

(1)在宏观尺度上，根据连续介质的位移 $\boldsymbol{u}_{\mathrm{M}}$ 确定柯西应变张量 $\boldsymbol{\varepsilon}_{\mathrm{M}}$ 的分量。

(2)在均匀的宏观应变场作用下，点阵材料发生变形。通过下式将宏观应变张量分量与变形后的周期性指向联系起来[51,137]：

$$\boldsymbol{a}'_i = (\boldsymbol{I} + \boldsymbol{\varepsilon}_{\mathrm{M}})\boldsymbol{a}_i \tag{2.42}$$

其中，$\boldsymbol{a}'_i$和 $\boldsymbol{a}_i$ 分别为初始和变形后的点阵周期矢量；$\boldsymbol{I}$ 为单位张量。即使宏观应变使点阵发生畸变，假设微桁架变形后仍可保持周期性，且变形后胞元的铺排矢量与宏观应变一致。

(3)根据周期性指向的变化确定胞元的微观位移场和应变场。利用有限元方法，胞元的节点力 $\boldsymbol{f}$ 可表示为

$$\boldsymbol{f} = \boldsymbol{K}_{\mathrm{uc}}\boldsymbol{d} \tag{2.43}$$

其中，$\boldsymbol{K}_{\mathrm{uc}}$ 为胞元的刚度矩阵；$\boldsymbol{d}$ 为其节点自由度阵列。

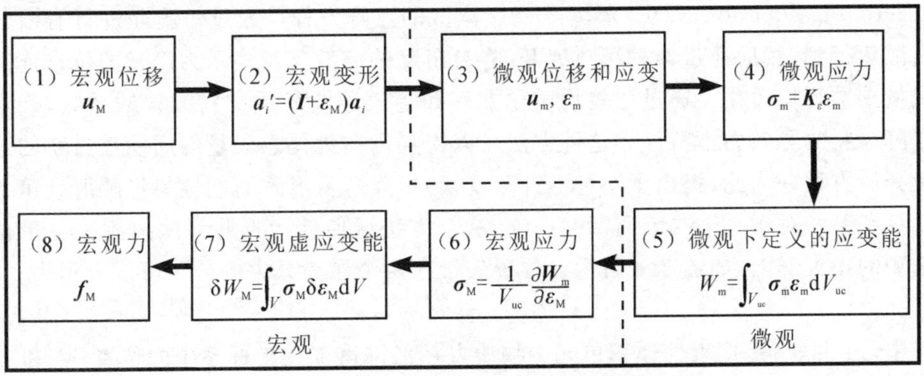

图 2.3　多尺度矩阵法与虚功原理[51-52]

(4)通过胡克定律确定固体材料中的微观应力。

(5)应用周期性边界条件求解胞元的平衡问题，然后利用胞元的有限元模型计算其变形功 $\boldsymbol{W}_{\mathrm{m}}$：

$$\boldsymbol{W}_{\mathrm{m}} = \frac{1}{2A_{\mathrm{uc}}}\boldsymbol{\varepsilon}^{\mathrm{T}}\boldsymbol{D}_{\mathrm{e}}^{\mathrm{T}}\boldsymbol{K}_{\mathrm{uc}}\boldsymbol{D}_{\mathrm{e}}\boldsymbol{\varepsilon} \tag{2.44}$$

其中，A_{uc}为胞元的面积；$\boldsymbol{D}_{\mathrm{e}}$ 为胞元节点自由度张量，可以有效地将宏观应变分量与胞元的节点自由度联系起来。

(6)由应变能密度对宏观应变求梯度来计算宏观应力张量。

(7)(8)在宏观的胞元尺度上使用虚功原理得到宏观力。

上述方法也可以用来解决几何和材料非线性问题，并且不受单元拓扑结构和相对密度范围的限制。因此，该方法已用于点阵材料的线性和非线性分析[2,51-52,58-59]。该模型还能够捕捉多轴宏观加载条件下胞元结构的局部屈曲，从而能够预测加载路径上的分岔点。不同于基于位移场的泰勒级数法与采用柯西-玻恩准则逼近周期性胞元位移解的方法，这种方法对内部节点不做任何运动学假设。相反地，该方法假设条件只存在于胞元的边界处。此外，该方法不依靠微极理论来确定点阵节点的转动，而是通过在胞元上施加周期性平衡条件来计算节点的转动自由度。然而，与任何代表性体积单元方法一样，这种方法不能描述点阵结构内部随机分布缺陷的影响。

2.10 基于运动方程的均质化方法

点阵材料的动力响应分析可用于其等效力学性能的计算[50,138]，比如通过点阵材料的波传播和带隙分析来提取其弹性静力学特性。最近的研究工作表明，点阵材料的等效性质可通过分析其均质化连续体的运动偏微分方程（partial differential equation，PDE）来获得[50]。离散的点阵方程可通过对胞元进行有限元离散化得到，然后通过泰勒级数展开，将自由度的离散矢量表示为广义的位移连续矢量来进行均质化。通过比较均质化方程和等效连续介质材料方程的系数，确定点阵材料的等效力学特性。这种方法可以得到指向为任意矢量的周期性材料的连续介质方程。为此，提出了一种“点阵（变换）矩阵”，将点阵周期性矢量映射到笛卡儿参考系。对于一个二维周期性点阵，这个方法可使四边形胞元映射到一个单位面积的正方形上，如图 2.4 所示。位置矢量在两个参考系中的分量可以表示为

$$[x_1, x_2]^{\mathrm{T}} = \boldsymbol{P}[\eta_1, \eta_2]^{\mathrm{T}} \tag{2.45}$$

其中，x_1 和 x_2 是代表性体积单元中物质点在二维笛卡儿坐标系中的位置；η_1 和 η_2 是给定的物质点在点阵向量定义的参考系中的坐标。

对于图 2.4 所示的胞元拓扑结构，离散运动方程可用质量和刚度表示为[50]

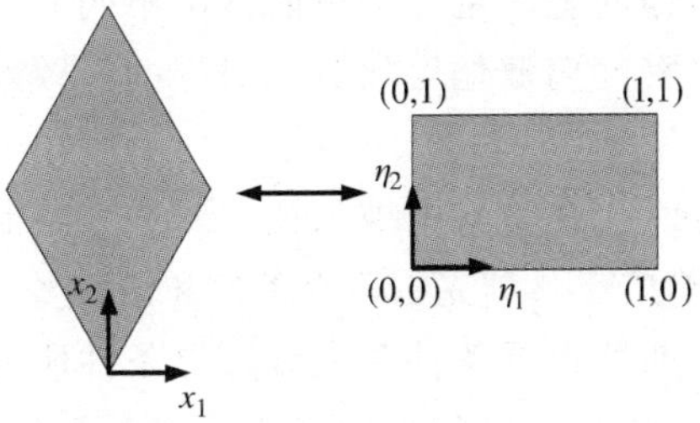

(a) 将胞元映射到点阵空间

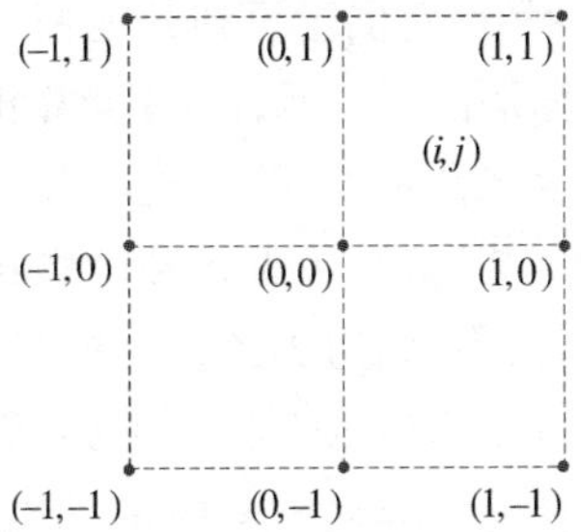

(b) 点阵空间中的拓扑结构

图 2.4　点阵(变换)矩阵

$$\sum_{m,n=-1}^{+1} \boldsymbol{K}^{(m,n)} \boldsymbol{u}^{(m,n)} + \boldsymbol{M}^{(m,n)} \ddot{\boldsymbol{u}}^{(m,n)} = \boldsymbol{f}^{(0,0)} \tag{2.46}$$

其中,$\boldsymbol{u}^{(m,n)}$ 表示节点的广义位移;$\boldsymbol{f}^{(0,0)}$ 是施加在节点(0,0)上的广义力矢量;$\boldsymbol{K}^{(m,n)}$ 和 $\boldsymbol{M}^{(m,n)}$ 是图 2.4 中四胞元组合的单元质量矩阵和单元刚度矩阵[139]。为了进行均质化,自由度的离散矢量 $\boldsymbol{u}^{(m,n)}$ 通过泰勒级数展开为用广义的连续位移矢量 $\boldsymbol{u}=\boldsymbol{u}(\eta_1,\eta_2)$ 表示的形式:

$$\begin{aligned} \boldsymbol{u}^{(m,n)} \approx & \boldsymbol{u}(\eta_1,\eta_2) + m\frac{\partial \boldsymbol{u}}{\partial \eta_1} + n\frac{\partial \boldsymbol{u}}{\partial \eta_2} + \frac{1}{2}m^2\frac{\partial^2 \boldsymbol{u}}{\partial \eta_1^2} + \\ & \frac{1}{2}n^2\frac{\partial^2 \boldsymbol{u}}{\partial \eta_2^2} + mn\frac{\partial^2 \boldsymbol{u}}{\partial \eta_1 \partial \eta_2} + \cdots \end{aligned} \tag{2.47}$$

将式(2.47)代入式(2.46)可得到一个偏微分方程系统,其维数取决于点阵节点的自由度数。换句话说,利用点阵变换矩阵可以在笛卡儿坐标系 x_1 和 x_2 中表示等效的连续方程,即式(2.45)中的矩阵 $\boldsymbol{P}$。直接比对均质化方程和等效弹性体方程中的系数,可确定点阵材料的等效力学特性。该均质化方法已应用于研究六角和凹角(拉胀)点阵材料的面内特性,得到了等效杨氏模量、泊松比和相对密度,并与文献中的解析解进行了对比[50]。

该方法的一个优点是可以直接为振动分析提供惯性项和其他动态特性,缺点是对于复杂几何形状的胞元,即使可以使用数值方法求解偏微分方程,仍需要获得闭合形式的等效特性。另一个不足是目前还无法计算宏观应变作用下点阵胞元的微观应力分布,这导致此方法仅适用于研究不涉及胞元微观行为的问题。

2.11　算例研究:六角形点阵的等效特性预测

本节将上述几种方法应用于具有等厚度正六角形胞元的平面点阵材料中。研究这个基本算例的目的是比较各种方法的预测结果,并进行深入分析。由于有些方法求解复杂几何形状的胞元时会不准确,因此我们在这里选择简单的平面六角形点阵，尽管我们也意识到其他拓扑结构的胞元也许会更能突出不同方法之间的差异。本算例的研究重点是，求解相对密度离散地增加时所对应的等效刚度矩阵和屈服强度特性。

如 2.3 节所述，边界条件的影响有时会在文献中被忽视。图 2.5 绘制了一个六角形胞元在一些边界条件下的静态响应。狄利克雷边界条件和诺伊曼边界条件分别可以得到响应的上界和下界，而周期性边界条件和混合边界条件所得到的均质化特性在上下界之间。应用于代表性体积单元的均匀位移边界条件（狄利克雷边界条件）使胞元维持平截面，从而过度地约束了代表性体积单元，因此六角形胞元将会比预期更硬[60,140-141]。另一方面，使用均匀牵引力边界条件（诺伊曼边界条件）需注意两点。首先，在代表性体积单元边界处不能保证胞元周期性和位移连续性。其次，施加于六角形胞元一侧的牵引力大小的分布与另一侧不同。这两个条件导致约束过少，从而使代表性体积单元具有较低的刚度。此外，狄利克雷边界条件和诺伊曼边界条件的预测结果与代表性体积单元的尺寸（和形状）有关，而周期性边界条件则与尺寸（和形状）无关。由于周期性边界条件保证了边界牵引力的连续性和解的唯一性，代表性体积单元中胞元数量的增加通常会使狄利克雷边界条件和诺伊曼边界条件的结果（分别从上界和下界开始）收敛到周期性边界条件的结果[59,90]。

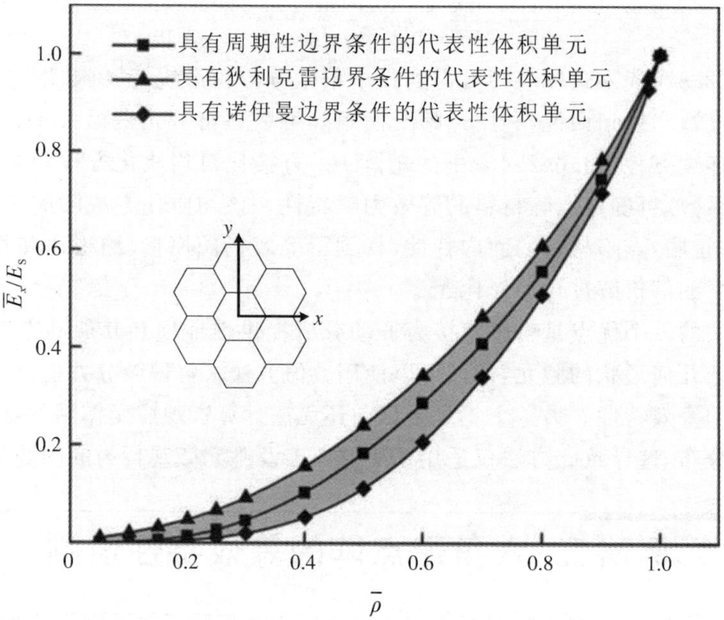

图 2.5　六角形胞元的等效杨氏模量 $\bar{E}_x$ 随相对密度$\bar{\rho}$的变化

（狄利克雷边界条件和诺伊曼边界条件的结果分别是周期性边界条件结果的上下界）

图 2.6 显示了本节讨论的均质化方法的结果。图中，等效杨氏模量、剪切模量和泊松比均相对于固体材料的值进行归一化，并绘制成相对密度的函数。这里之所以不考虑高密度的情况，是因为一些方法假定胞元内杆件遵循欧拉-伯努利梁理论，这仅对相对密度低的情况比较准确。例如，相对密度高于 0.3 时，单元不再细长，基于力的方法得到的结果会丧失计算精度[27]。另一方面，对于渐近均质化方法和基于表面积和体积的方法，胞壁可以建模为连续介质单元(这里采用平面 8 节点单元)，并且不受相对密度低于 0.3 的限制。与基于表面积和体积的方法一样，渐近均质化方法的另一个优点是有限元分析可以方便、准确地描述完整胞壁和节点的材料变形及局部的应力场。

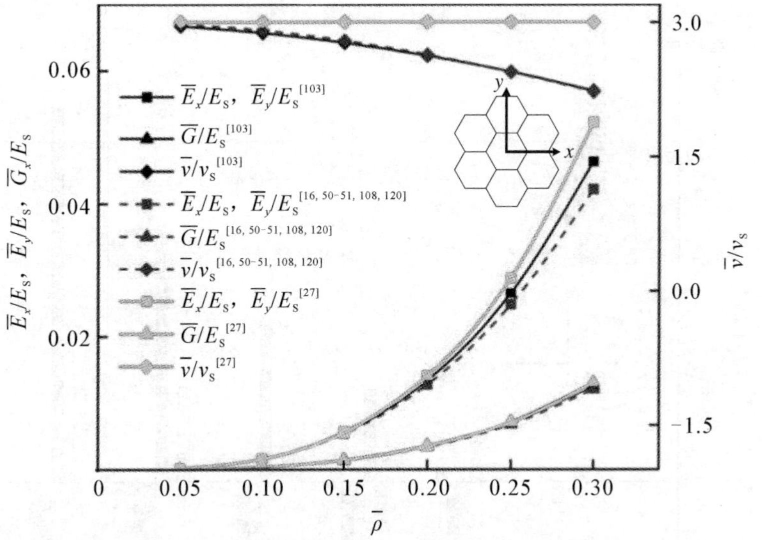

$\overline{E}_x$、$\overline{E}_y$—沿x、y方向的等效杨氏模量；$\overline{G}$—等效剪切模量；
$\overline{\nu}$—等效泊松比；E_S—基体材料的杨氏模量；ν_S—基体材料的泊松比。

图 2.6　多种均质化方法得到的等效弹性常数

(基于力的方法[27]、渐近均质化方法[103]、广义连续介质理论法[16,108]、布洛赫波分析法[120]、多尺度矩阵法[51]及基于运动方程的方法[50])

图 2.6 所示的材料特性证实了欧拉-伯努利理论对于低相对密度是适用的。结果表明，等效力学特性收敛于渐近均质化方法的结果以及采用周期性边界条件的基于表面积和基于体积的方法的结果。对于六角形胞元，这几种方法几乎没有区别。相反地，对于在关键区域出现高阶梯度的局部化现象，在宏观场量将迅速变化，这些方法的描述能力将大为不同，但这不属于当前简单算例研究的情况。例如，如果宏观应变发生急剧变化，尤其是在宏观场(比如位移场)的渐近展开中考虑了高阶项的影响时，渐近均质化方法将提供可靠的结果。这个六角形胞元的例子

只考虑了第一项，它足以定义应力场零阶近似的等效本构关系[130,142]。

图 2.7 展示了不同方法得到的等效性质之间的相对差异。由于渐近均质化方法对任意相对密度与几何形状的胞元都是准确的，因此我们采用渐近均质化方法作为比较的基准，而对其他方法的预测值进行归一化。对于基于力的方法，我们认为弯曲变形是胞元中元件的主要变形模式，通过欧拉-伯努利梁理论来描述，因此这种方法会随着相对密度的增加而降低精度。其他方法中，如广义连续介质均质化方法和基于布洛赫定理的方法，同时考虑了弯曲和拉伸变形模式，因此提供了更加准确的结果。在计算等效泊松比时，这些方法在精度上存在明显差异：对于相对密度为 30％的情况，基于力的方法产生了 34％的误差；而其他方法产生的误差低于 1％。

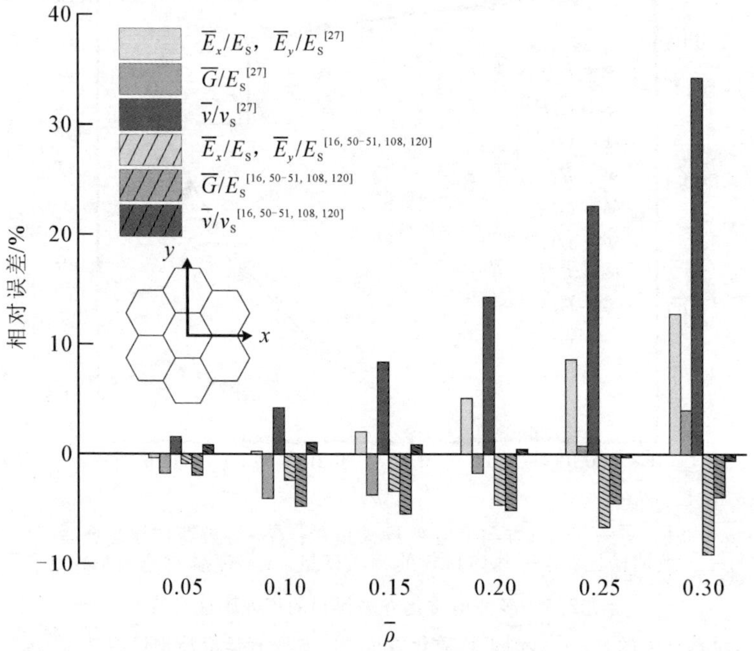

图 2.7　多种均质化方法得到的等效弹性常数相对于渐近均质化方法的误差
（基于力的方法[27]、渐近均质化方法[103]、广义连续介质理论法[16,108]、布洛赫波分析法[120]、多尺度矩阵法[51]及基于运动方程的方法[50]）

图 2.8 给出了单轴加载和纯剪应力作用下六角形胞元的初始屈服强度。这些均质化方法中，只有基于运动方程的均质化方法不能获得六角形胞元的等效屈服强度。与等效刚度的情况类似，屈服强度预测值会随着相对密度增加而偏离渐近均质化方法的结果；另一方面，在相对密度较低的情况下，预测值收敛于渐近均质化方法的结果。

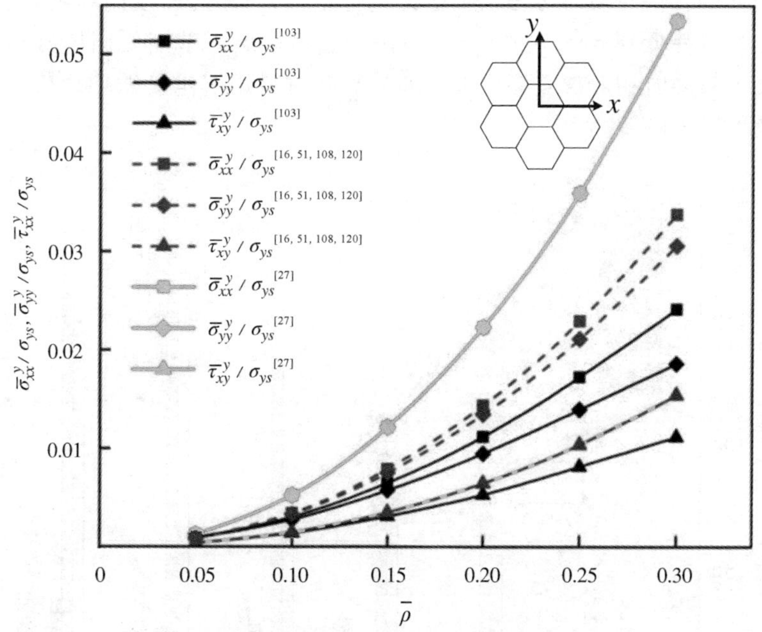

图 2.8　多种均质化方法得到的等效屈服强度
（基于力的方法[27]、渐近均质化方法[103]、广义连续介质理论法[16,108]、布洛赫波分析法[120]及多尺度矩阵法[51]）

描述六角形点阵变形机制的假设不同，也会造成点阵对加载方向的响应情况不同。例如，如果假设胞元中的元件只承受纯弯曲[27]，x 和 y 方向上的屈服强度将不发生变化，点阵的响应是各向同性的[27]。反之，如果允许胞壁产生轴向变形（变形幅度可能远低于弯曲模式），屈服强度会随加载方向而变化，从而导致点阵具有各向异性的响应[16,51,103,108,120]。由于渐近均质化方法的计算模型通常考虑了所有的变形模式，包括胞元边缘和顶点的弯曲变形、轴向变形及显著的剪切变形，其得到的应力合力分布比其他方法（比如基于力的方法、广义连续介质理论法、布洛赫定理及基于矩阵的方法）更能准确地反映胞元的实际响应。

与图 2.7 类似，图 2.9 展示了屈服强度的相对差异。图中以渐近均质化方法的结果为基准，对其他方法的结果进行归一化处理。这样处理是因为渐近均质化方法胞元的单元被视为具有足够精细网格的连续体，可在胞元的边缘和顶点处捕捉到所有显著的变形模式，这对于相对密度较高的情况尤其重要。图 2.9 的结果在一定程度上与等效刚度的计算结果一致。基于力的方法高估了点阵的面内强度特性，这是因为模拟胞壁的梁单元不能描述胞元节点上的应力集中。例如，在相对密度为 30％时，基于力的方法将单轴屈服强度高估了 1 倍以上，与渐近均质化方法的结果相差超过 100％。通过对模型网格进行细化，可以提高预测精度。例如，如果在胞元的元件建模时考虑了轴向力与弯矩，30%相对密度的单轴屈服强度的相对误差可以降低到50%左右。然而，由于忽略了胞元节点处固体材料的变形，当相对密度较高时相对误差会增大。如果点阵材料用于承受循环载荷，这个误差将具有重要的影响[93,143-144]。

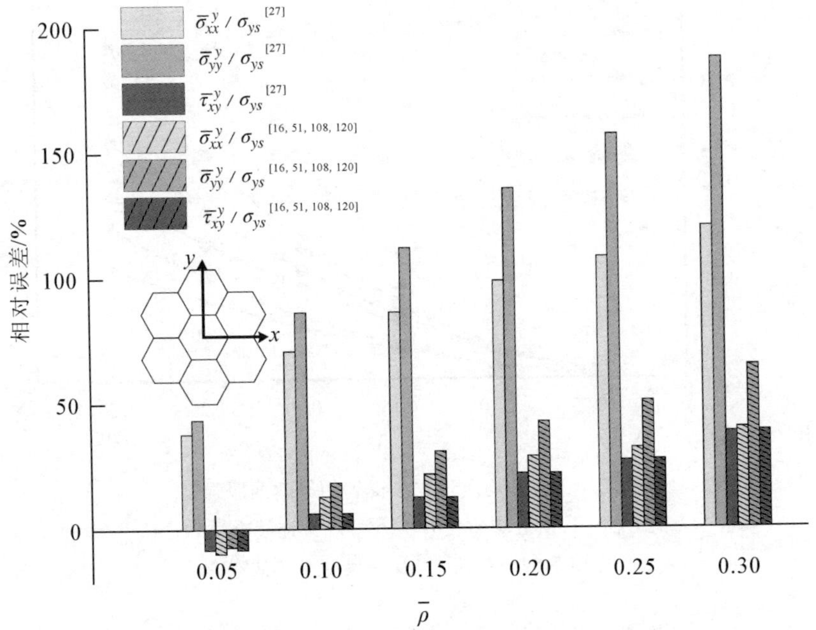

图 2.9 多种均质化方法得到的等效屈服强度与渐近均质化方法的相对误差
（基于力的方法[27]、广义连续介质理论法[16,108]、布洛赫波分析法[120]及多尺度矩阵法[51]）

2.12 总结

周期性多孔材料的力学特性研究属于复合材料力学的研究范畴。自代表性体积单元的概念首次在复合材料领域提出以来，一些均质化方法已经在相当广泛的学科中发展起来。本章简要回顾了关于点阵材料弹性静力学行为的一系列均质化方法。从代表性体积单元的定义与边界条件出发，重点关注边界条件对材料等效特性上下界的影响。随后，讨论了多种均质化方法的基本假设，回顾了主要的均质化步骤，并重点强调了每一种方法的优点和局限性。

点阵材料的相对密度和胞元的假设对其弹性静力学响应具有重要的影响。因此，根据点阵材料的相对密度适当地选择胞元模型是至关重要的。相对密度较低的点阵材料一般由细长梁和杆构成，用基于力的方法和广义连续介质理论法可以得到较为准确的解；而对于相对密度较高的点阵材料，则一般需要采用渐近展开法求解。本章结尾的算例分别考察了不同均质化方法在分析六角形点阵材料时的准确程度。

参考文献

[1]Ashby M. The properties of foams and lattices. *Philosophical Transactions A*. 2006;364(1838):15.

[2]Vigliotti A, Deshpande VS, Pasini D. Nonlinear constitutive models for lattice materials. *Journal of the Mechanics and Physics of Solids*. 2014;64(0):44 - 60.

[3]Deshpande V, Ashby M, Fleck N. Foam topology: bending versus stretching dominated architectures. *Acta Materialia*. 2001;49(6):1035 - 40.

[4]Maxwell JC. L. On the calculation of the equilibrium and stiffness of frames. *The London, Edinburgh, and Dublin Philosophical Magazine and Journal of Science*. 1864;27(182):294 - 9.

[5]Calladine C. Buckminster Fuller's "tensegrity" structures and Clerk Maxwell's rules for the construction of stiff frames. *International Journal of Solids and Structures*. 1978;14(2):161 - 72.

[6]Pellegrino S, Calladine CR. Matrix analysis of statically and kinematically indeterminate frameworks. *International Journal of Solids and Structures*. 1986;22(4):409 - 28.

[7]Pellegrino S. Structural computations with the singular value decomposition of the equilibrium matrix. *International Journal of Solids and Structures*. 1993;30(21):3025 - 35.

[8]Gibson L, Ashby M. *Cellular solids: structure and properties*: *Cambridge University Press*; 1999.

[9]Masters I, Evans K. Models for the elastic deformation of honeycombs. *Composite Structures*. 1996;35(4):403 - 22.

[10]Christensen RM. Mechanics of cellular and other low-density materials. *International Journal of Solids and Structures*. 2000;37(1 - 2):93 - 104.

[11]Wang A, McDowell D. In-plane stiffness and yield strength of periodic metal honeycombs. *Journal of Engineering Materials and Technology*. 2004;126(2):137 - 56.

[12]Askar A, Cakmak A. A structural model of a micropolar continuum. *International Journal of Engineering Science*. 1968;6(10):583 - 9.

[13]Chen J, Huang M. Fracture analysis of cellular materials: a strain gradient model. *Journal of the Mechanics and Physics of Solids*. 1998;46(5):789-828.

[14]Bazant Z, Christensen M. Analogy between micropolar continuum and grid frameworks under initial stress. *International Journal of Solids and Structures*. 1972;8(3):327-46.

[15]Kumar R, McDowell D. Generalized continuum modeling of 2-D periodic cellular solids. *International Journal of Solids and Structures*. 2004;41(26):7399-422.

[16]Wang X, Stronge W. Micropolar theory for two-dimensional stresses in elastic honeycomb. *Proceedings: Mathematical, Physical and Engineering Sciences*. 1999:2091-116.

[17]Warren W, Byskov E. Three-fold symmetry restrictions on two-dimensional micropolar materials. *European Journal of Mechanics-A/Solids*. 2002;21(5):779-92.

[18]Hassani B, Hinton E. A review of homogenization and topology optimization Ⅰ—Homogenization theory for media with periodic structure. *Computers and Structures*. 1998;69(707):707-17.

[19]Hassani B, Hinton E. A review of homogenization and topology optimization Ⅱ—Analytical and numerical solution of homogenization equations. *Computers & Structures*. 1998;69(6):719-38.

[20]Fang Z, Starly B, Sun W. Computer-aided characterization for effective mechanical properties of porous tissue scaffolds. *Computer-Aided Design*. 2005;37(1):65-72.

[21]Wang W-X, Luo D, Takao Y, Kakimoto K. New solution method for homogenization analysis and its application to the prediction of macroscopic elastic constants of materials with periodic microstructures. *Computers & Structures*. 2006;84(15-16):991-1001.

[22]Fang Z, Sun W, Tzeng J. Asymptotic homogenization and numerical implementation to predict the effective mechanical properties for electromagnetic composite conductor. *Journal of Composite Materials*. 2004;38(16):1371.

[23]Andrews E, Gioux G, Onck P, Gibson L. Size effects in ductile cellular solids. Part Ⅱ: Experimental results. *International Journal of Mechanical Sciences*. 2001;43(3):701-13.

[24]Foo C, Chai G, Seah L. Mechanical properties of Nomex material and Nomex honeycomb structure. *Composite Structures*. 2007;80(4):588 - 94.

[25]Cheng G-D, Cai Y-W, Xu L. Novel implementation of homogenization method to predict effective properties of periodic materials. *Acta Mechanica Sinica*. 2013;29(4):550 - 6.

[26]Wang C, Feng L, Jasiuk I. Scale and boundary conditions effects on the apparent elastic moduli of trabecular bone modeled as a periodic cellular solid. *Journal of Biomechanical Engineering*. 2009;131(12):121008.

[27]Gibson LJ, Ashby MF. *Cellular solids: structure and properties: Cambridge University Press*; 1999.

[28]Wang A, McDowell D. Yield surfaces of various periodic metal honeycombs at intermediate relative density. *International Journal of Plasticity*. 2005; 21(2):285 - 320.

[29]Sab K, Pradel F. Homogenisation of periodic Cosserat media. *International Journal of Computer Applications in Technology*. 2009;34(1):60 - 71.

[30]Eringen AC. Linear theory of micropolar elasticity. *Journal of Mathematics and Mechanics*. 1966;15(6):909 - 23.

[31]Lakes RS. Strongly Cosserat elastic lattice and foam materials for enhanced toughness. *Cellular Polymers*. 1993;12:17.

[32]Hassani B, Hinton E. A review of homogenization and topology optimization Ⅰ—Homogenization theory for media with periodic structure. *Computers & Structures*. 1998;69(6):707 - 17.

[33]Guedes J, Kikuchi N. Preprocessing and postprocessing for materials based on the homogenization method with adaptive finite element methods. *Computer Methods in Applied Mechanics and Engineering*. 1990;83(2): 143 - 98.

[34]Kalamkarov AL, Andrianov IV, Danishevs'kyy VV. Asymptotic homogenization of composite materials and structures. *Applied Mechanics Reviews*. 2009;62:030802.

[35]Lin CY, Kikuchi N, Hollister SJ. A novel method for biomaterial scaffold internal architecture design to match bone elastic properties with desired porosity. *Journal of Biomechanics*. 2004;37(5):623 - 36.

[36]Sturm S, Zhou S, Mai Y-W, Li Q. On stiffness of scaffolds for bone tissue engineering—a numerical study. *Journal of Biomechanics*. 2010; 43(9): 1738 -44.

2

[37]Hollister SJ. Porous scaffold design for tissue engineering. *Nature Materials*. 2005;4(7):518-24.

[38]Hassani B, Hinton E. A review of homogenization and topology optimization Ⅲ—Topology optimization using optimality criteria. *Computers & Structures*. 1998;69(6):739-56.

[39]Sigmund O. Materials with prescribed constitutive parameters: an inverse homogenization problem. *International Journal of Solids and Structures*. 1994;31(17):2313-29.

[40]Bendsøe M. Optimal shape design as a material distribution problem. *Structural and Multidisciplinary Optimization*. 1989;1(4):193-202.

[41]Kikuchi N, Bendsoe M. Generating optimal topologies in structural design using a homogenization method. *Computer Methods in Applied Mechanics and Engineering*. 1988;71(2):197-224.

[42]Takano N, Ohnishi Y, Zako M, Nishiyabu K. Microstructure-based deep-drawing simulation of knitted fabric reinforced thermoplastics by homogenization theory. *International Journal of Solids and Structures*. 2001;38(36):6333-56.

[43]Takano N, Zako M, Kubo F, Kimura K. Microstructure-based stress analysis and evaluation for porous ceramics by homogenization method with digital image-based modeling. *International Journal of Solids and Structures*. 2003;40(5):1225-42.

[44]Guinovart-Díaz R, Rodríguez-Ramos R, Bravo-Castillero J, Sabina FJ, Dario Santiago R, Martinez Rosado R. Asymptotic analysis of linear thermoelastic properties of fiber composites. *Journal of Thermoplastic Composite Materials*. 2007;20(4):389-410.

[45]Guinovart-Diaz R, Bravo-Castillero J, Rodriguez-Ramos R, Martinez-Rosado R, Serrania F, Navarrete M. Modeling of elastic transversely isotropic composite using the asymptotic homogenization method. Some comparisons with other models. *Materials Letters*. 2002;56(6):889-94.

[46]Peng X, Cao J. A dual homogenization and finite element approach for material characterization of textile composites. *Composites Part B: Engineering*. 2002;33(1):45-56.

[47]Visrolia A, Meo M. Multiscale damage modelling of 3D weave composite by asymptotic homogenisation. *Composite Structures*. 2013;95(0):105-13.

[48]Hutchinson R, Fleck N. The structural performance of the periodic truss.

Journal of the Mechanics and Physics of Solids. 2006;54(4):756 - 82.

[49]Elsayed MSA, Pasini D. Analysis of the elastostatic specific stiffness of 2D stretching-dominated lattice materials. *Mechanics of Materials*. 2010;42(7): 709 - 25.

[50]Gonella S, Ruzzene M. Homogenization and equivalent in-plane properties of two-dimensional periodic lattices. *International Journal of Solids and Structures*. 2008;45(10):2897 - 915.

[51]Vigliotti A, Pasini D. Linear multiscale analysis and finite element validation of stretching and bending dominated lattice materials. *Mechanics of Materials*. 2012;46(0):57 - 68.

[52]Vigliotti A, Pasini D. Stiffness and strength of tridimensional periodic lattices. *Computer methods in Applied Mechanics and Engineering*. 2012; 229 - 232(0):27 - 43.

[53]Eshelby JD. The determination of the elastic field of an ellipsoidal inclusion, and related problems. *Proceedings of the Royal Society of London Series A: Mathematical and Physical Sciences*. 1957;241(1226):376 - 96.

[54]Hill R. Elastic properties of reinforced solids: some theoretical principles. *Journal of the Mechanics and Physics of Solids*. 1963;11(5):357 - 72.

[55]Hashin Z. Theory of mechanical behavior of heterogeneous media. *DTIC Document*, 1963.

[56]Hashin Z. Analysis of composite materials. *Journal of Applied Mechanics*. 1983;50(2):481 - 505.

[57]Nemat-Nasser S. *Overall Stresses and Strains in Solids with Microstructure*. Modelling Small Deformations of Polycrystals: Springer; 1986. p. 41 - 64.

[58]Willis JR. Variational and related methods for the overall properties of composites. *Advances in Applied Mechanics*. 1981;21:1 - 78.

[59]Yan J, Cheng G, Liu S, Liu L. Comparison of prediction on effective elastic property and shape optimization of truss material with periodic microstructure. *International Journal of Mechanical Sciences*. 2006;48(4): 400 - 13.

[60]Xia Z, Zhou C, Yong Q, Wang X. On selection of repeated unit cell model and application of unified periodic boundary conditions in micro-mechanical analysis of composites. *International Journal of Solids and Structures*. 2006;43(2):266 - 78.

[61]Hohe J, Becker W. Effective stress-strain relations for two-dimensional cellular sandwich cores: Homogenization, material models, and properties. *Applied Mechanics Reviews*. 2002;55(1):61 - 87.

[62]Bishop J, Hill R. XLVI. A theory of the plastic distortion of a polycrystalline aggregate under combined stresses. *Philosophical Magazine*. 1951;42(327):414 - 27.

[63]Ponte Castaneda P, Suquet P. On the effective mechanical behavior of weakly inhomogeneous nonlinear materials. *European Journal of Mechanics A:Solids*. 1995;14(2):205 - 36.

[64]Becker W. The in-plane stiffnesses of a honeycomb core including the thickness effect. *Archive of Applied Mechanics*. 1998;68(5):334 - 41.

[65]Hohe J, Becker W. Determination of the elasticity tensor of non-orthotropic cellular sandwich cores. *Technische Mechanik*. 1999;19:259 - 68.

[66]Voigt W. On the relation between the elasticity constants of isotropic bodies. *Annual Review of Physical Chemistry*. 1889;274:573 - 87.

[67]Reuss A. Determination of the yield point of polycrystals based on the yield condition of single crystals. *Zeitschrift für Angewandte Mathematik und Mechanik*. 1929;9:49 - 58.

[68]Pahr DH, Zysset PK. Influence of boundary conditions on computed apparent elastic properties of cancellous bone. *Biomechanics and Modeling in Mechanobiology*. 2008;7(6):463 - 76.

[69]Warren W, Kraynik A, Stone C. A constitutive model for two-dimensional nonlinear elastic foams. *Journal of the Mechanics and Physics of Solids*. 1989;37(6):717 - 33.

[70]Warren W, Kraynik A. Foam mechanics: the linear elastic response of two-dimensional spatially periodic cellular materials. *Mechanics of Materials*. 1987;6(1):27 - 37.

[71]Overaker D, Cuitino A, Langrana N. Elastoplastic micromechanical modeling of two-dimensional irregular convex and nonconvex (re-entrant) hexagonal foams. *Journal of Applied Mechanics*. 1998;65(3):748 - 57.

[72]Kelsey S, Gellatly R, Clark B. The shear modulus of foil honeycomb cores: A theoretical and experimental investigation on cores used in sandwich construction. *Aircraft Engineering and Aerospace Technology*. 1958;30(10):294 - 302.

[73]Overaker DW, Cuitiño AM, Langrana NA. Effects of morphology and

orientation on the behavior of two-dimensional hexagonal foams and application in a re-entrant foam anchor model. *Mechanics of Materials*. 1998;29(1):43-52.

[74]Ueng CE, Kim TD. Shear modulus of core materials with arbitrary polygonal shape. *Computers & Structures*. 1983;16(1):21-5.

[75]Gent A, Thomas A. The deformation of foamed elastic materials. *Journal of Applied Polymer Science*. 1959;1(1):107-13.

[76]Lederman J. The prediction of the tensile properties of flexible foams. *Journal of Applied Polymer Science*. 1971;15(3):693-703.

[77]Menges G, Knipschild F. Estimation of mechanical properties for rigid polyurethane foams. *Polymer Engineering & Science*. 1975;15(8):623-7.

[78]Chan R, Nakamura M. Mechanical properties of plastic foams the dependence of yield stress and modulus on the structural variables of closed-cell and open-cell foams. *Journal of Cellular Plastics*. 1969;5(2):112-8.

[79]Ko W. Deformations of foamed elastomers. *Journal of Cellular Plastics*. 1965;1(1):45-50.

[80]Gibson L, Ashby M. The mechanics of three-dimensional cellular materials. *Proceedings of the Royal Society of London A: Mathematical and Physical Sciences*. 1982;382(1782):43-59.

[81]Gibson LJ, Ashby M, Schajer G, Robertson C. The mechanics of two-dimensional cellular materials. *Proceedings of the Royal Society of London A: Mathematical and Physical Sciences*. 1982;382(1782):25-42.

[82]Gent A, Thomas A. Mechanics of foamed elastic materials. *Rubber Chemistry and Technology*. 1963;36(3):597-610.

[83]Simone A, Gibson L. Effects of solid distribution on the stiffness and strength of metallic foams. *Acta Materialia*. 1998;46(6):2139-50.

[84]Sánchez-Palencia E.,(ed). *Non-homogeneous Media and Vibration Theory*. Springer, 1980.

[85]Bensoussan A, Lions J-L, Papanicolaou G. *Asymptotic Analysis for Periodic Structures: American Mathematical Society*; 2011.

[86]Cioranescu D, Paulin JSJ. Homogenization in open sets with holes. *Journal of Mathematical Analysis and Applications*. 1979;71(2):590-607.

[87]Sixto-Camacho LM, Bravo-Castillero J, Brenner R, Guinovart-Díaz R, Mechkour H, Rodríguez-Ramos R, et al. Asymptotic homogenization of periodic thermo-magneto-electro-elastic heterogeneous media. *Computers &*

2

Mathematics with Applications. 2013;66(10):2056 - 74.

[88]Zhang H, Zhang S, Bi J, Schrefler B. Thermo-mechanical analysis of periodic multi-phase materials by a multiscale asymptotic homogenization approach. *International Journal for Numerical Methods in Engineering*. 2007;69(1):87 - 113.

[89]Andrianov IV, Bolshakov VI, Danishevskyy VV, Weichert D. Higher order asymptotic homogenization and wave propagation in periodic composite materials. *Proceedings of the Royal Society A: Mathematical, Physical and Engineering Science*. 2008;464(2093):1181 - 201.

[90]Hollister S, Kikuchi N. A comparison of homogenization and standard mechanics analyses for periodic porous composites. *Computational Mechanics*. 1992;10(2):73 - 95.

[91]Hassani B. A direct method to derive the boundary conditions of the homogenization equation for symmetric cells. *Communications in Numerical Methods in Engineering*. 1996;12(3):185 - 96.

[92]Jansson S. Homogenized nonlinear constitutive properties and local stress concentrations for composites with periodic internal structure. *International Journal of Solids and Structures*. 1992;29(17):2181 - 200.

[93]Masoumi Khalil Abad E, Arabnejad Khanoki S, Pasini D. Fatigue design of lattice materials via computational mechanics: Application to lattices with smooth transitions in cell geometry. *International Journal of Fatigue*. 2013;47:126 - 36.

[94]Matsui K, Terada K, Yuge K. Two-scale finite element analysis of heterogeneous solids with periodic microstructures. *Computers & Structures*. 2004;82(7 - 8):593 - 606.

[95]Dumontet H. Study of a boundary layer problem in elastic composite materials. *RAIRO Modélisation Mathématique et Analyse Numérique*. 1986;20(2):265 - 86.

[96]Ghosh S, Lee K, Raghavan P. A multi-level computational model for multi-scale damage analysis in composite and porous materials. *International Journal of Solids and Structures*. 2001;38(14):2335 - 85.

[97]Lefik M, Schrefler B. F E modelling of a boundary layer corrector for composites using the homogenization theory. *Engineering Computations*. 1996;13(6):31 - 42.

[98]Raghavan P, Ghosh S. Concurrent multi-scale analysis of elastic composites

by a multi-level computational model. *Computer Methods in Applied Mechanics and Engineering*. 2004;193(6-8):497-538.

[99]Takano N, Zako M, Okuno Y. Multi-scale finite element analysis for joint members of heterogeneous dissimilar materials with interface crack. *Zairyo*. 2003;52(8):952-7.

[100]Takano N, Zako M, Okuno Y. Multi-scale finite element analysis of porous materials and components by asymptotic homogenization theory and enhanced mesh superposition method. *Modelling and Simulation in Materials Science and Engineering*. 2003;11(2):137-56.

[101]Yuan F, Pagano N. Size scales for accurate homogenization in the presence of severe stress gradients. *Mechanics of Advanced Materials and Structures*. 2003;10(4):353-65.

[102]Kruch S. Homogenized and relocalized mechanical fields. *Journal of Strain Analysis for Engineering Design*. 2007;42(4):215-26.

[103]Arabnejad S, Pasini D. Mechanical properties of lattice materials via asymptotic homogenization and comparison with alternative homogenization methods. *International Journal of Mechanical Sciences*. 2013;77(0):249-62.

[104]Onck P, Andrews E, Gibson L. Size effects in ductile cellular solids. Part Ⅰ: Modeling. *International Journal of Mechanical Sciences*. 2001;43(3):681-99.

[105]Tekoglu C. Size effect in cellular solids: PhD thesis, Rijksunivesiteit, Netherlands, 2007.

[106]Cosserat E, Cosserat F, Brocato M, Chatzis K. *Théorie des corps déformables*: A. Hermann Paris; 1909.

[107]Eringen AC. *Microcontinuum Field Theories Ⅰ: Foundations and Solids*. Springer; 1999.

[108]Dos Reis F, Ganghoffer J-F. *Construction of micropolar continua from the homogenization of repetitive planar lattices*. Mechanics of Generalized Continua: Springer; 2011. p. 193-217.

[109]Spadoni A, Ruzzene M. Elasto-static micropolar behavior of a chiral auxetic lattice. *Journal of the Mechanics and Physics of Solids*. 2012;60(1):156-71.

[110]Onck P. Cosserat modeling of cellular solids. *Comptes Rendus Mécanique*. 2002;330:717-22.

[111]Hutchinson RG. *Mechanics of lattice materials*. PhD Thesis, University of Cambridge; 2004.

[112]Phani AS, Woodhouse J, Fleck N. Wave propagation in two-dimensional periodic lattices. *The Journal of the Acoustical Society of America*. 2006; 119:1995.

[113]Bloch F. Über die quantenmechanik der elektronen in kristallgittern. *Zeitschrift für Physik*. 1929;52(7-8):555-600.

[114]Cornwell JF. *Group Theory in Physics: An Introduction: Academic Press*; 1997.

[115]Lomont JS. *Applications of Finite Groups: Academic Press*;1959.

[116]Yang W, Li Z, Shi W, Xie B, Yang M. Review on auxetic materials. *Journal of Materials Science*. 2004;39(10):3269-79.

[117]Sutradhar A, Paulino G, Miller M, Nguyen T. Topological optimization for designing patient-specific large craniofacial segmental bone replacements. *Proceedings of the National Academy of Sciences*. 2010; 107(30):13222.

[118]Liu Y, Hu H. A review on auxetic structures and polymeric materials. *Scientific Research and Essays*. 2010;5(10):1052-63.

[119]Zhang T. A general constitutive relation for linear elastic foams. *International Journal of Mechanical Sciences*. 2008;50(6):1123-32.

[120]Elsayed MS. *Multiscale mechanics and structural design of periodic cellular materials*. PhD Thesis, McGill University;2012.

[121]Terada K, Kikuchi N. Nonlinear homogenization method for practical applications. *ASME Applied Mechanics Division Publications*. 1995;212: 1-16.

[122]Ghosh S, Lee K, Moorthy S. Multiple scale analysis of heterogeneous elastic structures using homogenization theory and Voronoi cell finite element method. *International Journal of Solids and Structures*. 1995; 32(1):27-62.

[123]Ghosh S, Moorthy S. Elastic-plastic analysis of arbitrary heterogeneous materials with the Voronoi cell finite element method. *Computer Methods in Applied Mechanics and Engineering*. 1995;121(1-4):373-409.

[124]Ghosh S, Lee K, Moorthy S. Two scale analysis of heterogeneous elastic-plastic materials with asymptotic homogenization and Voronoi cell finite element model. *Computer Methods in Applied Mechanics and*

2

Engineering. 1996;132(1-2):63-116.

[125]Smit R, Brekelmans W, Meijer H. Prediction of the mechanical behavior of nonlinear heterogeneous systems by multi-level finite element modeling. *Computer Methods in Applied Mechanics and Engineering*. 1998;155(1-2):181-92.

[126]Miehe C, Schotte J, Schröder J. Computational micro-macro transitions and overall moduli in the analysis of polycrystals at large strains. *Computational Materials Science*. 1999;16(1-4):372-82.

[127]Miehe C, Schroder J, Schotte J. Computational homogenization analysis in finite plasticity simulation of texture development in polycrystalline materials. *Computer Methods in Applied Mechanics and Engineering*. 1999;171(3-4):387-418.

[128]Michel J, Moulinec H, Suquet P. Effective properties of composite materials with periodic microstructure: a computational approach. *Computer Methods in Applied Mechanics and Engineering*. 1999;172(1-4):109-43.

[129]Chaboche J-L, Kruch S, Pottier T. Micromechanics versus macromechanics: a combined approach for metal matrix composite constitutive modelling. *European Journal of Mechanics—A/Solids*. 1998;17(6):885-908.

[130]Kanouté P, Boso D, Chaboche J, Schrefler B. Multiscale methods for composites: a review. *Archives of Computational Methods in Engineering*. 2009;16(1):31-75.

[131]Terada K, Kikuchi N. A class of general algorithms for multi-scale analyses of heterogeneous media. *Computer Methods in Applied Mechanics and Engineering*. 2001;190(40-41):5427-64.

[132]Kouznetsova V, Brekelmans W, Baaijens F. An approach to micro-macro modeling of heterogeneous materials. *Computational Mechanics*. 2001;27(1):37-48.

[133]Geers MGD, Kouznetsova VG, Brekelmans WAM. Multi-scale computational homogenization: Trends and challenges. *Journal of Computational and Applied Mathematics*. 2010;234(7):2175-82.

[134]Kouznetsova V, Geers M, Brekelmans W. Multi-scale constitutive modelling of heterogeneous materials with a gradient enhanced computational homogenization scheme. *International Journal for*

Numerical Methods in Engineering. 2002;54(8):1235 - 60.

[135]Suquet P. Local and global aspects in the mathematical theory of plasticity. *Plasticity Today: Modelling, Methods and Applications*. 1985: 279 - 310.

[136]Vigliotti A, Pasini D. Mechanical properties of hierarchical lattices. *Mechanics of Materials*. 2013;62(0):32 - 43.

[137]Asaro RJ, Lubarda VA. *Mechanics of Solids and Materials: Cambridge University Press*; 2006.

[138]Fish J, Chen W. Higher-order homogenization of initial/boundary-value problem. *Journal of Engineering Mechanics*. 2001;127(12):1223 - 30.

[139]Brown G, Byrne K. Determining the response of infinite, one-dimensional, non-uniform periodic structures by substructuring using waveshape coordinates. *Journal of Sound and Vibration*. 2005;287(3):505 - 23.

[140]Needleman A, Tvergaard V. Comparison of crystal plasticity and isotropic hardening predictions for metal-matrix composites. *Journal of Applied Mechanics*. 1993;60(1):70 - 6.

[141]Sun C, Vaidya R. Prediction of composite properties from a representative volume element. *Composites Science and Technology*. 1996;56(2):171 - 9.

[142]Schrefler B, Lefik M, Galvanetto U. Correctors in a beam model for unidirectional composites. *Mechanics of Composite Materials and Structures*. 1997;4(2):159 - 90.

[143]Arabnejad Khanoki S, Pasini D. Fatigue design of a mechanically biocompatible lattice for a proof-of-concept femoral stem. *Journal of the Mechanical Behavior of Biomedical Materials*. 2013;22:65 - 83.

[144]Arabnejad S, Pasini D. The fatigue design of a bone preserving hip implant with functionally graded cellular material. *ASME Journal of Medical Devices*. 2013;7(2):020908.

第 3 章

点阵材料弹性动力学

A. 斯里坎塔·帕尼(A. Srikantha Phani)
加拿大,温哥华,不列颠哥伦比亚大学,机械工程系

3

3.1 引言

如第 1 章所述,当前对点阵材料(可视为周期性复合材料)的研究兴趣是调控其等效热弹性特性,以及其在宏观[1]、微观[2]和纳米[3]尺度下的弹性动力学响应。因此,本章的主题为弹性波在点阵材料和结构中的传播。针对这一主题,我们首先简要介绍一般周期介质中的波传播现象,以及其在几个学科中的实际应用,这将为本章的后续内容提供历史背景和现实意义。

1877 年,瑞利研究了含周期性结构的介质中波的传播[4],特别分析了质量点(载荷)沿长度均匀分布的张紧弦的横向振动问题。他指出:

……关于波在无限层状介质(然而,根据谐波定律,其性质应连续变化)中的传播,只要结构的波长和振动的半波长足够一致,不论材料性质的变化多么微小,波最终都会完全反射。

瑞利观察到:

……当一系列行波的波长大致等于载荷间隔的两倍时①,各载荷引起的反射全部是同相的,此时即使单个载荷的影响是微小的,也必定会产生强烈的总体反射效果。

---

① 可以观察到,在有质量载荷的弦中,横波发生全反射的频率为 $f \approx c/2L$ Hz,其中 c 是声速(m/s),L 是两个质量之间的间隔或胞元的长度(m)。该频率等于两端固支弦的共振频率,处于频散曲线通带的边缘。关于胞元的共振模态与带隙边缘之间关系的详细讨论,请参阅著作[5]第 10 至 12 页中开尔文用双原子晶格解决柯西关于折射频散特性的悖论,以及布拉格带隙边缘[5-7]和亚布拉格带隙边缘[8]的内容。

瑞利之后将这些思想从声学领域拓展到光学领域，将晶体的全反射和彩虹色特性归因于小厚度且不规则的孪晶层和反孪晶层的存在，成功解释了斯托克(Stoke)观察到的氯酸钾晶体引人注目的反射色[9]。关于这个问题的完整表述可以参阅开尔文(Kelvin)勋爵在巴尔的摩讲座中的第40节[10]。瑞利这些早期的工作预见了布拉格定律，并启发固体物理学和其他物理学分支的学者们揭示了光子晶体和声子晶体中的带隙现象。瑞利的工作是许多周期性介质中波传播相关的基本见解的起源，为本章的论述提供了有价值的起点。自瑞利时代以来，周期性介质中的波动现象受到物理学家和工程师们同时关注。因此，我们有必要简要地回顾各个领域中相关研究理念的发展历程，总结有价值的见解。

3

布里渊(Brillouin)的权威著作[5]从固体物理学的观点出发，全面总结了周期性结构中的波传播问题。这里我们着眼于工程角度，主要关注周期性结构、材料和器件的应用背景。早在20世纪20年代，斯图尔特(Stewart)就利用具有声波带隙特性的周期性结构实现了它们的实际应用[11-12]。他通过将阻抗不匹配的声腔进行周期性排列(类似于双原子点阵)，设计了声波滤波器。这种设计也应用于构造有限长度的声学滤波器，以抑制液压回路中的低频压力扰动[13]。这些研究显示了空间周期性设计原理在低通、高通和带通声学滤波器中的应用潜力。周期性系统的滤波特性也已广泛用于电信行业[14-15]，比如用于设计手机和无线通信中的收发器[16]。

周期性肋板-蒙皮结构、加筋板、格栅和空间框架等结构的发展激发了结构工程领域对周期性介质的兴趣[17-26]，尤其是20世纪60年代早期以后的航空航天工程领域。最初的研究主要是在一维系统中使用传递矩阵法[19]，在一维、二维和三维系统中使用传播常数法[17]。在20世纪80年代，周期性结构中的波传播问题与固体物理学紧密联系起来，同时在无序或准周期性的结构和材料系统中也发现了类似的力学现象，例如安德森局域化(Anderson localization)[27]。弗洛凯-布洛赫理论在周期性结构[20-21,25]和复合材料[6,28-33]中的核心作用已在航空航天工业领域得到认可。

复合材料[34-38]、多孔固体[39]、杂化材料[40]和点阵材料[1]等领域的最新进展是利用微结构周期性排列来设计超轻、多功能的点阵结构材料。人们也将微结构周期性排列拓展到波调控领域，用于设计调控弹性波的声子晶体[41]，具有聚焦、隐身功能的负折射率声学超材料[42-46]，以及声传输效果超越了质量定律限制的声子晶体[47]。

声子晶体和超材料领域正在迅速发展，感兴趣的读者可以查阅近期的研究专著[48-50]。虽然电磁波和弹性波之间存在着本质差异，但声子晶体与光子晶体的发展几乎是同步的。例如，具有周期性结构的植入物已开始用于生物医学支架[51-52]，并可以通过调整胞元的几何特性来调整结构的机械变形[53]。这些工作显示出，点阵材料和结构具有广阔的应用前景。

本章重点讨论点阵材料和结构中的波传播问题。这里，我们定义点阵结构为一维结构单元（如梁和杆）周期性组装而成的任意结构，与周期性的长度尺寸无关；而定义点阵材料为梁或壳组成的空间周期性网格，且构件的长度尺寸远大于载荷-变形的尺寸。这种材料具有由一个胞元和其铺排方向（点阵基矢量）所决定的空间有序图案。胞元本身是由梁相互连接而成的网络，每个梁的材料组分可以是单一的各向同性材料（如钢或铝）或多级的各向异性复合材料[1]。因此，可以将复合材料梁互连形成的网格状点阵材料视为具有多级结构的、离散的多尺度材料。

3.2　一维点阵

本节介绍一维点阵结构。这些结构的特征是在一个方向上以规则的空间间隔重复单个胞元，例如原子级晶体材料的单原子和双原子点阵模型、布拉格光栅、电信行业中使用的机械滤波器、心血管支架、肋板-蒙皮航空航天结构、潜艇中的加筋圆柱、发电设备中的涡轮机以及交通运输系统中的铁路轨道。值得注意的是，即使点阵结构是二维的（如涡轮），只要胞元（叶片）和单一的重复方向（沿圆周）是确定的，就可以将其视为一维点阵。本节考虑自由波在一维点阵中的传播问题。在此，仅考虑弹性力和惯性力及其相互作用。耗散力对点阵结构中波传播的影响将在第 4 章中进行讨论。

考虑图 3.1 所示的单原子弹簧-质量点阵模型。显然，两类胞元[图 3.1(b)(c)]对研究沿点阵的自由波传播问题均值得考虑。如果胞元需要反映点阵的对称性，应选择图 3.1(c)中的对称胞元。可以很容易地构造出其他的对称胞元，例如用刚度相等的弹簧连接在质量块的两边。同样地，对于不对称胞元，也存在着不同的选择方案。类似的原则也适用于图 3.2 所示的双原子链点阵模型。

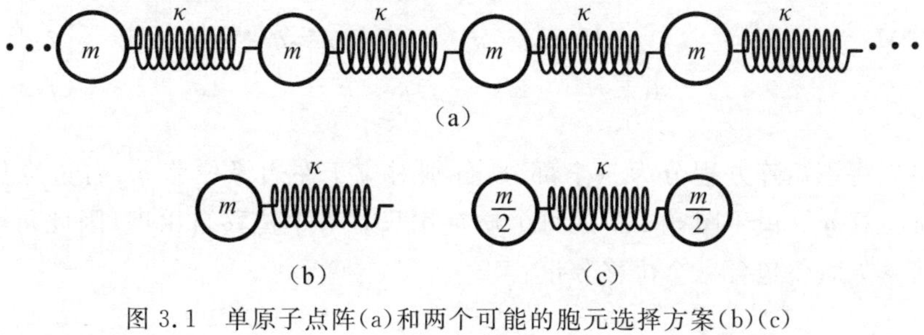

图 3.1　单原子点阵(a)和两个可能的胞元选择方案(b)(c)

（对于对称和非对称胞元都存在着其他的选择方案，所有的质量块都是等距的）

我们将详细地讨论波在双原子链点阵中的传播，因为它更具一般性。在某种

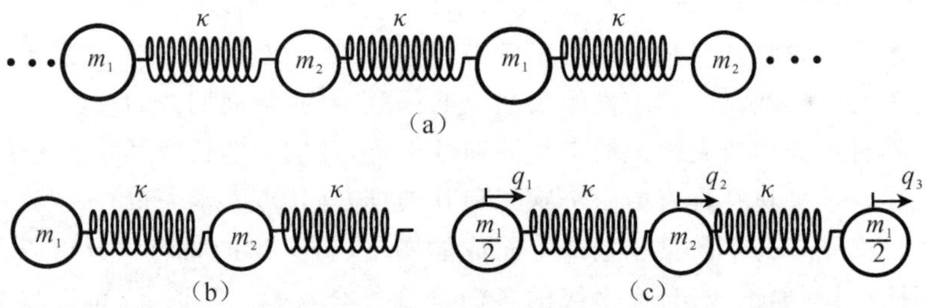

图 3.2 双原子链点阵(a)和两个可能的胞元选择方案(b)(c)
(对于对称和非对称胞元都存在着其他的选择方案，
所有质量块之间的间距相等，$m_1=m/2, m_2=m$)

意义上，它支持两种类型的波动。第一类中胞元内的两个质量块同相运动，而在第二类中它们反相运动。在本章中，所研究的点阵是无限长的(或在边界附近有足够的阻尼)，因此可以忽略边界处反射波的影响。

对于图 3.2(c)中的胞元，控制胞元质量块位移的显式标量微分方程组为

$$
\begin{aligned}
&\frac{m_1}{2}\ddot{q}_1+\kappa(q_1-q_2)=f_1\\
&m_2\ddot{q}_2+\kappa(2q_2-q_1-q_3)=f_2\\
&\frac{m_1}{2}\ddot{q}_3+\kappa(q_3-q_2)=f_3
\end{aligned}
\tag{3.1}
$$

其中，f_1、f_2 和 f_3 分别是与位移自由度 q_1、q_2 和 q_3 相关的外力。上述标量方程可以用更加紧凑的矩阵形式表示为

$$
\boldsymbol{M}\ddot{\boldsymbol{q}}+\boldsymbol{K}\boldsymbol{q}=\boldsymbol{f}
\tag{3.2}
$$

其中

$$
\boldsymbol{M}=\begin{bmatrix}\frac{m_1}{2} & 0 & 0\\ 0 & m_2 & 0\\ 0 & 0 & \frac{m_1}{2}\end{bmatrix},\boldsymbol{K}=\begin{bmatrix}\kappa & -\kappa & 0\\ -\kappa & 2\kappa & -\kappa\\ 0 & -\kappa & \kappa\end{bmatrix},\boldsymbol{q}=\begin{bmatrix}q_1\\ q_2\\ q_3\end{bmatrix},\boldsymbol{f}=\begin{bmatrix}f_1\\ f_2\\ f_3\end{bmatrix}
\tag{3.3}
$$

我们可以将该矩阵方程分为三个部分，分别对应于左边缘位移 $\boldsymbol{q}_{\mathrm{l}}$、右边缘位移 $\boldsymbol{q}_{\mathrm{r}}$ 和内部位移 $\boldsymbol{q}_{\mathrm{i}}$。由于图 3.2 中的每个质量块只有一个位移自由度，因此每个质量块的位移矢量仅包含一个位移分量：

$$
\boldsymbol{q}=\begin{bmatrix}\boldsymbol{q}_{\mathrm{l}}\\ \boldsymbol{q}_{\mathrm{r}}\\ \boldsymbol{q}_{\mathrm{i}}\end{bmatrix},\boldsymbol{q}_{\mathrm{l}}=q_1,\boldsymbol{q}_{\mathrm{r}}=q_3,\boldsymbol{q}_{\mathrm{i}}=q_2
\tag{3.4}
$$

对于双原子链点阵，似乎没必要进行上述划分，但是对于需要用有限元(finite

element, FE)对胞元进行数值模拟的复杂点阵来说,上述划分操作具有很大的价值。此外,根据内力平衡条件,可以避免 $\boldsymbol{q}_i$ 的引入。

3.2.1 布洛赫定理

本节将针对最基本的一维点阵结构,介绍布洛赫定理这一固体物理学的基本概念。在 3.3.1 节中,我们还会将布洛赫定理推广至二维和更高维度的情况。

表征整个点阵结构运动的矩阵形式微分方程可以被看作含空间周期系数的线性常微分方程组。其中,系数矩阵的空间周期性是由点阵结构的固有周期性引起的。研究者通过对含周期系数的一维微分方程[如希尔方程(Hill equation)①和马蒂厄方程(Mathieu equation)]的研究,建立了弗洛凯定理。费利克斯・布洛赫于 1929 年进一步将弗洛凯定理[5]推广到三维问题之中,特别是用于解决晶体点阵中电子波的传播问题[54]。有关布洛赫定理的形式证明,请参见阿什克罗夫特(Ashcroft)和默明(Mermin)的著作[55]中的第 8 章。

3

在继续讨论布洛赫定理之前,有必要回顾一下固体物理学中的相关概念。点阵可以看作点(所谓的格点)的集合。这些点是由基矢量定义的,基矢量不一定是单位长度。例如,通过一组向量 $\boldsymbol{r}_n=n\boldsymbol{e}_1, n=-\infty,\cdots,-1,0,1,2,\cdots,+\infty$ 来指定图 3.1 无限单原子链中质量块的位置,其中基矢量的大小是 $|\boldsymbol{e}_1|=l$,l 是静止状态下质量块之间的距离。格点系统及其基矢量通常被称为直接点阵。二维点阵由两个基矢量来确定。通常来讲,一个 N 维点阵需要 N 个基矢量。

选定合适的胞元后,沿着基矢量 $\boldsymbol{e}_i$ 重复铺排胞元即可获得整个直接点阵。用 $\boldsymbol{r}_j=j\boldsymbol{e}_1$ 表示胞元中的格点:它们对应于图 3.2(c)所示的胞元中的两个质量块,或更一般地,对应二维情况下胞元有限元模型的节点子集。令 $q(\boldsymbol{r}_j)$ 表示参考胞元中格点的位移,如果采用平面波解,则 $q(\boldsymbol{r}_j)$ 具有如下形式:

$$q(\boldsymbol{r}_j)=q_j\mathrm{e}^{(\mathrm{i}\omega t-\boldsymbol{k}\cdot\boldsymbol{r}_j)},\mathrm{i}=\sqrt{-1} \tag{3.5}$$

其中,q_j 是振幅;ω 是频率;$\boldsymbol{k}$ 是平面波的波矢;符号“・”表示标量积或点积。以所选的胞元为参照,可以利用整数 n 表示沿 $\boldsymbol{e}_1$ 方向进行 n 次平移而获得的其他任意胞元。在胞元 n 中,与参考胞元第 j 个点相对应的点,由矢量 $\boldsymbol{r}=\boldsymbol{r}_j+n\boldsymbol{e}_1$ 表示。根据布洛赫定理,由整数 n 表示的直接点阵中任意胞元第 j 点的位移可由下式表示:

$$q(\boldsymbol{r})=q(\boldsymbol{r}_j)\mathrm{e}^{\boldsymbol{k}\cdot(\boldsymbol{r}-\boldsymbol{r}_j)}=q(\boldsymbol{r}_j)\mathrm{e}^{(kn)} \tag{3.6}$$

此处,$k=\delta+\mathrm{i}\mu$ 表示波矢量 $\boldsymbol{k}$ 沿 $\boldsymbol{e}_1$ 矢量的分量,也就是说 $k=\boldsymbol{k}\cdot\boldsymbol{e}_1$。实部 δ 和虚部 μ 分别称为衰减常数和相位常数。实部定义了波从一个胞元前进到另一个胞元产生的衰减(或增长)。对于无衰减波,实部为零,波矢量的分量简化为 $k=\mathrm{i}\mu$。虚

① 事实上,瑞利在 1887 年对此进行了研究[4]。他研究的是一根振动的弦受到周期性变化的张力作用,并将其轴向固定在音叉上,这是截断的希尔方程在声学中的模拟。

部或等相位定义了一个胞元中的相位变化。

可以方便地在波矢空间(k 空间)中定义倒易点阵,直接点阵和倒易点阵的基矢量满足如下关系:

$$\boldsymbol{e}_i \cdot \boldsymbol{e}_j^* = \delta_{ij} \tag{3.7}$$

其中,$\boldsymbol{e}_i$ 表示直接点阵的基矢量;$\boldsymbol{e}_j^*$ 表示倒易点阵的基矢量;δ_{ij} 是克罗内克(Kronecker)δ 函数。对于一维点阵,下标 i 和 j 取整数值 1。倒易点阵基矢量 $\boldsymbol{e}_1^*$ 的大小为 $|\boldsymbol{e}_1^*|=\dfrac{1}{l}$。对于 N 维点阵,直接点阵和倒易点阵中胞元的体积互为倒数。也就是说,它们的乘积是恒定不变的(等于 1),因此称之为"倒易"点阵。

3 波矢可以用倒易点阵的基矢量 $\boldsymbol{e}_i^*$ 表示。由于倒易点阵也是有周期性的,因此可以将波矢限制在倒易点阵中名为布里渊区的区域进行研究[5]。由于能带的极值几乎总是出现在第一不可约布里渊区(irreducible Brillouin zone, IBZ)的边缘上,因此在探究点阵的带隙特性时,我们将波矢限定在不可约布里渊区的边缘上[5,55-56]。第一布里渊区被定义为倒易点阵的维格纳-塞茨(Wigner-Seitz)胞或原始胞元,并可以按以下方式构造:

(1)选择倒易点阵中的任意格点作为原点,并将其连接到相邻点;

(2)构造这些线的垂直平分线,相交区域是第一布里渊区。

一维单原子链和双原子链点阵的第一布里渊区定义为间隔 $-\pi\leqslant\mu\leqslant\pi$ 的区域,不可约布里渊区定义为区域 $0\leqslant\mu\leqslant\pi$。由式(3.6)可知,相距 n 个单位的两个格点位移的相位变化为 μn。因此,μ 可以直观地显示一个单位胞元的相位变化。在不可约布里渊区的边缘处,对应于 $\mu=0$ 和 $\mu=\pi$,胞元左右边缘的运动完全同相或反相。它们对应于简正模态或群速度为零的驻波。

总之,布洛赫定理(或一维周期性结构的弗洛凯定理)指出,对于任何具有相同重复胞元的结构,无损耗传播波通过一个胞元时的复振幅变化与胞元位置无关。根据该定理,考虑单个胞元内的波动情况可以确定波在整个点阵中的传播特性。因此,利用布洛赫定理分析周期结构中的波传播问题可以节省大量的时间和计算成本。另外,玻恩-冯卡门(Born-von Kármán)周期边界条件对于无限点阵也是适用的。

3.2.2 布洛赫定理的应用

根据布洛赫定理和玻恩-冯卡门周期边界条件,一维点阵的位移 $\boldsymbol{q}$ 和外力 $\boldsymbol{f}$ 之间具有以下关系:

$$\boldsymbol{q}_{\mathrm{r}} = e^{k}\boldsymbol{q}_{\mathrm{l}},\ \boldsymbol{f}_{\mathrm{r}} = -e^{k}\boldsymbol{f}_{\mathrm{l}} \tag{3.8}$$

其中,下标 l 和 r 分别表示胞元的左边缘和右边缘。

根据上述关系,可以定义以下变换,将位移矢量 $\boldsymbol{q}$ 投影到无衰减传播波的约化矢量$\tilde{\boldsymbol{q}}$，也就是 $k=\mathrm{i}\mu$：

$$\boldsymbol{q}=\boldsymbol{T}\tilde{\boldsymbol{q}},\boldsymbol{q}=\begin{bmatrix}\boldsymbol{q}_1\\ \boldsymbol{q}_r\\ \boldsymbol{q}_i\end{bmatrix},\boldsymbol{T}=\begin{bmatrix}\boldsymbol{I} & \boldsymbol{0}\\ \boldsymbol{I}e^{\mathrm{i}\mu} & \boldsymbol{0}\\ \boldsymbol{0} & \boldsymbol{I}\end{bmatrix},\tilde{\boldsymbol{q}}=\begin{bmatrix}\boldsymbol{q}_1\\ \boldsymbol{q}_i\end{bmatrix} \tag{3.9}$$

其中，$\tilde{\boldsymbol{q}}$表示布洛赫约化坐标中节点的位移；$\boldsymbol{I}$ 是适当大小的单位矩阵。

将式(3.9)给出的布洛赫变换关系代入运动控制方程式(3.2)中，并将得到的方程与 $\boldsymbol{T}^{\mathrm{H}}$ 相乘以实现力的平衡[57]，得到约化坐标下的控制方程为

$$\tilde{\boldsymbol{D}}\tilde{\boldsymbol{q}}=\tilde{\boldsymbol{f}},\tilde{\boldsymbol{D}}=\boldsymbol{T}^{\mathrm{H}}\boldsymbol{D}\boldsymbol{T},\tilde{\boldsymbol{f}}=\boldsymbol{T}^{\mathrm{H}}\boldsymbol{f},\boldsymbol{D}\equiv\boldsymbol{K}-\omega^2\boldsymbol{M} \tag{3.10}$$

其中，上标 H 表示厄米(Hermitian)转置运算。定义动刚度矩阵 $\boldsymbol{D}$ 时采用了时谐运动假设，即假设时间项为 $e^{\mathrm{i}\omega t}$。通常情况下，波矢量 $k=\delta+\mathrm{i}\mu$ 是复数。对于一个沿点阵传播且无衰减的平面波($\delta=0$)，其传播常数为 $k=\mathrm{i}\mu$。对于自由谐波运动($\boldsymbol{f}=\boldsymbol{0}$)，式(3.10)可以简化为特征值问题：

$$\tilde{\boldsymbol{D}}(\mu,\omega)\tilde{\boldsymbol{q}}=\boldsymbol{0} \tag{3.11}$$

求解方程(3.11)得到的任意(μ,ω)关系均代表了一个频率为 ω 的平面波。ω 与 μ 的曲线称为频散曲线，其切线斜率表示群速度，割线斜率表示相速度。接下来将讨论一维点阵的频散曲线，我们尤其关注的是对称胞元点阵结构共振频率的意义。

3.2.3　频散曲线和胞元共振

单原子链和双原子链点阵的频散曲线如图 3.3 所示。通过指定第一布里渊区中每个点的等相位(由间隔$-\pi\leqslant\mu\leqslant\pi$ 定义)，可以求解方程(3.11)中关于频率 ω 的特征值问题，进而得到频散曲线。波传播频率 ω 根据 $\Omega=\dfrac{\omega}{\omega_0}$ 进行归一化，其中 $\omega_0=\sqrt{\dfrac{\kappa}{m}}$，$\kappa$ 和 m 如图 3.1 所示。对于双原子点阵，我们假设 $m_1=m$，$m_2=2m$。

根据图 3.3(a)中单原子点阵的频散曲线，可以归纳出它的两个特征，波传播存在截止频率或上限频率，并且在布里渊区的边缘，频散曲线将变得平坦，表明群速度为零($c_g=\dfrac{\partial\omega}{\partial k}=0$)，即形成驻波。当两个末端质量块都可以自由移动时，这些驻波是图 3.1(c)所示胞元的简正模态。一条刚体或零频率线形成了频散曲线的下限。因此，我们观察到在自由边界条件下胞元的共振定义了单原子点阵频散曲线的上下限。图 3.1(c)中胞元的固定边界条件没有任何模态。

图 3.3(b)中的双原子链点阵具有两条频散曲线。它的下分支和上分支分别被称为声学支和光学支，这样命名大概是由于光波的频率比声波的频率高。除了截断点以外，我们还观察到在声学支和光学支之间存在频率的间隙，叫作带隙。在这个间隙中，方程(3.11)中的布洛赫波特征值问题没有解，说明没有波可以传播。

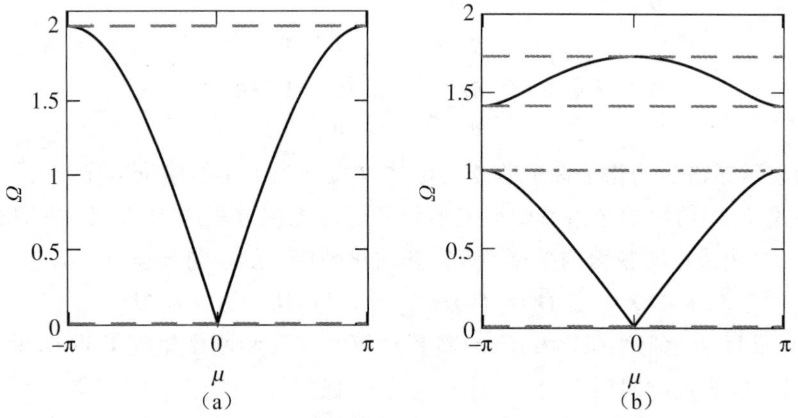

图 3.3 单原子链(a)和双原子链(b)弹簧-质量点阵的频散曲线
(水平虚线和点划线分别表示自由-自由边界条件和固支-固支边界条件下胞元的固有频率。需要注意的是,胞元的共振频率决定了能带边缘的位置)

3

更重要的是,胞元共振频率再次界定了频散曲线的频率范围！然而需要注意的是,与单原子链的情况不同,图 3.2(c)中双原子链点阵的对称胞元在固定边界条件下具有不平凡的共振模态。实际上,一旦固定住端部质量块,可以得到胞元在固支-固支边界条件下的共振频率为 $\omega=\sqrt{\frac{2\kappa}{m_2}}=\sqrt{\frac{\kappa}{m}}$ 或者 $\Omega=1$,如图 3.3(b)中的点划线所示。在自由-自由边界条件下,我们期望有三种共振模式:一种对应 $\Omega=0$(刚体模式);其余两种对应于图 3.3(b)中非零的水平虚线。表 3.1 总结了胞元的共振频率。

表 3.1 两端自由和两端固支边界条件下胞元的共振频率
(它们将离散一维点阵的通带边缘与对称胞元对应起来)

点阵	单位胞元	共振频率(自由边界)	共振频率(固定边界)
单原子	对称,图 3.1(c)	$0,\sqrt{\frac{4\kappa}{m}}$	0
双原子	对称,图 3.2(c)	$0,\sqrt{\frac{2\kappa}{m_1}},\sqrt{\frac{2\kappa(m_1+m_2)}{m_1 m_2}}$	$\sqrt{\frac{2\kappa}{m_2}}$

对称胞元的共振频率界定了频散曲线边缘频率的位置,因而也定义了带隙的宽度,这一事实具有重大的实际工程意义。例如,如果要最大化带隙的宽度,我们就要将固支-固支和自由-自由边界条件下的共振频率尽量分开。因此,带隙设计是结构动力学的逆问题:通过优化几何形状和材料特性,以达到两种边界条件下胞

元的目标共振频率。这种采用结构动力学逆向设计带隙的方法有待进一步研究。该方法可用于现有的拓扑优化设计[58-59]和周期性材料及结构弹性动力响应特性的其他优化设计框架中[60]。

3.2.4　连续点阵:局域共振和亚布拉格带隙

连续梁点阵系统与离散的单原子链和双原子链点阵的一个关键不同在于,由于梁的波动方程是偏微分方程,胞元具有无限个共振模态,因此频散曲线的分支可以扩展到无限大的频率。但是,在特定的频率范围内,可以使用有限元数值模型准确地离散偏微分方程,来捕获系统的弹性动力学响应[61-63]。考虑如图 3.4 所示的三个连续的周期性系统:一个质量周期性分布的弹性受弯梁;一个谐振器周期性排列的受弯梁;以及一个由前两者组合起来的梁。让我们通过这些系统来说明带隙的形成机理:一种是布拉格散射机理,这已经在离散的单原子链和双原子链点阵的

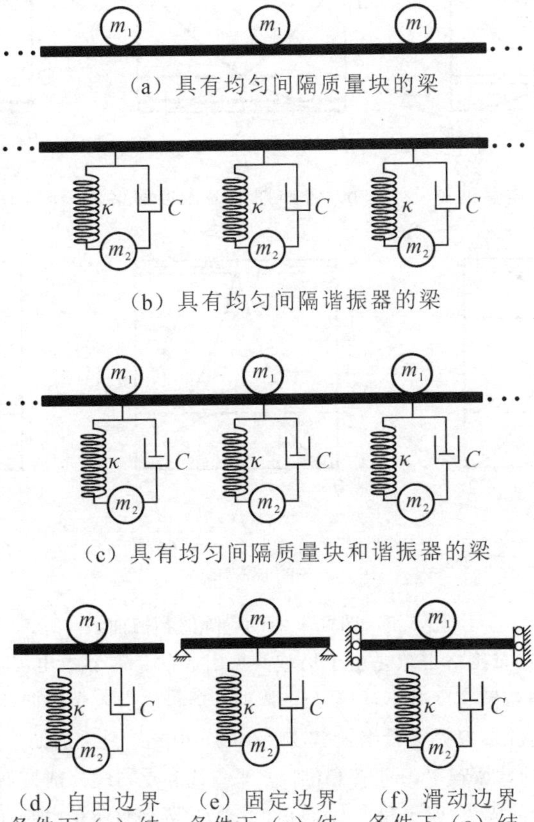

(a) 具有均匀间隔质量块的梁

(b) 具有均匀间隔谐振器的梁

(c) 具有均匀间隔质量块和谐振器的梁

(d) 自由边界条件下 (c) 结构中的胞元　(e) 固定边界条件下 (c) 结构中的胞元　(f) 滑动边界条件下 (c) 结构中的胞元

图 3.4　连续梁点阵

研究中有所体现；另一种新的机理，是在含谐振器的梁中的传播波相互作用产生的局域共振机理。这里我们考虑了周期性排布的情况，但是周期性对于局域共振效应不是必要条件，如在声学超材料中体现的那样。

胞元的有限元模型的运动矩阵方程形式与方程(3.2)一样。其中，质量和刚度矩阵分别由梁的惯性和弹性特性决定，而周期排布的质量块和谐振器则对上述两矩阵具有额外的贡献。在式(3.6)中调用布洛赫定理，我们也能得到与式(3.11)形式一样的厄米的布洛赫特征值问题，进而可以采用数值方法求得频散曲线。三个梁点阵的频散曲线如图 3.5 所示。仔细研究这些频散曲线，对于了解胞元的共振频率很有意义。

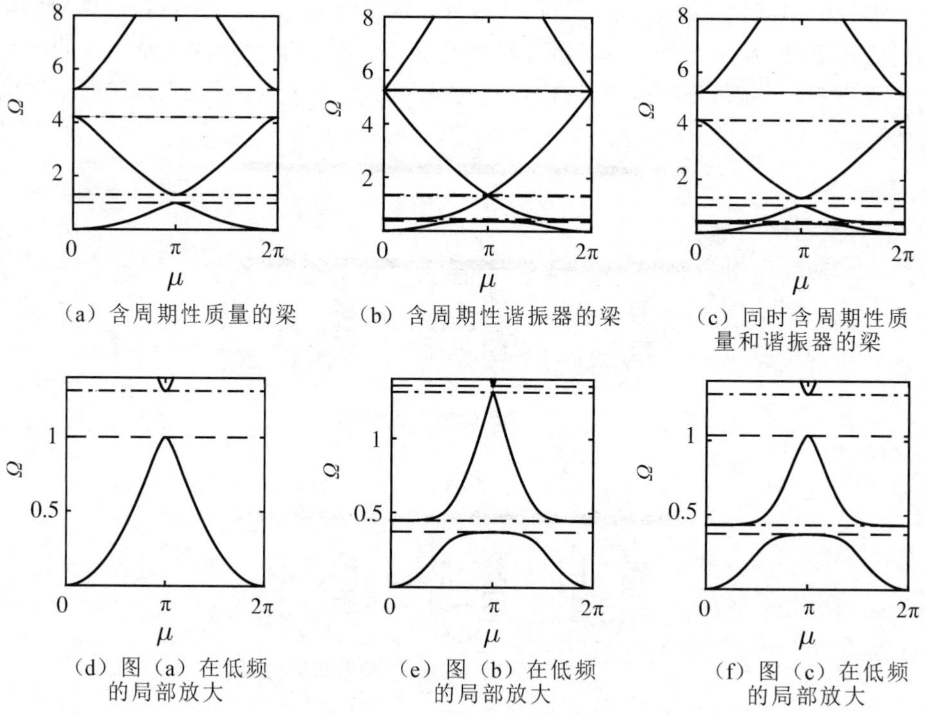

(a) 含周期性质量的梁
(b) 含周期性谐振器的梁
(c) 同时含周期性质量和谐振器的梁
(d) 图 (a) 在低频的局部放大
(e) 图 (b) 在低频的局部放大
(f) 图 (c) 在低频的局部放大

图 3.5　图 3.4 中梁点阵的频散曲线

[(e)中 $\Omega \approx 0.4$ 的亚布拉格带隙是由于局域共振引起的。需要指出，与(d)相比，(e)中的 $\Omega \approx 1$附近的布拉格带隙宽度减小，但是当把周期性质量块引入含周期性谐振器的梁上时，其宽度可以恢复到(f)。Ω 是无量纲频率，$\Omega=\omega/\omega_0$，其中 ω_0 是含周期性质量块的梁胞元在固支-固支条件时的共振频率，μ 是等相位。水平虚线和点划线分别是胞元在图 3.4(e)(f)所示的固支-固支和自由-自由(滑动)边界条件下的共振频率]

3.2.5 梁点阵的频散曲线

图 3.4(a)至(c)中三种点阵的频散曲线分别如图 3.5(a)至(c)所示。图 3.5(d)至(f)分别是图 3.5(a)至(c)低频区域的局部放大。由于在均匀梁中引入了周期性质量块,图 3.5(a)中的带隙是布拉格带隙。在图 3.5(d)中可以观察到第一带隙出现在 $\Omega\approx1$ 处,这与固定边界条件胞元的一阶模态相关。固支-固支边界条件的一阶共振模态的波长为 $\lambda=2l$,其中 l 是图 3.4(d)中胞元的长度,这里 $m_2=\kappa=c=0$。与周期性质量块系统相反的是,对于图 3.5(b)(e)所示的带有周期性谐振器梁的情况,容易发现低频的亚布拉格带隙。该带隙的频率远低于波长接近胞元尺寸时的频率,它是由传播波的相互作用引起的[图 3.5(a)中的较低频散分支与所连谐振器的共振在 $\Omega=\dfrac{\omega_a}{\omega_0}$ 时产生,其中 $\omega_a=\sqrt{\dfrac{\kappa}{m_2}}$,$\omega_0$ 是固定边界条件下含周期性质量块的梁胞元的固有频率]。需要注意的是,这种相互作用是局部的,因此称为"局域共振"。与图 3.5(d)相比,$\Omega\approx1$ 时的布拉格带隙宽度减小了。从图 3.4(c)中的周期性质量块和谐振器的组合得到的频散曲线如图 3.5(c)(f)所示,它同时具有局域共振引起的亚布拉格带隙和布拉格带隙特征。有关亚布拉格带隙宽度优化的更多详细信息,请参见文献[8]。

一个再度出现的、与早期观察结果一致的特征是,带隙边缘与胞元的共振频率一致。在图 3.5 中可以再次发现,带隙的边缘与虚线或点划线重合,两条线分别对应固支-固支边界条件下胞元的共振频率[图 3.4(e)]与滑动支撑边界条件下胞元的共振频率[图 3.4(f)]。这个特性同时适用于布拉格带隙和亚布拉格带隙。因此,通过简单计算在自由和固定边界条件下胞元的共振频率,就可以计算出布拉格或亚布拉格带隙的宽度,而无需进行布洛赫波分析。含对称胞元周期系统的这一显著特性,对声学超材料和声子晶体中带隙的优化设计具有重大意义,并且有待深入探索。拉加万(Raghavan)和帕尼[8]在胞元中每一个构件导纳已知的基础上,提出了一种导纳耦合方法来预测带隙的宽度,我们将在下一节中简要回顾这一过程。

3.2.6 导纳法

导纳(或动柔度)被定义为线性系统的稳态位移响应与其所承受的简谐力之比。导纳函数取决于激励频率以及力和响应点的空间位置。这里,我们重点关注的是力作用点和响应点重合时的导纳函数。通过导纳在时域中的傅里叶逆变换(inverse Fourier transform)得到一个脉冲响应函数[64-65]。基于导纳和类似于格林(Green)函数法的技术已广泛应用于结构声学中,已经有众多结构元件的导纳表可供查阅[64]。导纳函数不仅可以用简正模态的级数法来表示,也可以根据周期性结构的布洛赫波特征来定义[20,24-25]。值得注意的是,可以通过有限元方法从运动控制方程中测量或计算得到导纳函数，这对于耦合系统的响应分析十分有用。导纳方法基于各个构成组件的动态特性来预测结构整体的动态响应。通过对各个子系统的导纳函数施加必要的力平衡和位移协调条件，可以实现局域谐振器与介质的耦合。两个系统耦合点处的导纳具有简单的规则，但需要对每个系统的导纳在耦合点处分别进行评估。对于耦合点处导纳为 H_1 和 H_2 的两个系统，可以得出以下结果：

$$\frac{1}{H}=\frac{1}{H_1}+\frac{1}{H_2}，\text{并联}$$
$$H=H_1+H_2，\text{串联} \tag{3.12}$$

这些规则构成了系统的特征方程，方程的根是耦合系统的固有频率。这个耦合方法可用于解决一维波导问题。

考虑如图 3.6 所示的滑动和固定边界条件下胞元的固有频率。注意，在耦合点上，在固定或滑动边界条件下，质量 m_1 和谐振器 $m_2-\kappa-c$ 均与受弯梁平行连接。质量块 m_1 遵循牛顿第二定律 $\boldsymbol{f}=m_1\boldsymbol{a}$，其中 $\boldsymbol{f}$ 是作用在 m_1 上的力，而 $\boldsymbol{a}$ 是其加速度。基于此，可以将 m_1 在傅里叶域中的导纳定义为

$$H_{m_1}(\omega)=-\frac{1}{m_1\omega^2} \tag{3.13}$$

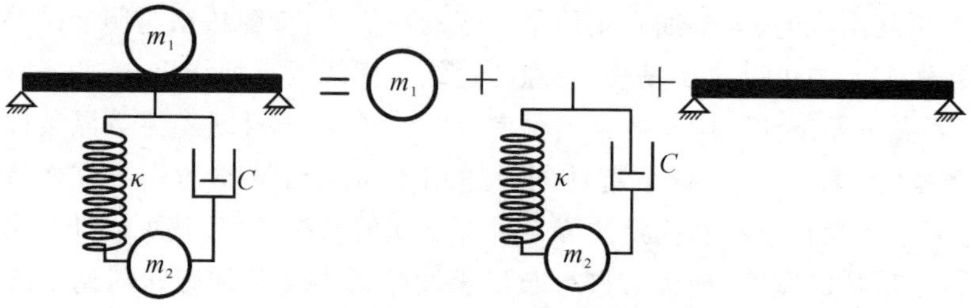

(a) 具有固定边界条件的胞元

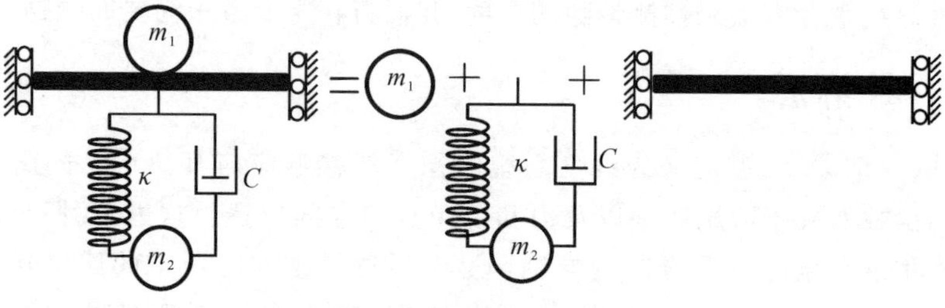

(b) 具有滑动边界条件的胞元

图 3.6　导纳耦合的概念：梁、质量块和谐振器的垂直位移是耦合的，以获得相应胞元（这里的耦合被视为平行耦合，其中所连接单元的位移是相同的，但力是相加的）

类似地，根据谐振器在耦合点 $m_2-\kappa-c$ 的运动控制方程，可以获得谐振器 H_a 的导纳函数。阻尼谐振器在连接点的点导纳可表示为

$$H_a=-\frac{\kappa-m_2\omega^2+\mathrm{i}c\omega}{(\kappa+\mathrm{i}c\omega)m_2\omega^2} \tag{3.14}$$

其中，κ、m_2 和 c 分别对应于谐振器的刚度、质量和阻尼系数。

梁在任意位置 x 处的导纳可以用级数展开法[64-65]表示为梁简正模态的形式：

$$H_b(x)=\sum_{r=1}^{n}\frac{\Phi_r^2(x)}{a_r(\omega_r^2-\omega^2+\mathrm{i}2\zeta_r\omega\omega_r)} \tag{3.15}$$

其中，$\Phi_r(x)$是固有频率为 ω_r 的简正模态 r 的模态形状；ζ_r 为相关的阻尼比；a_r 为质量归一化常数；H_b 取决于边界条件。各个动态组件的导纳函数表可在文献[64]中找到。

3

由于所有子系统（质量、谐振器和梁）在耦合点都具有相同的位移，图 3.6 中的系统遵循并联耦合规则：

$$\frac{1}{H}=\frac{1}{H_{m_1}}+\frac{1}{H_a}+\frac{1}{H_b} \tag{3.16}$$

固有频率是 H 分母的根。图 3.7(b)解释了点耦合的图解法。这里，H_g 和 H_p 是在滑动和固定边界条件下中心质量为 m_1 的梁的导纳函数，H_a 由方程(3.14)定义。对于 H_p 与 H_a 交点处的频率 $\Omega\approx0.37$，定义了图 3.4(e)中所示的

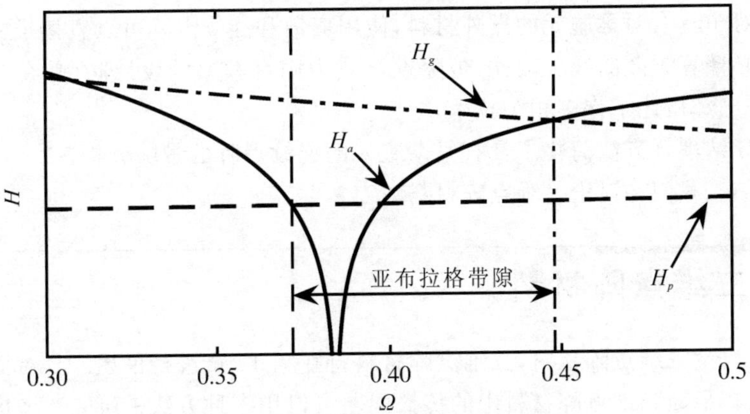

图 3.7　与导纳相关的亚布拉格带隙

[下部和上部频带边缘分别是在固定(垂直虚线)和滑动(垂直点划线)边界条件下胞元的共振频率。固定边界条件下胞元的共振频率(亚布拉格带隙的下边缘)位于谐振器导纳(H_a)和固支梁导纳(H_p)的交点处。对于滑动边界条件也是如此，共振频率(带隙的上边缘)是 H_g 和 H_a 的交点。H_a 最小时，所连接的谐振器会出现深度的反共振。图中的亚布拉格带隙与图 3.5(e)一致]

胞元共振，该频率是图 3.5(e)中亚布拉格带隙的下边缘。类似地，H_g 和 H_a 交点处的频率为 $\Omega\approx0.448$，定义了图 3.4(f)中的胞元共振，对应图 3.5(e)中的亚布拉格通带的上边缘。

关于导纳法的完整说明可以查阅文献[8]。适当边界条件下的共振频率定义了布拉格或亚布拉格带隙的宽度，这凸显了振动模式对使用对称胞元设计一维带隙材料的重要性。应当指出的是，如果将附加在均匀梁上的周期性质量视为一种约束条件，将需要考虑瑞利原理，特别是柯西-瑞利交错定理，这一点超出了本章的范围。有兴趣的读者可以查阅文献[8]，全面了解用于一维点阵模型的导纳法及实验验证。

3.2.7 一维点阵概要

3

对于离散(质量-弹簧)或连续(具有质量块和/或谐振器的受弯梁)类型的一维点阵，我们观察到的波传播的基本现象可以概括如下：

(1)材料或结构阻抗的空间重复规律变化会通过布拉格反射和/或亚布拉格局域共振现象导致波传播的禁止频率区间或带隙的出现。

(2)对于对称胞元，不管是布拉格还是亚布拉格机制，自由和固定边界条件下的共振频率可以定义带隙边缘。对于不对称的胞元，不存在类似的通用原则[66-67]。

(3)对于具有对称胞元的点阵材料，使用离散和连续点阵可以直接推断带隙宽度，而不必计算频散曲线。因此，带隙设计成为固有频率的设计问题，在结构动力学文献中已经概述了许多相关技术。

(4)导纳耦合方法简化了具有复杂胞元的连续点阵的带隙分析。

接下来，我们将讨论二维点阵材料。

3.3 二维点阵材料

本节讨论二维点阵材料，三维点阵材料将在第 12 章进行论述。具有面内位移的平面波在平面二维点阵材料中的传播问题可以用多种方法来研究。考虑到对复杂几何形状的通用性以及高效数值算法的可用性，我们选择有限元方法作为建模框架，并利用布洛赫定理有效地求解获得的离散运动矩阵方程。

3.3.1 布洛赫定理在二维点阵中的应用

本节中讨论的布洛赫理论已在许多研究领域中得到广泛应用：在固体物理学中研究晶体结构、布拉格光栅和光子晶体中的波传播[5,56]，以及在机械系统中(如加筋板)研究平面内和平面外的振动响应[20,68]。

在 3.2.1 节中，我们已经回顾了一维点阵的布洛赫定理。在此，我们为二维点阵引入适当的符号。参照选定的二维胞元，沿着 $\boldsymbol{e}_1$、$\boldsymbol{e}_2$ 方向分别平移 n_1、n_2 次获得的胞元用整数对 (n_1, n_2) 表示。胞元 (n_1, n_2) 内对应参考胞元内 j 点的点用向量 $\boldsymbol{r}=\boldsymbol{r}_j+n_1\boldsymbol{e}_1+n_2\boldsymbol{e}_2$ 表示。根据布洛赫定理，在二维点阵的直接点阵基础上，由整数对 (n_1, n_2) 标识的任意胞元中第 j 个点的位移为

$$q(\boldsymbol{r}) = q(\boldsymbol{r}_j)e^{\boldsymbol{k}\cdot(\boldsymbol{r}-\boldsymbol{r}_j)} = q(\boldsymbol{r}_j)e^{(k_1 n_1+k_2 n_2)} \tag{3.17}$$

这里，$k_1=\delta_1+\mathrm{i}\mu_1$，$k_2=\delta_2+\mathrm{i}\mu_2$ 表示波矢 $\boldsymbol{k}$ 沿着 $\boldsymbol{e}_1$ 和 $\boldsymbol{e}_2$ 矢量的分量；也就是说，$k_1=\boldsymbol{k}\cdot\boldsymbol{e}_1$ 和 $k_2=\boldsymbol{k}\cdot\boldsymbol{e}_2$。实部 δ 和虚部 μ 分别称为衰减常数和等相位。实部定义了波从一个胞元传播到另一个胞元时的衰减。对于传播时没有衰减的波，实部为零，波矢分量的减少为 $k_1=\mathrm{i}\mu_1$ 和 $k_2=\mathrm{i}\mu_2$。虚部或等相位定义了一个胞元中的相位变化。

根据式(3.7)，倒易点阵可以利用与一维点阵相似的方式定义。对于二维点阵，下标 i 和 j 取整数 1 和 2。波矢可以用倒易点阵基矢 $\boldsymbol{e}_i^*$ 表示，并且它们被限制在第一不可约布里渊区不可约部分的边缘以研究带隙[5,55-56]。

根据布洛赫定理和玻恩-冯卡门周期边界条件，得到位移 $\boldsymbol{q}$ 和力 $\boldsymbol{f}$ 之间的关系为

$$\begin{gathered}
\boldsymbol{q}_{\mathrm{r}} = e^{k_1}\boldsymbol{q}_{\mathrm{l}}, \boldsymbol{q}_{\mathrm{t}} = e^{k_2} \\
\boldsymbol{q}_{\mathrm{b}}\boldsymbol{q}_{\mathrm{rb}} = e^{k_1}\boldsymbol{q}_{\mathrm{lb}}, \boldsymbol{q}_{\mathrm{rt}} = e^{k_1+k_2}\boldsymbol{q}_{\mathrm{lb}}, \boldsymbol{q}_{\mathrm{lt}} = e^{k_2}\boldsymbol{q}_{\mathrm{lb}} \\
\boldsymbol{f}_{\mathrm{r}} = -e^{k_1}\boldsymbol{f}_{\mathrm{l}}, \boldsymbol{f}_{\mathrm{t}} = -e^{k_2}\boldsymbol{f}_{\mathrm{b}} \\
\boldsymbol{f}_{\mathrm{rt}} + e^{k_1}\boldsymbol{f}_{\mathrm{lt}} + e^{k_2}\boldsymbol{f}_{\mathrm{rb}} + e^{k_1+k_2}\boldsymbol{f}_{\mathrm{lb}} = 0
\end{gathered} \tag{3.18}$$

其中，下标 l、r、b、t 和 i 分别表示与通用胞元的左、右、下、上和内部节点相对应的位移(图 3.8)。角节点的位移用双下标表示，例如，lb 表示左下角节点。

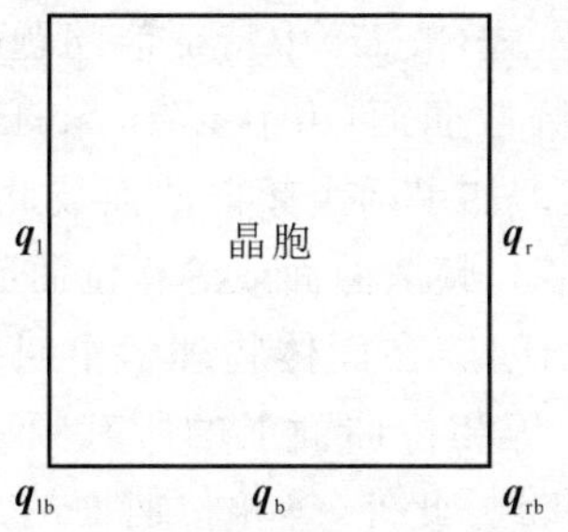

图 3.8　二维周期结构的通用胞元
(与相邻胞元共享节点自由度)

使用以上关系，可以定义以下变换：

$$\boldsymbol{q} = \boldsymbol{T}\tilde{\boldsymbol{q}}$$

$$\boldsymbol{T}=\begin{bmatrix}\boldsymbol{I} & \boldsymbol{0} & \boldsymbol{0} & \boldsymbol{0}\\ \boldsymbol{I}e^{k_1} & \boldsymbol{0} & \boldsymbol{0} & \boldsymbol{0}\\ \boldsymbol{0} & \boldsymbol{I} & \boldsymbol{0} & \boldsymbol{0}\\ \boldsymbol{0} & \boldsymbol{I}e^{k_2} & \boldsymbol{0} & \boldsymbol{0}\\ \boldsymbol{0} & \boldsymbol{0} & \boldsymbol{I} & \boldsymbol{0}\\ \boldsymbol{0} & \boldsymbol{0} & \boldsymbol{I}e^{k_1} & \boldsymbol{0}\\ \boldsymbol{0} & \boldsymbol{0} & \boldsymbol{I}e^{k_2} & \boldsymbol{0}\\ \boldsymbol{0} & \boldsymbol{0} & \boldsymbol{I}e^{(k_1+k_2)} & \boldsymbol{0}\\ \boldsymbol{0} & \boldsymbol{0} & \boldsymbol{0} & \boldsymbol{I}\end{bmatrix},\tilde{\boldsymbol{q}}=\begin{bmatrix}\boldsymbol{q}_{\mathrm{l}}\\ \boldsymbol{q}_{\mathrm{b}}\\ \boldsymbol{q}_{\mathrm{lb}}\\ \boldsymbol{q}_{\mathrm{i}}\end{bmatrix} \tag{3.19}$$

其中，$\tilde{\boldsymbol{q}}$表示节点在布洛赫约化坐标中的位移。现在将式(3.19)定义的变换代入式(3.2)控制有限元运动的方程，并将得到的结果乘以 $\boldsymbol{T}^{\mathrm{H}}$ 使力平衡[57]。在约化坐标中将得到以下控制方程：

$$\tilde{\boldsymbol{D}}\tilde{\boldsymbol{q}}=\tilde{\boldsymbol{f}},\tilde{\boldsymbol{D}}=\boldsymbol{T}^{\mathrm{H}}\boldsymbol{D}\boldsymbol{T},\tilde{\boldsymbol{f}}=\boldsymbol{T}^{\mathrm{H}}\boldsymbol{f} \tag{3.20}$$

其中，上标 H 表示厄米转置。对于在 $x-y$ 平面内传播而没有衰减的平面波，沿 x 和 y 方向的传播常数为 $k_1=\mathrm{i}\mu_1$ 和 $k_2=\mathrm{i}\mu_2$。对于自由波运动($\boldsymbol{f}=0$)，可以在频域中改写以上式得到的厄米特征值问题：

$$\tilde{\boldsymbol{D}}(k_1,k_2,\omega)\tilde{\boldsymbol{q}}=0 \tag{3.21}$$

求解方程(3.21)获得的任意三元组(k_1,k_2,ω)表示在频率 ω 下传播的平面波。

式(3.21)的特征值问题中存在三个未知数：两个传播常数 k_1、k_2(通常是复数)；波传播的频率 ω(由于特征值问题中的矩阵 $\tilde{\boldsymbol{D}}$ 是厄米矩阵，频率 ω 是实数)。为了求得第三个未知数，必须至少指定另外两个未知数。对于没有衰减的波动问题，传播常数纯粹是虚数，形式为 $k_1=\mathrm{i}\mu_1$ 和 $k_2=\mathrm{i}\mu_2$。在这种情况下，对于每对等相位(μ_1,μ_2)，我们可以得到频率 ω 在式(3.21)中定义的线性代数特征值问题的一个解。与一维点阵不同的是，式(3.21)中特征值问题的解在 $\omega-k_1-k_2$ 坐标系中形成嵌套的三维表面，叫作频散曲面(dispersion surface)。频散曲面的个数与式(3.21)中特征值的个数相等。如果两个频散曲面彼此间不重叠，则沿 ω 轴存在一个间隙，在间隙内波无法传播。频散曲面或等相位曲面[在固体物理学中类似于费米面(Fermi surface)]之间的间隙在固体物理学中叫作带隙[56]，在结构动力学中叫作禁带[20,68]。对于在某一等相位曲面上的所有频率，波都可以传播，因此这些曲面所占据的频率范围是通带。此外，等相位曲面的法线在任一点都定义了坡印亭矢量(Poynting vector)或群速度，表示能流的速度和方向[5]。

若要完整地描述二维点阵的频散特性，需要绘制与两个波矢分量相关的频散曲面图。但是，固体物理学的一种普遍做法是沿倒易空间中的路径(第一布里渊区的边缘)求得频散曲线，然后将不同的频散曲线拼接在一起得到整体的频散曲线。但是，这种传统的方法有时会得到错误的频散曲线。在下一节中，我们将以质量和弹簧组成的离散点阵为例来说明这一点。

3.3.2　离散的方形点阵

如图 3.9(a)所示，考虑平面波在离散点阵中的传播，其中线性弹簧 κ 阻碍其

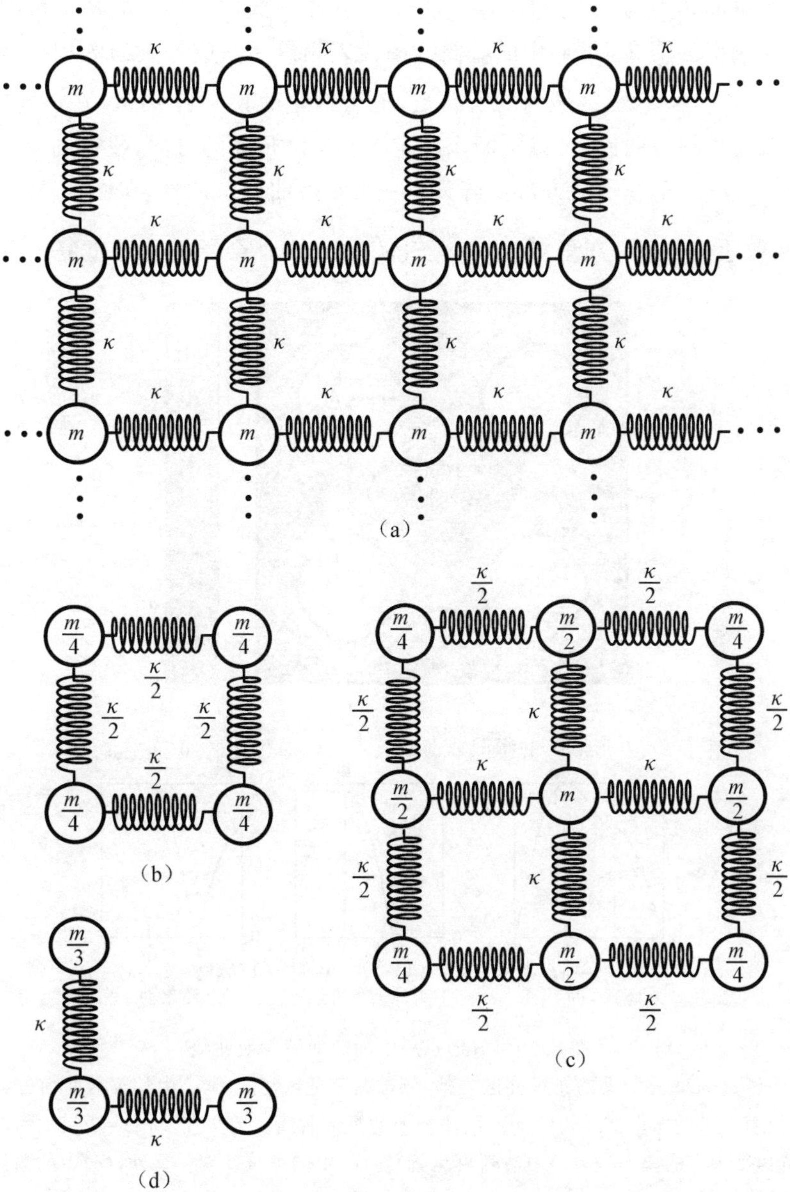

图 3.9　方形点阵及其可供选择的胞元

(需要指出的是，对于对称和非对称胞元均有其他选择)

端部的质量块 m 发生相对的离面位移。为了简单起见，假设所有的弹簧和质量块的值相等，分别是 κ 和 m。图 3.9(b)至(d)为三种不同的选取胞元的方式，其中图 3.9(b)是最小的对称胞元，因此可采用它来进行布洛赫波分析。方形点阵的第一布里渊区由间隔 $-\pi\leqslant\mu_1,\mu_2\leqslant\pi$ 指定，其中 μ_1 和 μ_2 是等相位的。严格来说，对于第一个布里渊区中的每个点(μ_1,μ_2)，应该通过求解式(3.21)中的特征值问题来计算其传播频率。图 3.10(a)中的等高线图代表频散曲面或等效的等相位曲面。对于在 $-2\pi\leqslant\mu_1,\mu_2\leqslant2\pi$ 区域内的所有点，无量纲化的频率 $\Omega=\omega/\sqrt{\kappa/m}$ 是 μ_1 和 μ_2 的函数。通过频散曲面，可以推断出特定频率下波传播的方向，或得到特定方向上波传播的频率。单原子链方形点阵只有一个频散曲面。此外，在图 3.9(a)中可以看出，频散曲面在第一布里渊区 $-1\leqslant\frac{\mu_1}{\pi},\frac{\mu_2}{\pi}\leqslant1$ 之外会周期性地重复。在固体物

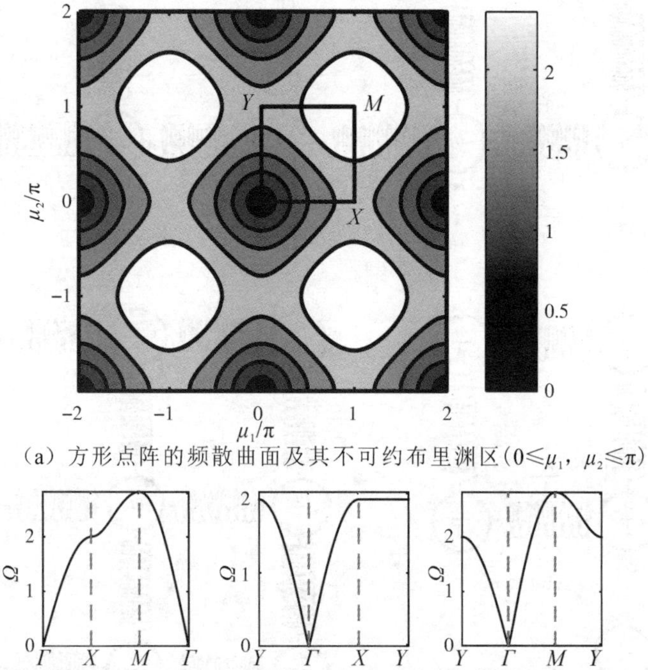

(a) 方形点阵的频散曲面及其不可约布里渊区($0\leqslant\mu_1$，$\mu_2\leqslant\pi$)

(b) 沿Γ—X—M—Γ的频散曲线　(c) 沿Y—Γ—X—Y的频散曲线　(d) 沿Y—Γ—M—Y的频散曲线

图 3.10　方形点阵中的离面波频散曲线

[在 $-\pi\leqslant\mu_1,\mu_2\leqslant\pi$ 定义的布里渊区之外，频散曲面是重复的。(a)中的频散曲面也可以表示为沿着不可约布里渊区边缘的不同路径上的频散曲线。请注意，与 $\Omega=2$ 相关的简正模态(群速度为零的模态)在(c)中清晰可见，而在(d)中却很难发现。另外，(c)中的曲线未达到(b)和(d)中所示的最大频率 $\Omega=\sqrt{8}$。频带的边缘 $\Omega=0,2,\sqrt{8}$ 是与自由和固定边界条件下胞元的固有频率相对应的]

理学和周期性结构的相关研究领域中，常见的做法是沿着布里渊区中的某个路径（通常沿着不可约布里渊区的边缘）绘制二维曲线并将其拼接在一起。图 3.10(a)中显示了两个这样的路径，分别是 $\Gamma-X-M-\Gamma$ 和 $Y-\Gamma-X-Y$。点 $\Gamma=(0,0)$，$X=(\pi,0)$，$Y=(0,\pi)$，$M=(\pi,\pi)$ 表示从区域中心 $\Gamma=(0,0)$ 出发的对称的辐射方向，它们与不可约布里渊区的边缘重合。沿这两个路径计算出的频散曲线如图 3.10(b)(c)所示，其中图 3.10(b)表示沿着 $\Gamma-X-M-\Gamma$ 路径，图 3.10(c)表示沿着 $Y-\Gamma-X-Y$ 路径。值得注意的是，$\Omega=2$ 时群速度为零的分支在图 3.10(b)中不太明显，在图 3.10(c)中却非常显而易见，而在图 3.10(d)中完全看不到。此外，图 3.10(c)中缺失了点阵的最大传播频率为 $\Omega=\sqrt{8}$ 这一信息。上述采用二维频散曲线表示三维频散曲面的诸多缺陷，会给我们的研究带来困扰，因此在选择路径时必须谨慎。

3

对于图 3.9(b)所示的胞元，当所有质量块均自由振动时，共计有 4 个共振频率。它们分别为 $\omega=0$，$\omega=2\sqrt{\dfrac{\kappa}{m}}$（此频率重复两次）和 $\omega=\sqrt{\dfrac{8\kappa}{m}}$，其无量纲形式为 $\Omega=0$，$\Omega=2$ 和 $\Omega=\sqrt{8}$。表 3.2 总结了离散点阵的胞元共振频率。在图 3.10(c)中可以看出，$\Omega=2$ 形成了沿着 $\Gamma-Y$ 和 $\Gamma-X$ 方向的频散曲线的上限。同样，$\Omega=0$ 形成频散曲线的下限。从图 3.10(b)可以明显看出 $\Omega=\sqrt{8}$ 的重要性，它是沿 $\Gamma-M$ 路径的频散曲线的上限。值得注意的是，胞元的简正模态定义了方形点阵带隙的边界。这些特性是否适用于其他对称的点阵（如二维的平面六角点阵和其他的三维点阵）还有待探索。

表 3.2　图 3.9(b)中胞元的共振频率

对称路径(点)	根据式(3.21)计算的边界	预测边界	胞元边界条件
Γ	$\Omega=0$	$\Omega_1=0$	固支-固支
$\Gamma-X$ 中的 X	$\Omega=2$	$\Omega_2=2$	自由-自由
$\Gamma-M$ 中的 M	$\Omega=\sqrt{8}$	$\Omega_4=\sqrt{8}$	自由-自由
$\Gamma-Y$ 中的 Y	$\Omega=2$	$\Omega_3=2$	自由-自由

注：$\omega_1=0$，$\omega_2=\omega_3=\sqrt{4\kappa/m}$（重复两次），$\omega_4=\sqrt{8\kappa/m}$（对于自由边界条件）以及 $\omega_0=0$（对于固定边界条件）。注意，固有频率是经 $\Omega_n=\omega_n/\sqrt{\kappa/m}$ 归一化后的结果。

3.4　点阵材料

当点阵材料的相对密度 $\bar{\rho}$ 较低时，可以将其视为周期性梁组成的网络。我们以 $\bar{\rho}\equiv\rho^*/\rho$ 定义相对密度，其中 ρ 和 ρ^* 分别是固体材料和点阵材料的密度。点阵材料在宏观上是离散、多孔的，但是在构成单元的尺度上，它们的动态响应受连续结构单元(即梁或壳)动态响应的影响。读者可参考第1章,了解这些材料的背景知识及其作为轻质多功能材料的创新应用,以及它们具有的常规复合材料或均质材料无法实现的奇异的刚度和强度特性。考虑到梁具有无限多个共振频率,可以将此类点阵材料视为最通用的局域共振超材料。读者可参考第8章有关五模点阵材料的知识,了解将点阵作为"超构流体"应用,它具有很低的抗剪切性,但可以抵抗压缩。受折纸和手性结构[69]以及拓扑序效应[70]启发而提出的其他点阵拓扑结构,也受到越来越多的关注。

接下来,我们将讨论一组二维点阵材料中的波传播特性,如带隙和波指向性等(图3.11)。分别考虑三个规则的蜂窝(六边形、正方形和三角形)和一个半规则的笼目点阵,我们还会考虑五模形式的点阵材料。限制波矢在不可约布里渊区的边缘,如阴影区域 $\Gamma-X-M$ 所示。文献[33]中给出了前四个几何形状的直接点阵和倒易点阵的基矢量以及布里渊区。图3.11(e)中的五模点阵具有与六边形点阵相同的对称性,因此它们沿不可约布里渊区的波矢路径相同。

3

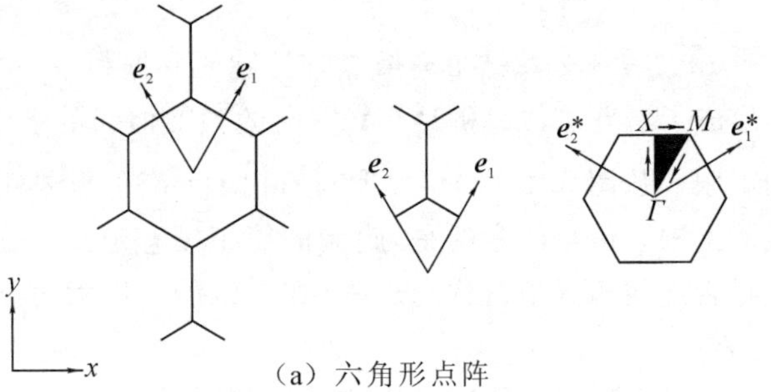

(a) 六角形点阵

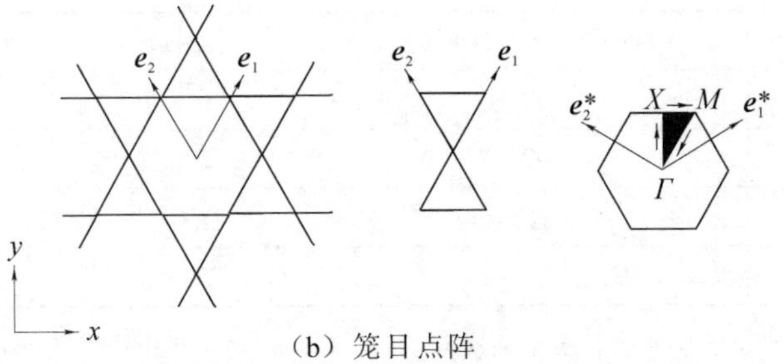

(b) 笼目点阵

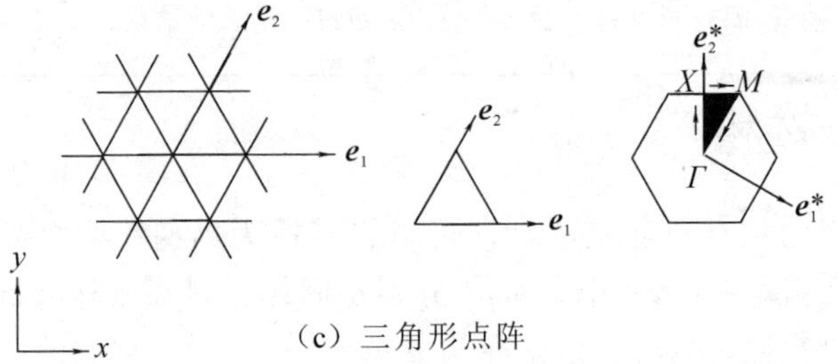

(c) 三角形点阵

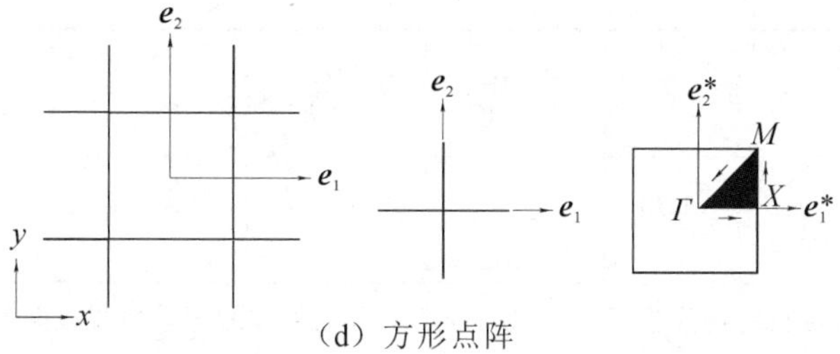

（d）方形点阵

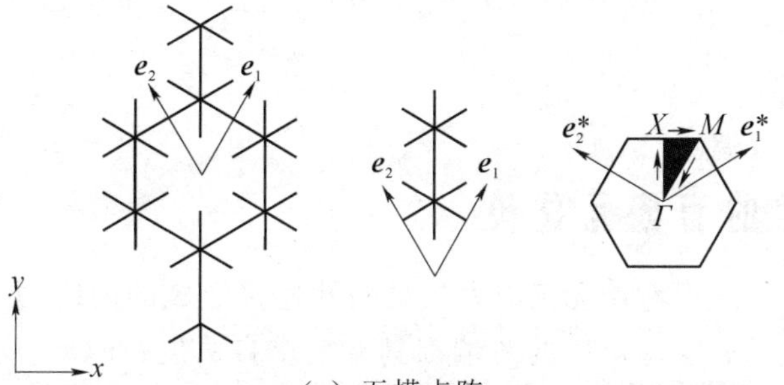

（e）五模点阵

图 3.11　五种代表性的二维梁点阵拓扑结构(左列)、胞元(中间列)以及第一布里渊区(右列)

在所有这些几何形状中,梁单元的长度均为 L,宽度均为 d,并且考虑的是面内单位厚度的二维棱柱形拓扑结构。六角形和三角形蜂窝以及笼目点阵具有各向同性的面内等效特性,而方形蜂窝则具有很强的各向异性[32,39]。表 3.3 总结了这些微结构的等效弹性特性。可以预见,基于等效介质理论的结果是,频散曲线在零频率长波长极限下近似。显然,不同点阵具有不同的长波长变形极限。然而,不同点阵在有限频率下的短波变形行为是否表现出类似的差异是特别值得关注的。为此,我们根据弗洛凯-布洛赫理论计算了五种点阵的频散曲线。

表 3.3　图 3.11 中微结构的等效弹性特性

拓扑结构	$\bar{\boldsymbol{\rho}}$	$\bar{\boldsymbol{K}}=\dfrac{\boldsymbol{K}^*}{\boldsymbol{E}}$	$\bar{\boldsymbol{G}}=\dfrac{\boldsymbol{G}^*}{\boldsymbol{E}}$	$\boldsymbol{\nu}^*$	各向同性
三角蜂窝	$2\sqrt{3}\left(\dfrac{d}{L}\right)=\dfrac{12}{\lambda}$	$\dfrac{1}{4}\bar{\rho}$	$\dfrac{1}{8}\bar{\rho}$	$\dfrac{1}{3}$	是
六角蜂窝	$\dfrac{2}{\sqrt{3}}\left(\dfrac{d}{L}\right)=\dfrac{4}{\lambda}$	$\dfrac{1}{2}\bar{\rho}$	$\dfrac{3}{8}\bar{\rho}^3$	1	是
笼目点阵	$\sqrt{3}\left(\dfrac{d}{L}\right)=\dfrac{6}{\lambda}$	$\dfrac{1}{4}\bar{\rho}$	$\dfrac{1}{8}\bar{\rho}$	$\dfrac{6-\bar{\rho}^2}{18+\bar{\rho}^2}\approx\dfrac{1}{3}$	是

续表

拓扑结构	$\bar{\rho}$	$\bar{K}=\frac{K^*}{E}$	$\bar{G}=\frac{G^*}{E}$	ν^*	各向同性
方形蜂窝	$2\left(\frac{d}{L}\right)=\frac{4\sqrt{3}}{\lambda}$	$\frac{1}{4}\bar{\rho}$	$\frac{1}{16}\bar{\rho}^3$		否

注：E 是固体材料的杨氏模量；K^*、G^* 分别是多孔固体的等效体积模量和剪切模量；$\bar{\rho}=\rho^*/\rho$ 是胞元的相对密度；ρ、ρ^* 分别是固体和点阵材料的密度；d、L 分别是胞元壁的厚度和长度；$\lambda=2\sqrt{3}L/d$ 是长细比。

3

3.4.1 胞元的有限元建模

我们将每个点阵都看作无预应力的梁刚性连接形成的网络，并用铁摩辛柯梁单元来离散胞元。假定每个梁的两端都具有三个自由度：在(x,y)平面上的两个平移(u,v)；绕 z 轴的旋转 θ_z。如图 3.12 所示，在典型的梁单元中，这些位移的连续变形可近似表示为

$$u(x,t)=\sum_{r=1}^{6}a_r(x)q_r(t)$$
$$v(x,t)=\sum_{r=1}^{6}b_r(x)q_r(t)$$
$$\theta_z(x,t)=\sum_{r=1}^{6}c_r(x)q_r(t) \tag{3.22}$$

其中，x 沿梁的轴向，自由度 q_r 由六个节点自由度$(u_1,v_1,\theta_{z1},u_2,v_2,\theta_{z2})$组成。六个节点位移的形函数 a_r、b_r 和 $c_r(r=1,\cdots,6)$可以查阅文献[63]和[71]。

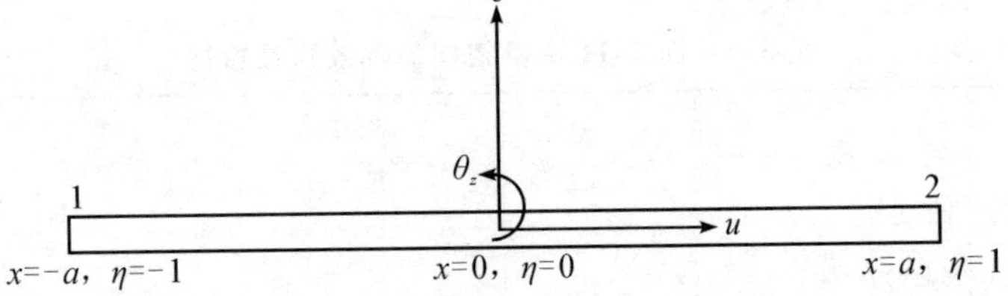

图 3.12 节点编号为 1 和 2 的梁单元

（图中显示了三个节点自由度，以及原点位于梁中心的单元局部坐标轴。无量纲坐标为 $\eta=x/a=2x/L$，其中 L 是梁的长度）

单位厚度梁在面内的动能和势能分别为

$$T=\frac{1}{2}\int_{-\frac{L}{2}}^{\frac{L}{2}}\rho d\,\dot{u}^2\,\mathrm{d}x+\frac{1}{2}\int_{-\frac{L}{2}}^{\frac{L}{2}}\rho d\,\dot{v}^2\,\mathrm{d}x+\frac{1}{2}\int_{-\frac{L}{2}}^{\frac{L}{2}}\rho I_z\,\dot{\theta}_z{}^2\,\mathrm{d}x$$

$$U=\frac{1}{2}\int_{-\frac{L}{2}}^{\frac{L}{2}}Ed\left(\frac{\mathrm{d}u}{\mathrm{d}x}\right)^2\mathrm{d}x+\frac{1}{2}\int_{-\frac{L}{2}}^{\frac{L}{2}}EI_z\left(\frac{\mathrm{d}\theta_z}{\mathrm{d}x}\right)^2\mathrm{d}x+\frac{1}{2}\int_{-\frac{L}{2}}^{\frac{L}{2}}\kappa_s dG\left(\frac{\mathrm{d}v}{\mathrm{d}x}-\theta_z\right)^2\mathrm{d}x \tag{3.23}$$

其中，ρ 是点阵材料的密度；d 是胞元的壁厚；L 和 I_z 分别表示梁的长度和截面惯性矩；κ_s 表示在铁摩辛柯梁理论中使用的剪切修正因子[61]。将式(3.22)代入式(3.23)中得到

$$T=\frac{1}{2}\sum_{r=1}^{6}\sum_{s=1}^{6}\dot{q}_r\,\dot{q}_s\int_{-\frac{L}{2}}^{\frac{L}{2}}(\rho d a_r a_s+\rho d b_r b_s+\rho I_z c_r c_s)\,\mathrm{d}x$$

$$U=\frac{1}{2}\sum_{r=1}^{6}\sum_{s=1}^{6}q_r q_s\int_{-\frac{L}{2}}^{\frac{L}{2}}(Eda'_r a'_s+EI_z b''_r b''_s+\kappa_s Gd(b'_r-c_r)(b'_s-c_s))\,\mathrm{d}x \tag{3.24}$$

其中，$'$表示对轴向坐标 x 的求导。采用哈密顿(Hamilton)变分原理，可以求得运动方程：

$$\delta\int\mathcal{L}\,\mathrm{d}t=0,\mathcal{L}=T-U+W_{\mathrm{e}} \tag{3.25}$$

其中，δ 表示一阶变分，$\mathcal{L}$是上述动力学系统的拉格朗日(Lagrangian)量；W_{e} 表示外力所做的功。在计算方程(3.25)的一阶变分时，梁单元动力学的欧拉-拉格朗日(Euler-Lagrangian)运动方程为

$$\frac{\mathrm{d}}{\mathrm{d}t}\left(\frac{\partial\mathcal{L}}{\partial\dot{q}_r}\right)-\frac{\partial\mathcal{L}}{\partial q_r}=f_r \tag{3.26}$$

其中，f_r 是对应于自由度 q_r 的力。对于每一个梁单元都可以写出其上述的运动方程，而胞元的运动方程可组合表示为如下形式：

$$\boldsymbol{M}\ddot{\boldsymbol{q}}+\boldsymbol{K}\boldsymbol{q}=\boldsymbol{f} \tag{3.27}$$

其中，矩阵 $\boldsymbol{M}$、$\boldsymbol{K}$ 分别表示胞元的整体质量矩阵和刚度矩阵；向量 $\boldsymbol{q}$、$\ddot{\boldsymbol{q}}$和 $\boldsymbol{f}$ 分别表示节点位移、加速度和力。对于第 j 个节点，节点位移矢量为 $\boldsymbol{q}_j=[u_j\quad v_j\quad \theta_{zj}]^{\mathrm{T}}$。

于是，我们利用式(3.27)可获得与式(3.2)相同的运动控制方程，并可遵循第 3.3.1 节中介绍的步骤，根据方程(3.21)得到厄米的布洛赫特征值问题的表达式。

3.4.2 点阵拓扑的能带结构

计算图 3.11 中选定点阵的频散曲面(能带结构)的流程如下：

(1)选择点阵的初始胞元；

(2)使用 3.4.1 节中描述的有限元技术构造胞元的质量和刚度矩阵；

(3)将布洛赫定理应用于胞元的运动方程，并在式(3.21)中形成特征值问题；

3

(4)将波矢限制在第一不可约布里渊区的边缘来指定等相位(μ_1,μ_2);

(5)求解式(3.21)中的波传播频率的特征值问题。

为了研究带隙特性,沿着第一不可约布里渊区的边缘选择波矢就足够了[56]。只需要探索三角形$\Gamma-X-M$的边缘即可,而不是针对第一布里渊区中阴影区域$\Gamma-X-M$上的每对(μ_1,μ_2)来求解方程(3.21)中的特征值问题。引入参数s作为第一布里渊区中的阴影区域$\Gamma-X-M$沿着周长$\Gamma-X-M-\Gamma$的弧长。它是k空间中的标量路径长度参数,用于表示区域边缘上任何点的位置。因此,三维频散曲面上的频率极限可以用以波矢为横坐标、以频率为纵坐标的二维频散曲线来表示,带隙对应于不存在频散分支的频率区间。相反地,至少有一条频散曲线的频段叫作通带,此时可能存在着部分带隙,波不能沿着特定方向传播。长波长极限对应于原点(第一布里渊区中所示的点Γ)的情况。

3

求解方程(3.21)定义的沿k空间中的封闭路径$\Gamma-X-M-\Gamma$的波矢特征值问题,可以计算出每个点阵的能带结构。我们给出了长细比($\lambda=2\sqrt{3}L/d$)等于50的计算结果。相对密度与长细比直接成正比,表3.3总结了每种几何形状的比例因子。五模点阵结构具有类似于六边形点阵的对称性,因此仅讨论其频散曲线,其弹性特性请查看第8章。长细比为50的六角点阵的频散曲线如图3.13所示。采用k空间中的弧长参数s,可以把无量纲的波传播频率绘制为沿着第一不可约布里渊区边缘的波矢路径$\Gamma-X-M-\Gamma$的函数。无量纲频率Ω定义为

$$\Omega=\frac{\omega}{\omega_1} \tag{3.28}$$

其中,ω是通过求解方程(3.21)的特征值问题获得的平面波的频率;$\omega_1=\pi^2\sqrt{EI/\rho dL^4}$是点阵梁在固支-固支边界条件下的一阶弯曲共振频率。因此,在$\Omega=1$时,胞元变形表现出梁的一阶固支-固支弯曲模式。所有的参数均在第3.4.1节中给出。

Γ点定义了点阵的等效介质描述有效的长波长极限下的情况。频散曲线有两个分支从原点Γ发出:纵向波(也称为无旋波或膨胀波)和横向波(也称为畸变波、剪切波或等容波)。频散曲线上的切线表示群速度,而连接原点Γ和频散曲线上一点的线的正割斜率代表相速度。在长波长极限内,与频散分支相对应的两个群速度对应于等效弹性介质的群速度,该弹性介质的弹性模量在表3.3中给出。对于具有杨氏模量E^*、剪切模量G^*、体积模量K^*和密度ρ^*的各向同性介质,其群速度为[32,72]

$$C_l=\sqrt{\frac{K^*+G^*}{\rho^*}},C_t=\sqrt{\frac{G^*}{\rho^*}} \tag{3.29}$$

因此,从Γ点开始并具有与群速度C_l和C_t相同斜率的两条线是长波长极限内频散曲线的最佳近似。长波长渐近线与频散曲线的偏离表明了等效介质理论的有效

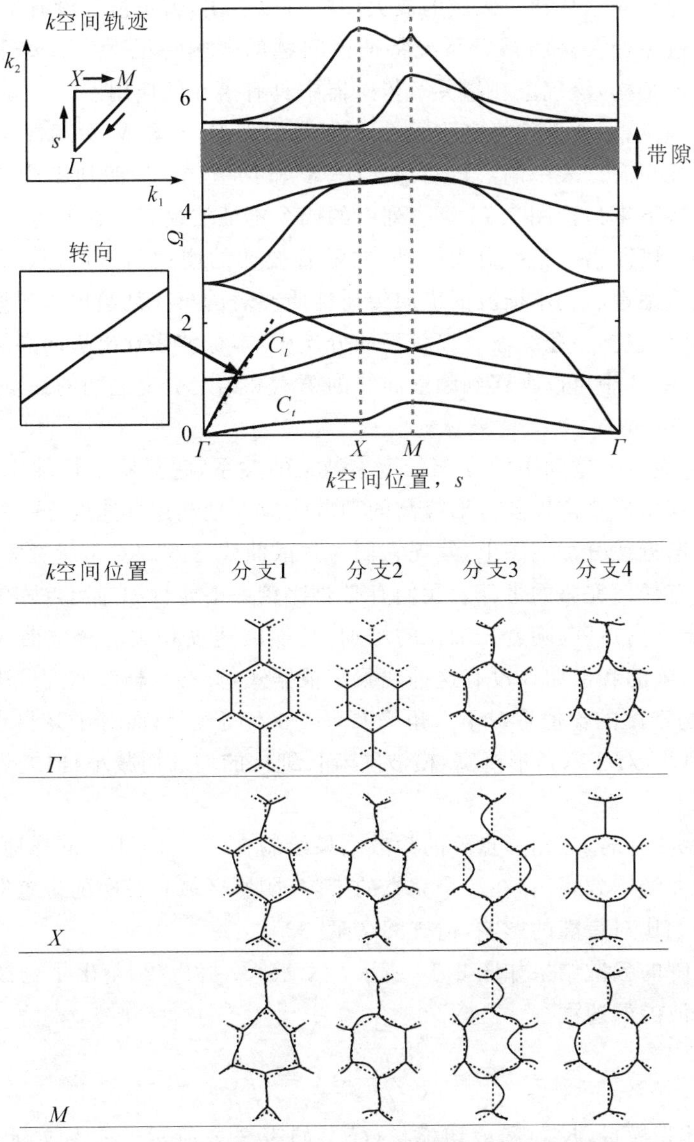

图 3.13　长细比等于 50 的六角蜂窝胞元的能带结构
（表格内为典型胞元的本征波）

性范围：在较高的波传播频率下，表 3.3 中的等效介质结果将不再适用。在这些频率下，点阵的几何形状对波的性质有很大的影响。

六角蜂窝（以及其他拓扑结构）的频散曲线的一个共同特征是频率转向（或频散分支的排斥）现象，即频散曲线彼此非常接近，但沿 k 空间中的路径 $\Gamma-X-M-\Gamma$ 不会交叉。在图 3.13 中，沿着路径 $\Gamma-X$ 在频散曲线的第二和第三分支之间可以观察到这种转向。从转向区域的放大图中可以看出，特征值并没有交叉，而是彼此偏离了。避免交叉是弱耦合系统特征值问题的普遍特征[73-74]。对于微米和纳米尺度的点阵结构，该现象在超灵敏传感器中具有潜在的应用[75]。

图 3.13 总结了典型的蜂窝胞元在 k 空间中点 Γ、X 和 M 处每个频散曲线所对应的本征波模态。表中的三行对应于 Γ、X 和 M 三个点，四列则对应于前四个频散分支。接下来讨论图 3.13 第一列中的四个本征波模态。在 Γ 点处，胞元表现出刚体平移。横波沿着第一分支运动，并随着波数的增加而增加；从 X 点处的胞元变形可以清楚地看到本征波的横向传播性质。表的第二列给出了频散曲线的第二条分支，其中包括一条纵波。在较高的分支中，本征波表现出横向和纵向的组合运动。从图 3.13 中可以观察到频散曲线的第六和第七分支之间的完整带隙（阴影区域）。

3

图 3.14 表示 k 空间中的 Ω 与长度参数 s 的关系，它显示了长细比为 50 时的笼目点阵与三角形蜂窝以及方形蜂窝的频散响应。把利用群速度[式(3.29)]计算出的长波长渐近线叠加在图上，发现它们与频散曲线一致。对于所考虑的长细比，笼目点阵没有任何完整的带隙。我们有必要比较一下笼目和蜂窝点阵中横波的长波行为：对于蜂窝点阵，随着长细比的增加，与横波速度相关的频散曲线的斜率减小；而笼目点阵的频散曲线没有这种现象。根据式(3.29)，横波速度取决于等效剪切模量 G^* 与密度的比值。对于六角蜂窝，G^* 正比于 ρ^{*3}；而对于笼目点阵，G^* 正比于 ρ^*。因此，对于六角形蜂窝，横波随着长细比的增加而减小；但笼目点阵没有这种现象。

长细比为 50 时，三角形点阵的频散结果绘制在图 3.15 中。同样地，长波长渐近线与频散曲线一致，且存在一个完整的带隙（阴影区域），带隙的位置取决于长细比。关于长细比对带隙的影响，请查阅文献[33]。

正方点阵的频散结果如图 3.16 所示。文献[32]和[72]给出了长波长范围内的纵波和横波的群速度

$$C_l = \sqrt{\frac{2K^*}{\rho^*}}, C_t = \sqrt{\frac{G^*}{\rho^*}} \tag{3.30}$$

其中，等效体积模量（K^*）和剪切模量（G^*）如表 3.3 所示。如上文所述，通过式(3.30)从群速度计算得出的长波渐近线与频散曲线吻合。总体特征与已经讨论的其他点阵类似：第一和第二分支分别表示横波和纵波。固定的本征模态位于 $\Omega=1$ 处。高于该频率值，频散曲线趋于聚集。没有观察到完整的带隙。

在五模点阵的频散曲线中可以观察到一个显著的反常频散特征，这时声波的群速度为负值，如图 3.17 中沿着 $\Gamma-X$ 路径的频散曲线的第五个模态所示。这种负的群速度（或负折射率）特性允许在特定的频段内进行反常的波调控，如聚焦。这种超材料概念已受到材料科学家和工程师的广泛关注。

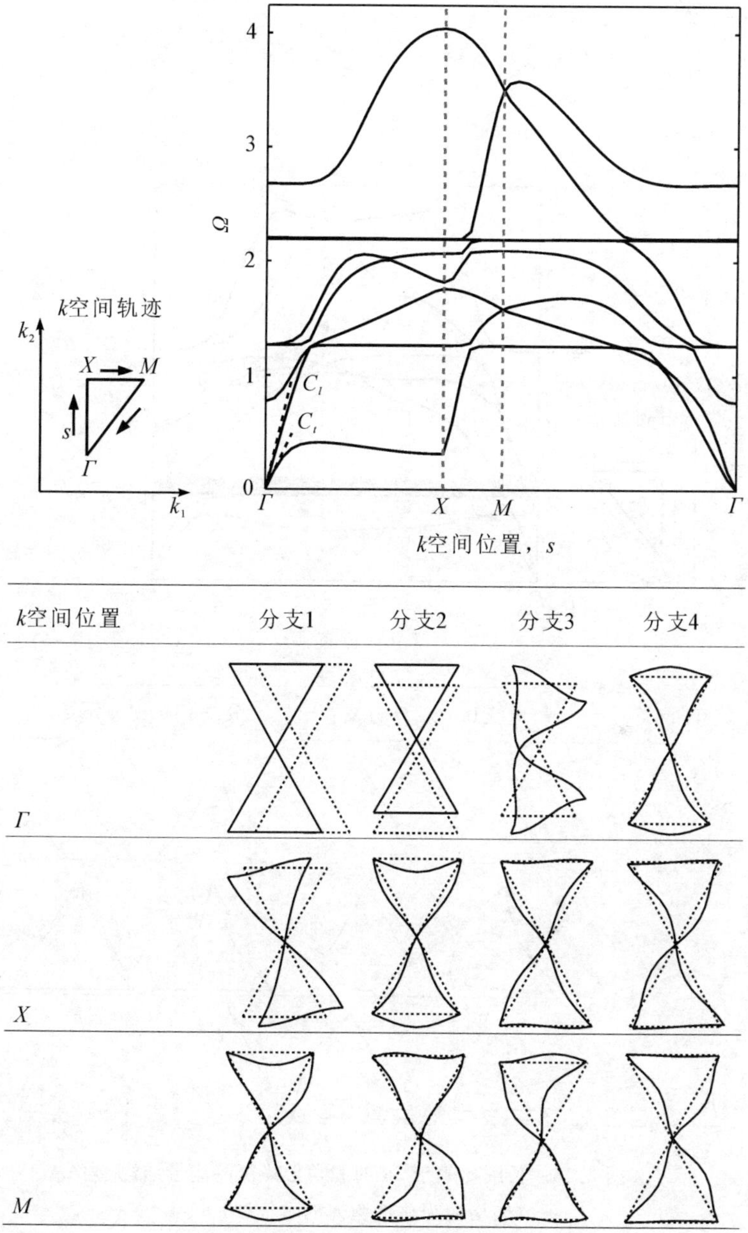

图 3.14 长细比等于 50 的笼目点阵的能带结构

（表格内为典型胞元的本征波）

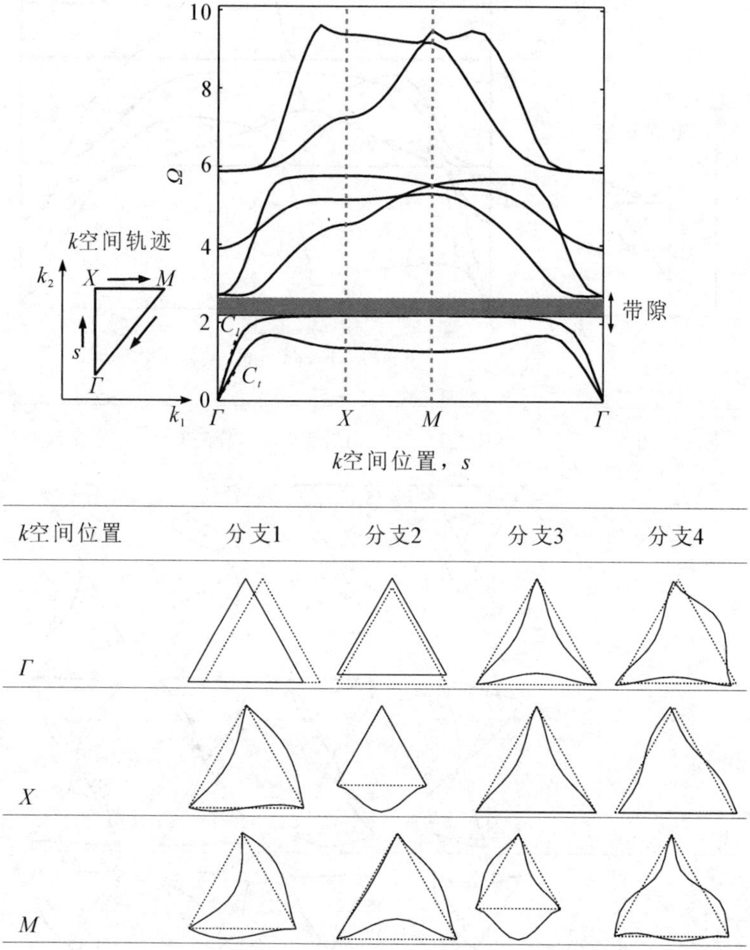

图 3.15　长细比等于 50 的三角形蜂窝的能带结构

（表格内为典型胞元的本征波）

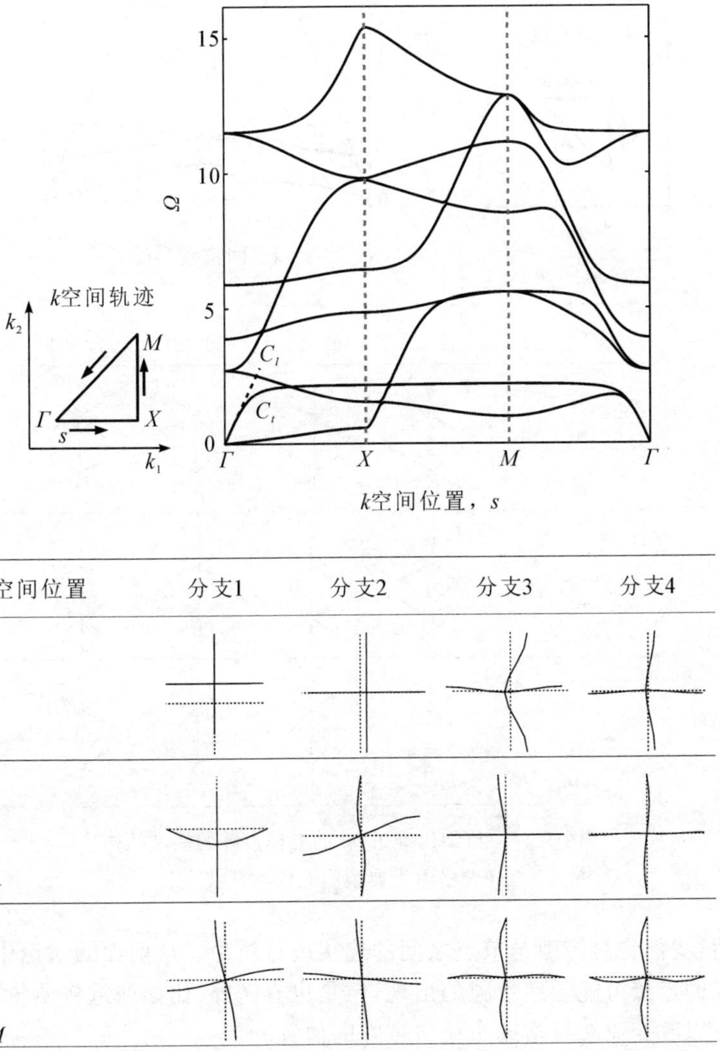

图 3.16　长细比等于 50 的六角蜂窝的能带结构

（表格内为典型胞元的本征波）

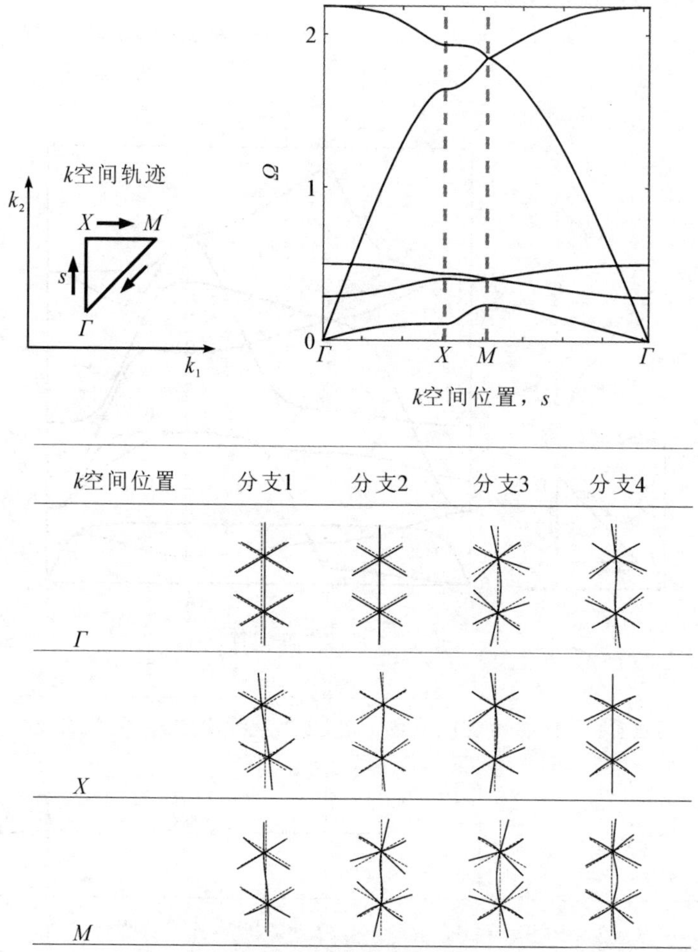

图 3.17　长细比等于 50 的五模点阵的能带结构
（表格内为典型胞元的本征波）

最后，我们将对带隙与节点之间的连接进行讨论。从前面的讨论中可以看出，四个节点的连接可能导致带隙的出现，但是也有例外，比如通过将质量点放置在点阵梁上可以改变亚布拉格或布拉格带隙的位置。

3.4.3　波传播的方向性

波传播的方向性是指介质中波传播的各向同性程度。在各向同性介质中，不存在优选方向，并且波在所有的方向上均匀地传播。表示方向性的常用手段是构造等频面，并将其绘制在 k 空间的笛卡儿参考系中。在图 3.11 中为每个点阵引入了物理坐标系 (x,y)，波矢 (k_x,k_y) 与这些物理正交向量对应，并在图 3.18 中作为长细比为 50 的点阵的等频图的坐标轴。图中显示了不同无量纲频率 Ω 下的等高线图。

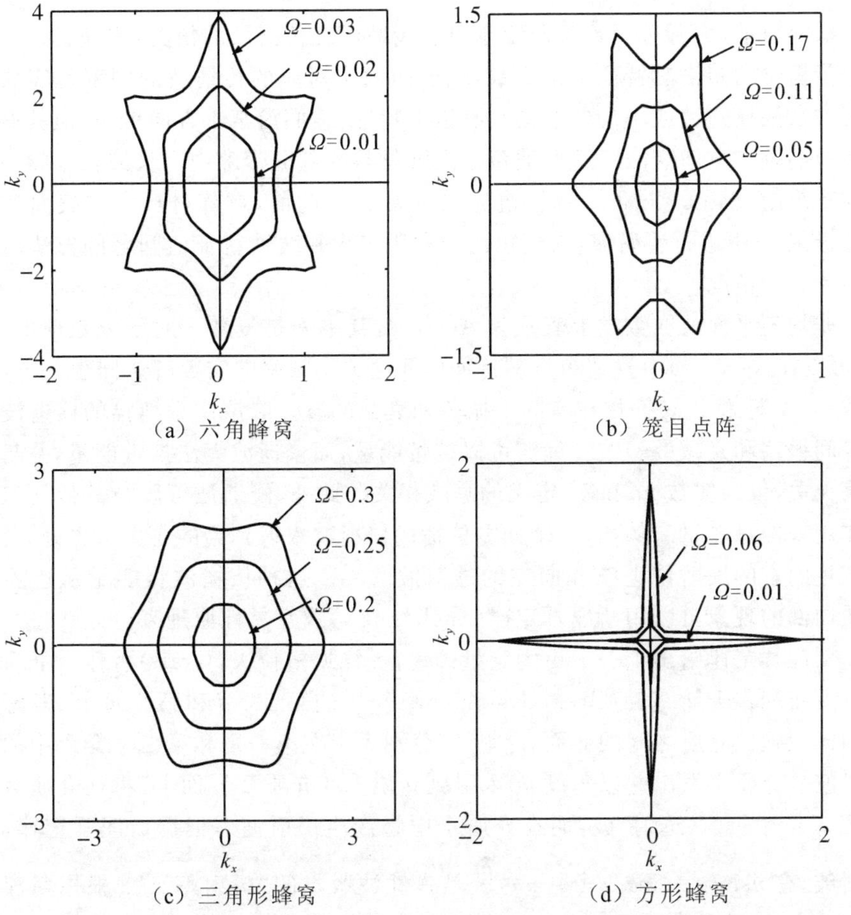

（a）六角蜂窝　（b）笼目点阵　（c）三角形蜂窝　（d）方形蜂窝

图 3.18　长细比等于 50 的四个点阵拓扑中的平面波传播的方向性
[图中标记了不同无量纲频率(Ω)下的等频图的等高线。对于每个频率，能流的方向由等高线的法线给出，并指向频率变化率最大的方向]

在图 3.18 中，我们比较了四种拓扑结构的等频图等高线的相对形状。这些等高线的对称性显示出了点阵的旋转和镜像对称性。在低频时，三角形、六角蜂窝与笼目点阵是各向同性的，而方形蜂窝则具有强各向异性。在高频下，点阵的对称性对方向性有很大的影响。

3.5 隧穿波和倏逝波

截至目前,大部分讨论都限定于没有衰减的纯传播波的情况,比如式(3.21)中波分量提供的布洛赫特征值是实数,频散曲面中对应的传播波的频率是实数。具有复波数的倏逝波或不均匀波则具有以下特性:它们沿某个方向传播,但其振幅沿其波前的垂直方向衰减。这些波位于点阵材料的部分带隙内。长波长零频率倏逝波与圣维南(Saint Venant)弹性边界层有关[76]。此前,点阵材料中的表面波已在长波极限[76]中进行了研究,人们也已经利用二次和线性特征值问题的方法研究了有限频率的情况[77]。

3

非均匀平面波在数学上表示为 $Ae^{(-ik.r)}$,其中 k 是复数。对于复数值的 k_1 和 k_2,可以在式(3.21)中找到布洛赫特征值问题关于频率的实数解。回想一下,复数波数 k_1 或 k_2 将代表振幅在空间上振荡和衰减的波。应该注意纯粹的倏逝波不同于空间振荡和衰减(漏)波。漏波可以携带能量,而倏逝波无法携带能量,并与空间振荡无关,仅与实数 k_1 和 k_2 定义的衰减相关。此外,倏逝波可以与其他均匀波相互作用来传输能量。例如,一个向左传播的倏逝波入射到梁的自由边界处,会在梁中产生向右的反射倏逝波和向左的透射波[78-79]。这种传播波将能量从边界带入介质内部的现象可以用斯涅耳定律(Snell's law)或互易性原理来论证[80]。

斯涅耳定律给出了一个更为定量的讨论[详见格拉夫(Graff)著作[81]的第 316 页以及布列霍夫斯基赫(Brekhovskikh)著作[82]的第 32 节和第 5 页]。考虑两个各向同性弹性介质之间的界面,$\boldsymbol{c}_1$ 和 $\boldsymbol{c}_2$ 分别表示在第一个和第二个介质中的相速度。波从介质 1 发出并以角度 θ_1 入射到介质 1 和介质 2 界面上,将在介质 2 中以角度 θ_r 产生折射(透射)波,而在介质 1 中将产生反射波。根据斯涅耳定律,对于透射波,有 $n\sin\theta_r=\sin\theta_1$,其中 $n\equiv\dfrac{\boldsymbol{c}_1}{\boldsymbol{c}_2}$是弹性波版本的"折射率"①。根据斯涅耳定律,当 $n<1$ 和 $\sin\theta_1>n$ 时,我们可以得到 $\sin\theta_r>1$;也就是说,由于 θ_r 是复数,所以折射波是不均匀的(倏逝的),这种情况对应于完全内反射,倏逝波会阻碍这种完全内反射[可参见范曼(Feynman)的物理学讲义第二册[83]中的图 33 - 11]。完全内反射受阻的情况,在光波和电磁波中也是一种普遍现象。此时,入射的不均匀(倏逝)波在介质中生成均匀(传播)波。这可以用 $\sin\theta_1<n$ 且 $n>1$ 来解释,这时 $\sin\theta_r<1$。因此,从介质 1 发出的倏逝波将转换为介质 2 中可传播的透射波,并从

① 必须注意,弹性波传播与电磁波传播有着显著差异。这是由于在各向同性介质中,电磁波只有一个波速,而弹性波在任何给定方向上都有两个速度[压缩(P)速度和剪切(S)速度]。因此,即使在各向同性介质中,弹性波也表现出双折射,从而由一个入射波产生两个折射(透射)波。在各向异性固体中,三折射也是有可能的。

界面带走能量。因此，入射波的能量可在许多交替的高速和低速层状弹性介质中进行转换并实现隧穿。关于声子晶体中的隧穿效应的最新研究，可参见文献[84]和[85]。

为了在结构动力学的背景下进一步验证前面的观点，考虑从半无限棱柱形受弯梁的自由边界 $x=0$ 处入射的一束倏逝波 $w_i(x)=Ae^{kx}$。这是一个简单的一维系统，但是它具备了倏逝波的基本特征。受弯梁的四阶控制偏微分方程为

$$EL\frac{\partial^4 w}{\partial x^4}+\rho A\frac{\partial^2 w}{\partial t^2}=0 \tag{3.31}$$

它的通解包含入射波 Ae^{kx} 和两个反射波：向右的传播波 r_1e^{ikx} 以及倏逝波 r_2e^{-kx}。因此，与复振幅 r_1 和 r_2 对应的总波场为

$$w(x,t)=Ae^{kx}+r_1e^{-ikx}+r_2e^{-kx} \tag{3.32}$$

反射波振幅 r_1 和 r_2 须利用 $x=0$ 处的自由边界条件来确定：对于零弯矩情况，$\frac{\partial_2 w}{\partial x^2}=0$；对零剪切力情况，$\frac{\partial^3 w}{\partial x^3}=0$。利用这两个条件可以得到 $r_1=-iA$ 和 $r_2=A(1-i)$，进而确定梁中的波场为

$$w(x,t)=Ae^{kx}+A(1-i)e^{ikx}-iAe^{-kx} \tag{3.33}$$

可见，两个衰减方向相反（入射和反射）的倏逝波相互作用产生了一个携带能量向右传播的波。传播波的能量来自两个倏逝波的相互作用，从而确保了能量守恒。具体而言，入射波 Ae^{kx} 在梁内产生的弯矩和剪切力在反射波 r_2e^{-kx} 产生的位移上实现了非零功，从而产生了传播波 r_1e^{-ikx}。虽然这是一个理想的例子，但不难预见这种现象可能存在于由梁组件构成的点阵材料和结构中。由于倏逝波落在带隙内，因此在研究有限、半无限点阵材料和结构中的能量传输时需要特别注意。对于无限系统，为了保持波场在无穷远处的有界性要求，不可能存在这种现象[82]。尽管最近的工作已经对声子晶体中的隧穿现象有所研究[84-85]，但在桁架点阵材料和结构的情况下仍有很多现象有待发现。此外，由于潜在的隧穿效应，在解释有限（或半无限）点阵材料和结构的实验测量的透射谱时须格外小心。

3.6　结语

本章回顾了一维和二维点阵的弹性动力学响应中的基本现象。布洛赫定理是计算点阵材料频散关系的基础。一维和二维点阵均具有带隙现象，可禁止自由波在特定频率间隔内传播。因此，点阵材料可充当频域滤波器的作用。在二维点阵中，还存在另一种特征——波传播的方向性，这表明二维和三维点阵在频域和波数（空间）域中都可实现滤波器的效果。胞元共振对于带隙宽度有重要影响，对于带隙材料的设计具有重要意义。此外，我们还简要讨论了表面波和倏逝波。本章重

点介绍了一维和二维点阵中的线性无衰减波。有衰减的点阵材料将在第 4 章中进行研究。第 5 章和第 6 章将分别讨论点阵的非线性和稳定性方面的相关内容。考虑到制备、理论和应用的飞速发展，点阵材料的相关研究将在未来对波动领域产生重要的理论贡献，并衍生出广泛的多学科应用，以此设计出多种从分子到机器尺度的点阵材料、结构和器件。

致谢

本章部分工作得到加拿大国家科学与工程研究委员会（National Sciences and Engineering Research Council，NSERC）探索项目的资助和加拿大首席研究项目的资助。非常感谢我现在和以前的研究生们［伊赫桑·穆萨维梅尔（Ehsan Moosavimehr）、赫鲁兹·优素福扎德（Behrooz Yousefzadeh）和拉利塔·拉加万（Lalitha Raghavan）］提供的帮助。特别感谢与剑桥大学 J. 伍德豪斯（J. Woodhouse）教授、R. S. 兰利（R. S. Langley）教授和 N. A. 弗莱克（N. A. Fleck）教授的有益讨论。

3

参考文献

[1]N. A. Fleck, V. S. Deshpande, and M. F. Ashby, "Micro-architectured materials: past, present and future," *Proceedings of the Royal Society A: Mathematical, Physical and Engineering Science*, vol. 466, no. 2121, pp. 2495 - 2516, 2010.

[2]T. A. Schaedler, A. J. Jacobsen, A. Torrents, A. E. Sorensen, J. Lian, J. R. Greer, L. Valdevit, and W. B. Carter, "Ultralight metallic microlattices," *Science*, vol. 334, no. 6058, pp. 962 - 965, 2011.

[3]L. R. Meza, S. Das, and J. R. Greer, "Strong, lightweight, and recoverable three-dimensional ceramic nanolattices," *Science*, vol. 345, no. 6202, pp. 1322 - 1326, 2014.

[4]Strutt, J. W. (Lord Rayleigh), "On the maintenance of vibrations by forces of double frequency, and on the propagation of waves through a medium endowed with a periodic structure," *Philosophical Magazine Series* 5, vol. 24, no. 147, pp. 145 - 159, 1887.

[5]L. Brillouin, *Wave Propagation in Periodic Structures*. Dover Publications, 2nd ed., 1953.

[6]E. H. Lee and W. H. Yang, "On waves in composite materials with periodic

structure," *SIAM Journal on Applied Mathematics*, vol. 25, no. 3, pp. 492-499, 1973.

[7]D. J. Mead, "Wave propagation and natural modes in periodic systems: Ⅰ. Mono-coupled systems," *Journal of Sound and Vibration*, vol. 40, no. 1, pp. 1-18, 1975.

[8]L. Raghavan and A. S. Phani, "Local resonance bandgaps in periodic media: Theory and experiment," *The Journal of the Acoustical Society of America*, vol. 134, no. 3, pp. 1950-1959, 2013.

[9]Strutt, J. W. (Lord Rayleigh), "On the remarkable phenomenon of crystalline reflexion described by Prof. Stokes," *Scientific Papers*, vol. 3, pp. 204-212, Cambridge University Press, 2009.

[10]W. Thomson, *Baltimore Lectures on Molecular Dynamics and the Wave Theory of Light*. Cambridge University Press, 2010.

[11]G. W. Stewart, "Acoustic wave filters," *Physical Review*, vol. 20, pp. 528-551, 1922.

[12]G. W. Stewart, "Acoustic wave filters: an extension of the theory," *Physical Review*, vol. 25, pp. 90-98, 1925.

[13]M. Paidoussis, "High-pass acoustic filters for hydraulic loops," *Journal of Sound and Vibration*, vol. 14, no. 4, pp. 433-437, 1971.

[14]R. Johnson, M. Borner, and M. Konno, "Mechanical filters—A review of progress," *Sonics and Ultrasonics, IEEE Transactions on*, vol. 18, no. 3, pp. 155-170, 1971.

[15]R. Johnson, *Mechanical Filters in Electronics*. Wiley Series on Filters: Design, Manufacturing and Applications, John Wiley & Sons, 1983.

[16]C.-C. Nguyen, "Frequency-selective MEMS mead 1996 turized low-power communication devices," *Microwave Theory and Techniques, IEEE Transactions on*, vol. 47, no. 8, pp. 1486-1503, 1999.

[17]M. A. Heckl, "Investigations on the vibrations of grillages and other simple beam structures," *The Journal of the Acoustical Society of America*, vol. 36, no. 7, pp. 1335-1343, 1964.

[18]E. E. Ungar, "Steady state responses of one dimensional periodic flexural systems," *The Journal of the Acoustical Society of America*, vol. 39, no. 5A, pp. 887-894, 1966.

[19]Y. Lin and B. Donaldson, "A brief survey of transfer matrix techniques with special reference to the analysis of aircraft panels," *Journal of Sound*

and Vibration, vol. 10, no. 1, pp. 103 - 143, 1969.

[20]D. Mead, "Wave propagation in continuous periodic structures: research contributions from Southampton 1964 - 1995," *Journal of Sound and Vibration*, vol. 190, no. 3, pp. 495 - 524, 1996.

[21]R. M. Orris and M. Petyt, "A finite element study of harmonic wave propagation in periodic structures," *Journal of Sound and Vibration*, vol. 33, no. 2, pp. 223 - 236, 1974.

[22]W. Zhong and F. Williams, "On the direct solution of wave propagation for repetitive structures," *Journal of Sound and Vibration*, vol. 181, no. 3, pp. 485 - 501, 1995.

[23]B. Mace, "Wave reflection and transmission in beams," *Journal of Sound and Vibration*, vol. 97, no. 2, pp. 237 - 246, 1984.

[24]R. Langley, "A variational principle for periodic structures," *Journal of Sound and Vibration*, vol. 135, no. 1, pp. 135 - 142, 1989.

[25]R. Langley, N. Bardell, and H. Ruivo, "The response of two-dimensional periodic structures to harmonic point loading: a theoretical and experimental study of beam grillage," *Journal of Sound and Vibration*, vol. 207, no. 4, pp. 521 - 535, 1997.

[26]J. M. Renno and B. R. Mace, "Vibration modelling of structural networks using a hybrid finite element/wave and finite element approach," *Wave Motion*, vol. 51, no. 4, pp. 566 - 580, 2014.

[27]C. H. Hodges and J. Woodhouse, "Theories of noise and vibration transmission in complex structures," *Reports on Progress in Physics*, vol. 49, no. 2, pp. 107, 1986.

[28]M. S. Kushwaha, P. Halevi, L. Dobrzynski, and B. Djafari-Rouhani, "Acoustic band structure of periodic elastic composites," *Physical Review Letters*, vol. 71, pp. 2022 - 2025, 1993.

[29]C. T. Sun, J. D. Achenbach, and G. Herrmann, "Continuum theory for a laminated medium," *Journal of Applied Mechanics*, vol. 35, no. 3, pp. 467 - 475, 1968.

[30]S. Mukherjee and E. H. Lee, "Dispersion relations and mode shapes for waves in laminated viscoelastic composites by finite difference methods," *Computers & Structures*, vol. 5, pp. 279 - 285, 1975.

[31]W. Warren and K. A. M., "Foam mechanics: the linear elastic response of two-dimensional spatially periodic cellular materials," *Mechanical of*

Materials, vol. 6, pp. 27 – 37, 1987.

[32]S. Torquato, L. V. Gubiansky, M. J. Silva, and L. J. Gibson, "Effective mechanical and transport properties of cellular solids," *International Journal of Mechanical Sciences*, vol. 40, no. 1, pp. 71 – 82, 1998.

[33]A. S. Phani, J. Woodhouse, and N. A. Fleck, "Wave propagation in two-dimensional periodic lattices," *The Journal of the Acoustical Society of America*, vol. 119, no. 4, pp. 1995 – 2005, 2006.

[34]R. M. Chsitensen, "Mechanics of cellular and other low density materials," *International Journal of Solids and Structures*, vol. 37, no. 1, pp. 93 – 104, 2000.

[35]N. Wicks and J. W. Hutchinson, "Optimal truss plates," *International Journal of Solids and Structures*, vol. 38, pp. 5165 – 5183, 2001.

[36]A. Evans, J. Hutchinson, N. Fleck, M. Ashby, and H. Wadley, "The topological design of multifunctional cellular metals," *Progress in Materials Science*, vol. 46, no. 3 – 4, pp. 309 – 327, 2001.

[37]M. I. Hussein, G. M. Hulbert, and R. A. Scott, "Dispersive elastodynamics of 1D banded materials and structures: Analysis," *Journal of Sound and Vibration*, vol. 289, no. 4 – 5, pp. 779 – 806, 2006.

[38]M. I. Hussein, G. M. Hulbert, and R. A. Scott, "Dispersive elastodynamics of 1D banded materials and structures: Design," *Journal of Sound and Vibration*, vol. 307, no. 3 – 5, pp. 865 – 893, 2007.

[39]L. J. Gibson and M. F. Ashby, *Cellular Solids: Structure and Properties*. Cambridge University Press, 2nd ed., 1997.

[40]M. Ashby, "Hybrid materials to expand the boundaries of material-property space," *Journal of the American Ceramic Society*, vol. 94, pp. s3 – s14, 2011.

[41]M. I. Hussein, M. J. Leamy, and M. Ruzzene, "Dynamics of phononic materials and structures: Historical origins, recent progress, and future outlook," *Applied Mechanics Reviews*, vol. 66, no. 4, p. 040802, 2014.

[42]G. W. Milton, M. Briane, and J. R. Willis, "On cloaking for elasticity and physical equations with a transformation invariant form," *New Journal of Physics*, vol. 8, no. 10, pp. 248, 2006.

[43]A. N. Norris, "Acoustic cloaking theory," *Proceedings of the Royal Society of London A: Mathematical, Physical and Engineering Sciences*, vol. 464, no. 2097, pp. 2411 – 2434, 2008.

[44]J. B. Pendry and J. Li, "An acoustic metafluid: Realizing a broadband acoustic cloak," *New Journal of Physics*, vol. 10, no. 11, p. 115032, 2008.

[45]T. Bückmann, M. Thiel, M. Kadic, R. Schittny, and M. Wegener, "An elasto-mechanical unfeelability cloak made of pentamode metamaterials," *Nat Commun*, vol. 5, 2014.

[46]S. Yang, J. H. Page, Z. Liu, M. L. Cowan, C. T. Chan, and P. Sheng, "Focusing of sound in a 3D phononic crystal," *Physical Review Letters*, vol. 93, p. 024301, 2004.

[47]Z. Y. Liu, X. X. Zhang, Y. W. Mao, Y. Y. Zhu, Z. Y. Yang, C. T. Chan, and P. Sheng, "Locally resonant sonic crystals," *Science*, vol. 289, no. 5485, pp. 1734-1736, 2000.

[48]P. Deymier, *Acoustic Metamaterials and Phononic Crystals*. Springer, 2013.

[49]R. V. Craster and S. Guenneau, *Acoustic Metamaterials: Negative Refraction, Imaging, Lensing and Cloaking*. Springer, 2012.

[50]A. Khelif and A. Adibi, *Phononic Crystals: Fundamentals and Applications*. Springer, 2015.

[51]T. W. Tan, G. R. Douglas, T. Bond, and A. S. Phani, "Compliance and longitudinal strain of cardiovascular stents: Influence of cell geometry," *Journal of Medical Devices*, vol. 5, no. 4, p. 041002, 2011.

[52]E. M. K. Abad, D. Pasini, and R. Cecere, "Shape optimization of stress concentration-free lattice for self-expandable nitinol stent-grafts," *Journal of Biomechanics*, vol. 45, no. 6, pp. 1028-1035, 2012.

[53]G. R. Douglas, A. S. Phani, and J. Gagnon, "Analyses and design of expansion mechanisms of balloon expandable vascular stents," *Journal of Biomechanics*, vol. 47, no. 6, pp. 1438-1446, 2014.

[54]F. Bloch, "Über die quantenmechanik der elektronen in kristallgittern," *Zeitschrift für Physik*, vol. 52, no. 7-8, pp. 555-600, 1929.

[55]N. Ashcroft and N. Mermin, *Solid State Physics*. Holt, Rinehart and Winston, 1976.

[56]C. Kittel, *Elementary Solid State Physics: A Short Course*. John Wiley & Sons, 1st ed., 1962.

[57]R. S. Langley, "A note on the forced boundary conditions for two-dimensional periodic structures with corner freedoms," *Journal of Sound*

and Vibration, vol. 167, no. 2, pp. 377 - 381, 1993.

[58]O. Sigmund, "Tailoring materials with prescribed elastic properties," *Mechanics of Materials*, vol. 20, no. 4, pp. 351 - 368, 1995.

[59]O. Sigmund and J. Søndergaard Jensen, "Systematic design of phononic band gap materials and structures by topology optimization," *Philosophical Transactions of the Royal Society of London A: Mathematical, Physical and Engineering Sciences*, vol. 361, no. 1806, pp. 1001 - 1019, 2003.

[60]M. Hussein, K. Hamza, G. Hulbert, R. Scott, and K. Saitou, "Multiobjective evolutionary optimization of periodic layered materials for desired wave dispersion characteristics," *Structural and Multidisciplinary Optimization*, vol. 31, no. 1, pp. 60 - 75, 2006.

[61]W. Weaver and P. Johnston, *Structural Dynamics by Finite Elements*. Prentice-Hall, 1987.

[62]M. Petyt, *Introduction to Finite Element Vibration Analysis*. Cambridge University Press, 1998.

[63]T. Hughes, *The Finite Element Method: Linear Static and Dynamic Finite Element Analysis*. Dover Publications, 2012.

[64]R. E. D. Bishop and D. C. Johnson, *The Mechanics of Vibration*. Cambridge University Press, 1960.

[65]D. J. Ewins, *Modal Testing: Theory, Practice and Application*. Wiley Publishers, 2nd ed., 2009.

[66]D. J. Mead, "Wave propagation and natural modes in periodic systems: Ⅱ. Multi-coupled systems, with and without damping," *Journal of Sound and Vibration*, vol. 40, no. 1, pp. 19 - 39, 1975.

[67]N. S. Bardell, R. S. Langley, J. M. Dunsdon, and T. Klein, "The effect of period asymmetry on wave propagation in periodic beams," *Journal of Sound and Vibration*, vol. 197, no. 4, pp. 427 - 445, 1996.

[68]D. Mead, "A general theory of harmonic wave propagation in linear periodic systems with multiple coupling," *Journal of Sound and Vibration*, vol. 27, no. 2, pp. 235 - 260, 1973.

[69]A. Spadoni, M. Ruzzene, S. Gonella, and F. Scarpa, "Phononic properties of hexagonal chiral lattices," *Wave Motion*, vol. 46, no. 7, pp. 435 - 450, 2009.

[70]R. Süsstrunk and S. D. Huber, "Observation of phononic helical edge states in a mechanical topological insulator," *Science*, vol. 349, no. 6243,

pp. 47 - 50, 2015.

[71]A. Bazoune, Y. A. Khulief, and N. G. Stephen, "Shape functions of three-dimensional Timoshenko beam element," *Journal of Sound and Vibration*, vol. 259, no. 2, pp. 473 - 480, 2003.

[72]J. W. Eischen and S. Torquato, "Determining the elastic behavior of composites by the boundary element method," *Journal of Applied Physics*, vol. 74, no. 1, pp. 159 - 170, 1993.

[73]N. Perkins and C. Mote Jr., "Comment on curve veering in eigenvalue problems," *Journal of Sound and Vibration*, vol. 106, no. 3, pp. 451 - 463, 1986.

[74]B. R. Mace and E. Manconi, "Wave motion and dispersion phenomena: Veering, locking and strong coupling effects," *Journal of the Acoustical Society of America*, vol. 131, no. 2, pp. 1015 - 1028, 2012.

[75]M. Manav, G. Reynen, M. Sharma, E. Cretu, and A. S. Phani, "Ultrasensitive resonant MEMS transducers with tuneable coupling," *Journal of Micromechanics and Microengineering*, vol. 24, no. 5, p. 055005, 2014.

[76]A. S. Phani and N. A. Fleck, "Elastic boundary layers in two-dimensional isotropic lattices," *Journal of Applied Mechanics*, vol. 75, p. 021020, 2008.

[77]A. S. Phani, "On elastic waves and related phenomena in lattice materials and structures," *AIP Advances*, vol. 1, no. 4, p. 041602, 2011.

[78]Y. Bobrovnitskii, "On the energy flow in evanescent waves," *Journal of Sound and Vibration*, vol. 152, no. 1, pp. 175 - 176, 1992.

[79]D. J. Mead, "Waves and modes in finite beams: Application of the phase-closure principle," *Journal of Sound and Vibration*, vol. 171, no. 5, pp. 695 - 702, 1994.

[80]J. Achenbach, *Reciprocity in Elastodynamics*. Cambridge University Press, 2003.

[81]K. Graff, *Wave Motion in Elastic Solids*. Dover Publications, 1975.

[82]L. Brekhovskikh, *Waves in Layered Media*. Elsevier Science, 2012.

[83]R. Feynman, R. Leighton, and M. Sands, *The Feynman Lectures on Physics, Desktop Edition Volume Ⅱ: The New Millennium Edition*. Feynman Lectures on Physics, Basic Books, 2013.

[84]S. Yang, J. H. Page, Z. Liu, M. L. Cowan, C. T. Chan, and P. Sheng,

"Ultrasound tunneling through 3D phononic crystals," *Physical Review Letters*, *vol.* 88, p. 104301, 2002.

[85]P. Peng, C. Qiu, Y. Ding, Z. He, H. Yang, and Z. Liu, "Acoustic tunneling through artificial structures: From phononic crystals to acoustic metamaterials,"*Solid State Communications*, vol. 151, no. 5, pp. 400 - 403, 2011.

第 4 章

阻尼点阵材料中的波传播

迪米特里·克拉蒂格(Dimitri Krattiger)[1]、A. 斯里坎塔·帕尼(A. Srikantha Phani)[2] 和马哈茂德·I. 侯赛因(Mahmoud I. Hussein)[1]

1. 美国,科罗拉多州,博尔德,科罗拉多大学博尔德分校,航空航天工程科学系

2. 加拿大,不列颠哥伦比亚省,温哥华,不列颠哥伦比亚大学,机械工程系

4

4.1 引言

材料的刚度(通过杨氏模量量化)和耗散能量的能力(通过损耗系数或阻尼比量化)难以兼得。比如,金刚石等陶瓷材料模量高但阻尼低,而泡沫等材料阻尼高但模量低。自然进化而来的骨骼等多级复合材料则同时具有高刚度和高阻尼特性[1]。许多工程材料(包括金属合金和复合材料)无法兼具高阻尼和高刚度的特性。点阵材料,或者说更一般的声子晶体材料,则具有可调的多级几何结构,因此有望能同时实现最优的刚度和阻尼特性。例如,在黏性或黏弹性超材料中,内部振子可以提升其与波数相关的阻尼特性,从而增强了其在特定条件下的耗散特性。换句话说,净耗散水平超出了基于沃伊特或罗伊斯规则的混合定律的预测值[2-5]。这种特性在增强耗散并同时保证结构刚度或承载能力的应用中,是很有帮助的。此外,我们也可以利用点阵材料和基于点阵的超材料来精确控制耗散水平和特性。在本章中,我们将从一般的声子晶体的角度来研究点阵材料,通过含阻尼材料的波传播问题来阐明耗散引起的频散效应,并与忽略阻尼效应的第 3 章作比较。

处理材料或结构(包括声子晶体)模型中阻尼效应的方法有许多种,常用的方法是采用黏性阻尼。瑞利阻尼或比例阻尼是一种简单的黏性阻尼[6],它假定阻尼系数矩阵与质量和/或刚度矩阵成正比[7-10]。当比例条件不满足时,则应考虑一般的阻尼模型[11-12],这时需通过实验来确定给定材料或结构的阻尼模型[13]。

除了选定适当的阻尼模型之外,另一个重要的考虑因素是在频率和波数中选择一个为实数,另外一个则为复数。因此,对于阻尼声子晶体存在着两类问题。在

第一类问题中,预先假定频率为实数,阻尼的影响只能通过复数的波数表现出来。从物理上讲,这表示在受到持续的驱动频率(意味着施加简谐频率的波)作用的介质中,波会以空间衰减的形式进行耗散。这种方法可表达为 $\kappa=\kappa(\omega)$,其中 κ 和 ω 分别表示波数和频率,该表达式的求解过程最终归为求解线性[14-19]或二次[20-22]本征值问题(eigenvalue problem, EVP)。在另一类问题中,频率可以是复数,从而导致以时间衰减的形式进行耗散。从物理上讲,这表示自由耗散波可以在介质内传播,如介质受到脉冲载荷产生的波。此时,通常通过解决线性本征值问题来求解 $\omega=\omega(\kappa)$,在求解过程中有时需要借助状态空间转换法[19,23-27]。

对于"强迫波"的情况,一般规定频率为实数,然后求解本征值问题得到复数形式的波数解,它的实部和虚部分别表示传播常数和衰减常数。由于耗散的存在,所有的模态都需要用复数形式的波数来描述。另一方面,对于"自由波",一般指定波数为实数,而频率的解为复数(其实部和虚部分别表示每个模态的阻尼比和频率)。强迫波问题通常是求解频率为自变量的本征值问题,与之相反,自由波问题通常是求解波数为自变量的本征值问题。因此,人们通常认为仅有两种情况:实数形式的频率和复数形式的波数;实数形式的波数和复数形式的频率[28-30]。然而,如果介质在无阻尼状态下允许在空间上衰减(这对应于声子晶体在带隙内的情况),那么即使频率是复数,原则上波数(除实数部分之外)还应该有一个虚数部分。实际上,对于具有内在的空间耗散机制(比如布拉格散射和局域共振)的介质而言,它更全面地表征了其阻尼波运动的频散曲线。由于这种情况只适用于自由波情况,相关的复频段仅允许空间传播波与倏逝波(波数的实部与点阵间隔的比值等于零或 π,对应于不可约布里渊区的边界)发生。关于比例阻尼问题,人们利用传递矩阵法得到了允许频率和波数均为复数的解[31]。它是一个 $\kappa=\kappa(\omega)$ 定义的线性本征值问题。然而,对于一般的阻尼问题,直接求解线性本征值问题和二次本征值问题不能得到波数和频率全部为复数的解,但是原则上可以使用数值算法来搜寻唯一互相匹配的复频率和复波数对[32]。

本章给出了自由和受迫两种类型的阻尼波传播问题的数学表达式,并给出了简单的一维质点-弹簧-阻尼器模型和二维板状阻尼点阵的有限元模型对两类问题的频散结构。

4.2　一维质点-弹簧-阻尼器模型

4.2.1　一维模型描述

最简单的一维阻尼点阵或声子晶体模型是由弹簧和黏性阻尼器连接而成的链状结构,如图 4.1(a)所示。考虑这样一种情况:每个胞元包含两个质量块,具体参

数为

$$m_1 = 1\ \text{kg}, m_2 = 9\ \text{kg} \tag{4.1}$$

$$k_1 = 2 \times 10^5\ \text{N/m}, k_2 = 2 \times 10^5\ \text{N/m} \tag{4.2}$$

$$c_1 = r\omega_0 \bar{m}, c_2 = 2c_1 \tag{4.3}$$

其中，r 为可调的阻尼参数，且 $\bar{m}$ 和 ω_0 分别为

$$\bar{m} = \frac{m_1 m_2}{m_1 + m_2}, \omega_0 = \sqrt{\frac{k_1 + k_2}{\bar{m}}} \tag{4.4}$$

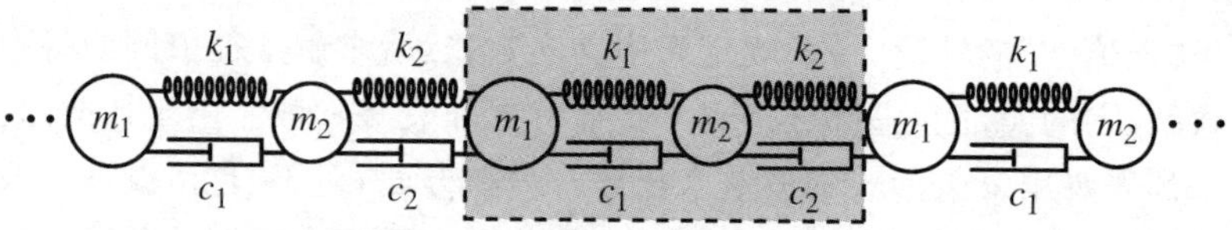

(a) 一维的质点-弹簧-阻尼链（虚线框内为一个胞元）

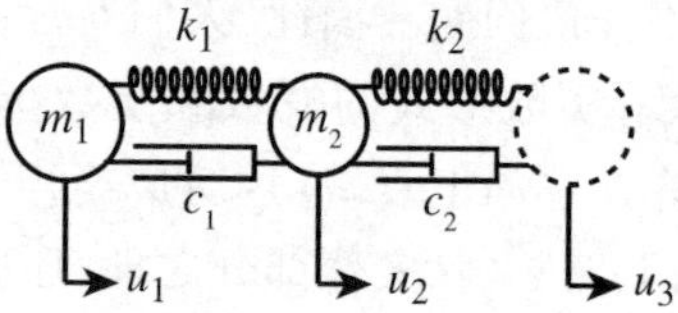

(b) 自由胞元结构（虚线圆圈表示相邻胞元的第一个质量块）

图 4.1　简单的质点-弹簧-阻尼链

选定质点-弹簧-阻尼链中的一个胞元，切断其与两侧胞元的连接[图 4.1(b)]，以便对其进行建模。需要注意的是，为了施加适当的边界条件，我们假设有一个来自相邻胞元的“虚拟”质量，这与第 3 章中无阻尼质点-弹簧链的处理过程类似。对胞元内的每个质量块使用牛顿定律，得到质点-弹簧-阻尼链的运动方程为

$$\boldsymbol{K}\boldsymbol{u} + \boldsymbol{C}\dot{\boldsymbol{u}} + \boldsymbol{M}\ddot{\boldsymbol{u}} = \boldsymbol{0} \tag{4.5}$$

其中，$\boldsymbol{K}$、$\boldsymbol{C}$、$\boldsymbol{M}$、$\boldsymbol{u}$ 分别为

$$\boldsymbol{K} = \begin{bmatrix} k_1 & -k_1 & 0 \\ -k_1 & k_1 + k_2 & -k_2 \\ 0 & -k_1 & k_2 \end{bmatrix}$$

$$\boldsymbol{C} = \begin{bmatrix} c_1 & -c_1 & 0 \\ -c_1 & c_1 + c_2 & -c_2 \\ 0 & -c_1 & c_2 \end{bmatrix}$$

$$\boldsymbol{M} = \begin{bmatrix} m_1 & 0 & 0 \\ 0 & m_2 & 0 \\ 0 & 0 & 0 \end{bmatrix}, \boldsymbol{u} = \begin{Bmatrix} u_1 \\ u_2 \\ u_3 \end{Bmatrix} \tag{4.6}$$

布洛赫定理指出周期介质的波场等于平面波项乘以周期函数[33]。对于一维情况，布洛赫位移矢量可以写成

$$\boldsymbol{u} = \bar{u}\gamma, \gamma = e^{i\kappa x} \tag{4.7}$$

其中，$\bar{u}$ 为周期位移场；γ 为平面波项。根据定义，周期位移场必须满足 $\bar{u}(x)=\bar{u}(x+a)$，a 为点阵常数或胞元长度。由此，可根据上述自由胞元的运动方程推导出布洛赫周期方程。实际上，在这个过程中还需要设置 $u_3 = u_1\gamma$（推导细节请参阅第 3 章）。使用这个方法可以得到

$$\bar{\boldsymbol{K}}\bar{\boldsymbol{u}} + \bar{\boldsymbol{C}}\dot{\bar{\boldsymbol{u}}} + \bar{\boldsymbol{M}}\ddot{\bar{\boldsymbol{u}}} = \boldsymbol{0} \tag{4.8}$$

其中

$$\bar{\boldsymbol{K}} = \begin{bmatrix} k_1 + k_2 & -k_1 - k_2\gamma \\ -k_1 - k_2\gamma^{-1} & k_1 + k_2 \end{bmatrix}$$

$$\bar{\boldsymbol{C}} = \begin{bmatrix} c_1 + c_2 & -c_1 - c_2\gamma \\ -c_1 - c_2\gamma^{-1} & c_1 + c_2 \end{bmatrix}$$

$$\bar{\boldsymbol{M}} = \begin{bmatrix} m_1 & 0 \\ 0 & m_2 \end{bmatrix}, \bar{\boldsymbol{u}} = \begin{Bmatrix} u_1 \\ u_2 \end{Bmatrix} \tag{4.9}$$

短横线表示包含了布洛赫周期性影响的物理量。现在令 $\bar{\boldsymbol{u}}(t) = \bar{\boldsymbol{q}}e^{\lambda t}$，可以得到特征方程

$$(\bar{\boldsymbol{K}} + \lambda\bar{\boldsymbol{C}} + \lambda^2\bar{\boldsymbol{M}})\bar{\boldsymbol{q}} = \boldsymbol{0} \tag{4.10}$$

其中，$\bar{\boldsymbol{q}}$ 与时间无关。

4.2.2 自由波解

自由波解是基于给定的波数，根据式(4.10)求解频率得到的。本节介绍两种计算自由波频散特性的方法。第一种方法是先通过状态空间变换对二次本征值问题进行线性化，然后利用线性本征值求解器计算阻尼频散频率和模态振型。由于本征值问题的维数多了一倍，这种方法对于解决具有多个自由度胞元的问题将会有较高的计算要求。第二种方法是先计算无阻尼情况的解，然后利用布洛赫-瑞利摄动分析法得到自由波的近似解，最后利用摄动式分别得到阻尼频散频率和模态振型[27]。

状态空间波计算

借助状态空间法，我们可以由二次本征值问题[式(4.10)]得到考虑阻尼效应的运动方程。如果不计问题计算规模翻倍的代价，可进一步通过线性化得到

$$\left(\begin{bmatrix} \bar{\boldsymbol{K}} & \boldsymbol{0} \\ \boldsymbol{0} & \boldsymbol{I} \end{bmatrix} - \lambda\begin{bmatrix} -\bar{\boldsymbol{C}} & -\bar{\boldsymbol{M}} \\ \boldsymbol{I} & \boldsymbol{0} \end{bmatrix}\right)\begin{Bmatrix} \bar{\boldsymbol{q}} \\ \lambda\bar{\boldsymbol{q}} \end{Bmatrix} = \begin{Bmatrix} \boldsymbol{0} \\ \boldsymbol{0} \end{Bmatrix} \tag{4.11}$$

二次本征值问题有多种状态空间变换形式[34]，它们名义上是等价的，但具有不同

4

的数值特性。上述变换形式为材料和结构的动力学问题提供了良好的状态空间矩阵。

阻尼特征值可以根据频率 ω 和阻尼比 ζ 分解为

$$\lambda = -\zeta\omega \pm i\omega\sqrt{1-\zeta^2} \tag{4.12}$$

由此可得阻尼频率 $\omega_d = |\mathrm{imag}(\lambda)|$，以及阻尼比 $\zeta = -\mathrm{real}(\lambda) / |\lambda|$。而 $\omega = |\lambda| = \sqrt{\mathrm{real}(\lambda)^2 + \mathrm{imag}(\lambda)^2}$ 被称为共振频率。对于比例黏性阻尼这一特殊情况，共振频率等于无阻尼频率。

布洛赫-瑞利摄动法

布洛赫-瑞利摄动分析法允许我们基于无阻尼解来获得阻尼周期介质的频散特性，本小节对其计算步骤进行简要概述。关于该理论更完整的描述可以参阅文献[27]。对于无阻尼系统，其正交关系可在布洛赫坐标系中表示为

4

$$\phi_m^{\mathrm{T}}\bar{\boldsymbol{M}}\phi_n = \delta_{mn},\ \phi_m^{\mathrm{T}}\bar{\boldsymbol{K}}\phi_n = \delta_{mn}\omega_n^2 \tag{4.13}$$

其中，ϕ_n 和 ω_n^2 分别为无阻尼系统的第 n 阶特征向量和特征值，而 δ_{mn} 为

$$\delta_{mn} = \begin{cases} 1, & n = m \\ 0, & n \neq m \end{cases} \tag{4.14}$$

虽然矩阵 $\bar{\boldsymbol{C}}'_{mn} = \phi_m^{\mathrm{T}}\bar{\boldsymbol{C}}\phi_n$ 通常不是对角矩阵，但只要阻尼值不太大，它将是对角线占优的矩阵。阻尼特征值可以近似表示为

$$\lambda_n \approx \omega_n^2 + \frac{i}{2}\sum_{\substack{j=1 \\ j\neq n}}^{N}\bar{\boldsymbol{C}}'_{mn} \tag{4.15}$$

阻尼特征向量可以近似表示为

$$\boldsymbol{z}_n \approx \phi_n + \frac{i}{2}\sum_{\substack{j=1 \\ j\neq n}}^{N}\frac{\bar{\boldsymbol{C}}'_{jn}\omega_n}{\omega_j^2 - \omega_n^2}\phi_j \tag{4.16}$$

4.2.3 强迫波解

强迫波解是基于给定频率，然后利用式(4.10)求解波数得到的。值得注意的是，这种方法强制频率为实数，因此不能得到阻尼比。刚度矩阵和阻尼矩阵可以通过 γ 分解为

$$\begin{aligned}\bar{\boldsymbol{K}} &= \gamma^{-1}\bar{\boldsymbol{K}}_0 + \bar{\boldsymbol{K}}_1 + \gamma\bar{\boldsymbol{K}}_2 \\ \bar{\boldsymbol{C}} &= \gamma^{-1}\bar{\boldsymbol{C}}_0 + \bar{\boldsymbol{C}}_1 + \gamma\bar{\boldsymbol{C}}_2\end{aligned} \tag{4.17}$$

利用这个分解与 $\lambda = \mathrm{i}\omega$，式(4.10)可表示为

$$[\underbrace{(\bar{\boldsymbol{K}}_0 + \mathrm{i}\omega\bar{\boldsymbol{C}}_0 - \omega^2\bar{\boldsymbol{M}})}_{\bar{\boldsymbol{D}}_0} + \gamma\underbrace{(\bar{\boldsymbol{K}}_1 + \mathrm{i}\omega\bar{\boldsymbol{C}}_1)}_{\bar{\boldsymbol{D}}_1} + \gamma^2\underbrace{(\bar{\boldsymbol{K}}_2 + \mathrm{i}\omega\bar{\boldsymbol{C}}_2)}_{\bar{\boldsymbol{D}}_2}]\bar{\boldsymbol{q}} = \boldsymbol{0} \tag{4.18}$$

利用状态空间法对上式进行线性化得到

$$\left(\begin{bmatrix}\bar{\boldsymbol{D}}_0 & \boldsymbol{0}\\ \boldsymbol{0} & \boldsymbol{I}\end{bmatrix}-\gamma\begin{bmatrix}-\bar{\boldsymbol{D}}_1 & -\bar{\boldsymbol{D}}_2\\ \boldsymbol{I} & \boldsymbol{0}\end{bmatrix}\right)\begin{Bmatrix}\bar{\boldsymbol{q}}\\ \gamma\bar{\boldsymbol{q}}\end{Bmatrix}=\begin{Bmatrix}\boldsymbol{0}\\ \boldsymbol{0}\end{Bmatrix} \tag{4.19}$$

使用线性特征值求解程序可得到特征值 γ，进而得到波数为 $\kappa=\ln(\gamma)/\mathrm{i}a$。

4.2.4　一维阻尼能带结构

图 4.2 给出了一维质点-弹簧-阻尼链系统（图 4.1）的阻尼频散结构图。为了说明阻尼对能带结构的影响，我们计算了三个不同 r 值的情况。虽然计算时采用了比实际中更高的阻尼值，但这样有助于更清楚地展示阻尼效应。图 4.2 的左边为自由波能带结构图。在每张频散图中，实线和实心圆表示声学支，而虚线和空心圆表示光学支。除了阻尼最高的情况以外，状态空间法与布洛赫-瑞利摄动法的解非常接近。当阻尼非常高时，会产生一个有趣的现象——分支超越，即光学分支明显下沉，直至低于甚至完全低于声学分支[25-27]。此外，这些分支的下沉可能导致波数截断或波数插入[25-27]。

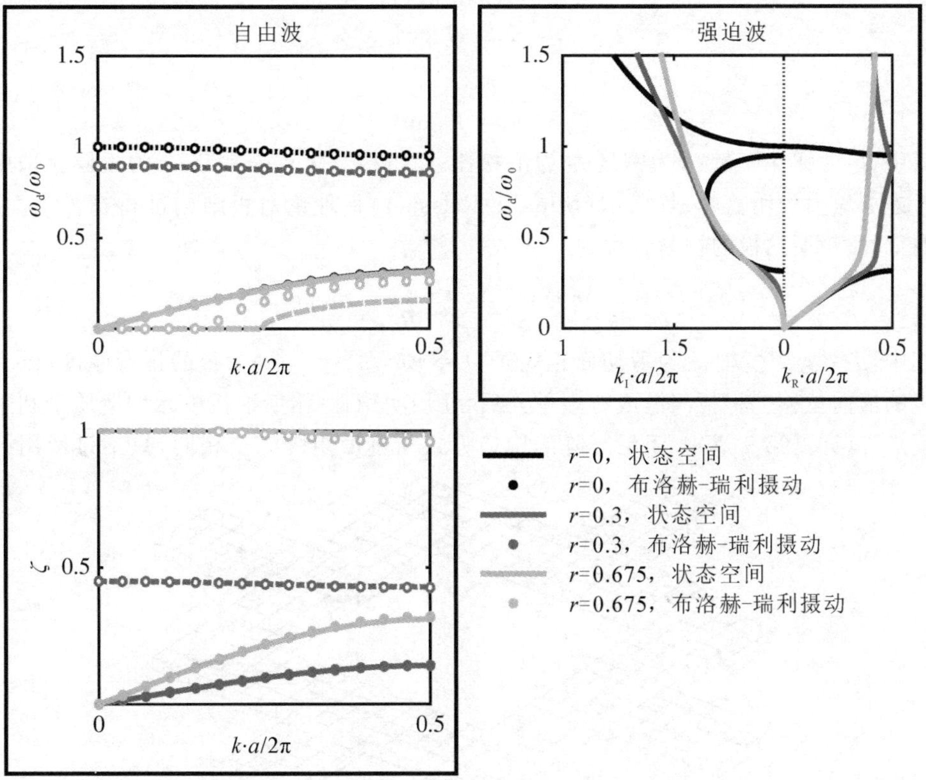

图 4.2　一维质点-弹簧-阻尼链的阻尼频散图

[自由波的能带结构(左上)和阻尼比分布(左下)，强迫波能带结构(右上)]

图 4.2 的右边为强迫波能带结构图，其中波数被作为频率的函数进行求解。强迫波能带图的左侧和右侧分别对应于波数的虚部和实部。对于无阻尼系统，当波数的实部为 0 或 π/a 时，其虚部通常不为 0。然而，加入阻尼后，波数一般为复数。对于强迫波，另一个值得注意的重要现象是阻尼引起的带隙闭合。

4.3 二维板状点阵模型

4.3.1 二维模型描述

本节将把一维模型的方法拓展到二维模型。由于从二维到三维的扩展相对容易，这里不再赘述。考虑二维板状阻尼点阵材料，其胞元如图 4.3 所示。胞元的物理和材料特性为

$$E = 2.4\ \text{GPa}$$
$$\rho = 1040\ \text{kg/m}^3$$
$$\nu = 0.33$$
$$L_x = L_y = 10\ \text{cm}$$
$$h = 1\ \text{mm}$$

其中，E 为弹性模量；ρ 为密度；ν 为泊松比；L_x 和 L_y 为点阵常数；h 为板厚。采用考虑剪应力的明德林-赖斯纳（Mindlin-Reissner）板理论对板结构进行建模[35-36]。明德林-赖斯纳板的控制方程为

$$\left(\nabla^2 - \frac{\rho}{\mu\alpha}\frac{\partial^2}{\partial t^2}\right)\left(D\nabla^2 - \frac{\rho h^3}{12}\frac{\partial^2}{\partial t^2}\right)w + \rho h\frac{\partial^2 w}{\partial t^2} = 0 \tag{4.20}$$

其中，μ 为剪切模量；α 为剪切修正因子；$D = Eh^3/12(1-\nu^2)$ 为板的抗弯刚度；w 为板的横向位移。将板离散成有限单元后，使用明德林-赖斯纳板单元构造质量和刚度矩阵（详见第 9 章）。阻尼矩阵的构造方式与刚度矩阵完全相同，只不过使用的

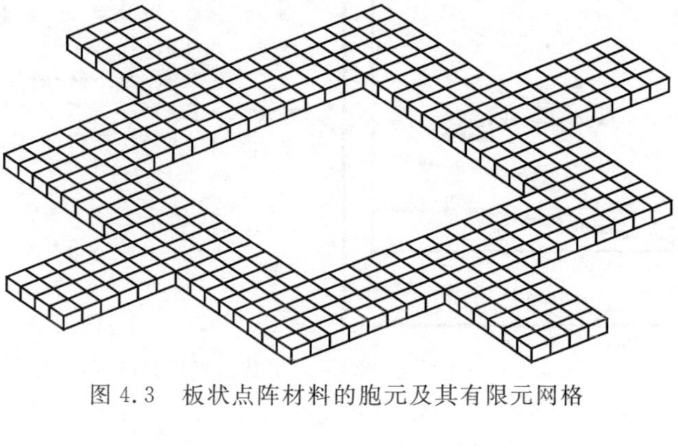

图 4.3 板状点阵材料的胞元及其有限元网格

是修正后的弹性模量 E_d 和泊松比 ν_d：

$$E_d = q\mu_d \frac{3\lambda_d + 2\mu_d}{\lambda_d + \mu_d}, \nu_d = \frac{\lambda_d}{2(\lambda_d + \mu_d)} \tag{4.21}$$

其中

$$\mu_d = \mu = \frac{E}{2(1+\nu)}, \lambda_d = \frac{1}{2}\lambda = \frac{1}{2}\frac{E\nu}{(1+\nu)(1-2\nu)} \tag{4.22}$$

阻尼的大小可以通过缩放参数 q 进行调节。需要注意的是，虽然这种阻尼的建模方式并没有明确的物理意义，但它确实创建了一个通用的阻尼矩阵。

在构造完自由胞元的质量、刚度和阻尼矩阵后，通过施加布洛赫边界条件即可实现布洛赫周期性。

4.3.2　强迫波计算方法在二维的拓展

对于板模型，在将 $\bar{\boldsymbol{M}}$、$\bar{\boldsymbol{K}}$ 和 $\bar{\boldsymbol{C}}$ 表示为波矢分量 κ_x 和 κ_y 的函数之后，其自由波频散关系就可以通过一维模型的方法来计算得到(见 4.2.2 节)，因此不再赘述。

强迫波频散曲线的计算有两种方法。如果建立自由运动方程并使用布洛赫边界条件，我们将遇到一个多项式本征值问题，并且阶数取决于波的传播方向，这让数值求解变得非常困难[37]。另一种方法是将布洛赫条件作为算子引入控制方程中[38]，从而建立阻尼运动方程[39]。对于二维问题，使用此方法可以得到如下形式的刚度矩阵：

$$\bar{\boldsymbol{K}} = \bar{\boldsymbol{K}}_0 + \kappa_x\bar{\boldsymbol{K}}_x + \kappa_y\bar{\boldsymbol{K}}_y + \kappa_x^2\bar{\boldsymbol{K}}_{xx} + \kappa_y^2\bar{\boldsymbol{K}}_{yy} + \kappa_x\kappa_y\bar{\boldsymbol{K}}_{xy} \tag{4.23}$$

阻尼矩阵也具有类似的形式。然而，对于这种构造方式，质量矩阵通常不是波矢的函数。对于一个给定的波传播方向，可以把波矢写成 $\boldsymbol{\kappa}=[\kappa_x\ \kappa_y]^{\mathrm{T}}=\kappa[a\ b]^{\mathrm{T}}$，其中 a 和 b 是已知的常数。将其代入式(4.23)，可以得到以下形式的刚度矩阵：

$$\bar{\boldsymbol{K}} = \bar{\boldsymbol{K}}_0 + \kappa\underbrace{(a\bar{\boldsymbol{K}}_x + b\bar{\boldsymbol{K}}_y)}_{\bar{\boldsymbol{K}}_1} + \kappa^2\underbrace{(a^2\bar{\boldsymbol{K}}_{xx} + b^2\bar{\boldsymbol{K}}_{yy} + ab\bar{\boldsymbol{K}}_{xy})}_{\bar{\boldsymbol{K}}_2} \tag{4.24}$$

假设阻尼矩阵与刚度矩阵形式相同，则运动方程可表示为

$$[\underbrace{(\bar{\boldsymbol{K}}_0 + \mathrm{i}\omega\bar{\boldsymbol{C}}_0 - \omega^2\bar{\boldsymbol{M}})}_{\bar{\boldsymbol{A}}_0} + \kappa\underbrace{(\bar{\boldsymbol{K}}_1 + \mathrm{i}\omega\bar{\boldsymbol{C}}_1)}_{\bar{\boldsymbol{A}}_1} + \kappa^2\underbrace{(\bar{\boldsymbol{K}}_2 + \mathrm{i}\omega\bar{\boldsymbol{C}}_2)}_{\bar{\boldsymbol{A}}_2}]\bar{\boldsymbol{q}} = \boldsymbol{0} \tag{4.25}$$

与此前的一维问题一样，这个二次本征值问题可以线性化为标准的广义形式，即

$$\left(\begin{bmatrix} \bar{\boldsymbol{A}}_0 & \boldsymbol{0} \\ \boldsymbol{0} & \boldsymbol{I} \end{bmatrix} - \kappa\begin{bmatrix} -\bar{\boldsymbol{A}}_1 & -\bar{\boldsymbol{A}}_2 \\ \boldsymbol{I} & \boldsymbol{0} \end{bmatrix}\right)\begin{Bmatrix} \bar{\boldsymbol{q}} \\ \kappa\bar{\boldsymbol{q}} \end{Bmatrix} = \begin{Bmatrix} \boldsymbol{0} \\ \boldsymbol{0} \end{Bmatrix} \tag{4.26}$$

4.3.3　二维阻尼能带结构

图 4.4 为二维板状点阵材料(图 4.3)的阻尼能带结构图。左边是自由波能带结构。与一维情况相似，当阻尼非常高时，布洛赫-瑞利法不再精确。有限元方法

计算出的最高特征频率通常是不存在的。准确地说，它们是由于空间离散而产生的虚假模态。对于无阻尼模型，特征频率超过某一阈值的所有模态都可以直接忽略掉。然而，当存在某些类型的阻尼时，高频模态会受到严重影响，并导致频率降低。这会使虚假模态出现在目标频段内，从而难以分辨出真实模态。在图 4.4 所示的自由波频带结构中，布里渊区的一些位置上存在若干下沉至零的分支。这些分支很可能是虚假的，应该被过滤掉。一种滤波方法是去除阻尼比高于某个阈值的所有模态。

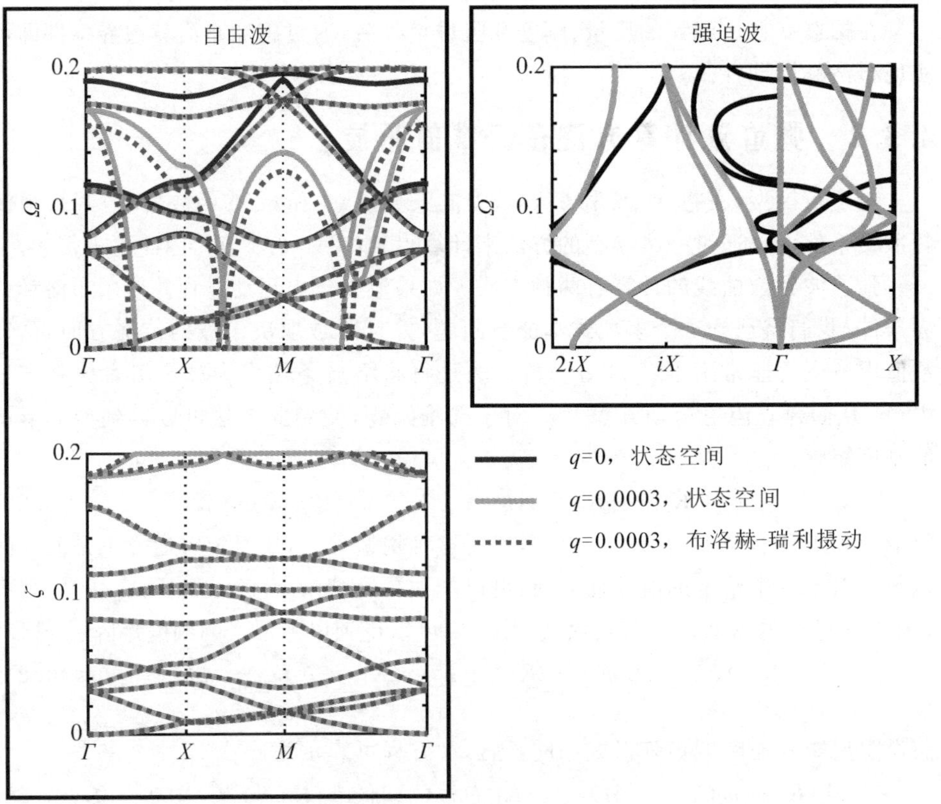

图 4.4 板状点阵材料的阻尼频散

[自由波能带结构(左上)和阻尼比分布(左下)，强迫波能带结构(右上)，频率通过 $\Omega=\omega_{\mathrm{d}} L_x \sqrt{\rho/E}$ 进行归一化]

图 4.4 的右边为强迫波的复数形式波数能带结构，其中波沿 $\Gamma-X$ 方向传播。对于自由波，当阻尼增大时，大部分分支向下移动，但形状是不变的。相比之下，强迫波能带结构的变化更为显著，其分支特征是完全不同的。

图 4.5 显示了能带结构第一个分支的等频和等阻尼等高线图。当用强迫波法

计算复波数时,曲线归类是非常重要的。首先,注意到相邻布里渊区的声学支在布里渊区边缘相交,形成强迫波能带结构(图 4.4 右侧图)中的折叠模式。然而,如果在复平面上观察声学支,会发现它们并不相交,而是相互绕过并进入下一个布里渊区。因此,沿着声学支进入相邻的布里渊区,可以得到图 4.5 中的强迫波等频图,其中虚线表示布里渊区的边界。由于强迫波的等频图可能很难理解,我们在图4.6 中绘制了等频图随频率的变化情况。在图 4.5 和图 4.6 中可以观察到一个有趣的现象:阻尼可以让等频图变得平滑。这意味着阻尼降低了点阵材料(或一般周期性材料)频率相关的弹性动力学各向异性特征。

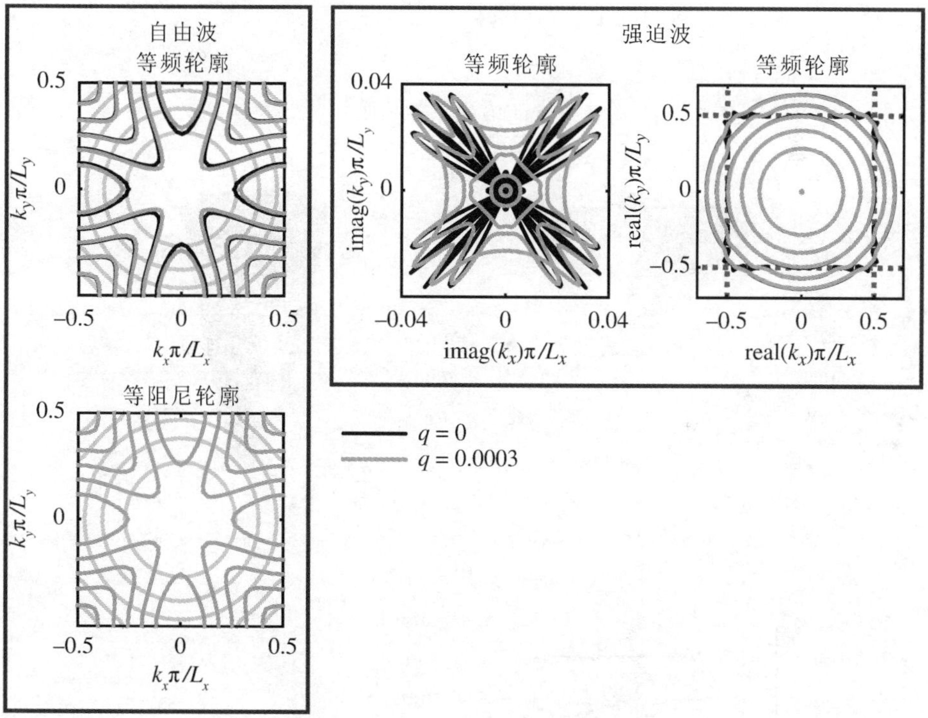

图 4.5　板状点阵材料的阻尼频散

[自由波等频图(左上)和等阻尼图(左下),

强迫波波数虚部等频图(中上)和实部等频图(右上)]

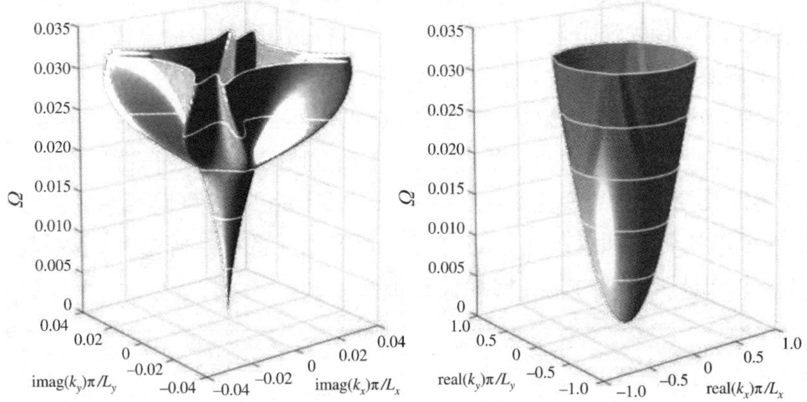

(a) 有阻尼等频面

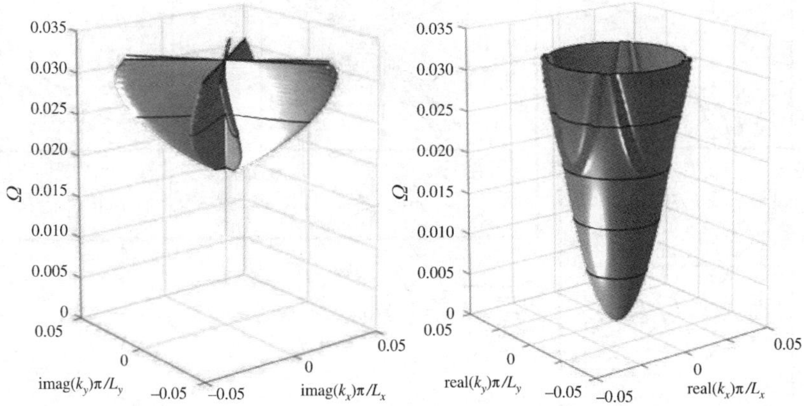

(b) 无阻尼等频面

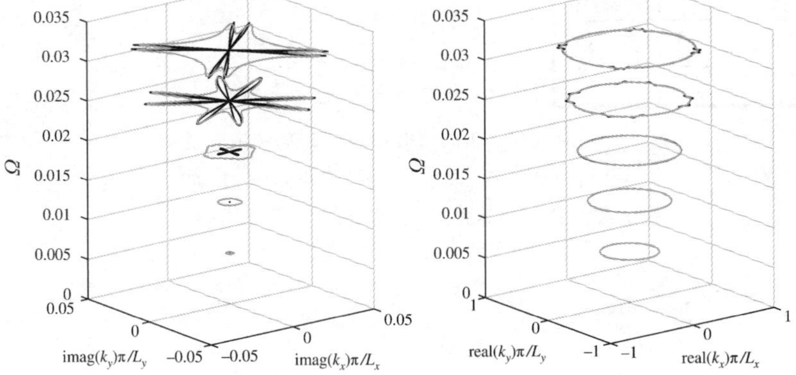

(c) 选定频率下的有阻尼和无阻尼等频面

图 4.6　二维板状点阵的强迫波波数虚部(左)和实部(右)的等频图

参考文献

[1]R. S. Lakes, "High damping composite materials: Effect of structural hierarchy," *Journal of Composite Materials*, vol. 36, no. 3, pp. 287-297, 2002.

[2]M. I. Hussein and M. J. Frazier, "Metadamping: An emergent phenomenon in dissipative metamaterials," *Journal of Sound and Vibration*, vol. 332, pp. 4767-4774, 2013.

[3]I. Antoniadis, D. Chronopoulos, V. Spitas, and D. Koulocheris, "Hyper-damping properties of a stiff and stable linear oscillator with a negative stiffness element," *Journal of Sound and Vibration*, vol. 346, pp. 37-52, 2015.

[4]Y. Y. Chen, M. V. Barnhart, J. K. Chen, G. K. Hu, C. Sun, and G. L. Huang, "Dissipative elastic metamaterials for broadband wave mitigation at subwavelength scale," *Composite Structures*, vol. 136, pp. 358-371, 2016.

[5]M. J. Frazier and M. I. Hussein, "Viscous-to-viscoelastic transition in phononic crystal and metamaterial band structures," *Journal of the Acoustical Society of America*, vol. 138, pp. 3169-3180, 2015.

[6]J. W. S. Rayleigh, *The Theory of Sound*, vol. 1. Macmillan and Co., 1877.

[7]T. K. Caughey and M. E. J. O'Kelly, "Classical normal modes in damped linear dynamic systems," *Journal of Applied Mechanics-Transactions of the ASME*, vol. 32, pp. 583-588, 1965.

[8]A. S. Phani, "On the necessary and sufficient conditions for the existence of classical normal modes in damped linear dynamic systems," *Journal of Sound and Vibration*, vol. 264, pp. 741-745, 2003.

[9]S. Adhikari, "Damping modelling using generalized proportional damping," *Journal of Sound and Vibration*, vol. 293, pp. 156-170, 2005.

[10]S. Adhikari and A. S. Phani, "Experimental identification of generalized proportional viscous damping matrix," *Journal of Vibration and Acoustics*, vol. 131, p. 011008, 2009.

[11]J. Woodhouse, "Linear damping models for structural vibration," *Journal of Sound and Vibration*, vol. 215, pp. 547-569, 1998.

[12]S. Adhikari and J. Woodhouse, "Identification of Damping: Part 1, Viscous

4

damping," *Journal of Sound and Vibration*, vol. 243, pp. 43 – 61, 2001.

[13] A. S. Phani and J. Woodhouse, "Viscous damping identification in linear vibration," *Journal of Sound and Vibration*, vol. 303, pp. 475 – 500, 2007.

[14] E. Tassilly, "Propagation of bending waves in a periodic beam," *International Journal of Engineering Science*, vol. 25, pp. 85 – 94, 1987.

[15] R. S. Langley, "On the forced response of one-dimensional periodic structures: Vibration localization by damping," *Journal of Sound and Vibration*, vol. 178, pp. 411 – 428, 1994.

[16] V. Laude, Y. Achaoui, S. Benchabane, and A. Khelif, "Evanescent Bloch waves and the complex band structure of phononic crystals," *Physical Review B*, vol. 80, p. 092301, 2009.

[17] V. Romero-García, J. V. Sánchez-Pérez, and L. M. Garcia-Raffi, "Propagating and evanescent properties of double-point defects in sonic crystals," *New Journal of Physics*, vol. 12, p. 083024, 2010.

[18] R. P. Moiseyenko and V. Laude, "Material loss influence on the complex band structure and group velocity in phononic crystals," *Physical Review B*, vol. 83, p. 064301, 2011.

[19] E. Andreassen and J. S. Jensen, "Analysis of phononic bandgap structures with dissipation," *Journal of Vibration and Acoustics*, vol. 135, p. 041015, 2013.

[20] D. J. Mead, "A general theory of harmonic wave propagation in linear periodic systems with multiple coupling," *Journal of Sound and Vibration*, vol. 27, pp. 235 – 260, 1973.

[21] F. Farzbod and M. J. Leamy, "Analysis of Bloch's method in structures with energy dissipation," *Journal of Vibration and Acoustics*, vol. 133, p. 051010, 2011.

[22] M. Collet, M. Ouisse, M. Ruzzene, and M. N. Ichchou, "Floquet-Bloch decomposition for the computation of dispersion of two-dimensional periodic, damped mechanical systems," *International Journal of Solids and Structures*, vol. 48, pp. 2837 – 2848, 2011.

[23] S. Mukherjee and E. H. Lee, "Dispersion relations and mode shapes for waves in laminated viscoelastic composites by finite difference methods," *Computers & Structures*, vol. 5, pp. 279 – 285, 1975.

[24] R. Sprik and G. H. Wegdam, "Acoustic band gaps in composites of solids and viscous liquids," *Solid State Communications*, vol. 106, pp. 77 – 81,

1998.

[25]M. I. Hussein, "Theory of damped Bloch waves in elastic media," *Physical Review B*, vol. 80, p. 212301, 2009.

[26]M. I. Hussein and M. J. Frazier, "Band structure of phononic crystals with general damping," *Journal of Applied Physics*, vol. 108, p. 093506, 2010.

[27]A. S. Phani and M. I. Hussein, "Analysis of damped Bloch waves by the Rayleigh perturbation method," *Journal of Vibration and Acoustics*, vol. 135, p. 041014, 2013.

[28]J. D. Achenbach, *Wave Propagation in Elastic Solids*. North-Holland, 1999.

[29]B. R. Mace and E. Manconi, "Modelling wave propagation in two-dimensional structures using finite element analysis," *Journal of Sound and Vibration*, vol. 318, pp. 884 - 902, 2008.

[30]E. Manconi and B. R. Mace, "Estimation of the loss factor of viscoelastic laminated panels from finite element analysis," *Journal of Sound and Vibration*, vol. 329, pp. 3928 - 3939, 2010.

[31]M. I. Hussein, M. J. Frazier, and M. H. Abedinnassab, "Chapter 1: Microdynamics of Phononic Materials," in *Handbook of Micromechanics and Nanomechanics* (S. Li and X.-L. Gao, eds.), Pan Stanford Publishing, 2013.

[32]M. J. Frazier and M. I. Hussein, "Generalized Bloch's theorem for viscous metamaterials: Dispersion and effective properties based on frequencies and wavenumbers that are simultaneously complex," *arXiv*:1601.00683 [*cond-mat.mtrl-sci*], 2016.

[33]F. Bloch, "Über die quantenmechanik der elektronen in kristallgittern," *Zeitschrift für Physik*, vol. 52, no. 7 - 8, pp. 555 - 600, 1929.

[34]F. Tisseur and K. Meerbergen, "The quadratic eigenvalue problem," *SIAM Review*, vol. 43, no. 2, pp. 235 - 286, 2001.

[35]R. D. Mindlin, "Influence of rotatory inertia and shear on flexural motions of isotropic, elastic plates," *Journal of Applied Mechanics*, vol. 18, pp. 31 - 38, 1951.

[36]E. Reissner, "The effect of transverse shear deformation on the bending of elastic plates," *Journal of Applied Mechanics*, vol. 12, pp. 68 - 77, 1945.

[37]B. R. Mace and E. Manconi, "Modelling wave propagation in two-dimensional structures using finite element analysis," *Journal of Sound and*

4

Vibration, vol. 318, no. 4, pp. 884 - 902, 2008.

[38]M. I. Hussein, "Reduced Bloch mode expansion for periodic media band structure calculations," *Proceedings of the Royal Society A*, vol. 465, pp. 2825 - 2848, 2009.

[39]M. Collet, M. Ouisse, M. Ruzzene, and M. Ichchou, "Floquet-Bloch decomposition for the computation of dispersion of two-dimensional periodic, damped mechanical systems," *International Journal of Solids and Structures*, vol. 48, no. 20, pp. 2837 - 2848, 2011.

4

第 5 章

非线性点阵材料中的波传播

凯文·L. 曼克特洛(Kevin L. Manktelow)、马西莫·鲁泽嫩(Massimo Ruzzene)①和迈克尔·J. 利米(Michael J. Leamy)

美国，佐治亚州，亚特兰大，佐治亚理工学院，乔治·W. 伍德拉夫(George W. Woodruff)机械工程系

5

5.1 综述

对周期系统动态响应的多样化调控的强烈兴趣，激发了人们对非线性超材料特性及其分析方法进行了一系列研究[1-5]。众所周知，独立非线性系统的频率响应特性与振幅紧密相关[6]。由于非线性动力学系统较为复杂，当前这一研究领域依然十分活跃。比如，在本构非线性材料中，相称频率下两个波的相互作用会导致能量转移[7-8]。同样地，有限振幅的波传播总会引发谐波，这种现象已被用于设计声学二极管[9]。

力-位移关系中的三次非线性[达芬非线性(Duffing nonlinearity)]十分重要。达芬非线性是许多重要现象出现的机理，比如双稳态、与振幅相关的共振频移以及混沌现象[10]。非线性在小尺度应用(如谐振器和陀螺仪)的动力学中正变得越来越重要[11-13]。小尺度下的精确设计需要充分理解非线性对系统运转和性能的影响。单个的达芬振子已被用于增强高能周期轨道的能量收集[14]。此外，利用它也可以在线性固有频率附近拓宽频率的响应，以提高俘能器的工作带宽[15]。相比之下，耦合振子的受迫和自由振动响应得到的关注远不及单振子。理解非线性对材料行为的影响，以及如何将其应用于提升和控制材料特性，是当下声学超材料和声子晶体领域的一个研究目标。

非线性声子系统具有多种调控机制，比如波与波的相互作用[16]、振幅相关的

① 曼克特洛和鲁泽嫩对本文具有相等的贡献。

能带结构[17-19]以及额外产生的谐波等，为设计可调带隙提供了良机。例如，达芬型的力-位移三次非线性可以引发振幅相关的频散现象[20-24]，这对于器件设计具有重要的意义。然而，针对非线性声子晶体和超材料的研究工作却较为匮乏。

在该领域内，具有非线性振子的一维单原子链是一个非常重要的基本系统。耦合振子系统在非简谐原子点阵分析、连续材料的有限差分建模以及非线性模态分析等方面有着广泛的应用。近期有一篇关于非线性达芬振子链中波传播问题的综述，学者们研究了非线性动力学和带隙行为，确定了带隙偏移的近似解析解[2,19]。学者们还研究了类似系统以及局部有附加振子的系统中的波传播问题，发现这些系统具有混沌响应[5,25-26]。人们通常假定力-位移型的本构非线性是微弱的，这样就可以使用摄动法进行分析。

很少有人关注连续周期系统，因为它要用非线性偏微分方程来描述，并且往往具有复杂的几何形状。在这方面，人们研究了一维的双材料声学系统在二次谐波作用下带隙内外的响应[27]，并展示了它在声学二极管设计方面的潜在应用[9]。然而，关于由非线性连续胞元组成的复杂周期系统的研究，仍然是一个几乎无人涉足的领域。同样地，专门针对非线性声子晶体和超材料的分析方法也非常少。

本章将概述近期发展起来的针对弱非线性点阵中波传播问题的多尺度摄动法[16,28-30]，重点关注振幅相关的能带结构、波与波的相互作用以及相关非线性器件的行为。本章的分析方法与结果广泛适用于离散的非线性系统以及(通过伽辽金法、有限元法以及有限差分法等)适当地离散后的连续系统。

5.2 弱非线性频散分析

在线性系统中，仅考虑一个胞元就足以分析布洛赫波的传播。然而，对于非线性系统，还有必要考虑部分相邻的胞元，以保证自由体受力图中不会出现胞元边界 $\partial\Omega$ 上的非线性力[31]。这样处理的根本原因是布洛赫定理不适用于非线性问题，从而不能通过常用的传播常数来消除相邻胞元间的相互作用。

考虑如图 5.1 所示的一维、二维和三维系统。整个系统由中心胞元(颜色较深部分)、四周相邻的相同胞元以及相邻胞元上的相关内力 $f_{(p,q,r)}$ 组成。这里要考虑所有相邻胞元以避免在中心胞元上出现内力。为了方便索引，可以对每个胞元进行编号；此处，中心胞元编号为零。假设胞元的连续区域已被离散化，则 $\boldsymbol{q}_i$ 表示第 i 个节点的自由度。进一步地，令 $\boldsymbol{u}_{(p,q,r)}=[\boldsymbol{q}_1,\boldsymbol{q}_2,\cdots,\boldsymbol{q}_n]^{\mathrm{T}}$ 表示编号为 p、q 和 r 的胞元的节点自由度集合(对一维系统仅有 p，对二维系统仅有 p 和 q)。然后，可以得到离散系统广义坐标的总集合：

$$\boldsymbol{u}=[\boldsymbol{u}_{(-1,-1,-1)},\boldsymbol{u}_{(-1,-1,0)},\cdots,\boldsymbol{u}_{(0,0,0)},\cdots,\boldsymbol{u}_{(0,1,1)},\boldsymbol{u}_{(1,1,1)}]^{\mathrm{T}} \tag{5.1}$$

利用这个排序，可以把整个系统的离散运动方程写成规范形式：

$$\boldsymbol{M}\ddot{\boldsymbol{u}} + \boldsymbol{K}\boldsymbol{u} + \boldsymbol{f}^{\mathrm{NL}}(\boldsymbol{u}) = \boldsymbol{f}^{\mathrm{ext}} + \boldsymbol{f}^{\mathrm{int}} \tag{5.2}$$

其中，$\boldsymbol{M}$ 和 $\boldsymbol{K}$ 表示图 5.1 所示的中心胞元及其相邻胞元的质量和刚度矩阵；$\boldsymbol{f}^{\mathrm{NL}}(\boldsymbol{u})$表示非线性力矢量；$\boldsymbol{f}^{\mathrm{ext}}$表示外力矢量；$\boldsymbol{f}^{\mathrm{int}}$表示作用于相邻胞元的内力。质量和刚度矩阵均来源于相关波动方程中的线性正定微分算子。非线性力矢量 $\boldsymbol{f}^{\mathrm{NL}}$ 包含了由非线性算子离散化产生的所有其他项的影响。

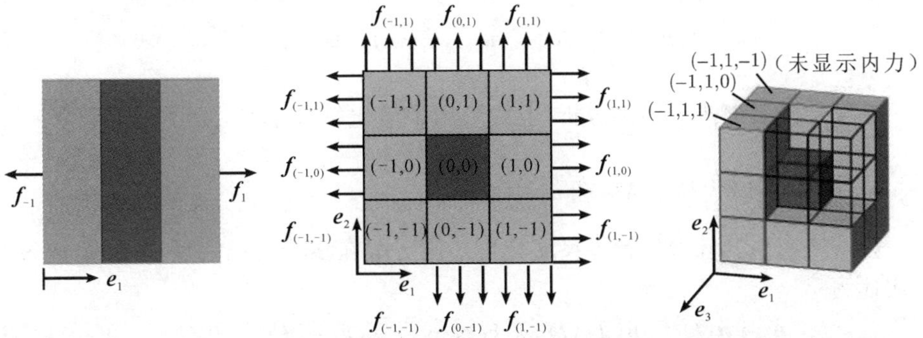

图 5.1　一维、二维和三维周期系统内的中心胞元及其相邻胞元

这里的非线性项来源于非线性力-挠度关系，因此 $\boldsymbol{f}^{\mathrm{NL}}(\boldsymbol{u})$仅与 $\boldsymbol{u}$ 有关。然而，将要介绍的摄动分析法也适用于非线性力更为复杂的情况，比如 $\boldsymbol{f}^{\mathrm{NL}}(\boldsymbol{u},\dot{\boldsymbol{u}},\ddot{\boldsymbol{u}})$[28]。此外，本章提出的摄动分析法只适用于弱非线性系统。因此，非线性力矢量通常被定义（或重新定义）为 $\boldsymbol{f}^{\mathrm{NL}}(\boldsymbol{u})\rightarrow\varepsilon\boldsymbol{f}^{\mathrm{NL}}(\boldsymbol{u})$，以便引入一个微小的扰动参数$|\varepsilon|<1$，它能控制在渐近摄动展开中非线性项出现的位置。进一步地，考虑自由波传播的情况，即 $\boldsymbol{f}^{\mathrm{ext}}=\boldsymbol{0}$，则方程(5.2)变为

$$\boldsymbol{M}\ddot{\boldsymbol{u}} + \boldsymbol{K}\boldsymbol{u} + \varepsilon\boldsymbol{f}^{\mathrm{NL}}(\boldsymbol{u}) = \boldsymbol{f}^{\mathrm{int}} \tag{5.3}$$

其中，ε 的初值因情况而异。通常可以重新定义一些非线性小参数（如 Γ），使得 $\Gamma=\varepsilon\hat{\Gamma}$。在其他情况下，可以通过对控制方程进行量纲分析来确定小参数。

对中心胞元及其相邻胞元进行离散化得到的动力学方程组［式(5.3)］构成了非线性微分方程组的一个开放集合，它的解取决于中心胞元周围所有的 $\boldsymbol{u}_{(p,q,r)}$。通过假设一个集中质量矩阵，可以得到关于中心胞元微分方程的开放集合。

一维系统：

$$\boldsymbol{M}_0\ddot{\boldsymbol{u}}_0 + \sum_{p=-1}^{1}\boldsymbol{K}_p\boldsymbol{u}_p + \varepsilon\boldsymbol{f}_0^{\mathrm{NL}} = \boldsymbol{0} \tag{5.4}$$

二维系统：

$$\boldsymbol{M}_0\ddot{\boldsymbol{u}}_{(0,0)} + \sum_{p=-1}^{1}\sum_{q=-1}^{1}\boldsymbol{K}_{(p,q)}\boldsymbol{u}_{(p,q)} + \varepsilon\boldsymbol{f}_{(0,0)}^{\mathrm{NL}} = \boldsymbol{0} \tag{5.5}$$

三维系统：

5

$$\boldsymbol{M}_0\,\ddot{\boldsymbol{u}}_{(0,0,0)}+\sum_{p=-1}^{1}\sum_{q=-1}^{1}\sum_{r=-1}^{1}\boldsymbol{K}_{(p,q,r)}\boldsymbol{u}_{(p,q,r)}+\varepsilon\boldsymbol{f}^{\mathrm{NL}}_{(0,0,0)}=\boldsymbol{0} \tag{5.6}$$

其中，$\boldsymbol{M}_0$ 表示总质量矩阵中对应于中心胞元的部分；$\boldsymbol{K}_{(p,q,r)}$ 表示 $\boldsymbol{K}$ 矩阵中使中心胞元在 $\boldsymbol{u}_{(p,q,r)}$ 作用下产生线性恢复力的部分；$\boldsymbol{f}^{\mathrm{NL}}_{(p,q,r)}$ 表示非线性力矢量的部分。注意，中心胞元上的内力始终为零①。通过符号简化可以将微分方程的开放集合(对于一般的三维系统)重写为

$$\boldsymbol{M}\ddot{\boldsymbol{u}}+\sum_{(p,q,r)}\boldsymbol{K}_{(p,q,r)}\boldsymbol{u}_{(p,q,r)}+\varepsilon\boldsymbol{f}^{\mathrm{NL}}\boldsymbol{u}_{(p,q,r)}=\boldsymbol{0} \tag{5.7}$$

为了便于后面进行摄动分析，上式采用了简化符号 $\boldsymbol{f}^{\mathrm{NL}}_{(0,0,0)}=\boldsymbol{f}^{\mathrm{NL}}$ 以及 $\sum_{p=-1}^{1}\sum_{q=-1}^{1}\sum_{r=-1}^{1}=\sum_{(p,q,r)}$，同时去掉了 $\boldsymbol{M}_0$ 和 $\boldsymbol{u}_0$ 中的下标 0。

接下来，对式(5.7)进行多尺度分析。假定解在多个时间尺度上演化，此过程可表述为

$$\boldsymbol{u}=\boldsymbol{u}(t)=\boldsymbol{u}(T_0(t),T_1(t),\cdots,T_n(t))\quad\forall\, n\geqslant 0\in\mathbb{Z} \tag{5.8}$$

将独立的时间尺度 T_n 定义为 $T_n=\varepsilon^n t$，并对式(5.7)中的导数进行相应变换。假设只考虑到 T_1 阶的时间尺度，则一阶全导数 $\mathrm{d}()/\mathrm{d}t$ 可用链式法则表示为

$$\frac{\mathrm{d}()}{\mathrm{d}t}=\frac{\mathrm{d}T_0}{\mathrm{d}t}\frac{\mathrm{d}()}{\mathrm{d}T_0}+\frac{\mathrm{d}T_1}{\mathrm{d}t}\frac{\mathrm{d}()}{\mathrm{d}T_1}=D_0()+\varepsilon D_1() \tag{5.9}$$

上式引入了特定的时间尺度导数算符 $D_n=\mathrm{d}()/\mathrm{d}T_n$。相应地，对时间的二阶导数为

$$\frac{\mathrm{d}}{\mathrm{d}t}\left(\frac{\mathrm{d}()}{\mathrm{d}t}\right)=D_0^2+2\varepsilon D_0D_1+\varepsilon^2D_1^2 \tag{5.10}$$

其中，D_n^p 表示对时间尺度 T_n 的第 p 阶导数。通过式(5.10)将式(5.7)改写成

$$\boldsymbol{M}(D_0^2+2\varepsilon D_0D_1+\varepsilon^2D_1^2)(\boldsymbol{u})+\sum_{p=-1}^{1}\sum_{q=-1}^{1}\sum_{r=-1}^{1}\boldsymbol{K}_{(p,q,r)}\boldsymbol{u}_{(p,q,r)}+\varepsilon\boldsymbol{f}^{\mathrm{NL}}=\boldsymbol{0} \tag{5.11}$$

然后，引入 $\boldsymbol{u}_{(p,q,r)}$ 的一个标准渐近展开式，其允许各个解在 ε 的各阶分离：

$$\begin{aligned}\boldsymbol{u}_{(p,q,r)}(T_0,T_1)&=\boldsymbol{u}^{(0)}_{(p,q,r)}(T_0,T_1)+\varepsilon\boldsymbol{u}^{(1)}_{(p,q,r)}(T_0,T_1)+O(\varepsilon^2)\\&=\sum_i\varepsilon^i\boldsymbol{u}^{(i)}_{(p,q,r)}(T_0,T_1)\end{aligned} \tag{5.12}$$

只需保留 $O(\varepsilon)$ 及以下的项即可求解 $\boldsymbol{u}^{(0)}_{(p,q,r)}$ 的一阶摄动修正项。将式(5.12)代入式(5.11)得到

$$\begin{aligned}&\boldsymbol{M}(D_0^2+2\varepsilon D_0D_1+\varepsilon^2D_1^2)(\boldsymbol{u}^{(0)}+\varepsilon\boldsymbol{u}^{(1)})+\\&\sum_{p=-1}^{1}\sum_{q=-1}^{1}\sum_{r=-1}^{1}\boldsymbol{K}_{(p,q,r)}(\boldsymbol{u}^{(0)}_{(p,q,r)}+\varepsilon\boldsymbol{u}^{(1)}_{(p,q,r)})+\varepsilon\boldsymbol{f}^{\mathrm{NL}}=\boldsymbol{0}\end{aligned} \tag{5.13}$$

---

① 更具体地说，中心胞元上的内力包含在刚度矩阵 $\boldsymbol{f}_0^{\mathrm{int}}=-\boldsymbol{K}_{(p,q,r)}\boldsymbol{u}_{(p,q,r)}$ 中。

经过整理，方程变为

$$D_0^2 \boldsymbol{M}\boldsymbol{u}^{(0)} + \sum_{p=-1}^{1}\sum_{q=-1}^{1}\sum_{r=-1}^{1}\boldsymbol{K}_{(p,q,r)}\boldsymbol{u}_{(p,q,r)}^{(0)} +$$

$$\varepsilon\left(D_0^2 \boldsymbol{M}\boldsymbol{u}^{(1)} + 2D_0D_1\boldsymbol{M}\boldsymbol{u}^{(0)} + \sum_{p=-1}^{1}\sum_{q=-1}^{1}\sum_{r=-1}^{1}\boldsymbol{K}_{(p,q,r)}\boldsymbol{u}_{(p,q,r)}^{(1)} + \boldsymbol{f}^{\mathrm{NL}}\right) = \boldsymbol{0} \quad (5.14)$$

上式忽略了 $O(\varepsilon^2)$ 这一项，等式不再严格成立。由于 ε 是任意的，ε 的各阶与系数相乘必须均等于零，由此得到各阶的方程：

$$O(\varepsilon^0): \quad D_0^2 \boldsymbol{M}\boldsymbol{u}^{(0)} + \sum_{p=-1}^{1}\sum_{q=-1}^{1}\sum_{r=-1}^{1}\boldsymbol{K}_{(p,q,r)}\boldsymbol{u}_{(p,q,r)}^{(0)} = \boldsymbol{0} \quad (5.15)$$

$$O(\varepsilon^1): \quad D_0^2 \boldsymbol{M}\boldsymbol{u}^{(1)} + \sum_{p=-1}^{1}\sum_{q=-1}^{1}\sum_{r=-1}^{1}\boldsymbol{K}_{(p,q,r)}\boldsymbol{u}_{(p,q,r)}^{(1)}$$

$$= -2D_0D_1\boldsymbol{M}\boldsymbol{u}^{(0)} - \boldsymbol{f}^{\mathrm{NL}}(\boldsymbol{u}_{(p,q,r)}^{(0)}) \quad (5.16)$$

这样，微分方程开放集合的非线性系统简化为线性问题的级联集合。当确定了布洛赫波的具体形式后，各阶方程可以进一步简化。式(5.15)满足布洛赫波解。此外，布洛赫波解的叠加也是方程的解，这一条件可用于评估非线性波的相互作用：

$$\boldsymbol{u}_{(p,q,r)}^{(0)} = \sum_i \frac{A_i(T_i)}{2}\boldsymbol{\phi}_i \mathrm{e}^{i(\mu_i\cdot \boldsymbol{r}_{p,q,r} - \omega_{0,i}T_0)} + \mathrm{c.\,c.} \quad (5.17)$$

其中，单个布洛赫波解 $\boldsymbol{u}_i^{(0)}$ 的波形为 $\boldsymbol{\phi}_i$，频率为 $\omega_{0,i}$，缓慢变化的复振幅为 $A_i(T_i)$。注意此处的 c. c. 项表示前面所有项的复共轭。

将式(5.17)代入式(5.16)中 $O(\varepsilon^1)$ 的右侧，并施加 D_0 和 D_1 算子后得到

$$D_0^2 \boldsymbol{M}\boldsymbol{u}^{(1)} + \boldsymbol{K}(\boldsymbol{\mu}_i)\boldsymbol{u}^{(1)} = i\boldsymbol{M}\sum_i \omega_{0,i}A'_i\boldsymbol{\phi}_i\mathrm{e}^{-i\omega_{0,i}T_0} - \boldsymbol{f}^{\mathrm{NL}}\boldsymbol{u}_{(p,q,r)}^{(0)} + \mathrm{c.\,c.} \quad (5.18)$$

其中，$\boldsymbol{K}(\boldsymbol{\mu}_i)$ 表示第 $\boldsymbol{\mu}_i$ 个波矢的波数约化刚度矩阵；$'$ 表示对自变量的微分。为了展开式(5.18)的右侧，将振幅 $A_i(T_1)$ 表示为极坐标的形式，即

$$A_i(T_1) = \alpha_i(T_1)e^{-i\beta_i(T_1)} \quad (5.19)$$

振幅 $\alpha_i(T_1) \in \mathbb{R}$ 和相位 $\beta_i(T_1) \in \mathbb{R}$ 随 T_1 缓慢变化，因此它们在时间尺度 T_0 上是恒定的。计算式(5.18)的右边得到

$$(\cdots) = i\boldsymbol{M}\sum_i \omega_{0,i}(\alpha'_i - i\alpha_i\beta'_i)\boldsymbol{\phi}_i\mathrm{e}^{-i(\omega_{0,i}T_0+\beta_i(T_1))} - \boldsymbol{f}^{\mathrm{NL}}\boldsymbol{u}_{(p,q,r)}^{(0)} + \mathrm{c.\,c.} \quad (5.20)$$

我们注意到上式的线性核函数与 $O(\varepsilon^0)$ 方程[式(5.15)]的线性核函数相同。因此，布洛赫波形矩阵 $\boldsymbol{\Phi}$ 可使线性核函数解耦。引入模态坐标 $\boldsymbol{u}^{(1)} = \boldsymbol{\Phi}\boldsymbol{z}^{(1)}(t)$，并且预乘 $\boldsymbol{\phi}_j^{\mathrm{H}}$，得到

$$D_0^2 m_{jj}z_j^{(1)} + k_{jj}z_j^{(1)} = \boldsymbol{\phi}_j^{\mathrm{H}} i\boldsymbol{M}\sum_i \omega_{0,i}(\alpha'_i - i\alpha_i\beta'_i)\boldsymbol{\phi}_i\mathrm{e}^{-i(\omega_{0,i}T_0+\beta_i(T_1))} - \boldsymbol{\phi}_j^{\mathrm{H}}\boldsymbol{f}^{\mathrm{NL}} + \mathrm{c.\,c.} \quad (5.21)$$

与 $\exp(\pm i\omega_{0,j}T_0)$ 成比例的项会导致非均匀摄动展开，因此必须消除掉。由

于非线性力矢量 $\boldsymbol{f}^{\mathrm{NL}}$ 与 $\boldsymbol{u}_{(p,q,r)}^{(0)}$ 相关,必须先对其进行展开,以包含与 $\exp(i\omega_{0,j}T_0)$ 成比例的项。在 $\boldsymbol{f}^{\mathrm{NL}}$ 中发现的离散频率组合适用于多维傅里叶级数展开(以 i 和 j 标示的两个频率为例):

$$\boldsymbol{f}^{\mathrm{NL}}(T_0) = \sum_i \sum_j \boldsymbol{c}_{ij} \mathrm{e}^{\mathrm{i}\omega_{0,i}T_0} \mathrm{e}^{\mathrm{i}\omega_{0,j}T_0} + \mathrm{c.\,c.} \tag{5.22}$$

其中,傅里叶系数通常是所有振幅和波矢的函数 $\boldsymbol{c}_{ij}(\cup A_k, \cup \boldsymbol{\mu}_k)$。这个展开式明确指出存在更高阶的谐波以及和频与差频[32]。为简单起见,我们用单个指标表示基础谐波项,如 $\boldsymbol{c}_{i0}=\boldsymbol{c}_i$ 和 $\boldsymbol{c}_{0j}=\boldsymbol{c}_j$。可以注意到,$\boldsymbol{c}_i$ 明显依赖于每个波的复振幅和波数。当两个频率 $\omega_{0,m}$ 和 $\omega_{0,n}$ 彼此相称①时,就会出现一种特殊情况:在一个输入频率 $\omega_{0,i}$ 上,这些无关的谐波将同时出现。这里考虑了三次非线性,因此可以获得系数矢量 $\boldsymbol{c}_i$ 的表达式(通常要借助于符号运算软件获得)或通过傅里叶变换对其进行数值计算。

将式(5.21)和式(5.22)进行合并有助于确定久期项:

$$D_0^2 m_{jj} z_j^{(1)} + k_{jj} z_j^{(1)} = \boldsymbol{\phi}_j^{\mathrm{H}} \sum_i \left[(i\boldsymbol{M}\omega_{0,i}\boldsymbol{\phi}_i(\alpha_i' - i\alpha_i\beta_i')\mathrm{e}^{-\mathrm{i}\beta_i(T_1)} - \boldsymbol{c}_i)\mathrm{e}^{-\mathrm{i}\omega_{0,i}T_0} \right] + \mathrm{c.\,c.} \tag{5.23}$$

其他谐波项虽然存在,但对久期项没有影响,因此已在上式中省略。式(5.23)右边包含与时间相关的项 $\exp(i\omega_{0,i}T_0)$,这会导致久期项的展开,所以需令它们恒等于零来消除它们。通过从求和式中提取出 $i=j$ 的项,可以得到所需条件:

$$i\omega_{0,j} m_{jj}(\alpha_j' - i\alpha_j\beta_j')\mathrm{e}^{-\mathrm{i}\beta_j} - \boldsymbol{\phi}_j^{\mathrm{H}}\boldsymbol{c}_j = 0 \tag{5.24}$$

此处利用了质量矩阵的正交性。

当频率 $\omega_{0,i}$ 不相称时,将式(5.24)乘以 $\mathrm{e}^{\mathrm{i}\beta_j}$,即可方便地得到第 j 个方程:

$$i\omega_{0,j} m_{jj}(\alpha_j' - i\alpha_j\beta_j') - \boldsymbol{\phi}_j^{\mathrm{H}}\boldsymbol{c}_j\mathrm{e}^{\mathrm{i}\beta_j} = 0 \tag{5.25}$$

式(5.25)要求实分量和虚分量分别为零,即

$$\omega_{0,j} m_{jj}\alpha_j\beta_j' - \Re(\boldsymbol{\phi}^{\mathrm{H}}\boldsymbol{c}_j\mathrm{e}^{\mathrm{i}\beta_j}) = 0 \tag{5.26}$$

$$\omega_{0,j} m_{jj}\alpha_j' - \Im(\boldsymbol{\phi}^{\mathrm{H}}\boldsymbol{c}_j\mathrm{e}^{\mathrm{i}\beta_j}) = 0 \tag{5.27}$$

其中,$\Re(\cdot)$ 和 $\Im(\cdot)$ 分别表示所包含表达式的实部和虚部。由于在求解过程中式(5.26)和式(5.27)描述了振幅 $\alpha_j(T_1)$ 和相位 $\beta_j(T_1)$ 随时间的缓慢演化,因此叫作演化方程。

一般来说,当考虑全部 N 个布洛赫波形时,式(5.26)和式(5.27)构成了一个包含 $2N$ 个非线性微分方程的方程组。当包含的频率不相称时,演化方程得到了极大的简化。对于三次非线性,第 j 个频率的系数 $\boldsymbol{c}_j$ 总是以形式 $\boldsymbol{c}_j=\hat{\boldsymbol{c}}_j(\cup\alpha_k)\exp(-i\beta_j)$ 出现。此外,因为 $\boldsymbol{\phi}_j$ 是通过求解厄米特征值问题得到的,所以标量积

① 当存在两个整数 n 和 m 满足 $n\omega_{\mathrm{A}}+m\omega_{\mathrm{B}}=0$ 时,称两个频率 ω_{A} 和 ω_{B} 是相称的。

$\boldsymbol{\phi}^{\mathrm{H}}\boldsymbol{c}_j$ 为一个纯实数。因此，演化方程可以简化为

$$\omega_{0,j}m_{jj}\alpha_j\beta_j' - \boldsymbol{\phi}^{\mathrm{H}}\,\widehat{\boldsymbol{c}_j} = 0 \tag{5.28}$$

$$\omega_{0,j}m_{jj}\alpha_j' = 0 \tag{5.29}$$

式(5.29)表明 $\alpha_j\ \forall j$ 相对于慢时 T_1 为常数。另外，由于$\widehat{\boldsymbol{c}_j}$ 与 β_j 无关，式(5.28)可以求解且能直接积分得到 $\beta_j(T_1)$：

$$\beta_j = \frac{\boldsymbol{\phi}^{\mathrm{H}}\,\widehat{\boldsymbol{c}_j}}{\omega_{0,j}\alpha_j m_{jj}}T_1 \tag{5.30}$$

因此，为了降低演化方程的复杂性，通常需要预先指定 $A(T_1)$的慢时行为。在频率不相称的情况下，用多尺度方法得到的每个布洛赫波的非线性频散修正为

$$\omega_j(\boldsymbol{\mu}) = \omega_{0,j}(\boldsymbol{\mu}) + \varepsilon\frac{\boldsymbol{\phi}^{\mathrm{H}}\,\widehat{\boldsymbol{c}_j}}{\omega_{0,j}\alpha_j m_{jj}} + O(\varepsilon^2) \tag{5.31}$$

这里也可以根据 $\omega_{0,j}^2 m_{jj} = k_{jj}$ 来引入模态刚度，以控制修正的频率，从而得到更新的频率为

$$\omega_j(\boldsymbol{\mu}) = \omega_{0,j}(\boldsymbol{\mu})\left(1 + \varepsilon\frac{\omega_{0,j}\boldsymbol{\phi}^{\mathrm{H}}\,\widehat{\boldsymbol{c}_j}}{\alpha_j k_{jj}}\right) + O(\varepsilon^2) \tag{5.32}$$

在更一般的情况下，演化式(5.26)和式(5.27)具有非平凡解，并且对于每个 $\alpha_j(T_1)$和 $\beta_j(T_1)$，它们必须作为非线性微分方程组的耦合系统进行求解。然后，通过瞬时频率修正得到频率展开式的形式为

$$\omega_j(\boldsymbol{\mu}) = \omega_{0,j}(\boldsymbol{\mu}) + \varepsilon\beta_j(T_1)/T_0 + O(\varepsilon^2) \tag{5.33}$$

进而得到第 i 个布洛赫波分量为

$$\boldsymbol{u}_j^{(0)} = \frac{\alpha_i(T_i)}{2}\boldsymbol{\phi}_j \mathrm{e}^{-\mathrm{i}[(\omega_{0,j}+\beta_j(\varepsilon t)/t)t]} + \mathrm{c.\,c.} \tag{5.34}$$

这种不相称的情况通常更有助于评估非线性频散。

5.3　一维单原子链中的应用

5.3.1　概述

声学器件可能会受到多个谐波激励。在一维线性材料中，唯一可能发生的波与波的相互作用是相长干涉和相消干涉。在非线性材料中存在额外的波与波相互作用，并且相互作用的强度使得频散特性与振幅和频率相关。对于三次非线性材料，频率比接近 1∶3 的相称谐波相互作用可能会产生超谐波，因此尤其值得关注。

5.3.2　模型描述和非线性控制方程

图 5.2 中三次非线性的单原子质点-弹簧链的运动控制方程为

5

$$m\ddot{\tilde{u}}_p + k(2\tilde{u}_p - \tilde{u}_{p-1} - \tilde{u}_{p+1}) + \varepsilon\Gamma(\tilde{u}_p - \tilde{u}_{p-1})^3 + \varepsilon\Gamma(\tilde{u}_p - \tilde{u}_{p+1})^3 = 0, \forall p \in \mathbb{Z} \tag{5.35}$$

其中，$\tilde{u}_p(t)$是第 p 个质量相对于平衡位置的位移；ε 是一个小参数；Γ 表征了三次非线性；而 m 和 k 分别表示质量和线性刚度。首先将运动方程(5.35)写成规范形式，然后进行无量纲化，得到

$$\ddot{\tilde{u}}_p + \omega_n^2(2\tilde{u}_p - \tilde{u}_{p-1} - \tilde{u}_{p+1}) + \frac{\varepsilon\Gamma}{m}(\tilde{u}_p - \tilde{u}_{p-1})^3 + \frac{\varepsilon\Gamma}{m}(\tilde{u}_p - \tilde{u}_{p+1})^3 = 0 \tag{5.36}$$

其中，$\omega_n^2 = k/m$。通过引入特征长度、时间参数(d_c 和 t_c)，以及空间和时间的无量纲变量(u_p 和 t)来描述空间和时间，即$\tilde{u}_p \equiv d_c u_p$ 和$\tilde{t} \equiv t_c t$，其中特征长度为 $d_c = \sqrt{k/\Gamma}$，特征时间为 $t_c = 1/\omega_n$。然后，使用无量纲变量将运动方程重写为

$$\ddot{u}_p + (2u_p - u_{p-1} - u_{p+1}) + \varepsilon(u_p - u_{p-1})^3 + \varepsilon(u_p - u_{p+1})^3 = 0, \forall p \in \mathbb{Z} \tag{5.37}$$

注意双点表示对无量纲时间 t 进行二次求导。

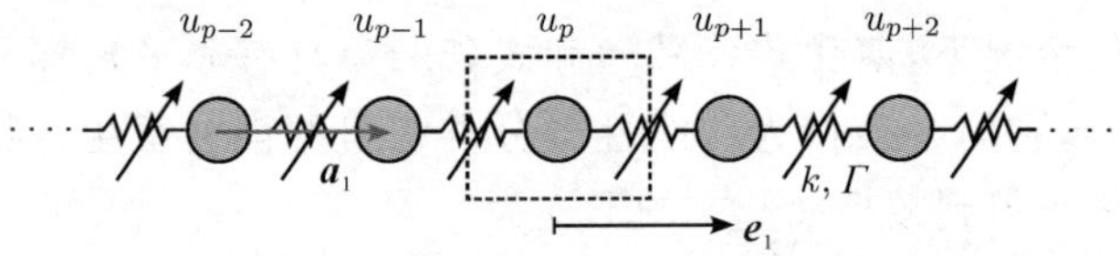

图 5.2　具有点阵矢量 a_1 和三次刚度的单原子质点-弹簧链

5.3.3　单波频散分析

我们先假设仅存在一个简谐平面波来进行单波分析，后续通过考虑两个或多个主谐波的相互作用来进行多波分析。

我们从运动方程(5.37)出发，来求解时变振幅和相位的表达式。这里仅考虑 $T_0 = t$ 和 $T_1 = \varepsilon t$ 的时间尺度，因此修正项取到 $O(\varepsilon^2)$。因变量 $u_p(t)$在多个时间尺度上的渐近展开式为

$$u_p(t) = \sum_n \varepsilon^n u_p^{(n)}(T_0, T_1, \cdots, T_n)$$

使修正项取到 $O(\varepsilon^1)$，可以得到

$$u_p = u_p^{(0)}(T_0, T_1) + \varepsilon u_p^{(1)}(T_0, T_1) + O(\varepsilon^2) \tag{5.38}$$

将式(5.38)代入式(5.37)，并按 ε 的阶数进行整理，得到前两阶方程为

$$\varepsilon^0: D_0^2 u_p^{(0)} + (2u_p^{(0)} - u_{p-1}^{(0)} - u_{p+1}^{(0)}) = 0 \tag{5.39a}$$

$$\varepsilon^1: D_0^2 u_p^{(1)} + (2u_p^{(1)} - u_{p-1}^{(1)} - u_{p+1}^{(1)}) = -2D_0 D_1 u_p^{(0)} - f^{\mathrm{NL}}(u_p^{(0)}, u_{p\pm1}^{(0)}) \tag{5.39b}$$

其中

$$f^{\mathrm{NL}}=(u_p^{(0)}-u_{p-1}^{(0)})^3+(u_p^{(0)}-u_{p+1}^{(0)})^3 \tag{5.40}$$

D_0 和 D_1 分别表示关于时间尺度 T_0 和 T_1 的偏导数。对于存在频率为 ω 和波数为 μ 的单一平面波的情况，式(5.39a)的解为

$$u_p^{(0)}(T_0,T_1)=\frac{1}{2}A_0(T_1)\mathrm{e}^{\mathrm{i}(\mu p-\omega_0 T_0)}+\frac{1}{2}\overline{A}_0(T_1)\mathrm{e}^{-\mathrm{i}(\mu p-\omega_0 T_0)} \tag{5.41}$$

其中，$A_0(T_1)$是允许振幅和相位发生慢时演化的复数，上划线表示复共轭。使用极坐标形式可以明确区分振幅和相位，即 $A_0(T_1)=\alpha(T_1)e^{-i\beta(T_1)}$，其中 $\alpha(T_1)$和 $\beta(T_1)$都是实值函数。将式(5.41)代入式(5.39a)并化简，就能得到典型的线性频散关系：

$$\omega_0=\sqrt{2-2\cos\mu} \tag{5.42}$$

$O(\varepsilon^1)$方程具有与 $O(\varepsilon^0)$方程[式(5.39a)]相同的线性核函数，因而其齐次解与式(5.41)形式相同。因此，在式(5.39b)的等号右侧，任何具有类似的空间和时间形式的项都会导致非均匀展开。将这些久期项设置为零，可以得到关于函数 $\alpha(T_1)$和 $\beta(T_1)$的演化方程组：

$$\alpha'=0 \tag{5.43a}$$

$$\beta'=\frac{3\alpha^2(\cos 2\mu-4\cos\mu+3)}{4\omega_0}=\frac{3}{8}\alpha^2\omega_0^3 \tag{5.43b}$$

其中，α' 和 β' 表示关于慢时尺度 T_1 的导数。根据式(5.43a)可以清楚地得到 $\alpha(T_1)=\alpha_0$ 和 $\beta(T_1)=\beta_1 T_1+\beta_0$，其中$\alpha_0$ 和 β_0 可以通过给式(5.41)中的平面波施加初始条件来确定。对于所考虑的质点-弹簧链，可以不失一般性地将 β_0 设置为零。式(5.41)可以用三角函数表示为

$$u_p^{(0)}(T_0,T_1)=\alpha_0\cos(\mu p-(\omega_0+\omega_1\varepsilon)T_0) \tag{5.44}$$

因此 $\beta_1\varepsilon\equiv\omega_1\varepsilon$ 可以被视为导致线性频散曲线偏移的一阶频率修正。基于式(5.44)重构的频散关系为

$$\omega(\mu)=\sqrt{2-2\cos\mu}+\varepsilon\frac{3\alpha^2}{8}(2-2\cos\mu)^{3/2}+O(\varepsilon^2) \tag{5.45}$$

5.3.4 多波频散分析

由于 $O(\varepsilon_0)$表达式是线性的，形如式(5.41)的解的叠加同样是方程的解，即 $u_p^{(0)}$ 可以被替换为 $\sum_n u_{p,n}^{(0)}$。当存在两个波时，我们把标记为 A 和 B 的两个行波解叠加起来，即

$$u_p^{(0)}(T_0,T_1)=u_{p,\mathrm{A}}^{(0)}(T_0,T_1)+u_{p,\mathrm{B}}^{(0)}(T_0,T_1)+O(\varepsilon^2) \tag{5.46}$$

其中

5

$$u_{p,\mathrm{B}}^{(0)}(T_0,T_1)=\frac{1}{2}B_0(T_1)\mathrm{e}^{\mathrm{i}(\mu_\mathrm{B}p-\omega_{\mathrm{B}0}T_0)}+\mathrm{c.c.}$$
$$=\frac{1}{2}\alpha_\mathrm{B}(T_1)\mathrm{e}^{\mathrm{i}(\mu_\mathrm{B}p-\omega_{\mathrm{B}0}T_0-\beta_\mathrm{B}(T_1))}+\mathrm{c.c.} \tag{5.47a}$$

$$u_{p,\mathrm{A}}^{(0)}(T_0,T_1)=\frac{1}{2}A_0(T_1)\mathrm{e}^{\mathrm{i}(\mu_\mathrm{A}p-\omega_{\mathrm{A}0}T_0)}+\mathrm{c.c.}$$
$$=\frac{1}{2}\alpha_\mathrm{A}(T_1)\mathrm{e}^{\mathrm{i}(\mu_\mathrm{A}p-\omega_{\mathrm{A}0}T_0-\beta_\mathrm{A}(T_1))}+\mathrm{c.c.} \tag{5.47b}$$

其中,c. c. 表示前面各项的复共轭;α_A、α_B、β_A 和 β_B 是各个波的振幅和相位函数,它们取决于所施加的统一的渐近展开条件。

将式(5.46)、式(5.47a)和式(5.47b)代入式(5.39b),并将 f^{NL} 所表示的非线性项展开,识别出久期项,即与 $\mathrm{e}^{\mathrm{i}\mu_\mathrm{A}p}\mathrm{e}^{\mathrm{i}\omega_{\mathrm{A}0}T_0}$ 和 $\mathrm{e}^{\mathrm{i}\mu_\mathrm{B}p}\mathrm{e}^{\mathrm{i}\omega_{\mathrm{B}0}T_0}$ 成比例的项(分别标记为 S_A 和 S_B)。因为 A 波和 B 波的命名约定是任意的,所以每个波产生的久期项是相同的。A 波的久期项为

$$\begin{aligned}S_\mathrm{A}=\ &\mathrm{e}^{\mathrm{i}\mu_\mathrm{A}p}\mathrm{e}^{-\mathrm{i}\omega_{\mathrm{A}0}\tau_0}\Big[-iA'_0\omega_{\mathrm{A}0}+\frac{3}{4}A_0|B_0|^2\mathrm{e}^{\mathrm{i}(\mu_\mathrm{A}-\mu_\mathrm{B})}+\frac{3}{4}A_0|B_0|^2\mathrm{e}^{\mathrm{i}(\mu_\mathrm{B}-\mu_\mathrm{A})}+\\&\frac{3}{8}A_0|A_0|^2\mathrm{e}^{\mathrm{i}2\mu_\mathrm{A}}+\frac{3}{8}A_0|A_0|^2\mathrm{e}^{-\mathrm{i}2\mu_\mathrm{A}}-\frac{3}{2}A_0|B_0|^2\mathrm{e}^{\mathrm{i}\mu_\mathrm{A}}-\\&\frac{3}{2}A_0|B_0|^2\mathrm{e}^{-\mathrm{i}\mu_\mathrm{A}}-\frac{3}{2}A_0|A_0|^2\mathrm{e}^{\mathrm{i}\mu_\mathrm{A}}-\frac{3}{2}A_0|A_0|^2\mathrm{e}^{-\mathrm{i}\mu_\mathrm{A}}+\\&\frac{3}{4}A_0|B_0|^2\mathrm{e}^{\mathrm{i}(\mu_\mathrm{B}+\mu_\mathrm{A})}+\frac{3}{4}A_0|B_0|^2\mathrm{e}^{-\mathrm{i}(\mu_\mathrm{B}+\mu_\mathrm{A})}-\frac{3}{2}A_0|B_0|^2\mathrm{e}^{\mathrm{i}\mu_\mathrm{B}}-\\&\frac{3}{2}A_0|B_0|^2\mathrm{e}^{\mathrm{i}\mu_\mathrm{B}}+\frac{9}{4}A_0|A_0|^2+3A_0|B_0|^2\Big]+\mathrm{c.c.}\end{aligned} \tag{5.48}$$

如果(μ_A,$\omega_{\mathrm{A}0}$)和(μ_B,$\omega_{\mathrm{B}0}$)相关,它们的组合会导致额外的久期项产生。当 $\omega_{\mathrm{B}0}\approx 3\omega_{\mathrm{A}0}$ 以及 $\mu_\mathrm{B}\approx 3\mu_\mathrm{A}$ 时,这些额外的久期项为

$$\begin{aligned}&A_0^3\mathrm{e}^{\mathrm{i}3\mu_\mathrm{A}p}\mathrm{e}^{-\mathrm{i}3\omega_{\mathrm{A}0}\tau_0}\Big[-\frac{3}{8}\mathrm{e}^{-\mathrm{i}\mu_\mathrm{A}}+\frac{1}{3}-\frac{1}{8}\mathrm{e}^{\mathrm{i}3\mu_\mathrm{A}}+\frac{3}{8}\mathrm{e}^{-\mathrm{i}2\mu_\mathrm{A}}-\frac{3}{8}\mathrm{e}^{\mathrm{i}\mu_\mathrm{A}}-\frac{1}{8}\mathrm{e}^{-\mathrm{i}3\mu_\mathrm{A}}+\\&\frac{3}{8}\mathrm{e}^{\mathrm{i}2\mu_\mathrm{A}}\Big]+A_0^2\bar{B}_0\mathrm{e}^{\mathrm{i}(\mu_\mathrm{B}-2\mu_\mathrm{A})p}\mathrm{e}^{-\mathrm{i}(\omega_{\mathrm{B}0}-2\omega_{\mathrm{A}0})\tau_0}\Big[-\frac{3}{8}\mathrm{e}^{-\mathrm{i}\mu_\mathrm{B}}+\frac{3}{8}\mathrm{e}^{2\mathrm{i}\mu_\mathrm{A}}-\\&\frac{3}{8}\mathrm{e}^{\mathrm{i}\mu_\mathrm{B}}-\frac{3}{4}\mathrm{e}^{-\mathrm{i}\mu_\mathrm{A}}-\frac{3}{8}\mathrm{e}^{\mathrm{i}(\mu_\mathrm{B}-2\mu_\mathrm{A})}-\frac{3}{4}\mathrm{e}^{\mathrm{i}\mu_\mathrm{A}}+\frac{3}{4}+\frac{3}{4}\mathrm{e}^{\mathrm{i}(\mu_\mathrm{B}-\mu_\mathrm{A})}-\\&\frac{3}{8}\mathrm{e}^{-\mathrm{i}(\mu_\mathrm{B}+2\mu_\mathrm{A})}+\frac{3}{4}\mathrm{e}^{-\mathrm{i}(\mu_\mathrm{B}+\mu_\mathrm{A})}+\frac{3}{8}\mathrm{e}^{-2\mathrm{i}\mu_\mathrm{A}}\Big]+\mathrm{c.c.}\end{aligned} \tag{5.49}$$

令 $\mu_\mathrm{A}\to\mu_\mathrm{B}$、$\omega_{\mathrm{A}0}\to\omega_{\mathrm{B}0}$ 以及 $A_0\to B_0$ 可以得到 B 波的等效久期项。根据式(5.48)和式(5.49),对于存在两个简谐平面波的情况,久期项存在两种可能性:

情形 1：

$$\{(\mu_B,\omega_{B0})\in\mathbb{R}^2:(\mu_B,\omega_{B0})\neq a\cdot(\mu_A,\omega_{A0}),a=1/3\text{ 或 }a=3\}$$

波与波之间的相互作用是由振幅的乘积产生的(最一般的情况)。

情形 2：

$$\{(\mu_B,\omega_{B0})\in\mathbb{R}^2:(\mu_B,\omega_{B0})=a\cdot(\mu_A,\omega_{A0}),a=1/3\text{ 或 }a=3\}$$

波与波之间的相互作用受到非线性频率和波数的耦合影响(类似于长波极限的情况)。

情形 1 是存在两束波时最一般的情况，非线性耦合仅与振幅系数 A_0 和 B_0 的乘积有关。情形 2 的久期项是由振幅乘积以及频率和波数的非线性耦合产生的。由于在命名 A 波和 B 波时的选择是任意的，超谐波($a=3$)和次谐波($a=1/3$)的情况本质上是相同的。对于超谐波(和次谐波)，由于在长波极限下会产生额外的久期项，此时有必要进行分类处理。

案例 1　一般的波与波相互作用

我们假设有 A 和 B 两个波，当频率和波数满足特定的组合($a=1/3$ 或 $a=3$)时，不会发生波与波的相互作用。然后会出现两个无关的、复杂的久期项，使得 $O(\varepsilon^1)$方程不均匀展开，如式(5.48)所示。可解性要求这些非均匀展开项始终为零。分离每个系数函数的实部和虚部，并令所得表达式等于零，可以得到四个演化方程：

$$\begin{aligned}&\alpha_A'=0 &&\alpha_B'=0\\&\beta_A'=\frac{3}{8}\omega_{A0}^3\alpha_A^2+\frac{3}{4}\omega_{A0}\omega_{B0}^2\alpha_B^3 &&\beta_B'=\frac{3}{4}\omega_{A0}^2\omega_{B0}\alpha_A^2+\frac{3}{8}\omega_{B0}^3\alpha_B^2\end{aligned}\tag{5.50}$$

根据方程组(5.50)，可以对两个波相互作用时的频散关系进行一些有趣的分析。与单波情况一样，两个波的振幅 α_A 和 α_B 在 $O(\varepsilon^1)$方程中是恒定的。对可分离的方程 β_A'和 β_B'进行积分得到线性的相位修正项，这与式(5.44)中的频率(以及频散关系)修正类似。积分后，方程组(5.50)变为

$$\begin{aligned}&\alpha_A=\alpha_{A,0} &&\alpha_B=\alpha_{B,0}\\&\beta_A=\beta_{A,1}T_1+\beta_{A,0} &&\beta_B=\beta_{B,1}T_1+\beta_{B,0}\end{aligned}\tag{5.51}$$

与之前的设置一样，积分常数之一 $\beta_{A,0}$ 或 $\beta_{B,0}$ 可以不失一般性地设置为 0，而剩余常数决定着两个波之间的相位关系(但对频散没有影响)。根据方程组(5.51)中的 $\beta_{A,1}=\beta_A'$和 $\beta_{B,1}=\beta_B'$可以确定 β_A 和 β_B 的斜率，进而确定每个波的频散修正。

利用线性频散曲线上的单个频率 $\omega_0\equiv\omega_{A0}$ 和频率比 r 能方便地确定 ω_{A0} 和 ω_{B0} 之间的关系，即

$$r\equiv\frac{\omega_{B0}}{\omega_{A0}}\rightarrow\omega_{B0}=r\omega_0\tag{5.52}$$

进而可以在一张图上显示两个频率修正，并将长波极限下的情形 2 用 $r=3$ 来标

识。此外，不失一般性地假设 $\omega_{A0}<\omega_{B0}$，进而可以用单个频率 ω_0 和频率比 $r>1$ 来描述频散修正。此时，频率修正项变为

$$\omega_{A1}\equiv\beta_{A,1}=\frac{3}{8}\omega_0^3\alpha_A^2+\frac{3r^2}{4}\omega_0^3\alpha_B^2 \tag{5.53a}$$

$$\omega_{B1}\equiv\beta_{B,1}=\frac{3r}{4}\omega_0^3\alpha_A^2+\frac{3r^3}{8}\omega_0^3\alpha_B^2 \tag{5.53b}$$

修正到 $O(\varepsilon^1)$ 并进行重构后的频散关系为

$$\omega_A=\sqrt{2-2\cos\mu_A}+\varepsilon\left(\frac{3}{8}\alpha_A^2+\frac{3r^2}{4}\alpha_B^2\right)(2-2\cos\mu_A)^{3/2}+O(\varepsilon^2) \tag{5.54a}$$

$$\omega_B=\sqrt{2-2\cos\mu_B}+\varepsilon\left(\frac{3r}{4}\alpha_A^2+\frac{3r^3}{8}\alpha_B^2\right)(2-2\cos\mu_A)^{3/2}+O(\varepsilon^2) \tag{5.54b}$$

于是对于给定的频率比 r 与振幅 α_A 和 α_B，每个波都遵循各自的频散曲线。因此，当两个波发生非线性相互作用时，它们形成两个与振幅和频率相关的频散分支。对于没有非线性波与波相互作用的情况，只存在一条频散曲线。

图 5.3 给出了硬化链和软化链的两种可能的频散关系修正情况。绘制频散曲线时设置 $\alpha_A=\alpha_B=4$、$r=2.7$ 和 $\varepsilon=\pm0.01$ 来得到硬化和软化曲线。需要注意的是，ω_A 曲线上虚线部分的值会使超谐波 $\omega_B=3\omega_{A0}+\varepsilon\omega_{B1}$ 落于带隙中。曲线的这一部分虽然不予探讨，但是可以让频散变化趋势更加明显。在大振幅下，式(5.45)中的单波修正频散曲线(在图 5.3 中标记为 ω)低估了对 ω_A 和 ω_B 的修正幅度，这种现象在布里渊区的边缘尤为明显。

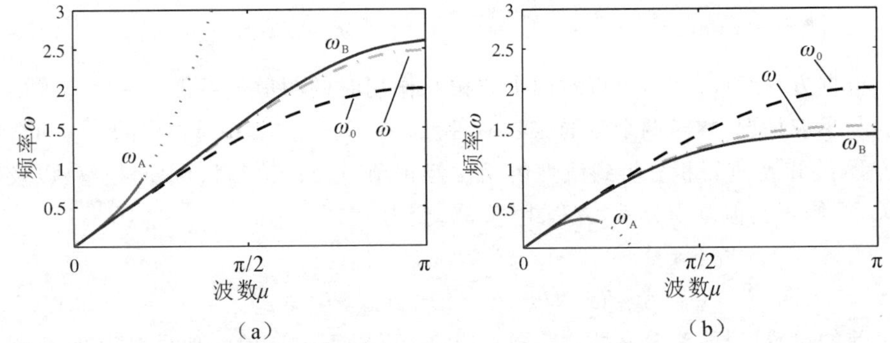

图 5.3　多波修正的频散曲线与线性曲线 ω_0 和非线性单波修正的曲线 ω 之间的对比

如果把式(5.53a)和式(5.53b)中的频率修正项 ω_{A1} 和 ω_{B1} 理解为林德斯泰特-庞加莱(Lindstedt-Poincaré)方法中的渐近频率展开项，那么每个波的 $O(\varepsilon^1)$ 修正项与指定的 $O(\varepsilon^0)$ 线性值(ω_{A0}，ω_{B0})的比值[①]提供了对展开均匀性的估计和对频散

① 更具体地说，当 $\varepsilon<0$ 时比值的绝对值。

修正的归一化度量。其比值为

$$\rho_{\mathrm{A}}=\left|\frac{\varepsilon\omega_{\mathrm{A}1}}{\omega_{\mathrm{A}0}}\right|\Rightarrow\left|\frac{\varepsilon\omega_{\mathrm{A}1}}{\omega_0}\right|=\frac{[(3/8)\omega_0^3\alpha_{\mathrm{A}}^2+(3r^2/4)\omega_0^3\alpha_{\mathrm{B}}^2]|\varepsilon|}{\omega_0}$$

$$=\left[\frac{3}{8}\alpha_{\mathrm{A}}^2+\frac{3r^2}{4}\alpha_{\mathrm{B}}^2\right]|\varepsilon|\omega_0^2 \tag{5.55}$$

$$\rho_{\mathrm{B}}=\left|\frac{\varepsilon\omega_{\mathrm{B}1}}{\omega_{\mathrm{B}0}}\right|\Rightarrow\left|\frac{\varepsilon\omega_{\mathrm{B}1}}{r\omega_0}\right|=\frac{[(3r/4)\omega_0^3\alpha_{\mathrm{A}}^2+(3r^2/8)\omega_0^3\alpha_{\mathrm{B}}^2]|\varepsilon|}{r\omega_0}$$

$$=\left[\frac{3}{4}\alpha_{\mathrm{A}}^2+\frac{3r^2}{8}\alpha_{\mathrm{B}}^2\right]|\varepsilon|\omega_0^2 \tag{5.56}$$

因此，α_{A}、α_{B}、r 和 $|\varepsilon|\omega_0^2$ 决定了修正项的一致性和修正项的大小。均匀展开对应于式(5.55)和式(5.56)中比值远小于 1 的情况。此外，由于 $\rho_{\mathrm{A,B}}$ 代表频散曲线上特定点处线性频率的百分比，可以计算该参数来表示特定的频散偏移量。5.3.5 节中的数值模拟在 $\rho_{\mathrm{A,B}}$ 小于 0.2 时具有良好的一致性。

案例 2　长波极限下波与波的相互作用

我们之前提到，在情形 2 中，当 $\omega_{\mathrm{B}0}\approx3\omega_{\mathrm{A}0}$ 和 $\mu_{\mathrm{B}}\approx3\mu_{\mathrm{A}}$ 时，非线性相位耦合可能会产生额外的波与波之间的相互作用。此时，每个波的相速度大致相等，因而发生共同传播。$(\mu_{\mathrm{B}},\omega_{\mathrm{B}0})$ 与 $3(\mu_{\mathrm{A}},\omega_{\mathrm{A}0})$ 的接近程度可以分别用失谐量 $\bar{\sigma}_\omega$ 和 $\bar{\sigma}_\mu$ 来表示，由此得到如下关系：

$$\omega_{\mathrm{B}0}=3\omega_{\mathrm{A}0}+\bar{\sigma}_\omega,\ \mu_B=3\mu_{\mathrm{A}}+\bar{\sigma}_\mu \tag{5.57}$$

在长波极限下，对于 $O(\varepsilon^3)$ 有 $\bar{\sigma}_\omega=\bar{\sigma}_\mu=\bar{\sigma}\equiv\sigma\varepsilon$，其中失谐参数 σ 为 $O(\varepsilon^0)$ 阶的正实数。为了证明这一点，令 $\mu_{\mathrm{A}}\to\varepsilon\hat{\mu}_{\mathrm{A}}$ 和 $\hat{\mu}_{\mathrm{A}}\equiv O(\varepsilon^0)$，使 μ_{A} 处于长波极限下。对线性频散关系 $\omega_{\mathrm{B}0}(\mu_{\mathrm{B}})$ 求逆得到

$$\mu_{\mathrm{B}}(\omega_{\mathrm{B}0})=\cos^{-1}\left(1-\frac{1}{2}\omega_{\mathrm{B}0}^2\right)$$

将 $\omega_{\mathrm{B}0}=3\omega_{\mathrm{A}0}+\sigma\varepsilon=3\sqrt{2-2\cos(\varepsilon\hat{\mu}_{\mathrm{A}})}+\sigma\varepsilon$ 代入之前的表达式，并在小参数 ε 处对 $\mu_{\mathrm{B}}(\hat{\mu}_{\mathrm{A}};\varepsilon,\sigma)$ 进行泰勒展开，得到

$$\mu_{\mathrm{B}}(\hat{\mu}_{\mathrm{A}};\varepsilon,\sigma)=(3\hat{\mu}_{\mathrm{A}}+\sigma)\varepsilon+O(\varepsilon^3)$$

进而有

$$\mu_{\mathrm{B}}\approx3\mu_{\mathrm{A}}+\bar{\sigma} \tag{5.58}$$

因此，在长波极限下，可以通过微小 μ_{A}(以及由此而来的微小 $\omega_{\mathrm{A}0}$)实现情形 2。由于在长波极限下，无量纲线性频散关系的斜率近似为 1(其中 μ_{A} 接近于零)，此时频率与波数将满足 1∶1 的比值关系。

当用式(5.57)对 $O(\varepsilon^0)$ 的解[式(5.47b)]中的 $\omega_{\mathrm{B}0}$ 和 μ_{B} 进行替换时，可以发现式(5.58)的另一层意义：会产生额外的长空间尺度 $J_1\equiv\varepsilon p$。代入后，情形 2 下的式(5.47b)变为

$$x_{p,\mathrm{B}}^{(0)}(T_0,T_1,J_1)=\frac{B_0(T_1)}{2}\mathrm{e}^{\mathrm{i}(\mu_{\mathrm{B}}p-\omega_{\mathrm{B0}}T_0)}+\mathrm{c.\,c.}$$
$$=\frac{B_0(T_1)}{2}\mathrm{e}^{\mathrm{i}(3\mu_{\mathrm{A}}+\bar{\sigma})p}\mathrm{e}^{-\mathrm{i}(3\omega_{\mathrm{A0}}+\bar{\sigma})T_0}+\mathrm{c.\,c.}$$
$$=\frac{B_0(T_1)}{2}\mathrm{e}^{\mathrm{i}(3\mu_{\mathrm{A}}p+\sigma J_1)}\mathrm{e}^{-\mathrm{i}(3\omega_{\mathrm{A0}}T_0+\sigma T_1)}+\mathrm{c.\,c.}\tag{5.59}$$

此后的过程遵循 5.3.4 节中的推导。然而，由于久期项被替换为与 $\exp(i\mu_{\mathrm{A}}p-i\omega_{\mathrm{A0}}T_0)$ 和三次谐波 $\exp(i3\mu_{\mathrm{A}}p-i3\omega_{\mathrm{A0}}T_0)$ 成比例的项，需利用式(5.48)和式(5.49)对其进行确定。分离两个可解性条件的实部和虚部会产生一组具有长空间(J_1)和时间(T_1)相关性的强耦合非线性演化方程。每个演化方程中都存在慢时变量 T_1，因此可以通过代入新变量 $\gamma(T_1)$ 及其关于 T_1 的导数，将演化方程分别写成

$$\gamma=-3\beta_{\mathrm{A}}+\beta_{\mathrm{B}}+\sigma T_1-\sigma J_1\tag{5.60a}$$
$$\gamma'=-3\beta_{\mathrm{A}}'+\beta_{\mathrm{B}}'+\sigma\tag{5.60b}$$

利用上式，可以将演化方程写成类似于式(5.50)的形式：

$$\alpha_{\mathrm{A}}'=\frac{3}{2}\alpha_{\mathrm{A}}^2\alpha_{\mathrm{B}}\xi\sin(\gamma)\tag{5.61a}$$
$$\alpha_{\mathrm{B}}'=-\frac{1}{6}\alpha_{\mathrm{A}}^3\xi\sin(\gamma)\tag{5.61b}$$
$$\beta_{\mathrm{A}}'=-\frac{3}{2}\alpha_{\mathrm{A}}\alpha_{\mathrm{B}}\xi\cos(\gamma)+a_1\alpha_{\mathrm{A}}^2+a_2\alpha_{\mathrm{B}}^2\tag{5.61c}$$
$$\beta_{\mathrm{B}}'=-\frac{1}{6}\frac{\alpha_{\mathrm{A}}^3}{\alpha_{\mathrm{B}}}\xi\cos(\gamma)+b_1\alpha_{\mathrm{A}}^2+b_2\alpha_{\mathrm{B}}^2-\sigma\tag{5.61d}$$

其中，系数 a_1、a_2、b_1、b_2 和 ξ 可以最简单地表示为 $\omega_{\mathrm{A0}}\equiv\omega_0$ 的函数，即

$$a_1=\frac{3}{8}\omega_0^3\qquad b_1=\frac{1}{4}\omega_0^7-\frac{3}{2}\omega_0^5+\frac{9}{4}\omega_0^3$$
$$a_2=\frac{3}{4}\omega_0^7-\frac{9}{2}\omega_0^5+\frac{27}{4}\omega_0^3\qquad b_2=\frac{1}{8}\omega_0^{11}-\frac{3}{2}\omega_0^9+\frac{27}{4}\omega_0^7-\frac{27}{2}\omega_0^5+\frac{81}{8}\omega_0^3$$
$$\xi=-\frac{1}{4}\omega_0^5+\frac{3}{4}\omega_0^3\tag{5.62}$$

方程组(5.61)的状态空间很大，使分析十分复杂。在某些极限情况下，可以对解的性质作一些一般性的分析。系数 a_1、a_2、b_1 和 b_2 出现的一般形式为 $(a,b)_{1,2}=\sum_n c_n(-1)^{n+1}\omega_0^{2n+1}$。经过检验，$c_n>c_{n+1}$。因此，对于长波极限下的低频情况，$c_1\omega_0^3$ 项占主导地位。比较式(5.62)与式(5.53a)和式(5.53b)可以发现，当 $r=3$ 时，它们的前几项是相同的。因此，情形 1 和情形 2 下演化方程的主要区别在于式(5.61a)中存在的 $\xi\sin(\gamma)$ 和 $\xi\cos(\gamma)$ 项。这些项的作用是将 α_{A}' 和 α_{B}' 演化方程与 β_{A}' 和 β_{B}' 方程进行耦合，并且对于微小 ω_0（以及由此产生的微小 ξ），其影响通常可以忽

略不计。

对式(5.61a)中的演化方程进行数值积分,可以进一步验证上述理论分析。微分方程的解取决于初始值 $\alpha_A(0)=\alpha_{A,0}$,$\alpha_B(0)=\alpha_{B,0}$,$\beta_A(0)=\beta_{A,0}$ 和 $\beta_B(0)=\beta_{B,0}$,以及参数 ω_0、σ 和 ε。图 5.4 给出了当 $\alpha_{A,0}=\alpha_{B,0}=\alpha_0=[1,2,5]$,$\beta_{A,0}=\beta_{B,0}=0$,$\omega_0=0.5$,$\sigma=0$ 以及 $\varepsilon=0.01$ 时,演化方程的一些可能的解。

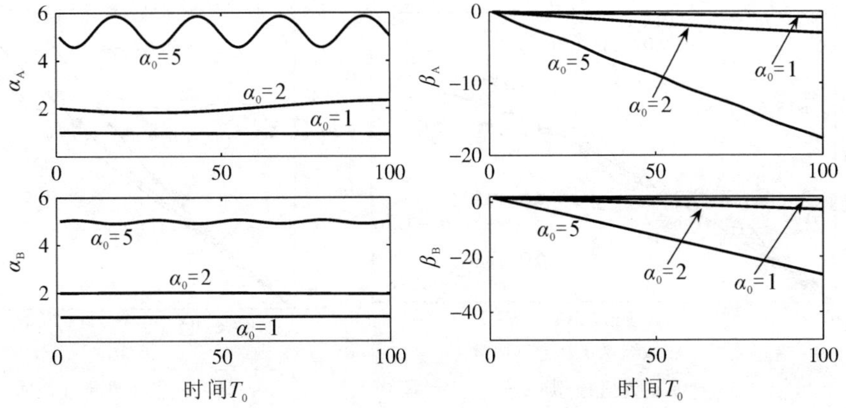

图 5.4　α_A、α_B、β_A 和 β_B 的典型解

选择该频率是为了清楚地说明振动情况,但 $\omega_0=0.5$ 处于长波极限的边界。振幅 α_A 和 α_B 倾向于围绕某个固定点周期性振荡,而相位修正 β_A 和 β_B 倾向于围绕某些线性函数振荡。因此,在长波极限下,波与波的相互作用会引起振幅和频率的调制。由数值结果可见,对于长波极限下的低频率情况,振幅和频率的调制可以忽略不计,因此 $\alpha_A'=0$,$\alpha_B'=0$,并且对 $O(\varepsilon^1)$ 来说 β_A' 和 β_B' 都是常数。因此,即使当 ω_{A0} 和 ω_{B0} 相称或近似相称时,长波极限下波与波的相互作用依然可以忽略不计,此时案例 1 得到的修正频散关系提供了一个很好的(并且可能是更有用的)近似。

5.3.5　数值验证和讨论

对图 5.2 描述的质点-弹簧系统[其控制方程为式(5.37)]进行数值模拟,可以验证所提出的渐近方法的正确性。在推导修正的线性频散关系时,假设在远离任何激励的一维非线性介质中存在两个 $O(\varepsilon^0)$ 振幅的相互作用波。通过施加平面波初始条件,并在 100~200 无量纲"秒"内进行模拟,就可以得到位移的时空矩阵。通过对位移矩阵进行二维快速傅里叶变换(2D fast Fourier transform,2D FFT),可以确定出频散曲线上的点。

图 5.5 说明了如何将频率比 r 与振幅一起用作可调声学超材料的设计参数。对于振幅为 $\alpha_A=2$,频率为 $\omega_{B0}(\mu_B)=r\omega_0=1.8$ 的 B 波,我们希望实现 10%($\rho_B=0.1$)的频移。那么,在仅有的 $r>1$ 和 $\alpha_A\in\mathbb{R}$ 处于 $O(\varepsilon^0)$ 阶的限制下,自由地选择

参数 α_A 和 r 来使式(5.56)中的 $\rho_B=0.1$。选择参数集[$\alpha_A=4.36$,$r=3$]和[$\alpha_A=8$,$r=5.5$]以满足这些条件。对于任意一组 α_A 和 r,比值 $\rho_B=0.1$ 均可以确定 B 波的频散曲线。然而,根据式(5.55),A 波的频散曲线会随着参数的选择而变化。在图 5.5(a)中,我们将两组不同参数的模拟结果显示在一起。局部放大图 5.5(b)中展示了当 α_A 和 r 取不同值时,A 波的两个不同的频散分支。

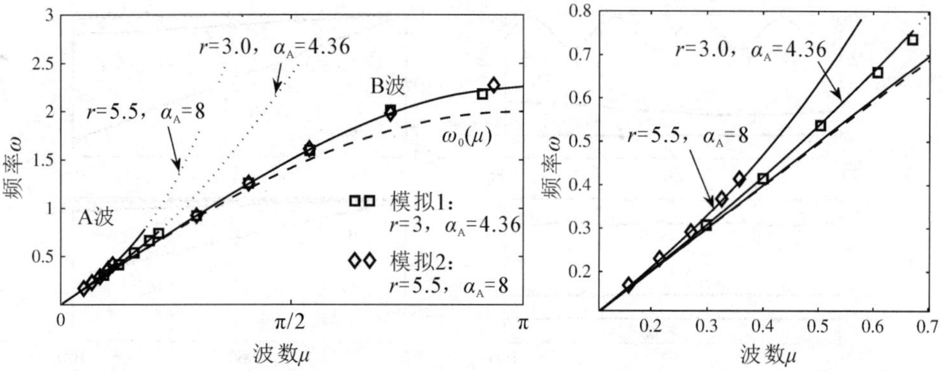

(a) 数值模拟点 (b) $\omega_A^{(1)}$点的局部放大

图 5.5 通过施加大振幅的低频波或小振幅的高频波来实现 $\omega_{B0}=1.8$ 处的 10% 的频移

早期引入的用于估计展开均匀性的比值 ρ_A 和 ρ_B 随着 ω_0^2 的增加而增加。当频率 $\omega_B=r\omega_0$ 提高到截止频率附近时,理论频率修正变得不太准确。数值结果表明,质点-弹簧链更容易产生额外的振幅剧烈的谐波(幅值与两束入射波的振幅相当),是造成理论频率修正不准确的原因,因为这里我们并未考虑额外的波与波之间的相互作用。

5.4 二维单原子点阵中的应用

5.4.1 概述

二维点阵和周期性是许多声子晶体和超材料的基础。诸如波导和谐振器的声子晶体器件是二维胞元通过一定的周期性排列形成的[33-35]。晶格平面和石墨烯也具有二维点阵周期性,其原子间的引力和斥力可能产生非线性恢复力。例如,早在 1973 年,非谐原子点阵中的频散关系和波传播问题已经引起了研究者的兴趣[36]。本章所考虑的二维非谐点阵与原子系统非常相似,是理解和分析二维布洛赫波传播问题的最基本和最重要的系统之一。单原子点阵的另一个独特之处在于,其在长波极限下可以模拟波在薄膜系统中的传播[37]。薄膜就像弦一样,在拉伸引起的张力作用下会发生三次非线性硬化,因此研究单原子系统中的三次非线性问题尤为重要。

波在二维系统中的传播不仅表现出一维系统所不具备的频散特性，还具有方向性。这种方向性带来了许多新的概念，比如产生波束汇聚、空间滤波以及成像等功能。兰利等人[38]和鲁泽嫩等人[39]分别研究了二维梁和二维蜂窝结构中的波束汇聚问题。纳里塞蒂(Narisetti)等人[40]深入地研究了三次非线性点阵及相关变体中的单波传播问题。结果表明，非线性单原子点阵在自发频移的影响下会表现出可调的频散特性，可调参数包括基本布洛赫波的振幅和波数。

二维非线性波的相互作用为研究可调特性提供了一个完全不同的思路。附加波的引入不仅能产生自发的非线性(即波可以根据局部强度自动地调整频率)，还使我们能控制或调节系统的行为。二维波的相互作用产生了三个新的可调参数①：两个波矢分量和一个附加波[通常被称作控制波(control wave)或泵浦波(pump wave)]的振幅。最近，光子晶体领域的研究工作证实了非线性波的相互作用可以增强二维周期系统的特性。帕努(Panoiu)等人利用泵浦/控制波的克尔(Kerr)非线性来增强“超棱镜”效应，从而实现了光子晶体中波传播方向关于波长和入射角的极高敏感度[41]。

接下来，对于包含两个主谐波分量的布洛赫波解，我们利用多时间尺度摄动分析法求解其频散曲线的频移特性。通过分析得到的频移表达式，确定了三种不同的传播情况：共线传播、正交传播和斜传播。利用数值模拟验证了预期的频散偏移。最后，基于控制波诱导的负群速度修正实现了振幅可调聚焦和波束控制，这对于产生声子超棱镜效应具有重要意义。

5

5.4.2 模型描述与非线性控制方程

根据牛顿第二定律，对位置指标为 (p,q) 的胞元的单原子点阵运动方程进行推导。每个质量块通过力-位移非线性弹簧与四个相邻质量块(上、下、左、右)连接，如图 5.6 所示。

单个质量块仅在离面方向 $\boldsymbol{e}_3$ 上有一个自由度。离面位移 $u_{p,q}$ 用非线性微分方程的开放集合来描述：

$$m\ddot{u}_{p,q}+k_1(2u_{p,q}-u_{p+1,q}-u_{p-1,q})+k_2(2u_{p,q}-u_{p,q+1}-u_{p,q-1})+f^{\mathrm{NL}}=0 \tag{5.63}$$

其中，m 为质量；k_1 和 k_2 分别为 $\boldsymbol{e}_1$ 和 $\boldsymbol{e}_2$ 方向上的线性刚度；f^{NL} 为非线性刚度相关的力。三次非线性原子间弹簧产生的非线性力 f^{NL} 为

$$\begin{aligned}f^{\mathrm{NL}}=&\Gamma_1(u_{p,q}-u_{p+1,q})^3+\Gamma_1(u_{p,q}-u_{p-1,q})^3+\\&\Gamma_2(u_{p,q}-u_{p,q+1})^3+\Gamma_2(u_{p,q}-u_{p,q-1})^3\end{aligned} \tag{5.64}$$

① 假设存在两个波。

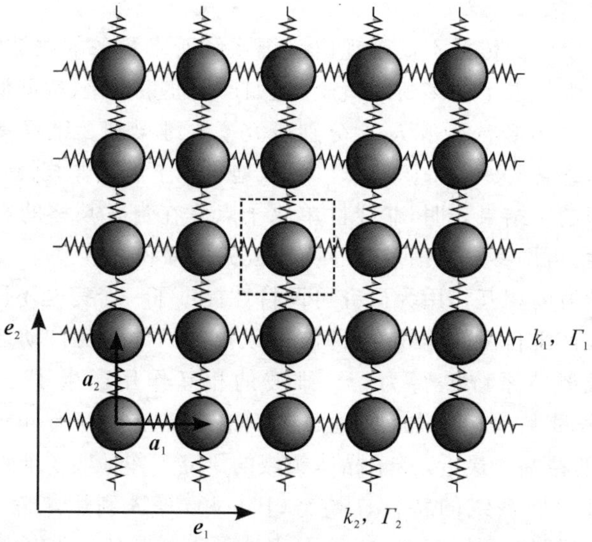

图 5.6 具有点阵矢量 a_1 和 a_2 的单原子点阵构型
（虚线表示胞元的边界）

其中，Γ_1 和 Γ_2 分别为沿 e_1 和 e_2 方向的非线性刚度系数。为了给控制方程(5.63)赋予弱非线性，需要用小参数 $|\varepsilon|<1$ 指定 $O(\varepsilon^1)$ 处的非线性系数：

$$\Gamma_1 \equiv \varepsilon \hat{\Gamma}_1, \Gamma_2 \equiv \varepsilon \hat{\Gamma}_2 \tag{5.65}$$

还需指定 Γ_1 和 Γ_2 约等于 $O(\varepsilon^0)$。所得方程适合通过摄动分析进行处理，因此我们将采用多尺度摄动分析法来分析波的相互作用。

5.4.3 多尺度摄动分析

在多时间尺度的基础上，我们引入一个位移的渐近展开式：

$$u_{p,q}(T_i) = u_{p,q}^{(0)}(T_i) + \varepsilon u_{p,q}^{(1)}(T_i) + O(\varepsilon^2) \tag{5.66}$$

其中，慢时尺度定义为 $T_i \equiv \varepsilon^i t$。对式(5.10)进行求导运算，其中 D_i 表示关于第 T_i 个时间尺度的导数。将式(5.66)和慢时导数 D_i 代入式(5.63)，得到各阶摄动方程为

$$\begin{aligned} O(\varepsilon^0): mD_0^2 u_{p,q}^{(0)} &+ k_1(2u_{p,q}^{(0)} - u_{p+1,q}^{(0)} - u_{p-1,q}^{(0)}) + \\ &k_2(2u_{p,q}^{(0)} - u_{p,q+1}^{(0)} - u_{p,q-1}^{(0)}) = 0 \end{aligned} \tag{5.67}$$

$$\begin{aligned} O(\varepsilon^1): \quad & mD_0^2 u_{p,q}^{(1)} + k_1(2u_{p,q}^{(1)} - u_{p+1,q}^{(1)} - u_{p-1,q}^{(1)}) + k_2(2u_{p,q}^{(1)} - u_{p,q+1}^{(1)} - u_{p,q-1}^{(1)}) \\ & = -2mD_0 D_1 u_{p,q}^{(0)} - f^{\mathrm{NL}}(u_{p,q}^{(0)}, u_{p\pm1,q\pm1}^{(0)}) \end{aligned} \tag{5.68}$$

其中，非线性函数 f^{NL} 仅与 $O(\varepsilon^0)$ 的解有关。满足 $O(\varepsilon^0)$ 方程的布洛赫波解为

$$u_{p,q}^{(0)} = \frac{1}{2}A(T_1)\mathrm{e}^{\mathrm{i}(\mu \cdot r_{(p,q)} - \omega T_0)} + \mathrm{c.c.} \tag{5.69}$$

其中，$\boldsymbol{\mu}=[\mu_1,\mu_2]$表示布洛赫波数；$\boldsymbol{r}_{(p,q)}=[p,q]$表示位置矢量。复振幅 $A(T_1)$随慢时 T_1 变化，因此可以认为它在 $O(\varepsilon^0)$中是不变的。使用布洛赫波的解[式(5.69)]可以将零阶方程简化为

$$[-\omega^2 m+k_1(2-e^{i\mu_1}-e^{-i\mu_1})+k_2(2-e^{i\mu_2}-e^{-i\mu_2})]u_{p,q}^{(0)}=0 \tag{5.70}$$

只有满足频散关系时，上式的非平凡解 $u_{p,q}^{(0)}\neq 0$ 才存在。令括号中的项等于零可以得到线性频散关系：

$$\omega(\boldsymbol{\mu})=\sqrt{\omega_{n1}^2(2-2\cos(\mu_1))+\omega_{n2}^2(2-2\cos(\mu_2))} \tag{5.71}$$

其中，$\omega_{n1}\equiv\sqrt{k_1/m}$和 $\omega_{n2}\equiv\sqrt{k_2/m}$为特征频率。接下来，分析由弱非线性波之间的相互作用引起的频散关系的修正。

如前所述，必须针对特定的频率成分和振幅组合计算频散偏移。为了研究波与波的相互作用，将频率为 ω_{A0} 和 ω_{B0} 的两个布洛赫波用作输入信号，因此它们都将出现在 $O(\varepsilon^0)$方程中：

$$u_{p,q}^{(0)}=\frac{1}{2}A(T_1)\exp(i\boldsymbol{\mu}_A\cdot\boldsymbol{r}-i\omega_{A0}T_0)+$$
$$\frac{1}{2}B(T_1)\exp(i\boldsymbol{\mu}_B\cdot\boldsymbol{r}-i\omega_{B0}T_0)+\text{c. c.} \tag{5.72}$$

根据线性频散关系[式(5.71)]，波数 $\boldsymbol{\mu}_A=[\mu_{A1},\mu_{A2}]$和 $\boldsymbol{\mu}_B=[\mu_{B1},\mu_{B2}]$分别对应于频率为 ω_{A0} 的初始波和频率为 ω_{B0} 的控制波。根据定义，频率 ω_{A0} 和 ω_{B0} 是不相称的。事实上，$O(\varepsilon^0)$方程对于这种多频布洛赫波的解是始终满足的。

一个多时间尺度的解会产生频率修正。振幅函数 $A(T_1)$和 $B(T_1)$的形式为

$$A(T_1)=\alpha_A(T_1)e^{i\beta_A(T_1)}\qquad B(T_1)=\alpha_B(T_1)e^{i\beta_B(T_1)} \tag{5.73}$$

其中，α_A 和 α_B 为 $O(\varepsilon^1)$的振幅。求解前需假定振幅 α_A 和 α_B 为关于时间尺度 T_1 的常数，时变相位项 β_A 和 β_B 会导致瞬时频移。

不失一般性地，我们取中心胞元的指标为 $p=0$ 和 $q=0$。在 $O(\varepsilon^1)$方程右边出现的时间相关项 $\exp(i\omega_{A0}T_0)$或 $\exp(i\omega_{B0}T_0)$会导致主共振与久期项展开。将这些项合并，并令它们的系数 S_A 和 S_B 等于零，可以得到两个复杂的方程。第一个久期方程是

$$S_A=\frac{3}{2}\Gamma_1\alpha_B^2\alpha_A e^{i\beta_A T_1}e^{i\mu_{B1}}+\frac{3}{2}\Gamma_1\alpha_B^2\alpha_A e^{i\mu_{A1}}e^{i\beta_A T_1}+\frac{3}{2}\frac{\Gamma_1\alpha_B^2\alpha_A e^{i\beta_A T_1}}{e^{i\mu_{A1}}}+$$
$$\frac{3}{2}\frac{\Gamma_1\alpha_B^2\alpha_A e^{i\beta_A T_1}}{e^{i\mu_{B1}}}+m_1\alpha_A\beta_A\omega_A e^{i\beta_A T_1}-\frac{3}{4}\Gamma_2\alpha_B^2\alpha_A e^{i\mu_{A2}}e^{i\beta_A T_1}e^{i\mu_{B2}}-$$
$$\frac{3}{4}\frac{\Gamma_2\alpha_B^2\alpha_A e^{i\mu_{A2}}e^{i\beta_A T_1}}{e^{i\mu_{B2}}}-\frac{3}{4}\frac{\Gamma_2\alpha_B^2\alpha_A e^{i\beta_A T_1}e^{i\mu_{B2}}}{e^{i\mu_{A2}}}-\frac{3}{4}\frac{\Gamma_2\alpha_B^2\alpha_A e^{i\beta_A T_1}}{e^{i\mu_{A2}}e^{i\mu_{B2}}}-$$
$$\frac{3}{4}\Gamma_1\alpha_B^2\alpha_A e^{i\mu_{A1}}e^{i\beta_A T_1}e^{i\mu_{B1}}-\frac{3}{4}\frac{\Gamma_1\alpha_B^2\alpha_A e^{i\beta_A T_1}}{e^{i\mu_{A1}}e^{i\mu_{B1}}}-\frac{3}{4}\frac{\Gamma_1\alpha_B^2\alpha_A e^{i\beta_A T_1}e^{i\mu_{B1}}}{e^{i\mu_{A1}}}+\cdots-$$

$$\frac{9}{4}\Gamma_2\alpha_A^3 e^{i\beta_A T_1} - \frac{9}{4}\Gamma_1\alpha_A^3 e^{i\beta_A T_1} = 0 \tag{5.74}$$

为了简洁，我们省略了上式中的某些项。同理可得关于 ω_{B0} 的类似方程，此处省略。$S_A=0$ 和 $S_B=0$ 两个方程的实数部分和虚数部分必须均为零，即

$$\Re(S_A) = \Re(S_B) = \Im(S_A) = \Im(S_B) = 0 \tag{5.75}$$

与预期一致的是，虚部的方程揭示了振幅 α_A 和 α_B 在时间尺度 T_1 上是恒定的。另外，通过两个演化方程可以求出瞬时频率修正项 $\beta_A(T_1)$ 和 $\beta_B(T_1)$。基于常微分方程的解可以得到

$$\beta_A(T_1) = \frac{3}{8}\frac{\hat{\Gamma}_1}{m\omega_{A0}}[\alpha_A^2 f(\mu_{A1})^2 + 2\alpha_B^2 f(\mu_{A1}) f(\mu_{B1})]T_1 + \frac{3}{8}\frac{\hat{\Gamma}_2}{m\omega_{A0}}[\alpha_A^2 f(\mu_{A2})^2 + 2\alpha_B^2 f(\mu_{A2}) f(\mu_{B2})]T_1 \tag{5.76}$$

以及

$$\beta_B(T_1) = \frac{3}{8}\frac{\hat{\Gamma}_1}{m\omega_{B0}}[\alpha_B^2 f(\mu_{B1})^2 + 2\alpha_A^2 f(\mu_{A1}) f(\mu_{B1})]T_1 + \frac{3}{8}\frac{\hat{\Gamma}_2}{m\omega_{B0}}[\alpha_B^2 f(\mu_{B2})^2 + 2\alpha_A^2 f(\mu_{A2}) f(\mu_{B2})]T_1 \tag{5.77}$$

其中，函数 $f(\theta)$ 被定义为

$$f(\theta) \equiv 2 - 2\cos(\theta) \tag{5.78}$$

函数 $f(\theta)$ 是公认的一维单原子链的平方频散关系①。

根据 $\beta_A(T_1)$ 和 $\beta_B(T_1)$ 在慢时尺度 T_1 上的线性关系，我们可以定义 $\omega_{A1} \equiv \beta_A/T_1$ 和 $\omega_{B1} \equiv \beta_B/T_1$，由此得到 ε 处林德斯泰特-庞加莱型渐近级数所描述的 ω_A 和 ω_B 的频率修正为

$$\omega_A(\boldsymbol{\mu}_A, \boldsymbol{\mu}_B) = \omega_{A0}(\boldsymbol{\mu}_A, \boldsymbol{\mu}_B) + \varepsilon\omega_{A1}(\boldsymbol{\mu}_A, \boldsymbol{\mu}_B; \alpha_A, \alpha_B, \hat{\Gamma}_1, \hat{\Gamma}_2) \tag{5.79}$$

以及

$$\omega_B(\boldsymbol{\mu}_A, \boldsymbol{\mu}_B) = \omega_{B0}(\boldsymbol{\mu}_A, \boldsymbol{\mu}_B) + \varepsilon\omega_{B1}(\boldsymbol{\mu}_A, \boldsymbol{\mu}_B; \alpha_A, \alpha_B, \hat{\Gamma}_1, \hat{\Gamma}_2) \tag{5.80}$$

上式中的频率修正为

$$\omega_{A1} = \frac{3}{8}\frac{\hat{\Gamma}_1}{m\sqrt{\omega_{n1}^2 f(\mu_{A1}) + \omega_{n2}^2 f(\mu_{A2})}}[\alpha_A^2 f(\mu_{A1})^2 + 2\alpha_B^2 f(\mu_{A1}) f(\mu_{B1})] + \frac{3}{8}\frac{\hat{\Gamma}_2}{m\sqrt{\omega_{n1}^2 f(\mu_{A1}) + \omega_{n2}^2 f(\mu_{A2})}}[\alpha_A^2 f(\mu_{A2})^2 + 2\alpha_B^2 f(\mu_{A2}) f(\mu_{B2})] \tag{5.81}$$

---

① 根据定义，二维单原子晶格的频散关系可以写为 $\omega = \sqrt{\omega_{n1}^2 f(\mu_1) + \omega_{n2}^2 f(\mu_2)}$。

$$\omega_{B1}=\frac{3}{8}\frac{\hat{\Gamma}_1}{m\sqrt{\omega_{n1}^2 f(\mu_{B1})+\omega_{n2}^2 f(\mu_{B2})}}[\alpha_B^2 f(\mu_{B1})^2+2\alpha_A^2 f(\mu_{A1})f(\mu_{B1})]+$$
$$\frac{3}{8}\frac{\hat{\Gamma}_2}{m\sqrt{\omega_{n1}^2 f(\mu_{B1})+\omega_{n2}^2 f(\mu_{B2})}}[\alpha_B^2 f(\mu_{B2})^2+2\alpha_A^2 f(\mu_{A2})f(\mu_{B2})] \tag{5.82}$$

5.4.4 频散偏移的预测分析

式(5.81)和式(5.82)与输入波矢 $\boldsymbol{\mu}_A$ 和 $\boldsymbol{\mu}_B$ 的相关性较为复杂。这种频散偏移特性在很大程度上依赖于 $f(\theta)$的行为。通过考察 $f(0)=0$ 和 $f(-\theta)=f(\theta)$,可以得出几个显而易见的关键结论:

(1)**共线波矢**:对于沿着点阵矢量共线传播的两个波,它们的相互作用与一维传播相似。

(2)**正交波矢**:对于沿着正交波矢传播的两个波(波矢与晶格矢量重合),它们不发生相互作用,并且由于自身作用而产生频移。

(3)**斜波矢**:对于沿着斜波矢传播的两个波,它们发生相互作用。

图 5.7 描述了上述这些现象。情形 1 描述了 $\boldsymbol{\mu}_A\cdot\boldsymbol{a}_1=0$ 和 $\boldsymbol{\mu}_B\cdot\boldsymbol{a}_2=0$ 或者 $\boldsymbol{\mu}_B\cdot\boldsymbol{a}_1=0$ 和 $\boldsymbol{\mu}_A\cdot\boldsymbol{a}_2=0$ 的情况。这种情况可以简化为 5.3 节中分析的一维单原子链阵列。在共振波传播过程中出现了特殊的相向传播的情况,这种情况可以通过 $\boldsymbol{\mu}_B=-\boldsymbol{\mu}_A$ 来描述。情形 2 描述了波矢与点阵矢量重合时的正交波传播。在这种情况下,$O(\varepsilon^1)$的频散修正没有表现出任何的波相互作用。情形 3 描述了任意波矢相互作用的最一般情况。我们对这三种情形都进行了数值验证。

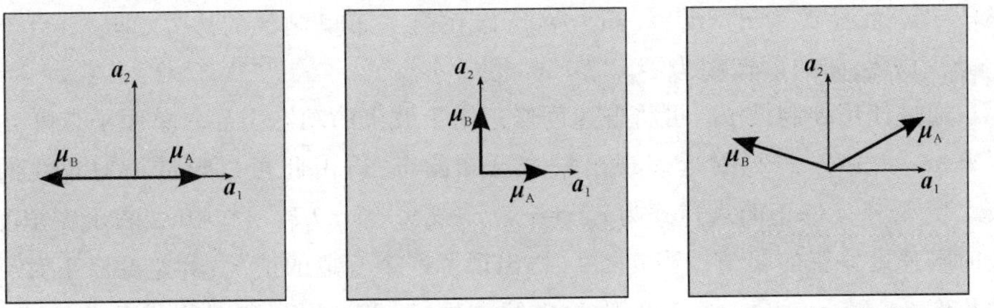

(a) 共线传播　　(b) 正交传播　　(c) 斜交传播

图 5.7 单原子点阵中的三种波与波相互作用情况

预测频散偏移时有一些重要的方面容易被忽略:需要保证布里渊区的对称性,以及沿布里渊区边界的群速度为零。图 5.8 描述了线性频散关系 $\omega_0(\boldsymbol{\mu})$以及频率修正 $\omega_{A1}(\boldsymbol{\mu}_A,\boldsymbol{\mu}_B)$中的布里渊区对称性。其中,$\omega_0(\boldsymbol{\mu})$和 $\omega_{A1}(\boldsymbol{\mu}_A,\boldsymbol{\mu}_B)$分别使用水平和斜控制波 $\boldsymbol{\mu}_B$ 和 $\boldsymbol{\mu}_{B'}$ 进行计算。图 5.8(a)中的线性频散关系描述了 $\omega_0(\mu_1,\mu_2)$,

并且关于 μ_1 和 μ_2 对称。波矢 $\boldsymbol{\mu}$ 关于 μ_1 或 μ_2 轴的任何反射或反射组合不会导致频率变化。频率修正 ω_{A1} 和 ω_{B1} 保持着相同的对称性。图 5.8(b)(c)描述了式(5.81)中 ω_{A1} 修正的对称性。这里的计算方法是在波数为 $\boldsymbol{\mu}_{\mathrm{B}}$ 的控制波的作用下，沿着整个第一布里渊区对表达式进行评估。由于 $f(-\theta)=f(\theta)$，以及 $f(\theta)\geqslant 0\ \forall \theta\in\mathbb{R}$，很容易证明 $\omega_{\mathrm{A1}}(\boldsymbol{\mu}_{\mathrm{A}},\boldsymbol{\mu}_{\mathrm{B}})$ 和 $\omega_{\mathrm{B1}}(\boldsymbol{\mu}_{\mathrm{A}},\boldsymbol{\mu}_{\mathrm{B}})$ 对于 $\boldsymbol{\mu}_{\mathrm{A}}$ 和 $\boldsymbol{\mu}_{\mathrm{B}}$ 的所有组合都是对称的。

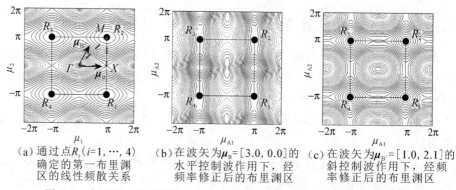

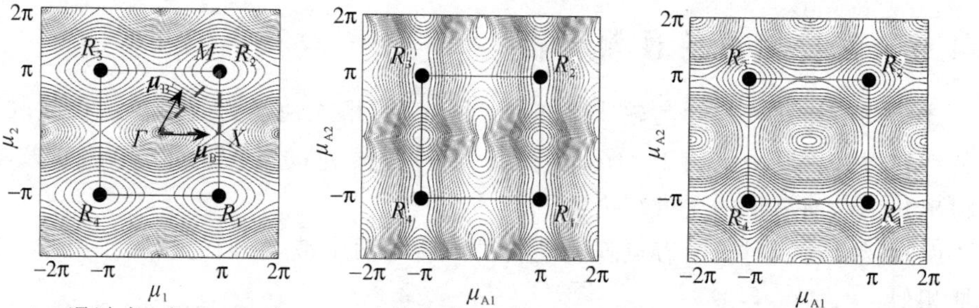

(a) 通过点 R_i ($i=1,\cdots,4$) 确定的第一布里渊区的线性频散关系

(b) 在波矢为 $\boldsymbol{\mu}_{\mathrm{B}}=[3.0,\ 0.0]$ 的水平控制波作用下，经频率修正后的布里渊区

(c) 在波矢为 $\boldsymbol{\mu}_{\mathrm{B'}}=[1.0,\ 2.1]$ 的斜控制波作用下，经频率修正后的布里渊区

图 5.8　布里渊区的对称性是由波的相互作用所引起的频散偏移来维持的

不太明显的是，在第一布里渊区的适当边界处，修正的频散关系 ω_{A} 和 ω_{B} 的群速度保持为零。设 $\boldsymbol{c}_{\mathrm{gA}}=\boldsymbol{c}_{\mathrm{gA}}^{(0)}+\boldsymbol{c}_{\mathrm{gA}}^{(1)}$ 和 $\boldsymbol{c}_{\mathrm{gB}}=\boldsymbol{c}_{\mathrm{gB}}^{(0)}+\boldsymbol{c}_{\mathrm{gB}}^{(1)}$，其中 $\boldsymbol{c}_{\mathrm{gA}}^{(1)}$ 和 $\boldsymbol{c}_{\mathrm{gB}}^{(1)}$ 表示式(5.81)和式(5.82)对线性群速度的修正。对式(5.81)的频率修正使用链式法则来计算群速度，即

$$\boldsymbol{c}_{\mathrm{gA}}^{(1)}=\nabla_{\mu}\omega_{\mathrm{A1}}=\frac{\partial\omega_{\mathrm{A1}}}{\partial f(\mu_{\mathrm{A1}})}\frac{\partial f(\mu_{\mathrm{A1}})}{\partial\mu_{\mathrm{A1}}}\boldsymbol{b}_1+\frac{\partial\omega_{\mathrm{A2}}}{\partial f(\mu_{\mathrm{A2}})}\frac{\partial f(\mu_{\mathrm{A2}})}{\partial\mu_{\mathrm{A2}}}\boldsymbol{b}_2 \tag{5.83}$$

函数 $f(\theta)$ 的导数为 $\mathrm{d}f/\mathrm{d}\theta=2\sin(\theta)$，所以在第一布里渊区的边界(即 $\mu_{1,2}=\pm\pi$)上，沿边界法向的群速度为零。

通过使用控制波 $\boldsymbol{\mu}_{\mathrm{B}}$，可将群速度修正用于波束的动态引导。单原子点阵 $k_1=k_2$ 在 $\boldsymbol{\mu}_{\mathrm{A}}=[\pi/2,\pi/2]$ 附近表现出一个已知的奇点，由此可以形成沿对角线的波束[40]。群速度修正的表达式为 $\boldsymbol{c}_{\mathrm{gA}}^{(1)}=c_{\mathrm{gA}}(\cos\theta_{\mathrm{g}}\boldsymbol{b}_1+\sin\theta_{\mathrm{g}}\boldsymbol{b}_2)$，其中 c_{gA} 表示在角度为 θ_{g} 时群速度修正的幅值。当 $\theta_{\mathrm{g}}<0$ 时，出现了一个有趣的情况：群速度修正对应负的角度 θ_{g}。在 $\boldsymbol{\mu}_{\mathrm{A}}=[\pi/2,\pi/2]$ 附近求解方程(5.83)，可以得到引发负角度修正①的控制波数的表达式：

$$\cos(\mu_{\mathrm{B2}})=\frac{1}{6}[6-r_{\mathrm{g}}r_{\mathrm{A}}^2+7r_{\mathrm{A}}^2-6r_{\mathrm{g}}f(\mu_{\mathrm{B1}})] \tag{5.84}$$

其中，$r_{\mathrm{g}}\equiv\Gamma_1/\Gamma_2$ 和 $r_{\mathrm{A}}\equiv\alpha_{\mathrm{A}}/\alpha_{\mathrm{B}}$ 分别表示非线性刚度比和振幅比。该方程具有两个

---

① 式(5.84)指的是 $\omega_{n1}=\omega_{n2}=1.0$ 描述的系统。

不同的解的区域：(Ⅰ)$\theta_g<0$ 和(Ⅱ)$\theta_g>0$。图 5.9(a)描绘了一个线性系统的波束(黑色虚线)和一个经负群速度修正的波束(黑色实线)。图 5.9(b)(c)描述了在区域Ⅰ和Ⅱ中，负群速度修正存在于中低振幅比的情况。这种现象是非线性点阵在波与波发生相互作用时所特有的；图 5.9 所示的负群速度修正在非线性自发修正下是无法实现的。这种现象为波束控制和可调聚焦提供了全新的方法，应用实例将在 5.4.6 节中进行介绍。

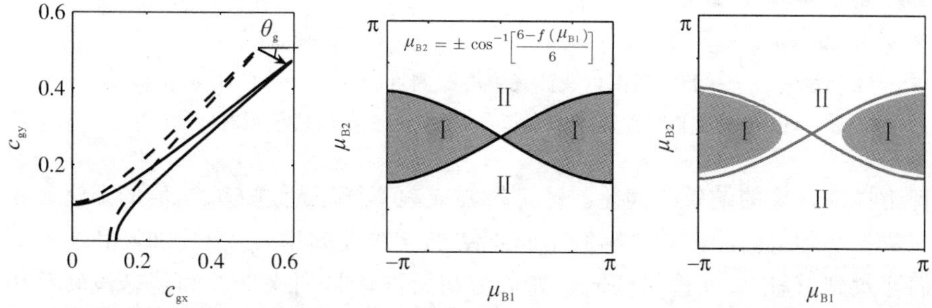

(a) 波束控制 (ω_{A0}=1.99)　(b) r_g=1，r_A< 1　(c) r_g=1，r_A=1/3

5

图 5.9　负的群速度修正是波相互作用导致的一个独特结果

[线性波束(黑色虚线)受到一个负的群速度修正(黑色箭头)而发生偏移(黑色实线)。满足 $\theta_g<0$ 的控制波在区域Ⅰ中]

5.4.5　数值模拟验证

时域有限元模拟验证了解析摄动理论分析的准确性。为了避免边界反射，我们采用由参数 $m=1$ kg 和 $k_1=k_2=1$ N/m 的质点-弹簧胞元构建的大型阵列进行模拟。通过指定初始条件的方式，将布洛赫波引入系统；设定对大约 40 s 的时间间隔进行数值积分，来得到每个质点的时空数据。每个质量块以与初始振幅相关的修正频率振荡，并且振幅可从时间响应信号中测量得到。

分析方法

非线性最小二乘模型提供了一种精确量化短时间周期内的频移的方法。尽管本节案例中的不确定性是可以忽略的，这种方法还可以对已得到参数值的不确定性水平进行量化。非线性最小二乘曲线拟合法试图将试函数 $F(x)$和给定信号 $u(t)$之间的方差最小化。该方法首先在不考虑波相互作用的情况(也就是 $\alpha_B=0$ 的情况)下进行分析。图 5.10 左侧为 $\boldsymbol{\mu}_A=[1.8,0]$和振幅 $\alpha_A=2$ 时的波场图。波矢与 $\boldsymbol{a}_1$ 点阵矢量平行。右侧展示了波场中心点处的位移 $u_{p,q}(x,t)$，因此边界反射在所考虑的时间内没有影响。

图 5.11 给出了频移 ω_{A1} 与初始波振幅 α_A 的函数关系。当振幅 $\alpha_A<2$ 时，数值模拟(三角形)与理论预测的频移结果几乎完全一致。当振幅 $\alpha_A>2$ 时，数值模拟

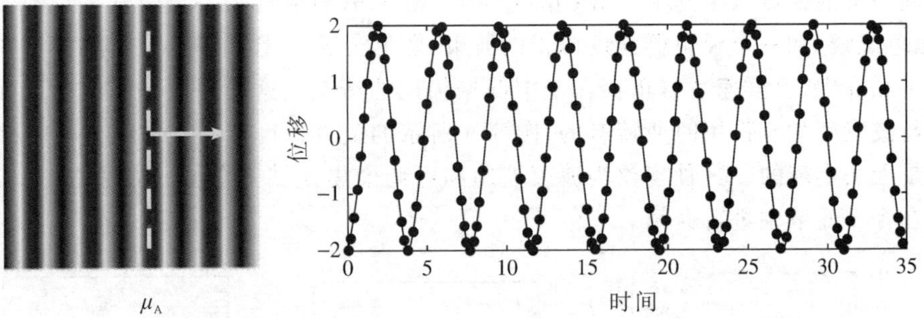

图 5.10　初始波场图以及波场中心探测点($p=40, q=40$)处的位移值
(散点表示非线性最小二乘拟合,而实线表示数值模拟时间信号)

与理论摄动计算的结果有偏差。这是振幅或频率修正超过 $O(\varepsilon^0)$ 值的渐近解的典型现象。实际上,在 $\alpha_A=3$ 处,频率修正结果与线性频率 $\omega_{A0}=1.567$ 相差 7.2%。我们注意到,理论频率修正倾向于高估由初始波能量向次谐波和超谐波转移引起的频率偏移。图 5.11 中的虚线表示振幅为 $\alpha_A^*=0.95\alpha_A$ 时,同一探测位置的理论频率修正值。这条曲线更好地拟合了幅值更高的数据(如 $\alpha_A=3$),此时额外产生的谐波会导致原谐波的能量泄漏。因此,当弱非线性假设不再成立时,频率修正很可能比摄动分析所预测的值要少。

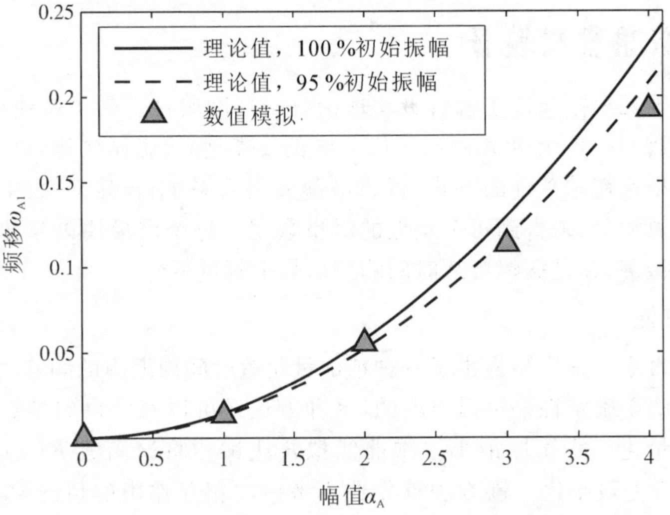

图 5.11　采用最小二乘曲线方法拟合数值模拟得到的频率-幅值关系

正交和斜交相互作用

接下来我们给出了情形 2(沿点阵矢量的正交相互作用)和情形 3(一般的斜波

矢相互作用)的数值模拟。共线传播已在 5.3 节中详细讨论。在波相互作用的过程中,初始波 ω_{A1} 和控制波 ω_{B1} 都存在动态频移。本节的重点在于对 ω_{A1} 的验证。

图 5.12 给出了正交波和斜交波相互作用的初始波场。在所有的验证案例中,我们设定控制波幅值恒为 $\alpha_B=2.0$,初始波幅值 α_A 从 0 到 2 变化(图 5.13)。对于正交传播,初始布洛赫波场和控制布洛赫波场随机产生的波矢分别为 $\boldsymbol{\mu}_A=[1.811,0.0]$ 和 $\boldsymbol{\mu}_B=[0.0,1.043]$,而对于斜交传播情况,相应的波矢分别为 $\boldsymbol{\mu}_A=[0.831,-2.528]$ 和 $\boldsymbol{\mu}_B=[-1.391,0.294]$。初始波场如左侧子图所示。右侧子图描述了多频数值模拟的时域响应(实线),以及基于 $f(t)=\tilde{A}\cos(\tilde{\omega}_A t+\tilde{\theta}_A)+\tilde{B}\sin(\tilde{\omega}_B t+\tilde{\theta}_B)$ 形式的最小二乘数据拟合(散点)。在最小二乘数据拟合中,待拟合的参数用"~"标识。相关的拟合频率与时域响应一致。

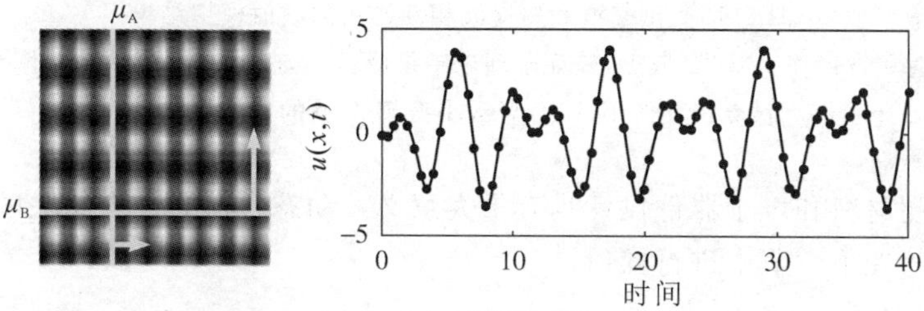

(a) 正交传播

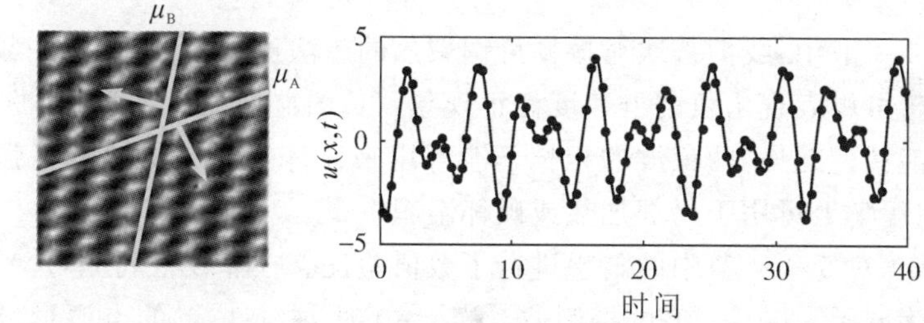

(b) 斜交传播

图 5.12　正交波和斜交波相互作用的初始波场($\alpha_A=2.0$)以及中心探测点(即 $p=40,q=40$)处的位移

(散点为对频率、相位和振幅进行非线性最小二乘曲线拟合所得到的时间序列)

与振幅相关的频移 ω_{A1} 如图 5.13 所示。实线表示理论频移,散点表示从模拟数据中提取的频率。所有的模拟数据都与摄动理论符合得很好。图 5.13(a)中还包括了图 5.11 所示的没有波相互作用的结果。与预期的一致,两束波沿着点阵矢量传播时不会因为控制波的出现而产生额外的频率偏移。相比之下,图 5.13(b)展示了即使 $\alpha_A\approx 0$ 也会产生非零频移,这是由于 $\boldsymbol{\mu}_B$ 的存在引入了动态点阵的各向异性。据作者所知,这是由波的相互作用产生的特殊结果,在此前没有被报道过。

非线性控制波的相互作用可以动态地改变点阵的各向异性特性,这一思路对

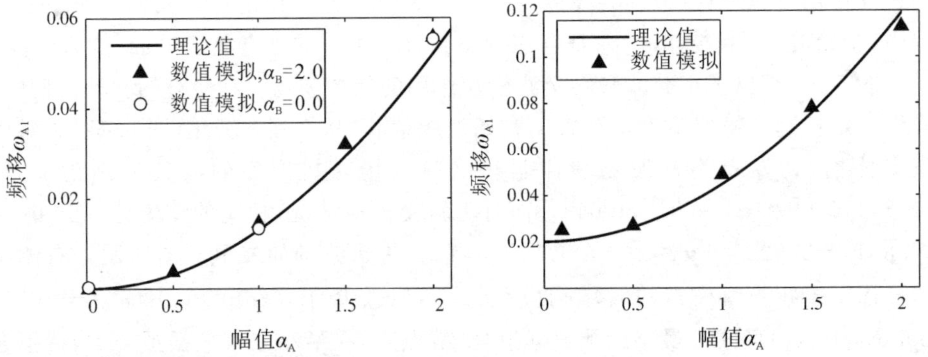

(a) 正交传播　　　　(b) 斜交传播

图 5.13　正交波和斜交波相互作用的数值模拟结果

[时域数值模拟结果(散点)验证了理论结果(线)。与正交相互作用(a)不同，斜交相互作用(b)会导致小振幅 A 波的非零频移]

于非线性超材料和声子器件设计具有重大意义。动态各向异性与相关的振幅可调聚焦器件将在下一节中进行探讨。

5.4.6　应用:振幅可调聚焦

在 5.4.4 节中,我们首次对振幅可调聚焦的想法进行了探讨,其中频散频率的群速度分析可以表现出负的群速度修正现象。负的群速度修正为调控波束的方向提供了可能性。此外,两束波的相长干涉可用来设计基于超材料的高强度聚焦超声器件,在医学上可用于局部加热或破坏组织[42]。

图 5.14 对 5.4.4 节中的猜想进行了数值验证。在非线性材料($r_g=1$)中施加入射波数为 $\boldsymbol{\mu}_B=[3.0,0.0]$的控制波。当 $t=0$ 时,中心位置的点源形成沿对角线的波束。黑色实线为理论上的波束轨迹,虚线则表示用作对比的低振幅(线性)波束轨迹。数值模拟得到的位移均方根与理论波束的轨迹重叠。为了将点源产生的初始波场可视化,我们用陷波滤波函数对控制波频率进行了处理,将空间域数据变换到波矢空间。

增大控制波的振幅会使波束沿水平方向集中。如图 5.14(c)所示,在非常大的振幅下($\alpha_B=4.0$),点阵的响应失去了完全对称性,这可能意味着能量在控制波矢的方向上可以更加高效地传播。此外,数值模拟与解析群速度计算的结果非常一致。

同样的原理可以应用于设计如图 5.15 所示的振幅可调聚焦器件(amplitude-tunable focus device, ATFD)。它的工作原理是相长干涉。位于非线性超材料边界处的两个相同的波源提供可调波束。在小振幅情况下,焦点位于中面(焦平面)

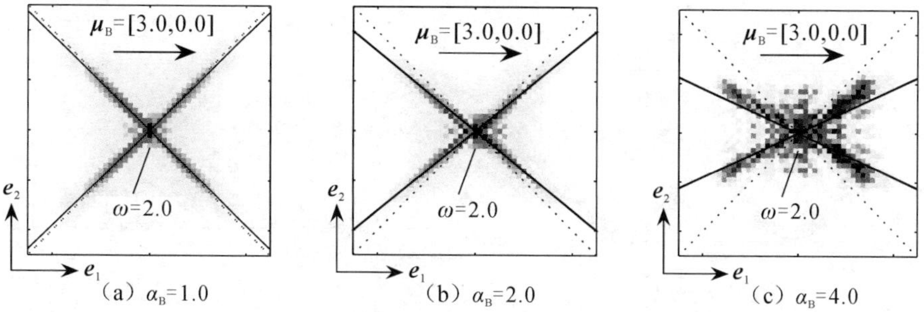

图 5.14　利用 μ_B=[3.0,0.0]的控制波和 ω=2.0 的点源激励来控制波束，波束夹角随控制波振幅 α_B 的变化情况

（实线表示理论波束轨迹；虚线表示作为参照的小振幅波束轨迹）

上，距离为振源间距的一半①。控制波的存在会导致动态的点阵各向异性，从而调整波束的传播角度。改变控制波的强度，可以使焦点向振源靠近或远离。不同振幅下的振幅可调聚焦器件的数值模拟结果证实了我们预测的现象，如图 5.15(b)和图 5.16 所示。图 5.15(b)描述了在三种不同振幅的控制波作用下，沿焦平面的功率分布(任意单位)。相对于小振幅/线性的情况，聚焦机制的一个意外的优势是产生了明显的峰值锐化。小振幅情况(黑色虚线)下的焦点比大振幅控制波作用下的焦点更分散。图 5.16 描绘了焦点位置的明显变化。确切地说，焦点从 $y=10.0$ 移动到大约 $y=6.0$，即向振源移动了 40%的距离。

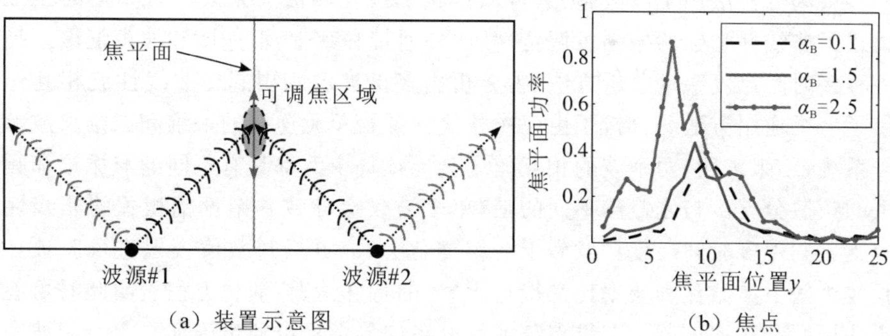

图 5.15　在中央焦平面上基于相长干涉的可调聚焦器件原理图与根据数值模拟结果计算的沿焦平面的功率分布

[揭示了焦点的锐度(也可参见图 5.16)和可调距离]

① 这是因为在所考虑的系统中，波束与边界形成的夹角为 45°。

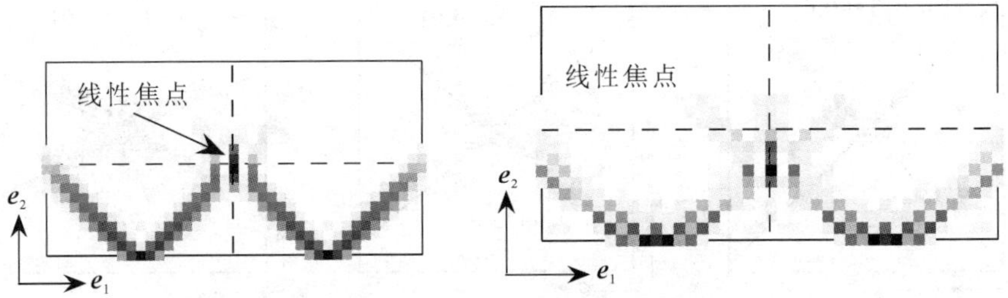

（a）α_B=0.1　　　　（b）α_B=2.5

图 5.16　可调聚焦器件的时域模拟结果
{在控制波场（$\boldsymbol{\mu}_B=[3.0,0.0]$）的作用下，引入点阵的动态各向异性改变了焦点的距离和锐度。虚线表示焦平面}

5.5　总结

本章在频散能带结构的框架下，分析了非线性周期结构中有限振幅的波传播效应。由于非线性效应的存在，独立的非线性系统（如经典的达芬振子）实现了线性系统中不存在的多种动力学现象，如频率转换、谐波的产生、混沌以及振幅相关性。使用若干分析方法和技术研究了多种由非线性单元周期排列而成的人工材料，发现它们具有振幅可调的非线性波传播特性。

将摄动分析法用于离散胞元，可以修正非线性频散关系。一阶修正的频散关系描述了非线性增强的振幅可调特性，比如通带和禁带、群速度和波束汇聚。提出了一种多时间尺度摄动分析方法，为分析由多谐波激励引起的非线性波相互作用提供了一个通用方法。分析了由三次非线性弹簧单元连接的一维和二维离散参数原子系统，结果表明：两个波的相互作用会导致每个波都具有不同的与振幅和频率相关的频散分支。与之截然不同的是，单个波仅会导致一个振幅相关的非线性频散分支。利用多时间尺度法发展了一组演化方程，并通过数值模拟进行验证。对于长波极限下波数比和频率比都接近 1∶3 的特殊情况，演化方程表明此时可能存在小的振幅和频率调制。二维点阵系统的各向异性可以通过施加一个控制波来引发，并可用于控制可调焦器件中的波传播方向。

致谢

感谢美国国家科学基金会的资助（基金号为 CMMI 0926776 和 CMMI 1332862），本章涉及的所有技术和结果均得到这两项基金的资助。

参考文献

[1]O. R. Asfar and A. H. Nayfeh, "The application of the method of multiple scales to wave propagation in periodic structures," *SIAM Review*, vol. 25, no. 4, pp. 455 - 480,1983.

[2]G. Chakraborty and A. K. Mallik, "Dynamics of a weakly non-linear periodic chain," *International Journal of Nonlinear Mechanics*, vol. 36, no. 2, pp. 375 - 389, 2001.

[3]J.-H. Jang, C. K. U. Ullal, T. Gorishnyy, V. V. Tsukruk, and E. L. Thomas, "Mechanically tunable three-dimensional elastomeric network/air structures via interference lithography," *Nano Letters*, vol. 6, no. 4, pp. 740 -743, 2006.

[4]A. Marathe and A. Chatterjee, "Wave attenuation in nonlinear periodic structures using harmonic balance and multiple scales," *Journal of Sound and Vibration*, vol. 289, no. 4 - 5, pp. 871 - 888, 2006.

[5]V. Rothos and A. Vakakis, "Dynamic interactions of traveling waves propagating in a linear chain with a local essentially nonlinear attachment," *Wave Motion*, vol. 46, no. 3, pp. 174 - 188, 2009.

[6]Nayfeh and Mook, *Nonlinear Oscillations*. Wiley, 1995.

[7]J. J. Rushchitsky and C. Cattani, "Evolution equations for plane cubically nonlinear elastic waves," *International Applied Mechanics*, vol. 40, no. 1, pp. 70 - 76, 2004.

[8]J. J. Rushchitsky and E. V. Saveleva, "On the interaction of cubically nonlinear transverse plane waves in an elastic material," *International Applied Mechanics*, vol. 42, no. 6, pp. 661 - 668, 2006.

[9]B. Liang, B. Yuan, and J. Cheng, "Acoustic diode: rectification of acoustic energy flux in one-dimensional systems," *Physical Review Letters*, vol. 103, no. 10, p. 104301, 2009.

[10]I. Kovacic and M. J. Brennan, *The Duffing Equation: Nonlinear Oscillators and Their Behaviors*. Wiley, 2011.

[11]W. O. Davis and A. P. Pisano, "Nonlinear mechanics of suspension beams for a micromachined gyroscope," in *International Conference on Modeling and Simulation of Microsystems*, 2001.

[12]V. Kaajakari, T. Mattila, A. Oja, and H. Seppä, "Nonlinear limits for

5

single-crystal silicon microresonators," *Journal of Microelectromechanical Systems*, vol. 13, no. 5, 2004.

[13] V. Kaajakari, T. Mattila, A. Lipsanen, and A. Oja, "Nonlinear mechanical effects in silicon longitudinal mode beam resonators," *Sensors and Actuators A: Physical*, vol. 120, no. 1, pp. 64–70, 2005.

[14] A. Erturk and D. J. Inman, *Piezoelectric Energy Harvesting*. Wiley, 2011.

[15] N. Elvin and A. Erturk, *Advances in Energy Harvesting Methods*. Springer, 2013.

[16] K. L. Manktelow, M. J. Leamy, and M. Ruzzene, "Multiple scales analysis of wave-wave interactions in a cubically nonlinear monoatomic chain," *Nonlinear Dynamics*, vol. 63, pp. 193–203, 2011.

[17] C. Daraio, V. F. Nesterenko, E. B. Herbold, and S. Jin, "Strongly nonlinear waves in a chain of teflon beads," *Physical Review E*, vol. 72, no. 1, p. 016603, 2005.

[18] C. Daraio, V. Nesterenko, E. Herbold, and S. Jin, "Tunability of solitary wave properties in one-dimensional strongly nonlinear phononic crystals," *Physical Review E*, vol. 73, no. 2, p. 026610, 2006.

[19] R. K. Narisetti, M. J. Leamy, and M. Ruzzene, "A perturbation approach for predicting wave propagation in one-dimensional nonlinear periodic structures," *ASME Journal of Vibration and Acoustics*, vol. 132, no. 3, p. 031001, 2010.

[20] P. P. Banerjee, *Nonlinear Optics: Theory, Numerical Modeling and Applications*. Marcel Dekker, 2004.

[21] S. D. Gupta, "Progress in optics," in *Nonlinear Optics of Stratified Media* (E. Wolf, ed.), vol. 38, pp. 1–84, Elsevier, 1998.

[22] J. W. Haus, B. Y. Soon, M. Scalora, C. Sibilia, and I. V. Melnikov, "Coupled-mode equations for Kerr media with periodically modulated linear and nonlinear coefficients," *Journal of the Optical Society of America B*, vol. 19, no. 9, p. 2282, 2002.

[23] S. Inoue and Y. Aoyagi, "Design and fabrication of two-dimensional photonic crystals with predetermined nonlinear optical properties," *Physical Review Letters*, vol. 94, no. 10, p. 103904, 2005.

[24] I. S. Maksymov, L. F. Marsal, and J. Pallarès, "Band structures in nonlinear photonic crystal slabs," *Optical and Quantum Electronics*, vol.

37, no. 1, pp. 161 - 169, 2005.

[25]A. F. Vakakis and M. E. King, "Resonant oscillations of a weakly coupled, nonlinear layered system," *Acta Mechanica*, vol. 128, no. 1, pp. 59 - 80, 1998.

[26]A. F. Vakakis and M. E. King, "Nonlinear wave transmission in a monocoupled elastic periodic system," *Journal of the Acoustical Society of America*, vol. 98, no. 3, pp. 1534 - 1546, 1995.

[27]Y. Yun, G. Miao, P. Zhang, K. Huang, and R. Wei, "Nonlinear acoustic wave propagating in one-dimensional layered system," *Physics Letters A*, vol. 343, no. 5, pp. 351 - 358, 2005.

[28]K. Manktelow, M. J. Leamy, and M. Ruzzene, "Comparison of asymptotic and transfer matrix approaches for evaluating intensity-dependent dispersion in nonlinear photonic and phononic crystals," *Wave Motion*, vol. 50, pp. 494 - 508, 2013.

[29]K. Manktelow, R. K. Narisetti, M. J. Leamy, and M. Ruzzene, "Finite-element based perturbation analysis of wave propagation in nonlinear periodic structures," *Mechanical Systems and Signal Processing*, vol. 39, pp. 32 - 46, 2012.

[30]K. L. Manktelow, M. J. Leamy, and M. Ruzzene, "Analysis and experimental estimation of nonlinear dispersion in a periodic string," *Journal of Vibration and Acoustics*, vol. 136, no. 3, p. 031016, 2014.

[31]R. K. Narisetti, *Wave propagation in nonlinear periodic structures*. PhD thesis, Georgia Institute of Technology, 2010.

[32]R. W. Boyd, *Nonlinear Optics*. Academic Press, 1992.

[33]R. H. Olsson III, I. F. El-Kady, M. F. Su, M. R. Tuck, and J. G. Fleming, "Microfabricated VHF acoustic crystals and waveguides," *Sensors and Actuators A*, pp. 87 - 93, 2008.

[34]A. Khelif, B. Djafari-Rouhani, J. Vasseur, and P. Deymier, "Transmission and dispersion relations of perfect and defect-containing waveguide structures in phononic band gap materials," *Physical Review B*, vol. 68, no. 2, p. 024302, 2003.

[35]F. Casadei, T. Delpero, A. Bergamini, P. Ermanni, and M. Ruzzene, "Piezoelectric resonator arrays for tunable acoustic waveguides and metamaterials," *Journal of Applied Physics*, vol. 112, no. 6, pp. 064902 - 064902, 2012.

5

[36]A. Askar, "Dispersion relation and wave solution for anharmonic lattices and Korteweg de Vries continua," *Proceedings of the Royal Society of London. A. Mathematical and Physical Sciences*, vol. 334, no. 1596, pp. 83 - 94, 1973.

[37]P. M. Morse and K. U. Ingard, *Theoretical Acoustics*. McGraw Hill, 1987.

[38]R. Langley, N. Bardell, and H. Ruivo, "The response of two-dimensional periodic structures to harmonic point loading: a theoretical and experimental study of a beam grillage," *Journal of Sound and Vibration*, vol. 207, no. 4, pp. 521 - 535, 1997.

[39]M. Ruzzene, F. Scarpa, and F. Soranna, "Wave beaming effects in two-dimensional cellular structures," *Smart Materials and Structures*, vol. 12, no. 3, p. 363, 2003.

[40]R. K. Narisetti, M. Ruzzene, and M. J. Leamy, "A perturbation approach for analyzing dispersion and group velocities in two-dimensional nonlinear periodic lattices," *Journal of Vibration and Acoustics*, vol. 133, p. 061020, 2011.

[41]N. Panoiu, M. Bahl, R. Osgood Jr, et al., "Optically tunable superprism effect in nonlinear photonic crystals," *Optics Letters*, vol. 28, no. 24, pp. 2503 - 2505, 2003.

[42]J. Kennedy, "High-intensity focused ultrasound in the treatment of solid tumours," *Nature Reviews Cancer*, vol. 5, no. 4, pp. 321 - 327, 2005.

第 6 章

点阵材料的稳定性

菲利波·卡萨代(Filippo Casadei)、王派(Pai Wang)①和凯蒂娅·贝托尔迪(Katia Bertoldi)

美国,马萨诸塞州,剑桥市,哈佛大学,工程与应用科学学院

6.1 引言

点阵结构在受到外力作用时可以显著地改变构型。当点阵结构变形过大时,它们会变得不稳定;当外力超过失稳阈值后,几何结构会发生迅速而剧烈的变化。力学失稳习惯上被视为一种失效模式。为了确定分岔的萌生条件,学者们发展了许多数值计算方法,包括有限差分法[1-4]、有限元法[5-6]以及布洛赫波方法[7-12]。

然而,力学失稳并不总是有害的。对于弹性材料,失稳发生在一个狭窄的加载范围内,其引起的几何重组是可逆的、可重复的。这为设计可以随环境改变自身特性的可调/自适应结构提供了机会,并在传感器、微流体、生物工程、机器人、声学和光子学等领域[13-18]得到了广泛应用。

需要特别指出的是,对于由圆孔胞元排列的方形和三角形阵列形成的周期性多孔结构,失稳会使圆孔转变为排列有序的、高长宽比(接近闭合)的椭圆孔[19-21],这对设计声子开关[15-22]、彩色显示器[23]和具有超常特性(如较大的负泊松比)的材料[24-25]具有重要意义。

在本章中,我们着重讨论由弹性梁组成的方形点阵。首先,我们将研究单轴和等双轴加载条件下的结构稳定性,并发现在等双轴加载条件下短波长不稳定性是至关重要的,它会导致均匀的模态转变。之后,我们将证明在等双轴加载条件下,失稳引起的结构突变可以用来调节弹性波的传播。需要特别指出的是,我们发现屈曲引起的模态转变可以打开一个较宽的带隙,这为设计声子开关提供了思路。

① 卡萨代和王派对本章节研究工作的贡献是相同的。

6.2 几何形状、材料和加载条件

本节考虑由长度为 L、抗弯刚度为 EI 的铁摩辛柯梁组成的方形周期点阵，如图 6.1 所示。假设每根梁的截面是边长为 d 的正方形，并令 $L/d=10$。使用杨氏模量为 E 的弹性材料进行建模，并采用大位移理论[26]。在所有分析中，采用二维铁摩辛柯梁单元（ABAQUS 中的单元类型为 B21）建立有限元模型，并通过网格细化设置保证网格的精度。

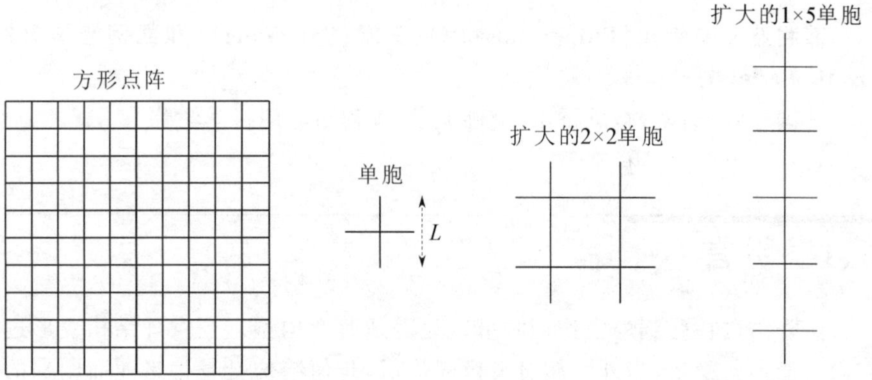

（a）有限尺寸方形点阵的示意图　　（b）胞元及2×2和1×5的扩大胞元

图 6.1　待考察的方形周期点阵

考虑到有限尺寸的试件必然受到边界条件的影响，因此我们分别对有限[图 6.1(a)]和无限[图 6.1(b)]周期阵列的变形进行了研究。此外，在本节中我们同时考虑了单轴和等双轴加载条件。

有限尺寸周期结构：为了模拟有限尺寸周期试件的等双轴加载条件，将底部边界分别在垂直和水平方向固定，而顶部和右侧边界在垂直和水平方向均匀压缩。同样，为了模拟单轴加载条件，底部边界在垂直方向固定（左下角也在水平方向固定，以防止刚体运动），而顶部边界在垂直方向均匀压缩。

无限周期结构：采用由四根梁组成的胞元研究无限周期结构的稳定性[图 6.1(b)]，每根梁的长度为预设长度的一半。另外，在稳定性分析的理论指导下，我们分别在等双轴和单轴加载条件下对基于 2×2 和 1×5 原始胞元阵列的扩大胞元[图 6.1(b)]进行了后屈曲分析和波传播分析。

为了使胞元服从宏观变形梯度 $\bar{\boldsymbol{F}}$，我们在所有胞元边界上施加周期性边界条件[27-28]：

$$u_{\alpha}^{A_i} - u_{\alpha}^{B_i} = (\bar{F}_{\alpha\beta} - \delta_{\alpha\beta})(X_{\beta}^{A_i} - X_{\beta}^{B_i})$$
$$\theta^{A_i} = \theta^{B_i} \quad \alpha,\beta = 1,2, \quad i = 1,2,\cdots,N \tag{6.1}$$

其中，$\delta_{\alpha\beta}$是克罗内克δ符号；$u_{\alpha}^{A_i}$与$u_{\alpha}^{B_i}$($\alpha=1,2$)是周期性地排列于胞元边界上的点的位移；θ^{A_i}和θ^{B_i}是相应的转角；N是周期性地排列于胞元边界上的节点对的数量。对于本节所考察的方形点阵结构，其胞元满足$N=2$，而2×2和1×5的扩大胞元分别满足$N=4$和$N=6$。需要注意的是，在有限元框架内可以使用一组虚拟节点来方便地规定$\bar{\boldsymbol{F}}$的分量。然后，利用虚功原理得到相应的宏观第一皮奥拉-基尔霍夫(Piola-Kirchhoff)应力$\bar{\boldsymbol{P}}$[27-28]。

在本研究中，考虑如下的宏观加载条件：

· 等双轴压缩，使宏观变形梯度$\bar{\boldsymbol{F}}$为

$$\bar{\boldsymbol{F}} = (1+\varepsilon)\,\hat{\boldsymbol{e}}_1 \otimes \hat{\boldsymbol{e}}_1 + (1+\varepsilon)\,\hat{\boldsymbol{e}}_2 \otimes \hat{\boldsymbol{e}}_2 + \hat{\boldsymbol{e}}_3 \otimes \hat{\boldsymbol{e}}_3 \tag{6.2}$$

其中，ε表示外加应变。在分析中，我们使用了$\varepsilon=-4\%$的压缩应变来研究非线性变形对小振幅弹性波传播的影响。

· 在x_2方向进行单轴压缩，使宏观变形梯度$\bar{\boldsymbol{F}}$为

$$\bar{\boldsymbol{F}} = \lambda_{11}\,\hat{\boldsymbol{e}}_1 \otimes \hat{\boldsymbol{e}}_1 + (1+\varepsilon)\,\hat{\boldsymbol{e}}_2 \otimes \hat{\boldsymbol{e}}_2 + \hat{\boldsymbol{e}}_3 \otimes \hat{\boldsymbol{e}}_3 \tag{6.3}$$

其中，ε表示在x_2方向上的外加应变；λ_{11}根据$\sigma_{11}=0$来确定。我们同样使用了$\varepsilon=-4\%$的工程压缩应变来研究非线性变形对小振幅弹性波传播的影响。

6

6.3 有限尺寸试件的稳定性

首先，我们采用特征值分析方法研究了有限尺寸周期试件的稳定性。调用商业有限元程序 ABAQUS/Standard 中的 * BUCKLE 模块进行建模，并采用线性摄动程序进行计算。

图 6.2(a)给出了在单轴和等双轴加载条件下，临界应变ε_{cr}随着结构尺寸的变

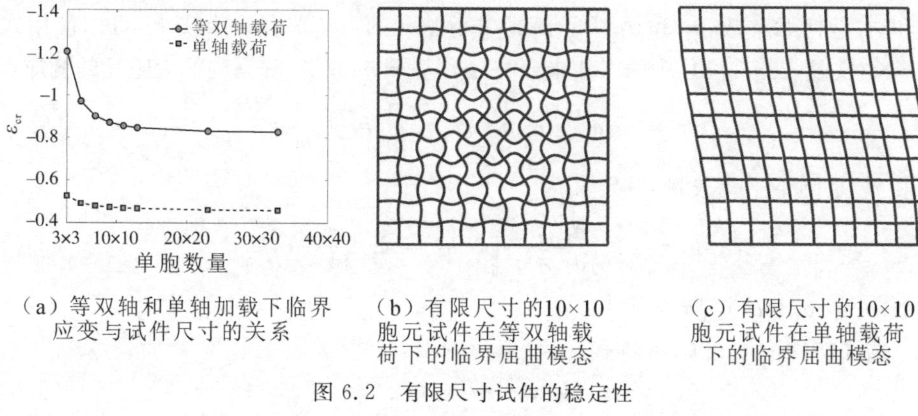

(a) 等双轴和单轴加载下临界应变与试件尺寸的关系　(b) 有限尺寸的10×10胞元试件在等双轴载荷下的临界屈曲模态　(c) 有限尺寸的10×10胞元试件在单轴载荷下的临界屈曲模态

图 6.2　有限尺寸试件的稳定性

化情况。对于这两种加载情况，临界应变 ε_{cr} 首先随着结构尺寸的增大而减小；当结构尺寸超过 10×10 时，两种加载情况下的临界应变分别在 $\varepsilon_{cr}^{uni}=-0.459\%$ 和 $\varepsilon_{cr}^{equi}=-0.826\%$ 处进入平台期。

在图 6.2(b)中，我们研究了等双轴加载下的第一特征模态。有趣的是，在这种加载条件下，试样的临界模态具有同样的形式(边界附近区域的变形模式除外)。我们重点研究了试样的中心部分，发现每一根梁都弯曲成半个正弦曲线的形状，同时始终具有规则的节点角度。相比而言，在单轴加载情况下，最低的临界应变对应于长波屈曲模态(整体屈曲)，如图 6.2(c)所示。

6.4 无限周期性试件的稳定性

当受到外加变形时，无限的周期性结构会由于力学失稳而突然改变其周期性特征。这种失稳既可以是微观尺度的(波长与微结构尺寸具有相同量级)，也可以是宏观尺度的(波长比微结构尺寸大得多)[9,28-29]。

微观(局部)屈曲模态的特征在于波长与微结构的尺寸具有相同的数量级，并且可能改变固体的初始周期性特征。对于微观屈曲模态的研究，一种最简单但计算代价较高的方法是构造各种尺寸的扩大胞元，并使用线性摄动程序来计算其临界应变和相应的临界模态。然后，将无限周期性结构的临界应变定义为所有可能的扩大胞元的最小临界应变[12]。

有趣的是，通过对单个原始胞元使用布洛赫周期边界条件，可以显著降低此类分析的计算成本[30]：

$$\boldsymbol{u}(\boldsymbol{x}+\boldsymbol{r})=\boldsymbol{u}(\boldsymbol{x})\mathrm{e}^{i\boldsymbol{k}\cdot\boldsymbol{r}} \tag{6.4}$$

其中，$\boldsymbol{k}$ 表示波矢，并且

$$\boldsymbol{r}=r_{a1}\boldsymbol{a}_1+r_{a2}\boldsymbol{a}_2 \tag{6.5}$$

r_{a1} 和 r_{a2} 是任意整数，$\boldsymbol{a}_1$ 和 $\boldsymbol{a}_2$ 表示跨越单个胞元的点阵矢量。事实上，可以使用式(6.4)与文献[28]和[31]中的方法来研究一类基于 $m_1\times m_2$ 阵列的扩大胞元的响应：

$$\boldsymbol{r}=m_1\boldsymbol{a}_1+m_2\boldsymbol{a}_2 \quad \boldsymbol{k}=\frac{1}{m_1}\boldsymbol{b}_1+\frac{1}{m_2}\boldsymbol{b}_2 \tag{6.6}$$

$\boldsymbol{b}_1$ 和 $\boldsymbol{b}_2$ 是倒格子基矢量，其定义为

$$\boldsymbol{b}_1=2\pi\frac{\boldsymbol{a}_2\times\hat{\boldsymbol{e}}_3}{\|\boldsymbol{a}_1\times\boldsymbol{a}_2\|} \quad \boldsymbol{b}_2=2\pi\frac{\hat{\boldsymbol{e}}_3\times\boldsymbol{a}_1}{\|\boldsymbol{a}_1\times\boldsymbol{a}_2\|} \tag{6.7}$$

其中，$\hat{\boldsymbol{e}}_3=(\boldsymbol{a}_1\times\boldsymbol{a}_2)/\|\boldsymbol{a}_1\times\boldsymbol{a}_2\|$。

选择特殊的 $\boldsymbol{r}$ 和 $\boldsymbol{k}$，可将式(6.4)退化为

$$\boldsymbol{u}(\boldsymbol{x}+\boldsymbol{r})=\boldsymbol{u}(\boldsymbol{x}) \tag{6.8}$$

上式表明，当采用式(6.4)和式(6.6)规定边界条件时，可以用单个原始胞元来研究

由点阵矢量 $m_1\boldsymbol{a}_1$ 和 $m_2\boldsymbol{a}_2$ 定义的扩大胞元的响应。

因此，可以在有限元框架内通过单个胞元来研究基于 $m_1\times m_2$ 阵列的扩大胞元的稳定性，即对单个胞元施加布洛赫型边界条件[由式(6.4)和式(6.6)定义]，探测它的切线刚度矩阵在加载路径的何处变得奇异(即 $\det[\boldsymbol{K}]=[\boldsymbol{0}]$)。或者，也可以通过检测外加载荷来进行研究：在该载荷下，受到布洛赫型边界条件约束的单个胞元的非平凡特征模态对应的最小特征频率为零[32]。

最后，将无限周期性结构失稳的起始判据定义为所有考察的扩大胞元(由点阵矢量 $m_1\boldsymbol{a}_1$ 和 $m_2\boldsymbol{a}_2$ 定义)的最小临界应变。在这里，我们在式(6.6)中选择 $m_1=1,\cdots,5$和 $m_2=1,\cdots,5$ 来考察基于 25 个原始胞元的扩大胞元的稳定性。为了探明每个扩大胞元失稳的初始阶段，我们沿着加载路径施加变形增量来分析其特征频率，并甄别非平凡特征模态对应的特征频率为零时的最小载荷①。然后，将所考察的扩大胞元的载荷最小值定义为无限周期结构的临界载荷。

为了在诸如 ABAQUS / Standard 之类的商业软件中处理布洛赫周期条件的复数值关系[式(6.4)]，我们将所有研究的物理场都分为实部和虚部。通过这种方式，平衡方程将分别分解为与实部和虚部相关的两组解耦的方程[28,33]。因此，使用两个相同的胞元有限元网格(一个用于实部，一个用于虚部)就可以对问题进行求解，它们通过布洛赫周期性位移边界条件耦合起来：

$$
\begin{aligned}
\mathrm{Re}(\boldsymbol{u}_i^B) &= \mathrm{Re}(\boldsymbol{u}_i^A)\cos[\boldsymbol{k}\cdot\boldsymbol{r}_{A_iB_i}]-\mathrm{Im}(\boldsymbol{u}_i^A)\sin[\boldsymbol{k}\cdot\boldsymbol{r}_{A_iB_i}]\\
\mathrm{Im}(\boldsymbol{u}_i^B) &= \mathrm{Re}(\boldsymbol{u}_i^A)\sin[\boldsymbol{k}\cdot\boldsymbol{r}_{A_iB_i}]+\mathrm{Im}(\boldsymbol{u}_i^A)\cos[\boldsymbol{k}\cdot\boldsymbol{r}_{A_iB_i}]
\end{aligned}
\tag{6.9}
$$

其中，$\boldsymbol{r}_{A_iB_i}=\boldsymbol{x}_i^B-\boldsymbol{x}_i^A$ 表示在当前/变形后的构型中，周期地排列于边界上的两个节点 A_i 和 B_i 之间的距离。值得注意的是，式(6.9)可以使用 ABAQUS / Standard 中的用户子程序 MPC 来实现。

图 6.3(a)(b)分别给出了方形点阵受到等双轴和单轴压缩时的结果。在未变形的构型($\varepsilon=0$)中，所有与考察的波矢 $\boldsymbol{k}$ 相关的特征频率 ω 都为正数。但是，随着 ε 的增加，与每个波矢 $\boldsymbol{k}$ 相关的特征频率逐渐降低，最终变为负值。由于临界应变 ε_{cr}对应于每条曲线和水平线 $\omega=0$ 的交点，因此可以很容易地从图中把它提取出来。

在等双轴和单轴加载条件下也可以观察到与上文描述类似的趋势。对于基于 25 个原始胞元的扩大胞元，其最低临界应变 $\varepsilon_{cr}^{equi}=-0.55\%$ 和 $\varepsilon_{cr}^{uni}=-0.58\%$ 与 $(m_1,m_2)=(1,5)$相关，产生出如图 6.3(c)所示的变形模态。此外，当垂直方向上的胞元数量增加时[如图 6.3(a)(b)所示的$(m_1,m_2)=(1,20)$的情况]，临界应变值稍微降低，此时产生与$(m_1,m_2)=(1,5)$时相似的特征模态。

我们注意到长波模态[类似于图 6.2(c)中有限尺寸试件在单轴压缩下的临界

① 可以注意到，该过程比计算行列式 $\det[K]=[0]$简单得多，因为它不需要导出由 ABAQUS 计算的刚度矩阵，也不需要使用数值程序计算刚度矩阵的行列式。

6

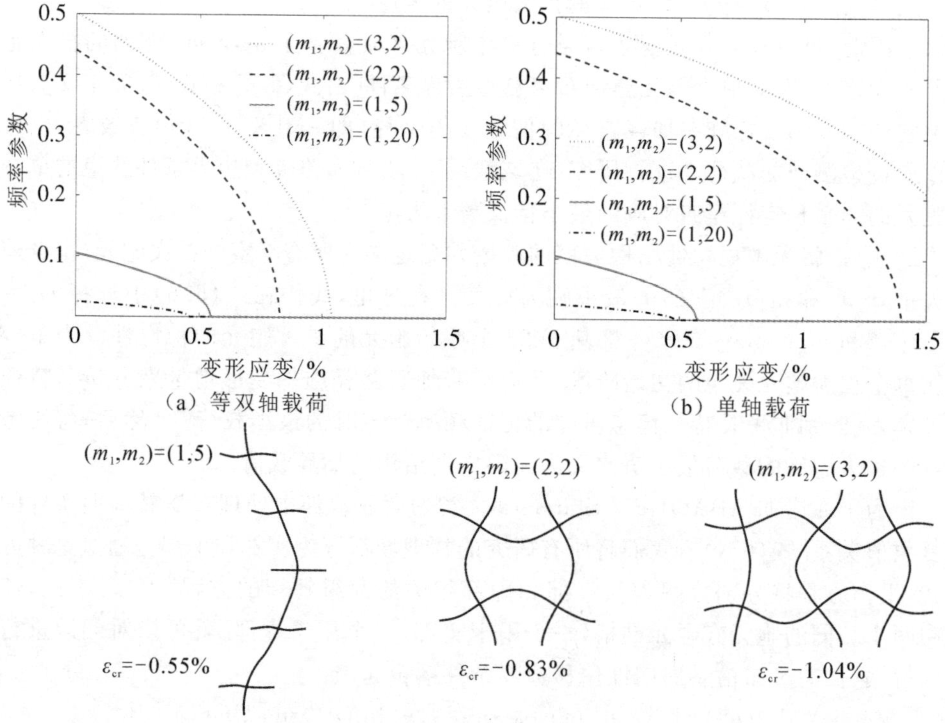

图 6.3　频率参数随外加应变的变化

模态]与有限尺寸试件在单轴压缩过程中所受到的边界条件是相容的,因此我们希望在实际加载(有限尺寸试件)时可以观察到这种变形模式。相比之下,这种模态与等双轴压缩测试时施加在有限尺寸试件上的边界条件不相容,因此它们无法出现在等双轴加载过程中。

为了确保临界模态与有限尺寸试件在等双轴压缩时所受到的边界条件相容,我们固定了胞元中心节点处的位移。在这种情况下,我们发现临界应变 $\varepsilon_{cr}^{equi}=-0.83\%$ 与 $(m_1,m_2)=(2,2)$ 相关,此时会产生与相应的有限尺寸试件类似的变形模式[图 6.3(b)(d)]。

如上所述,在进行微观失稳分析时,可以令式(6.6)中的 $k_i\to 0$ 来分析宏观(或长波)失稳。另外,也可以根据材料整体响应的强椭圆度损失(loss of strong ellipticity)来检验结构的宏观失稳,这一方法已经得到了严格的证明[9]。特别是对于本节所考察的多胞结构,只要沿着加载路径首次违背如下条件时:

$$(\boldsymbol{m}\otimes\boldsymbol{N}):\bar{\boldsymbol{L}}:(\boldsymbol{m}\otimes\boldsymbol{N})>0\quad \bar{L}_{iJkL}m_iN_Jm_kN_L>0 \tag{6.10}$$

就可能会发生宏观失稳,其中,$\boldsymbol{m}$ 和 $\boldsymbol{N}$ 分别表示在当前和初始构型中定义的单位矢量。值得注意的是，均匀混合弹性张量 $\bar{\boldsymbol{L}}$ 建立了宏观变形梯度增量 $\dot{\bar{\boldsymbol{F}}}$ 与宏观第一皮奥拉-基尔霍夫应力增量 $\dot{\bar{\boldsymbol{P}}}$ 的联系：

$$\dot{\bar{\boldsymbol{P}}} = \bar{\boldsymbol{L}} : \dot{\bar{\boldsymbol{F}}} \quad \dot{\boldsymbol{P}}_{iJ} = \bar{\boldsymbol{L}}_{iJkL}\dot{\boldsymbol{F}}_{kL} \tag{6.11}$$

在本节中，利用空间周期性边界条件[式(6.1)]对单个原始胞元进行了二维有限元模拟，以监测均质化后的切线模量 $\bar{\boldsymbol{L}}$ 的椭圆度损失。在确定主解后，对胞元施加宏观变形梯度 $\dot{\bar{\boldsymbol{F}}}$ 的四个独立线性扰动，计算出相应的平均应力分量 $\dot{\bar{\boldsymbol{P}}}$，并与式(6.11)进行比较，从而确定 $\bar{\boldsymbol{L}}$ 的分量。然后，令 $\boldsymbol{m}$ 和 $\boldsymbol{N}$ 遍历每个 $\pi/360$ 弧度增量来检查式(6.10)的正定条件，从而查验椭圆度损失的条件。

在单轴和等双轴加载条件下，本节所考虑结构的宏观失稳的临界应变为 $\varepsilon_{cr} = -5\%$，这与微观失稳分析的结果具有很好的一致性。同样，我们注意到长波模态与有限尺寸试件在单轴加载时的边界条件是相容的，因此我们预计沿着加载路径可以触发这种模态。相比之下，由于这种模态与有限尺寸试件在等双轴压缩时的边界条件不相容，因此我们预计试件在等双轴变形时不会出现此类模态。

6.5　后屈曲分析

我们使用 ABAQUS / Standard 对有限尺寸和无限周期结构的载荷-位移关系进行了分析，探明了结构在屈曲后的变形行为。在通过特征分析确定模态转变(最低阶的特征模态)后，将缺陷以最关键特征模态的形式引入网格中①。值得注意的是，为了研究无限周期结构的后屈曲行为，我们使用了扩大的胞元，其尺寸由屈曲引发的新周期性决定。

需要特别指出的是，在等双轴加载的模拟中我们考虑的是 $(m_1, m_2) = (2,2)$ 的扩大胞元，而对于单轴加载我们使用 $(m_1, m_2) = (1,5)$ 的扩大胞元来近似地描述预期的长波长行为。等双轴和单轴压缩的宏观应力-应变关系分别如图 6.4(a)(b) 所示。对于这两种加载情况，点阵结构在一开始都表现出线弹性行为，然后突然进入应力平台期。这种行为是由于突然的失稳改变了点阵的初始结构，如图 6.5 和图 6.6 所示。

具体来说，图 6.5 和图 6.6 分别展示了等双轴和单轴加载时不同应变水平下变形后的构型。正如稳定性分析所预测的那样，当点阵结构等双轴压缩时，屈曲会引起均匀的模态转换。在这里，我们强调转换的均匀性和稳定性，即整个结构中的变形基本上是均匀的。换句话说，失稳不会使结构的变形局限于某行或某条对角

① 我们还考虑了以前三种模态的线性组合的形式引入的缺陷。然而，我们发现这些缺陷将导致相同的后屈曲行为。

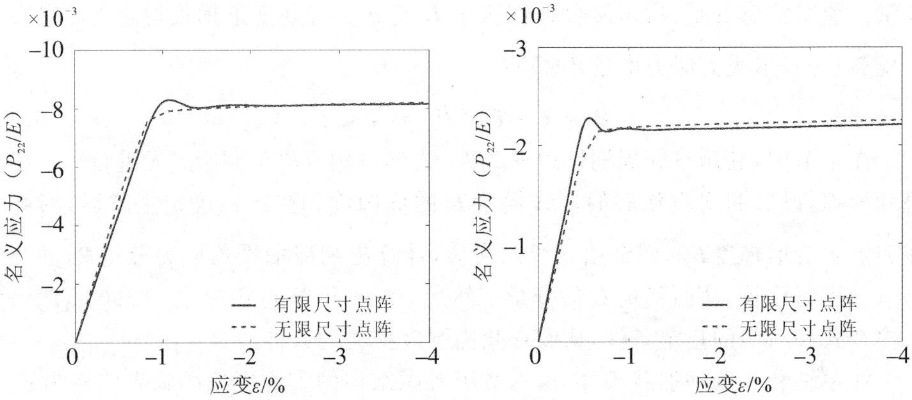

（a）等双轴载荷　　　　（b）单轴载荷

图 6.4　方形点阵的宏观应力-应变曲线

（曲线偏离线性时结构开始失稳）

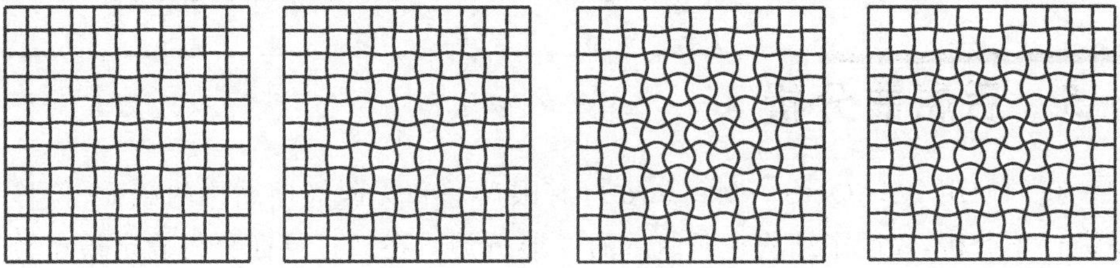

（a）有限尺寸的试样

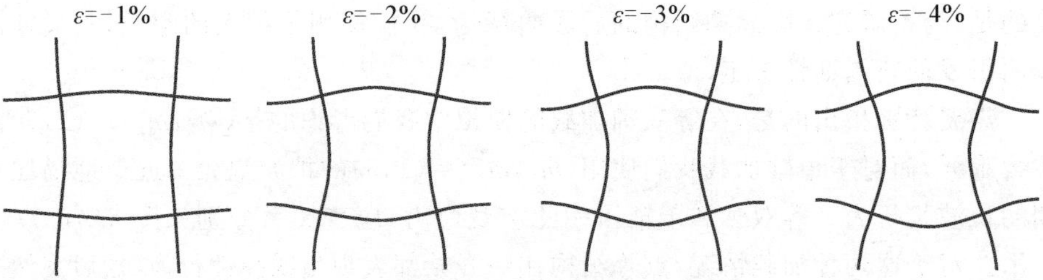

（b）无限周期性结构的胞元

图 6.5　等双轴压缩时不同应变水平下的变形场

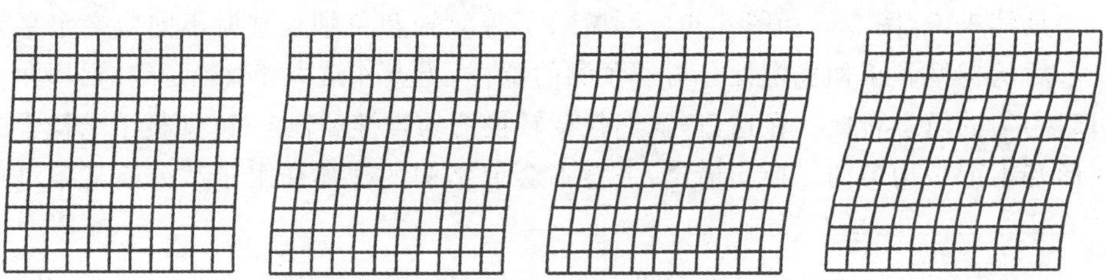

（a）有限尺寸的试样

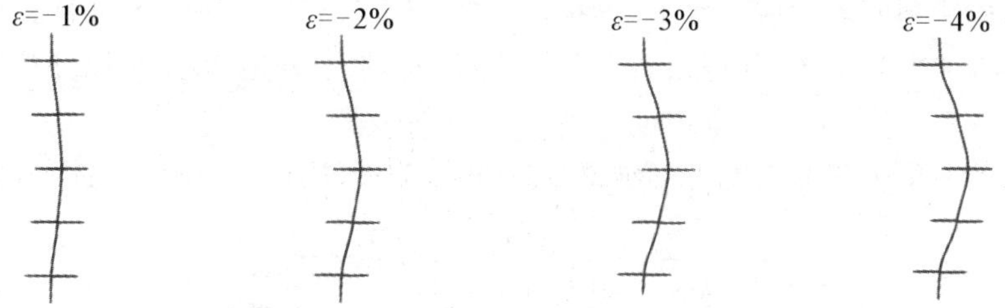

（b）无限周期性结构的胞元

图 6.6　单轴压缩时不同应变水平下的变形场

带中，而是会产生贯穿于整个结构的均匀的模态转换。转变后的结构会随着持续的变形而得到加强，整个过程也是可逆且可重复的。最后，我们的后屈曲模拟分析证实了在单轴压缩加载期间会触发长波模态。

6.6　屈曲和大变形对弹性波传播的影响

接下来，我们将增量应变叠加到给定的有限变形状态，并使用有限元方法计算能带结构，来研究外加变形对小振幅弹性波传播的影响[28,35]。

通过计算不可约布里渊区边界上的波矢 $\boldsymbol{k}$ 对应的特征频率 $\omega(\boldsymbol{k})$ 来确定声子带隙。具体地说，不存在 $\omega(\boldsymbol{k})$ 的区域为声子带隙（禁止波传播的频率范围）。在本节的模拟计算中，在不可约布里渊区的每个边缘上取 20 个均匀间隔的点（图6.7）。然后，将计算结果通过 $\Omega=\omega/\bar{\omega}$ 进行无量纲化，其中 ω 为波传播的频率，$\bar{\omega}$ 为长度为 L 的固支梁的一阶固有频率［即 $\bar{\omega}=(4.73004)^2\ \sqrt{EI/(\rho AL^4)}$］。

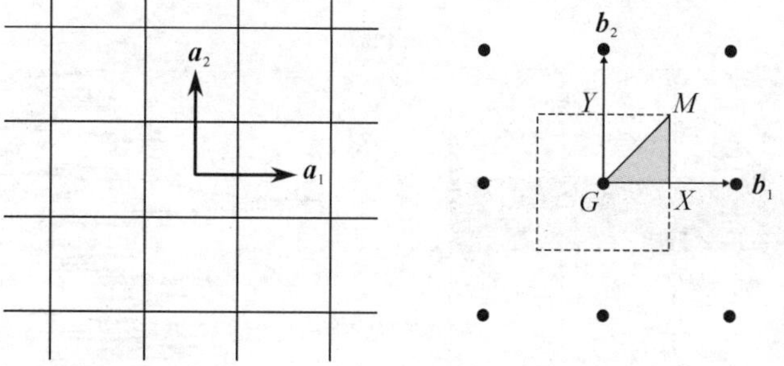

（a）点阵矢量　　（b）第一布里渊区

图 6.7　方形周期点阵

通过计算由 10×10 个胞元组成的有限尺寸试样的频率响应，进一步表征系统的动力学行为。本算例是在 ABAQUS 中进行计算的：先通过单轴或等双轴加载使点阵结构达到所需的应变水平，再执行 * STEADY STATE DYNAMICS 进行分析。通过激励结构的中心节点，并记录右上角处位移场的水平分量(U1)，可以计算出频率响应函数。

等双轴和单轴压缩情况下的结果分别如图 6.8 和图 6.9 所示。首先，我们注

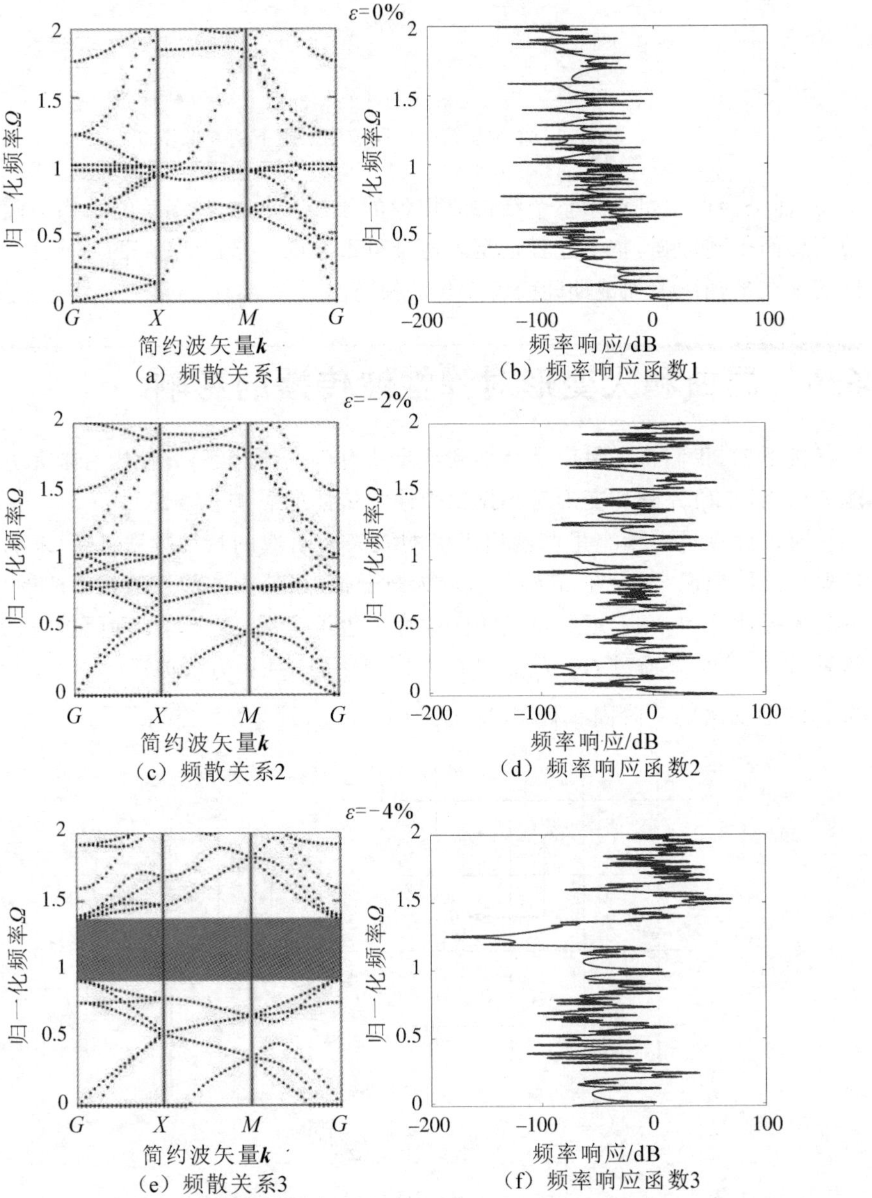

(a) 频散关系1　(b) 频率响应函数1

(c) 频散关系2　(d) 频率响应函数2

(e) 频散关系3　(f) 频率响应函数3

图 6.8　系统在外加不同的等双轴应变时产生的频散关系和频率响应函数之间的比较

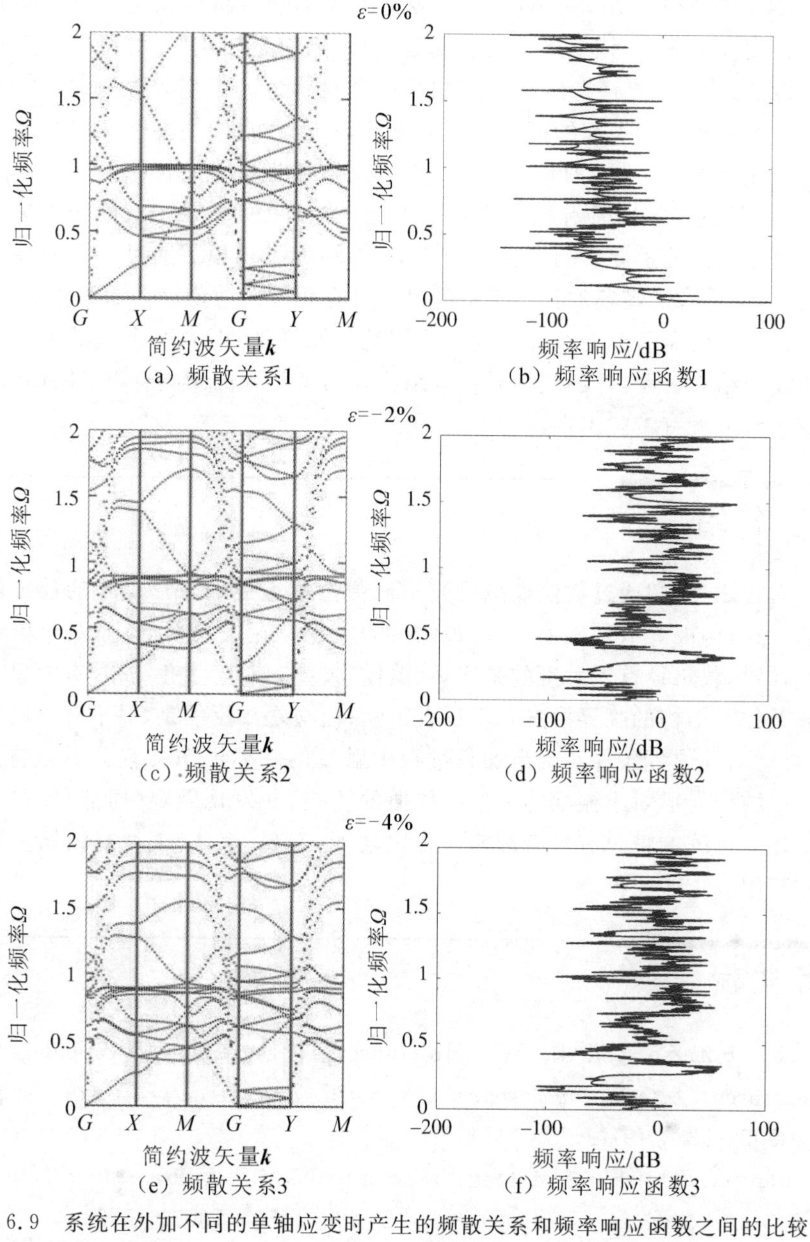

图 6.9　系统在外加不同的单轴应变时产生的频散关系和频率响应函数之间的比较

意到未变形的点阵没有任何带隙，这与先前观察到的基于梁的未变形方形点阵的结果一致[36]。然而，系统的频散关系表明，对于等双轴压缩的加载情况，当 $\varepsilon_{equi} < -2.8\%$ 时，在 $\Omega=1$ 附近会形成一个完整的带隙。随着变形程度的增加，带隙会变宽。如图 6.8(e)所示，当 $\varepsilon=-4\%$ 时，在 $\Omega_{low}=0.91$ 和 $\Omega_{up}=1.37$ 之间有较宽

的带隙(阴影区域)。图 6.8(b)(d)(f)所示的频率响应特性证实了对于胞元频散曲线的预测。实际上,该结果清楚地表明,当外加应变较小时,波可以在点阵结构中自由传播;当 $\varepsilon = -4\%$时,在带隙频段内会对弹性波产生较强的衰减效果。这种现象是由结构失稳引起的模态转换造成的,它也存在于周期性和多孔超弹性结构中[35]。有趣的是,最近有研究发现,在具有类屈曲几何形状的无应力点阵结构中[37],弹性波的传播也具有相似的动态特性。图 6.9 中单轴加载的结果进一步证实了几何非线性的重要影响。在这种情况下,临界失稳模态通过一个宏观变形模式来表征,该模式的特征波长与结构的尺寸具有相同的数量级。如图 6.6 所示,这种变形机制不会显著改变系统的局部周期性。同样地,图 6.9 中频散关系和频率响应曲线的结果表明,外加变形对点阵结构动力学行为的影响有限,并且在所考察的应变水平上没有带隙出现。

6.7 总结

6

总而言之,我们通过数值模拟研究了由弹性梁组成的方形点阵的稳定性。结果表明,当结构被等双轴压缩时,微观(局部)失稳是至关重要的;而对于单轴压缩的情况,沿加载路径首先发生的是宏观(整体)失稳。对于多孔结构,有限尺寸试样的边界条件对结构的临界模态几乎没有影响;而与之相反的是,对于有限尺寸的点阵结构试样,其边界条件对确定加载过程中触发的临界模态具有重要影响。我们还研究了结构变形对小振幅的弹性波传播的影响,并发现微观(局部)失稳引起的模态变化对点阵的带隙有显著影响。相比之下,宏观(整体)失稳对结构带隙的影响非常有限。

参考文献

[1]S. E. Forman and J. W. Hutchinson, "Buckling of reticulated shell structures,"*International Journal of Solids and Structures*, vol. 6, no. 7, pp. 909 - 932, 1970.

[2]J. Renton, "Buckling of long, regular trusses," *International Journal of Solids and Structures*, vol. 9, no. 12, pp. 1489 - 1500, 1973.

[3]T. Wah, "The buckling of gridworks,"*Journal of the Mechanics and Physics of Solids*, vol. 13, no. 1, pp. 1 - 16, 1965.

[4]T. Wah and L. R. Calcote, *Structural Analysis by Finite Difference Calculus*. Van Nostrand Reinhold, 1970.

[5]A. K. Noor, M. S. Anderson, and W. H. Greene, "Continuum models for

beam-and platelike lattice structures,"*AIAA Journal*, vol. 16, no. 12, pp. 1219 - 1228, 1978.

[6]S. Papka and S. Kyriakides, "In-plane biaxial crushing of honeycombs: Part Ⅱ: Analysis," *International Journal of Solids and Structures*, vol. 36, no. 29, pp. 4397 - 4423, 1999.

[7]M. S. Anderson, "Buckling of periodic lattice structures,"*AIAA Journal*, vol. 19, no. 6, pp. 782 - 788, 1981.

[8]M. Anderson and F. Williams, "Natural vibration and buckling of general periodic lattice structures,"*AIAA Journal*, vol. 24, no. 1, pp. 163 - 169, 1986.

[9]G. Geymonat, S. Muller, and N. Triantafyllidis, "Homogenization of nonlinearly elastic-materials, microscopic bifurcation and macroscopic loss of rank-one convexity," *Archive for Rational Mechanics and Analysis*, vol. 122, no. 3, pp. 231 - 290, 1993.

[10]M. Schraad and N. Triantafyllidis, "Scale effects in media with periodic and nearly periodic microstructures. Ⅱ. Failure mechanisms," *Journal of Applied Mechanics-Transactions of the ASME*, vol. 64, pp. 762 - 771, 1997.

[11]R. Hutchinson and N. Fleck, "The structural performance of the periodic truss,"*Journal of the Mechanics and Physics of Solids*, vol. 54, no. 4, 2006.

[12]K. Bertoldi, M. C. Boyce, S. Deschanel, S. M. Prange, and T. Mullin, "Mechanics of deformation-triggered pattern transformations and superelastic behavior in periodic elastomeric structures," *Journal of the Mechanics and Physics of Solids*, vol. 56, no. 8, pp. 2642 - 2668, 2008.

[13]T. S. Horozov, B. P. Binks, R. Aveyard, and J. H. Clint, "Effect of particle hydrophobicity on the formation and collapse of fumed silica particle monolayers at the oil-water interface," *Colloids and Surfaces A: Physicochemical and Engineering Aspects*, vol. 282, pp. 377 - 386, 2006.

[14]E. P. Chan, E. J. Smith, R. C. Hayward, and A. J. Crosby, "Surface wrinkles for smart adhesion," *Advanced Materials*, vol. 20, no. 4, pp. 711 - 716, 2008.

[15]J.-H. Jang, C. Y. Koh, K. Bertoldi, M. C. Boyce, and E. L. Thomas, "Combining pattern instability and shape-memory hysteresis for phononic switching," *Nano Letters*, vol. 9, no. 5, pp. 2113 - 2119, 2009.

6

[16]S. Yang, K. Khare, and P.-C. Lin, "Harnessing surface wrinkle patterns in soft matter," *Advanced Functional Materials*, vol. 20, no. 16, pp. 2550-2564, 2010.

[17]J. Kim, J. A. Hanna, M. Byun, C. D. Santangelo, and R. C. Hayward, "Designing responsive buckled surfaces by halftone gel lithography," *Science*, vol. 335, no. 6073, pp. 1201-1205, 2012.

[18]J. Shim, C. Perdigou, E. R. Chen, K. Bertoldi, and P. M. Reis, "Buckling-induced encapsulation of structured elastic shells under pressure," *Proceedings of the National Academy of Sciences of the United States of America*, vol. 109, no. 16, pp. 5978-5983, 2012.

[19]T. Mullin, S. Deschanel, K. Bertoldi, and M. Boyce, "Pattern transformation triggered by deformation," *Physical Review Letters*, vol. 99, no. 8, p. 084301, 2007.

[20]Y. Zhang, E. A. Matsumoto, A. Peter, P.-C. Lin, R. D. Kamien, and S. Yang, "One-step nanoscale assembly of complex structures via harnessing of an elastic instability," *Nano Letters*, vol. 8, no. 4, pp. 1192-1196, 2008.

[21]S. Singamaneni, K. Bertoldi, S. Chang, J.-H. Jang, S. L. Young, E. L. Thomas, M. C. Boyce, and V. V. Tsukruk, "Bifurcated mechanical behavior of deformed periodic porous solids," *Advanced Functional Materials*, vol. 19, no. 9, pp. 1426-1436, 2009.

[22]L. Wang and K. Bertoldi, "Mechanically tunable phononic band gaps in three-dimensional periodic elastomeric structures," *International Journal of Solids and Structures*, vol. 49, no. 19, pp. 2881-2885, 2012.

[23]J. Li, J. Shim, J. Deng, J. T. Overvelde, X. Zhu, K. Bertoldi, and S. Yang, "Switching periodic membranes via pattern transformation and shape memory effect," *Soft Matter*, vol. 8, no. 40, pp. 10322-10328, 2012.

[24]J. Overvelde, S. Shan, and K. Bertoldi, "Compaction through buckling in 2D periodic, soft and porous structures: Effect of pore shape," *Advanced Materials*, vol. 24, no. 17, pp. 2337-2342, 2012.

[25]K. Bertoldi, P. M. Reis, S. Willshaw, and T. Mullin, "Negative Poisson's ratio behavior induced by an elastic instability," *Advanced Materials*, vol. 22, no. 3, p. 361, 2010.

[26]Hibbitt, Karlsson, and Sorensen, *ABAQUS/Standard User's Manual*, vol. 1. Hibbitt and Karlsson and Sorensen, 2001.

6

[27]M. Danielsson, D. M. Parks, and M. C. Boyce, "Three-dimensional micromechanical modeling of voided polymeric materials," *Journal of the Mechanics and Physics of Solids*, vol. 50, no. 2, pp. 351 - 379, 2002.

[28]K. Bertoldi and M. C. Boyce, "Wave propagation and instabilities in monolithic and periodically structured elastomeric materials undergoing large deformations," *Physical Review B*, vol. 78, no. 18, 2008.

[29]N. Triantafyllidis and B. N. Maker, "On the comparison between microscopic and macroscopic instability mechanisms in a class of fiber-reinforced composites," *Journal of Applied Mechanics-Transactions of the ASME*, vol. 52, no. 4, pp. 794 - 800, 1985.

[30]C. Kittel, *Introduction to Solid State Physics*. Wiley, 8th ed., 2005.

[31]N. Triantafyllidis, M. Nestorovic, and M. Schraad, "Failure surfaces for finitely strained two-phase periodic solids under general in-plane loading," *Journal of Applied Mechanics*, vol. 73, pp. 505 - 515, 2006.

[32]K.-J. Bathe, *Finite Element Procedures*. Prentice Hall, 1996.

[33]M. Aberg and P. Gudmundson, "The usage of standard finite element codes for computation of dispersion relations in materials with periodic microstructure," *Journal of the Acoustical Society of America*, vol. 102, no. 4, pp. 2007 - 2013, 1997.

[34]J. E. Marsden and T. J. R. Hughes, *Mathematical Foundations of Elasticity*. Prentice-Hall, 1983.

[35]P. Wang, J. M. Shim, and K. Bertoldi, "Effects of geometric and material nonlinearities on tunable band gaps and low-frequency directionality of phononic crystals," *Physical Review B*, vol. 88, no. 1, 2013.

[36]A. S. Phani, J. Woodhouse, and N. Fleck, "Wave propagation in two-dimensional periodic lattices," *The Journal of the Acoustical Society of America*, vol. 119, no. 4, pp. 1995 - 2005, 2006.

[37]Y. Liebold-Ribeiro and C. Körner, "Phononic band gaps in periodic cellular materials," *Advanced Engineering Materials*, vol. 16, no. 3, pp. 328 - 334, 2014.

第 7 章

点阵材料的冲击与爆炸响应

马修·史密斯(Matthew Smith)[1]、韦斯利·J. 坎特韦尔(Wesley J. Cantwell)[2]和官忠伟(Zhongwei Guan)[3]

1. 英国,谢菲尔德,谢菲尔德大学,罗尔斯·罗伊斯未来工厂,波音公司先进制造研究中心
2. 阿联酋,阿布扎比,哈利法科学技术大学,航空航天研究创新中心
3. 英国,利物浦,利物浦大学工学院

7.1 引言

吸能与防爆结构的设计需要高效的吸能材料。在受到爆炸载荷作用时,防护结构将承受巨大的动能。防护结构的牺牲层负责将能量耗散掉,以确保传递到主体结构的力保持在可接受范围内[1]。近年来,军用与民用轻质防护结构的设计与制造成为研究热点。泡沫材料(比如高韧性的金属泡沫)已被用于设计与制造防爆夹层结构[2-3]。然而,第一代芯材大部分是高度不规则的泡沫多孔结构,这使防护设计变得既困难又低效。点阵结构具有优于传统泡沫材料结构的比强度和比刚度[3-4],因此被视为一种潜力巨大的吸能芯层结构。

目前,关于点阵结构在压缩载荷作用下的准静态响应已有大量研究[10-37]。本章的目的是展示抗冲击和防爆轻质点阵结构的吸能特性与应用。本章起初的关注点在于点阵芯体的冲击和爆炸响应,随后将扩展到更大尺寸的点阵-夹层结构的爆炸响应。

7.2 文献综述

本节将重点讨论关于多孔结构冲击、爆炸、高速碰撞以及压痕响应的已有研究工作。

7.2.1　多孔结构的动力学响应

多孔材料在高应变率下的变形特性可以提高结构的力学性能和吸能能力。这种应变率效应与材料、几何形状以及制造方法有关[18]。批量铸造的泡沫铝(Alporas)在动态应变率下的吸能性能比在准静态应变率下高出 50%以上。相比之下,基于粉末冶金技术的泡沫铝(Alulight)并未表现出任何应变率效应[19]。

永沃恩(Yungwirth)等人[20]研究了由 304 不锈钢和 6061 - T6 铝合金制成的金字塔点阵夹芯板受到冲击速度为 250～1300 m/s 的钢球弹作用时的响应。他们发现夹层板在抵抗爆炸和弹道载荷方面有望超过整体板。他们还研究了 6061 - T6 铝波纹夹层板的冲击响应[21],揭示了夹芯板弹体侵彻的机理。他们发现低动量冲击会与空芯的斜腹板发生相互作用,进而横向偏转。整个侵彻过程由前面板内的剪断开始,然后是夹芯腹板的拉伸、弯曲和断裂,最后是后面板内的剪断。

埃文斯(Evans)[22]指出,与同种合金制成且具有相同面质量密度的整体板相比,多孔金属夹层板表现出更好的抗弯刚度和强度。当受到弹道冲击时,这种夹层结构具有潜在的多功能性。包括蜂窝[23]、棱形波纹[24]和桁架结构(包括一些空心桁架)[7,25]在内的许多多孔拓扑已被用于结构承载。通过优化前面板、芯板和后面板之间的面板质量分布,可以提高夹层板的抗弯性能,从而减小冲击载荷引起的后面板挠度[26-38]。如果利用流固耦合效应来减小脉冲反射[29],这种质量分布带来的益处可以得到增强。当利用高速沙土[30]或空气[31]对夹层结构进行冲击时,冲击力将小幅减小(大约 10%的量级)。通常来说,夹层结构具有比等效实心板更强的抗弯能力,因此具有更小的背面挠度。张(Zhang)等人[32]研究了铝合金金字塔桁架夹层结构在冲击载荷作用下的动力学响应,实现了最优的比刚度和比强度以及良好的吸能性能。

7

李(Lee)等人[33-34]研究了不锈钢金字塔桁架结构在准静态和动态压缩载荷下的响应。准静态试验、中等应变率(263～550 s^{-1})试验以及高应变率(7257～9875 s^{-1})试验分别使用小型加载平台、考尔斯基(Kolsky)杆装置以及轻型气枪来完成。由于微惯性效应,中等应变率下的峰值应力大约比准静态应变率下高出 50%。在高应变率下,峰值应力的增加更为明显,增加幅度在 130%～190%。在高应变率下,结构的变形是不同的,与支板弯曲和屈曲相关的惯性从中起着更重要的作用。桁架芯体的惯性效应通过以下两点来影响结构的初始响应：

- 塑性波在桁架构件上的传播延缓了构件的屈曲；
- 屈曲会引起横向运动。

沃恩(Vaughn)等人[35]更详细地讨论了惯性效应。对于由选择性激光熔凝(selective laser melting, SLM)工艺制造的“第一代”不锈钢点阵结构,1×10^3 s^{-1} 应变率下的屈服应力相较于准静态应变率下增加了 20%[13]。对于每一类胞元结构，通过准静态和动态试验的比较，发现它们的破坏机理是相似的。在此研究中，使用 MCP Realiser Ⅰ选择性激光熔凝系统制备了点阵结构，其具有横截面为椭圆形的微结构。迈因斯(Mines)等人[36]研究了利用选择性激光熔凝技术制造的点阵夹层板的落锤冲击响应。研究发现，目前的 Ti_6Al_4V 体心立方(body-centered cubic structure, BCC)微点阵芯体具有与铝蜂窝结构不相上下的性能，而且通过量化芯体的微惯性效应和材料应变率效应以及优化微点阵结构，Ti_6Al_4V 微点阵芯体的抗冲击性能仍有提高空间。

7.2.2 多孔结构冲击和爆炸响应

雷德福(Radford)等人[37]展示了金属泡沫弹丸可以产生等效于水和空气冲击载荷的动态压力-时间历程。麦克沙恩(McShane)等人[38]使用这种技术来测量整体板和具有钢制金字塔状或方形蜂窝状芯体的夹层板的动力学响应，并通过板跨中的永久横向挠度来量化其抗冲击性能。结果表明，在动态加载的情况下，夹层板的抗冲击性能优于等质量的整体板，蜂窝板的抗冲击性能优于金字塔形夹芯板。麦克沙恩等人[39]研究了具有方形蜂窝芯体和波纹芯体的独立式夹层板的水下爆炸响应。研究发现芯体拓扑决定了芯体最终的压缩程度：芯体越强，压缩变形就越小。莫里(Mori)等人[40-41]使用锥形激波管(直径沿朝着目标端的方向增加)来产生水下爆炸脉冲，从而对具有金属点阵芯体的固支夹层板进行加载。结果表明，夹层板背面的挠度小于等质量的整体板。他们指出，由于流固耦合效应，夹层板获得的冲量比等质量的整体板要小。学者们也对金属锥体点阵芯夹层板在高强度空气冲击载荷作用下的响应进行了研究[42]。他们通过对具有低相对密度金字塔形点阵芯体的夹层板进行小尺度爆炸加载，研究了芯体不抗拉伸的夹层板模型系统的大尺度弯曲和断裂响应。

汉森(Hanssen)等人[43]研究了泡沫铝板被用作牺牲层结构时的近距离爆炸响应。他们发现这种结构有效地降低了爆炸载荷。一个与直觉相悖的发现是，通过在泡沫板上增加面板，可以增加传递到弹道摆的能量和冲量。这是由于面板发生了复杂的凹形变形，从而控制了能量传递。

兰登(Langdon)等人[44]研究了板芯密度和盖板厚度对爆炸载荷作用下的 Cymat 泡沫铝包层板的动力学响应的影响。芯材相对密度分别为 10%、15%、20%，钢板厚度分别为 2 mm 和 4 mm。盖板厚度对面板响应有显著影响，2 mm 厚面板的截面表现出不同程度的挤压，并产生显著的永久变形。4 mm 厚的面板更加坚硬，导致芯体均匀粉碎。他们还研究了面板与泡沫夹芯的黏结效应，发现黏结可以加剧夹芯结构的断裂程度。

阿什比(Ashby)[45]对夹层板的防爆设计进行了详细讨论。他指出，在吸能结构前安装一个厚实的面板是有益的，因为爆炸脉冲会给面板带来动量，使其加速到一定的速度以产生相应的动能。过于厚重的面板会导致较低的速度，因此吸能结构耗散的动能也会降低。

卡拉乔佐娃（Karagiozova）等人[46-47]对包层和夹层试样进行了测试，发现由于强烈的动态效应，准静态方法不能准确地估计被吸收的能量。泡沫压实所消耗的能量取决于不同应变历程下的压实速度。他们对聚苯乙烯泡沫塑料和铝蜂窝制成的夹层板进行了爆炸试验，测量了后板的永久挠度，发现可以通过夹芯的速度衰减特性来确定后板的永久挠度。对于面板质量相等的情况，蜂窝芯优于聚苯乙烯芯。学者们对空气爆炸和冲击载荷作用下的铝蜂窝夹芯板也进行了深入研究[32-48]。

7.2.3 多孔结构的动态压痕性能

对多孔金属压痕性能的研究主要集中于压痕损伤对结构响应、承载能力、破坏模式和能量吸收等方面的影响[53]。文献[54]对航空航天工业中常用的一些蜂窝金属的压痕性能进行了综述。

学者们也对选择性激光熔凝法制造的点阵结构的压痕性能进行了评估[18,55]。通过对不锈钢点阵芯体和夹层板进行静力穿透试验发现，选择性激光熔凝结构与 Alporas 泡沫铝结构性能相当，并且通过改变原材料或优化胞元拓扑可以进一步提高其性能。通过对夹层板进行落锤冲击试验发现，其损伤机理与准静态试验相似。

哈桑（Hasan）等人[56]对比了钛点阵芯夹层板与铝蜂窝夹层板的抗冲击性能。夹层内部的变形机制可以通过对试件进行 CT 扫描来评估。对于高能冲击，每块板的抗冲击能力基本相当，但与铝蜂窝板相比，钛点阵夹层板有更多的局部损伤区域。这被飞机制造商视为一个优点，因为他们要求损伤区域必须与冲击器的尺寸相同。面板或部件的局部损伤是容易处理的，这是因为损伤发生后需要更换的结构较少。

7

7.3 制造过程

本节将简要介绍基于选择性激光熔凝工艺的不锈钢微点阵结构的制造过程。

7.3.1 选择性激光熔凝技术

选择性激光熔凝是一种增材制造技术，该技术通过高功率镱光纤激光器来熔化细小金属粉末，并形成功能性三维部件[57]。

图 7.1 所示的 MCP Realizer Ⅱ是一个商业选择性激光熔凝工作站，其拥有工作波长为 1068～3095 nm 的 200 W 连续波镱光纤激光器（SPI，英国）。该机器具有（250×205×240）mm 的成型范围，每小时可以打印 5～20 cm^3 的高密度钢。其

扫描系统具有一个双轴镜定位系统和一个可以沿 x 轴和 y 轴引导激光束的检流计光学扫描仪。可变焦光学系统是一个焦距为 300 mm 的平场聚焦(f-theta)透镜,它在整个成型范围内能产生尺寸为 90 μm 的光斑[58]。

图 7.1　MCP Realizer Ⅱ机器

如图 7.2 所示,本节基于两种点阵胞元拓扑来构造点阵结构:一种为体心立方(BCC)重复单元;另一种为具有立柱的类似结构(被称为 BCC-Z 胞元)。BCC 胞元由立方体中心点朝立方体的各个角辐射出的八根支柱组成。图 7.2 与以上描述不完全相符,这是为了阐明在 BCC-Z 胞元中有一个完整的垂直支柱。

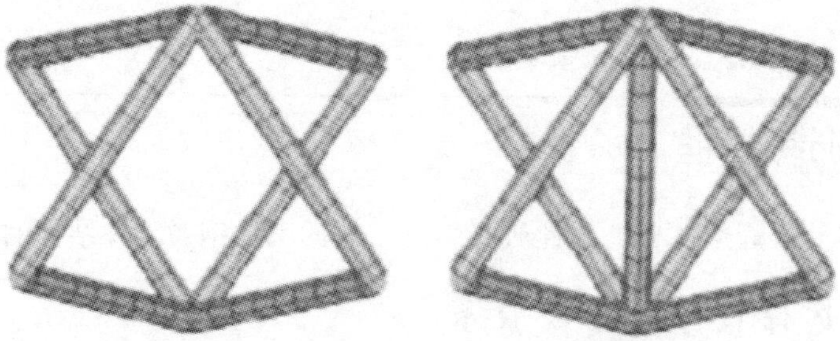

(a) BCC　　(b) BCC-Z

图 7.2　本节使用的微点阵几何结构

MCP Realizer Ⅱ机器被用于制造各种 316L 不锈钢点阵立方体结构(图 7.3)以及更大尺寸的面板,以研究这些结构的动态冲击和爆炸响应。表 7.1 和表 7.4 分别列出了爆炸试验和落锤冲击试验中所使用的点阵结构的详细参数。相关文献

[12][13]描述了制造过程的深入细节。

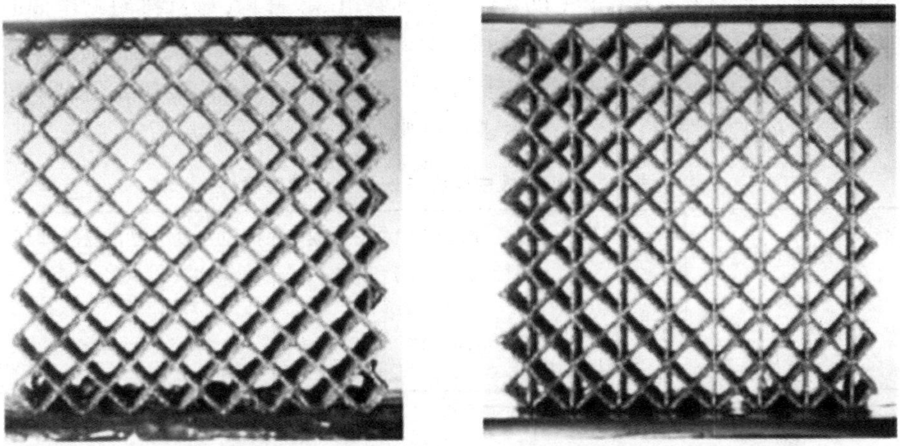

图 7.3　316L 不锈钢点阵块

表 7.1　爆炸试验中使用的点阵结构的尺寸

点阵序号	胞元类型	胞元体积/mm^3	相对密度/%	支柱直径均值/mm	点阵尺寸/mm
A	BCC	1.25^3	13.6	0.2	20×20×18.75
B	BCC	1.5^3	6.86	0.2	20×20×19.5
C	BCC	2^3	3.85	0.2	21×20×19.5
D	BCC	2.5^3	2.95	0.2	20×20×20
E	BCC-Z	1.25^3	14.5	0.2	20×20×18.75
F	BCC-Z	1.5^3	8.03	0.2	20×20×19.5
G	BCC-Z	2^3	4.77	0.2	21×20×19.5
H	BCC-Z	2.5^3	2.84	0.2	20×20×20

7

7.3.2　夹层板制造

采用模压成型工艺制造了具有微点阵芯的夹层板。点阵芯体的总尺寸为(100×100×20)mm，胞元尺寸为 2.5 mm(点阵 D)。每个试件顶部和底部的蒙皮均由四层碳纤维增强塑料(carbon fiber reinforced plastic，CFRP)制成。随后，将铺层放置在热压机上，加工压力保持在芯体的屈服应力以下，温度在 120 ℃维持 90 min。热压的结合使树脂能够流过芯材和表面的微结构，然后渗透蒙皮，从而产生优异的黏附效果[18]。待试件冷却后将其从热压机中取出，测量发现蒙皮厚度约为 1 mm。

碳纤维增强塑料被用作夹层板的蒙皮材料。EP121 - C15 - 33 是一种纤维增强热固性预浸渍材料，适用于飞机零件。它具有由 3k HTA 碳纤维织物组成的平纹编织结构，并浸渍了环氧树脂 EP121。它可在 120～160 ℃的温度范围内以及不小于 0.07 MPa 的压力下固化，适用于热压或真空袋加工[59]。表 7.2 列出了碳纤维增强塑料的主要性能，图 7.4 展示了一块典型的已制成的夹层板。

表 7.2　夹层板中碳纤维增强塑料的特性

预浸材料	蒙皮铺层	面密度 /($g \cdot m^{-2}$)	拉伸模量 /GPa	抗拉强度 /MPa	固化温度/时间 /(℃ · min^{-1})
平纹碳纤维/环氧树脂基体	4 层 0/90 铺层 名义厚度 1 mm	410±15	58(8 层)	850(8 层)	155/35

图 7.4　一个(100×100×20)mm 的具有 BCC 点阵芯的夹层板

7.4　点阵材料的动态和爆炸加载

本节简要介绍点阵结构的动态和爆炸响应的实验研究步骤。

7.4.1　实验方法：落锤冲击试验

为研究动态应变率下点阵结构的力学性能，使用图 7.5 所示的带有仪表的落锤冲击塔对一系列点阵结构进行动态压缩试验。为了压溃试件，滑架上平面冲击头的释放高度被设置为 1.5 m。载荷的时间历程可以通过滑架和冲击头之间的 Kistler 压电称重传感器和专用电脑进行测量。在测试期间，使用每秒 10000 帧的高速摄像机(MotionPro X4，Integrated Design Tools, Inc.)和记录软件记录冲击头上目标点的移动。使用软件包“ProAnalyst”将目标点的运动转换成速度与时间的关系图，随后通过积分得到位移与时间的关系图。对具有不同相对密度的 BCC 和 BCC-Z 点阵结构进行了 9 次落锤压缩试验。为了减少摩擦的影响，在试验前对压缩板和冲击头进行了润滑。点阵结构在堆叠方向上承受载荷，也就是说，BCC-Z 点阵的立柱平行于加载方向。

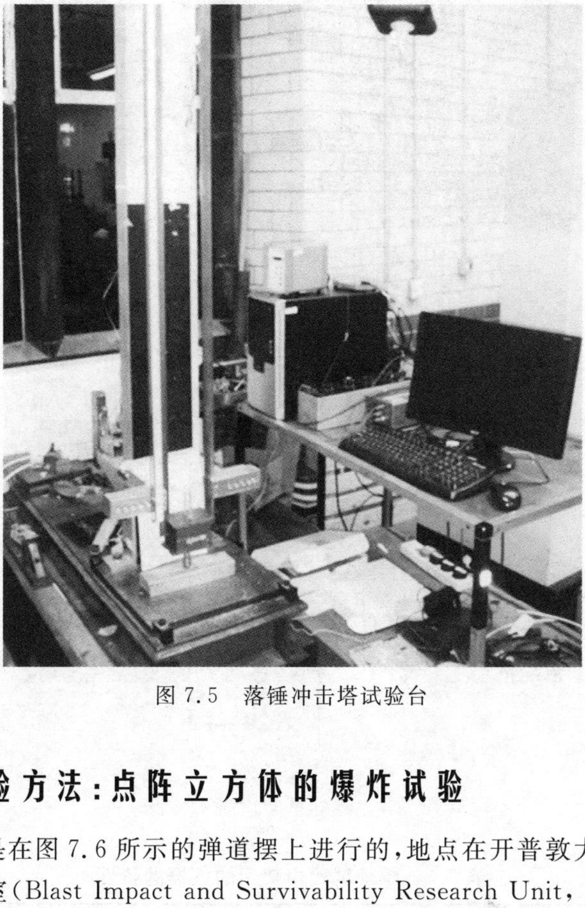

图 7.5　落锤冲击塔试验台

7.4.2　实验方法：点阵立方体的爆炸试验

爆炸试验是在图 7.6 所示的弹道摆上进行的，地点在开普敦大学的爆炸冲击与生存性实验室(Blast Impact and Survivability Research Unit, BISRU)。爆炸载荷通过一块被称作“撞锤”的钢板施加到点阵结构上。为保证点阵结构受力均匀，采用了两个导轨。图 7.7 为摆锤试验的设置示意图。表 7.3 列出了所使用的三个圆柱状钢板撞锤的质量和尺寸。由于加载条件非常严峻，撞锤在试验过程中发生了损坏，因此不得不使用多个撞锤。撞锤质量的最大变化仅为 4.6 g(2.3%)，如此小的误差足以保证不同试验之间横向比较的可信度。

图 7.6　用于爆炸试验的弹道摆

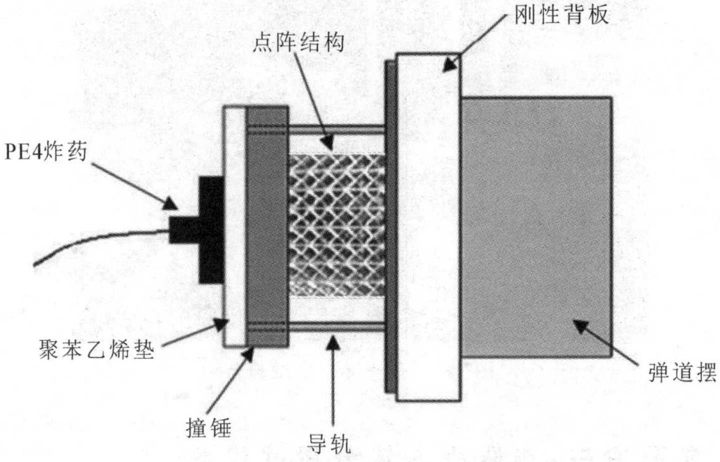

图 7.7　爆炸试验设置示意图

表 7.3　爆炸试验中使用的撞锤的特性

撞锤编号	质量/g	厚度/mm	直径/mm	细节
S1	199.7	20	40	使用聚四氟乙烯衬套
S2	197.6	20	40	无衬套-热处理
S3	196.3	20	40	使用黄铜衬套

试验中使用定位夹具来确保点阵结构放置在试验台的中心，并且对导轨进行润滑以减少其与撞锤之间的摩擦。爆炸冲击载荷是以 13 mm 的喷距引爆一盘

PE4 炸药产生的。将炸药放置在一块 13 mm 厚的聚苯乙烯衬垫上来产生喷距，并用黏合剂将衬垫粘在撞锤上。设置喷距是为了减少冲击载荷对撞锤表面的损伤。引爆后，聚苯乙烯衬垫会分解掉，因此对撞锤受到的载荷没有影响。改变 PE4 圆盘的厚度会改变炸药的质量，进而会改变施加在撞锤和点阵上的冲量。采用西奥博尔德(Theobald)等人[14]描述的方法来记录爆炸摆动幅度并计算施加的冲量。对不同的 BCC 和 BCC-Z 点阵结构进行了共计 29 次的爆炸试验。

7.4.3　实验方法：复合点阵夹层结构的爆炸试验

本小节对碳纤维增强塑料面板组成的点阵夹层结构进行了一系列的爆炸试验。这些试验的目的是评估夹层结构的防爆性能。试验也在弹道摆上进行，夹层结构的试验设置如图 7.8 所示。

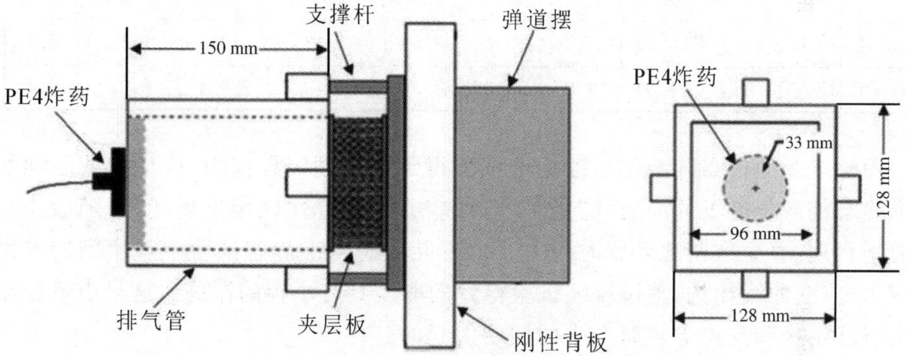

图 7.8　用于夹层板爆炸试验的爆炸管示意图

采用与西奥博尔德[14]类似的方形爆炸管排布，以在夹层结构上产生均布载荷。在试验设置中，夹芯板的后板被完全固定，而前板可以随着夹芯变形而移动。将夹层板固定在实心支撑板上，并使试验板和爆炸管之间没有空隙。使用直径为 20～33 mm 的 PE4 炸药圆盘产生爆炸载荷。炸药被放置在爆炸管另一端的聚苯乙烯衬垫上，衬垫尺寸为(96×96)mm，爆炸喷距为 150 mm。使用 BATY CL1 沉陷测量仪以 10 mm 的间隔测量夹层板的初始和最终厚度。

7.5　结果与讨论

7.5.1　落锤冲击试验

为了研究高应变率对点阵结构材料性能的影响，在落锤冲击塔上进行了动态压缩试验。表 7.4 列出了试验条件以及所使用点阵结构的详细参数。

表 7.4　落锤试验中使用的点阵试样参数汇总表

点阵序号	胞元类型	质量/g	高度/mm	宽度/mm	深度/mm	相对密度/%	测试速度/($m \cdot s^{-1}$)	应变率/s^{-1}	平台应力(25%应变)/MPa	冲击能量/J
A5-D	BCC	6.1	14.1	20	20.35	13.29	3.71	263.1	6.37	15.5
A6-D	BCC	6.6	15	20	20.4	13.48	4.43	295.3	7.26	22.2
A7-D	BCC	6.7	15.23	19.95	20.32	13.56	5.43	356.5	8.24	33.2
B4-D	BCC	4.7	14.6	20.1	20.4	9.81	3.71	254.1	4.02	15.5
D5-D	BCC	1.7	15.75	20.2	20.3	3.29	2.80	177.9	0.66	4.3
D6-D	BCC	1.8	15.27	20.3	20.41	3.56	2.80	183.5	0.53	4.3
H5-D	BCC-Z	1.9	14.9	19.8	20.4	3.95	2.80	188.0	1.452	4.3
H6-D	BCC-Z	1.7	14.95	19.9	20.15	3.54	3.43	229.5	1.42	6.4
H7-D	BCC-Z	1.7	14.91	19.85	20.36	3.53	3.43	230.1	1.32	6.4

图 7.9 为通过点阵结构落锤冲击试验得到的典型工程应力-应变曲线。曲线与准静态加载条件下的应力-应变曲线形式相似：在弹性区域出现陡升，随后出现应力平台期，直至致密化开始时应力又出现陡升。与准静态试验中观察到的平滑的应力-应变曲线相比，落锤压缩试验得到的曲线具有小幅的振荡。这是由落锤架撞击点阵结构和支撑导轨时产生的振动引起的。

7

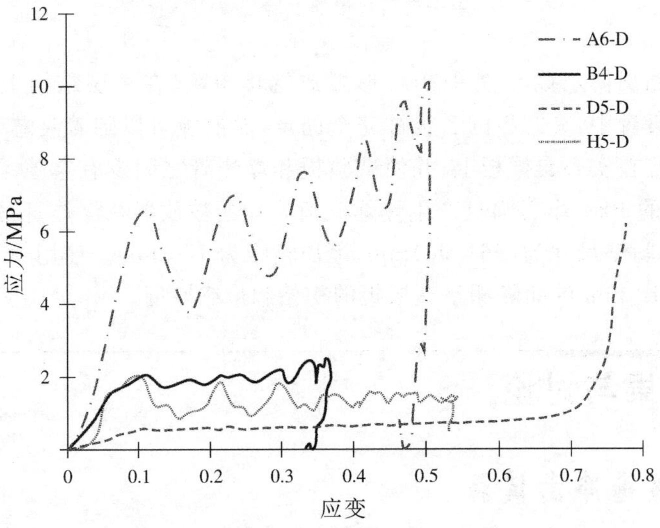

图 7.9　落锤冲击压缩试验测得的点阵结构应力-应变曲线

图 7.10 展示了对点阵 D 的 BCC 结构进行落锤试验测得的工程应力-应变曲线，以及使用 Instron 4024 试验机在渐增应变率下对类似结构进行压缩试验测得的数据[12,60]。该图显示了加载速度对点阵结构压缩响应的影响：点阵结构的屈服强度和平台应力随着加载速度增加。

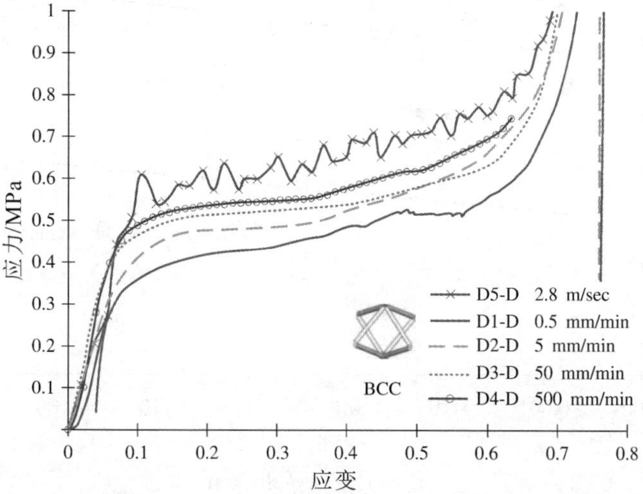

图 7.10　落锤冲击塔压缩试验测得的 BCC 结构的应力-应变曲线

落锤冲击试验的应变率控制在 177.9～356.5 s^{-1}，应变率对点阵结构平台应力的影响如图 7.11 所示。平台应力是指结构在相对恒定的水平上发生塑性破坏时的应力。所有点阵结构均在 25%的应变下进行测量。从图中可以看出，所有的 BCC 和 BCC-Z 结构都表现出了应变率敏感性。数据表明，BCC 和 BCC-Z 点阵结构的平台应力随应变率稳定增加，并且在小于 300 s^{-1} 的应变率范围内，比准静态的平台应力高出 20%～35%。点阵 A 的平台应力表现出高度的分散性，这表明试样的质量是参差不齐的。

麦科恩(McKown)等人[13]对胞元尺寸为 2.5 mm 的 BCC 和 BCC-Z 不锈钢点阵结构进行了类似的动态试验，也发现了类似的应变率敏感性。通过 8×10^{-3}～150 s^{-1}应变率下的试验发现，屈服应力(在 5%的应变偏移下测得)在考虑的试验条件范围内增加了 25%。此前有学者对 316L 不锈钢试样进行了拉伸加载测试，发现该材料具有有限的应变率敏感性[15]。

7.5.2　点阵结构爆炸试验

本小节对具有不同相对密度和胞元拓扑的点阵结构进行了一系列爆炸试验，试验结果在表 7.5 中列出。表中 PE4 的质量是指安装在撞锤上的爆炸性圆盘与起爆剂的质量和。由于过于少的 PE4 炸药难以引爆，因此对低密度结构(点阵 C、

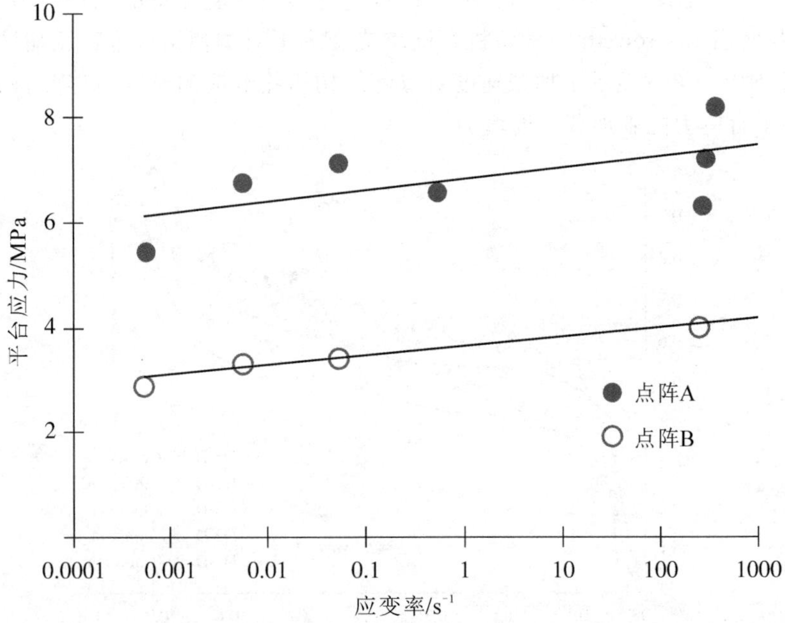

（a）点阵结构A和B

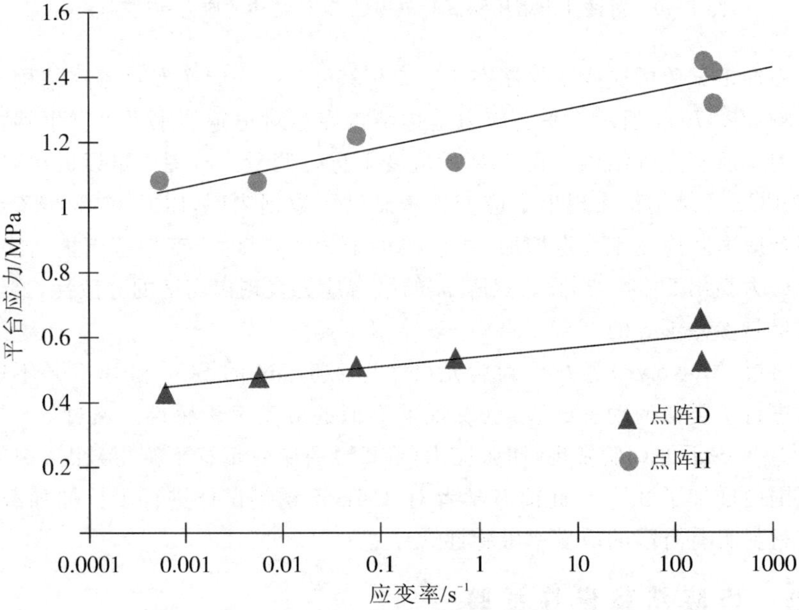

（b）点阵结构D和H

图 7.11　平台应力随应变率的变化曲线

D 和 H)进行试验的次数是有限的。

表 7.5　点阵爆炸试验结果汇总表

胞元类型	点阵名称	炸药质量/g	冲量/(N·s)	初始撞击速度/(m·s^{-1})	平均名义应变率/s^{-1}	压溃率/%
BCC	A1	3+1	4.6	23.4	1252.3	49.9
	A2	5+1	5.2	26.7	1427.1	59.5
	A3	6+1	6.2	32.0	1708.9	64.3
	A4	2+1	3.1	15.7	839.2	37.4
BCC	B1	3+1	4.3	21.4	1099.4	70.3
	B2	1+1	1.6	8.0	409.6	40.5
	B3	2+1	3.1	15.8	796.1	69.6
	B4	1.5+1	2.9	15.0	760.5	65.7
	B5	1+0.5	1.7	8.9	428.4	50.6
BCC	C1	0+1	0.8	4.1	211.0	16.2
	C2	1+0.5	1.7	8.9	452.8	74.3
	C3	1+1	2.3	11.8	597.5	78.2
BCC-Z	E1	3+1	4.1	20.6	1102.1	16.6
	E2	5+1	5.3	27.0	1441.8	25.9
	E3	6+1	5.9	30.3	1622.2	33.3
	E4	4+1	5.1	26.5	1419.4	26.7
BCC-Z	F1	3+1	4.2	21.2	1079.6	47.9
	F2	2+1	3.3	16.6	840.5	33.3
	F3	5+1	5.3	26.9	1365.4	64.8
	F4	1+1	2.2	11.0	557.2	13.4
	F5	3+1	4.2	21.4	1087.0	47.7
	F6	5+1	5.2	26.2	1344.9	65.0
	F7	6+1	5.8	29.6	1504.1	71.7
BCC-Z	G1	3+1	4.1	21.1	1076.0	83.2
	G2	1+1	1.7	8.8	448.7	41.3
	G3	2+1	3.3	16.8	857.1	76.7
	G4	1.5+1	2.5	12.8	655.6	66.7
	G5	1+0.5	1.9	9.9	509.8	42.0
BCC-Z	H1	1.5+1	2.9	15.3	763.6	85.8

7

撞锤的初始速度可以通过测量外加冲量再除以撞锤质量来计算。表 7.5 中的平均名义应变率是使用撞锤初始速度和点阵高度计算得到的。

图 7.12 展示了典型的经爆炸冲击后的点阵。从图中可以看出试样是均匀压溃的，压溃程度可以通过点阵四角高度相对于点阵初始高度的平均变化来确定。

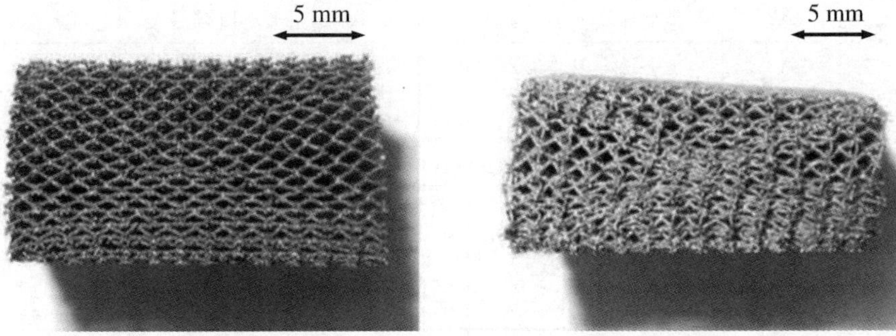

（a）点阵B2（BCC）　　（b）点阵F1（BCC-Z）

图 7.12　爆炸试验后的试件

图 7.13 显示了结构压溃率随外加冲量的变化，可以看出，曲线在致密化点之前是线性的，而在之后进入了一个平台阶段，此时点阵很难再发生变形。图像还表明存在一个冲量阈值与压溃的发生相对应。

每次爆炸试验的应变率均在 210～1710 s^{-1}的范围内，超出了落锤冲击试验的应变率范围，即 178～357 s^{-1}。在动态压缩试验中，316L 钢点阵结构的屈服强度会随着应变率增加。点阵结构在动态试验中的平台应力可以增加 30%[60]。根据

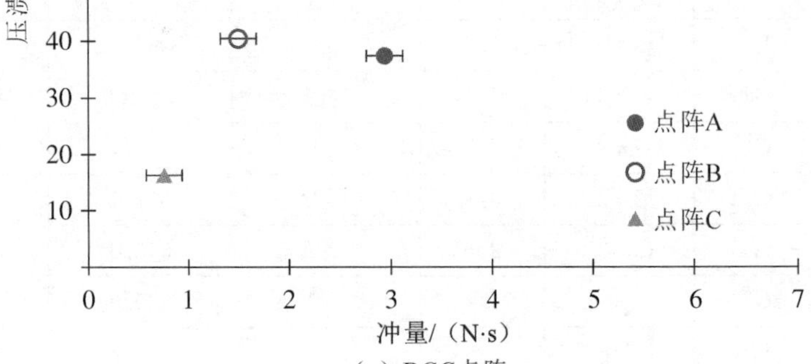

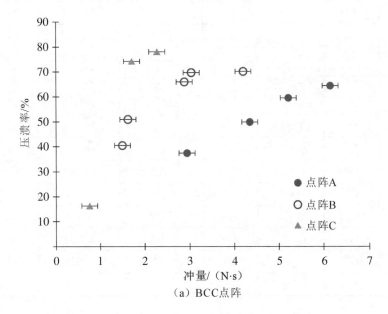

（a）BCC点阵

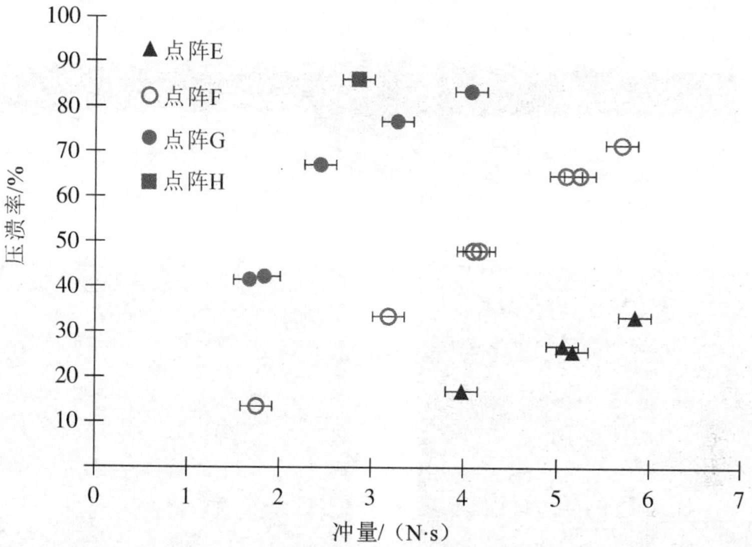

（b）BCC-Z点阵

图 7.13　压溃率随外加冲量的变化

爆炸试验中的应变率效应可以推断，点阵结构在动态试验中的屈服强度增加了大约 35%。

7

7.5.3　夹层板爆炸试验

对基于 BCC 点阵芯和碳纤维增强塑料蒙皮的夹层板进行了爆炸试验。图 7.14为爆炸试验后的夹层板，表 7.6 列出了板的剩余厚度。由于试件 SP1 和 SP2 分别存在脱层和局部脱层，其剩余厚度无法精确测量。试件 SP1 和 SP2 爆炸后的

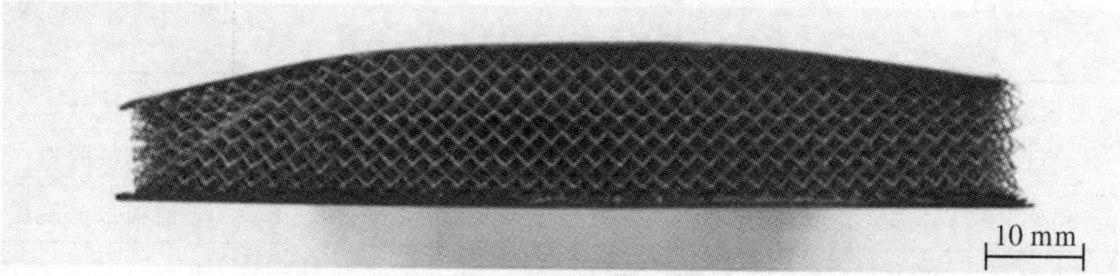

（a）试样SP4（冲量为4 N·s）

（b）试样SP2（冲量为7 N·s）

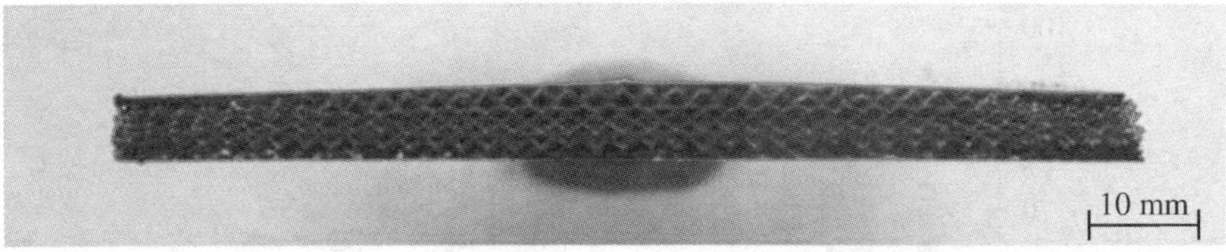

（c）试样SP3（冲量为5.2 N·s）

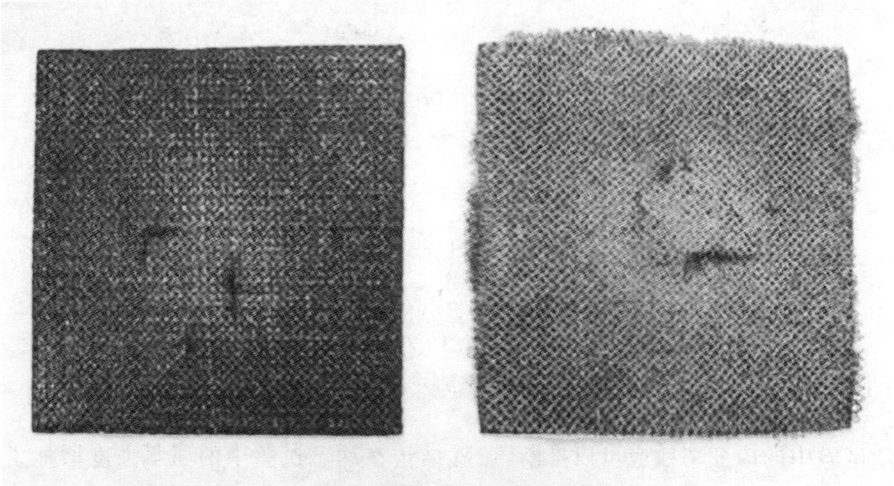

（d）试样SP1（冲量为14 N·s）

图 7.14　基于 BCC 胞元的夹层板

厚度约为 17 mm，此时的压溃程度为 85%。在压缩试验中，点阵结构达到该压溃程度时已经完全致密化。在芯体完成完全致密化时，夹层板的前板会向前反弹，并在蒙皮-芯体界面上与芯体脱离[12]。

表 7.6　夹层板爆炸试验结果汇总表

夹层板编号	面板尺寸/mm	炸药质量/g	冲量/(N·s)	压溃率/%	注释
SP1	101.5×100×21.2	8+1	14.0	~85	前板脱离
SP2	101.5×99.8×21.2	3+1	7.0	~85	前板部分脱层
SP3	103×101.8×20.5	2+1	5.2	63.2	
SP4	100×99.8×20.9	1+1	4.0	13.9	

图 7.15 显示了爆炸试验后试件 SP3 的等厚度轮廓。该图显示试件的四角区域有更为明显的永久变形。这可能是由爆炸产生的不均匀脉冲造成的，也可能是由于试件边缘受到损伤或约束较少从而更易变形。这种现象还没有被完全理解，需要进一步研究。

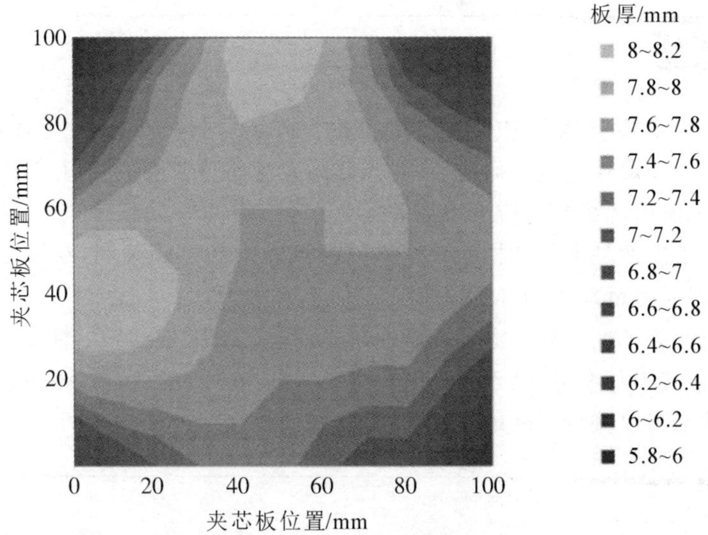

图 7.15　夹层板 SP3 剩余厚度的等高轮廓图(冲量为 5.2 N·s)

图 7.16 显示了夹层板的平均压溃率随外加冲量的变化情况。可以看出夹层板响应曲线的变化趋势与点阵结构相似:曲线上存在一个冲量阈值对应结构压溃的发生,然后曲线急剧上升达到致密化的冲量阈值,而后曲线进入平稳期。

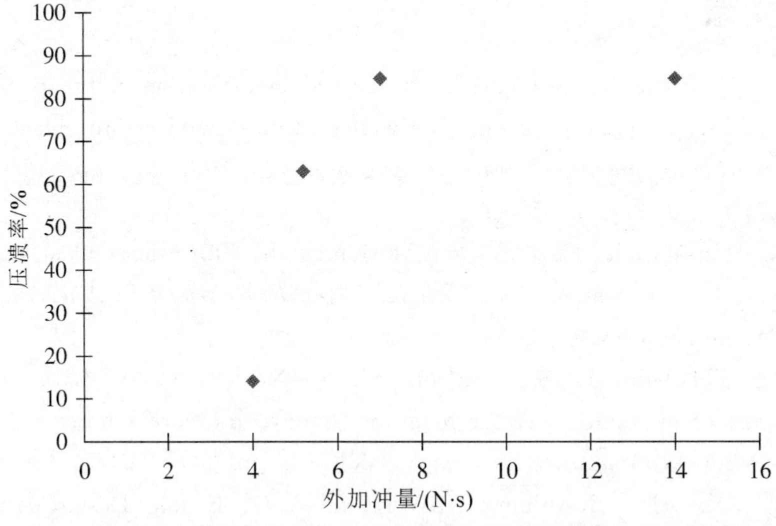

图 7.16　BCC 芯体与碳纤维增强塑料板组成的夹芯板的压溃率与外加冲量的关系

7.6 总结

本章研究了基于 BCC 和 BCC-Z 胞元的点阵结构(包括点阵立方体与夹层板)的动力学冲击和爆炸响应。研究表明,点阵的响应是可预测的,并且对于特定的几何形状,点阵的破坏机制与应变率无关。

应变率敏感性是点阵结构的一个重要特征。动态试验表明,在研究的应变率范围内,平台应力增加了约 30%。

本章也探究了在点阵上添加面板而制得的包芯或夹层结构的性能。面板可以约束点阵,使其不易变形,从而提高了点阵结构的力学性能。通过改进选择性激光熔凝制造技术可以减少点阵内支柱的缺陷,从而提高结构性能。

致谢

非常感谢来自开普敦爆炸冲击与生存性实验室的吉纳维芙·兰登(Genevieve Langdon)和杰拉尔德·纽里克(Gerald Nurick)教授,感谢他们在弹道摆爆炸试验中提供的帮助。

参考文献

[1]M. D. Theobald, G. N. Nurick, Numerical investigation of the response of sandwich-type panels using thin-walled tubes subject to blast loads. *International Journal of Impact Engineering*, Vol. 34: pp. 134 - 156, (2007).

[2]A. G. Hanssen, L. Enstock, and M. Langseth, Close-range blast loading of aluminium foam panels. *International Journal of Impact Engineering*, Vol. 27(6): pp. 593 - 318, (2002).

[3]M. D. Theobald, G. S. Langdon, G. N. Nurick, et al, Large inelastic response of unbonded metallic foam and honeycomb core sandwich panels to blast loading. *Composite Structures*, Vol. 92: pp. 2465 - 2475, (2010).

[4]F. W. Zok, H. J. Rathbun, Z. Wei, and A. G. Evans, Design of metallic textile core sandwich panels. *International Journal of Solids and Structures*, Vol. 40(21): pp. 5707 - 3722, (2003).

[5]S. Chiras, D. R. Mumm, A. G. Evans, N. Wicks, J. W. Hutchinson, K. Dharmasena, H. N. G. Wadley, and S. Fichter, The structural performance

of near-optimized truss core panels. *International Journal of Solids and Structures*, Vol. 39(15): pp. 4093 - 3115, (2002).

[6]J. Wang, A. G. Evans, K. Dharmasena and H. N. G. Wadley, On the performance of truss panels with Kagomé cores. *International Journal of Solids and Structures*, Vol. 40(25): pp. 6981 - 6988, (2003).

[7]V. S. Deshpande, N. A. Fleck, and M. F. Ashby, Effective properties of the octet-truss lattice material. *Journal of the Mechanics and Physics of Solids*, Vol. 49(8): pp. 1747 - 3769, (2001).

[8]V. S. Deshpande, and N. A. Fleck, Collapse of truss core sandwich beams in 3-point bending. *International Journal of Solids and Structures*, Vol. 38(36 -37): pp. 6275 - 3305, (2001).

[9]V. S. Deshpande, M. F. Ashby, and N. A. Fleck, Foam topology: bending versus stretching dominated architectures. *Acta Materialia*, Vol. 49(6): pp. 1035 - 3040, (2001).

[10]G. W. Kooistra, V. S. Deshpande, H. N. G. Wadley, Compressive behavior of age hard-enable tetrahedral lattice truss structures made from aluminium. *Acta Materialia*, Vol. 52: pp. 4229 - 4237, (2004).

[11]D. T. Queheillalt, Y. Murty and H. N. G. Wadley, Mechanical properties of an extruded pyramidal lattice truss sandwich structure. *Scripta Materialia*, Vol. 58: pp. 76 - 79, (2008).

[12]M. Smith, W. J. Cantwell, Z. Guan, S. Tsopanos, M. D. Theobald, G. N. Nurick and G. S. Langdon, The quasi-static and blast response of steel lattice structures. *Journal of Sandwich Structures and Materials*, Vol. 13 (4):pp. 479 - 301, (2010).

[13]S. McKown, Y. Shen, W. K. Brooks, C. J. Sutcliffe, W. J. Cantwell, G. S. Langdon, G. N. Nurick, and M. D. Theobald, The quasi-static and blast loading response of lattice structures. *International Journal of Impact Engineering*, Vol. 35(8): pp. 795 - 310, (2008).

[14]O. Rehme, *Cellular Design for Laser Freeform Fabrication*, Cuvillier Verlag, 2009.

[15]R. Gümrük, R. A. W. Mines, S. Karadeniz, Static mechanical behaviours of stainless steel micro lattice structures under different loading conditions. *Materials Science & Engineering*, Vol. A586: pp. 392 - 406, (2013).

[16]R. Gümrük, R. A. W. Mines, Compressive behaviour of stainless steel micro-lattice structures. *International Journal of Mechanical Sciences*,

Vol. 68: pp. 125 - 339, (2013).

[17]L. St-Pierre, N. A. Fleck, V. S. Deshpande. The predicted compressive strength of a pyramidal lattice made from case hardened steel tubes. *International Journal of Solids and Structures*, Vol. 51: pp. 41 - 52, (2014).

[18]Y. Shen, High performance sandwich structures based on novel metal cores. PhD thesis, University of Liverpool, (2009).

[19]T. Mukai, H. Kanahashi, T. Miyoshi, Experimental study of energy absorption in closed-cell aluminium foam under dynamic loading. *Scripta Metallurgica*, Vol. 40: p. 921, (1999).

[20]C. J. Yungwirth, H. N. G. Wadley, J. H. O'Connor, A. J. Zakraysek and V. S. Deshpande, Impact response of sandwich plates with a pyramidal lattice core. *International Journal of Impact Engineering*, Vol. 35: pp. 920 - 936, (2008).

[21]H. N. G. Wadley, K. P. Dharmasena, M. R. O'Masta, J. J. Wetzel, Impact response of aluminum corrugated core sandwich panels. *International Journal of Impact Engineering*, Vol. 62: pp. 114 - 128, (2013).

[22]A. G. Evans, J. W. Hutchinson and M. F. Ashby, Multifunctionality of cellular metal systems. *Progress in Materials Science*, Vol. 43: pp. 171 - 321, (1999).

[23]K. P. Dharmasena, H. N. G. Wadley, Z. Xue, J. W. Hutchinson, Mechanical response of metallic honeycomb sandwich panel structures to high intensity dynamic loading. *International Journal of Impact Engineering*, Vol. 35: pp. 1063 - 3074, (2008).

[24]J. W. Hutchinson, Z. Xue, Metal sandwich plates optimized for pressure impulses. *International Journal of Mechanical Sciences*, Vol. 47: pp. 545 - 359, (2005).

[25]S. M. Pingle, N. A. Fleck, V. S. Deshpande, H. N. G. Wadley, Collapse mechanism maps for a hollow pyramidal lattice. *Proceedings of The Royal Society A*, Vol. 47: pp. 985 - 3011, (2011).

[26]V. S. Deshpande, N. A. Fleck, One-dimensional response of sandwich plates to underwater shock loading. *Journal of the Mechanics and Physics of Solids*, Vol. 53: pp. 2347 - 3383, (2005).

[27]N. Wicks, J. W. Hutchinson, Optimal truss plates. *International Journal of Solids and Structures*, Vol. 38: pp. 5165 - 3183, (2001).

[28]Y. Liang, A. V. Spuskanyuk, S. E. Flores, D. R. Hayhurst, J. W. Hutchinson, R. M. McMeeking, et al, The response of metallic sandwich panels to water blast. *Journal of Applied Mechanics*, Vol. 74: pp. 81 - 39, (2007).

[29]J. W. Hutchinson, Energy and momentum transfer in air shocks. *Journal of Applied Mechanics*, Vol. 76: p. 051307 - 3, (2009).

[30]J. J. Rimoli, B. Talamini, J. J. Wetzel, K. P. Dharmasena, R. Radovitzky, H. N. G. Wadley, Wet-sand impulse loading of metallic plates and corrugated core sandwich panels. *International Journal of Impact Engineering*, Vol. 38: pp. 837 - 348, (2011).

[31]N. Kambouchev, L. Noels, R. Radovitzky, Fluide structure interaction effects in the loading of free-standing plates by uniform shocks. *Journal of Applied Mechanics*, Vol. 74: pp. 1042 - 3045, (2007).

[32]G. Zhang, B. Wang, L. Ma, J. Xiong, L. Wu, Response of sandwich structures with pyramidal truss cores under the compression and impact loading. *Composite Structures*, Vol. 100: pp. 451 - 463, (2013).

[33]S. Lee, F. Barthelat, N. Moldovan, H. D. Espinosa, H. N. G. Wadley, Deformation rate effects on failure modes of open-cell Al foams and textile cellular materials. *International Journal of Solids and Structures*, Vol. 43: pp. 53 - 73, (2006).

[34]S. Lee, F. Barthelat, J. W. Hutchinson, H. D. Espinosa, Dynamic failure of metallic pyramidal truss core materials — Experiments and modeling. *International Journal of Plasticity*, Vol. 22: pp. 2118 - 2145, (2006).

[35]D. Vaughn, M. Canning and J. W. Hutchinson, Coupled plastic wave propagation and column buckling. *Journal of Applied Mechanics*, 72, (1), pp. 1 - 8, (2005).

[36]R. A. W. Mines, S. Tsopanos, Y. Shen, R. Hasan, S. T. McKown, Drop weight impact behaviour of sandwich panels with metallic micro lattice cores. *International Journal of Impact Engineering*, Vol. 60: 120 - 332, (2013).

[37]D. D. Radford, V. S. Deshpande, N. A. Fleck, The use of metal foam projectiles to simulate shock loading on a structure. *International Journal of Impact Engineering*, Vol. 31: pp. 1152 - 1171, (2005).

[38]G. J. McShane, D. D. Radford, V. S. Deshpande, N. A. Fleck, The response of clamped sandwich plates with lattice cores subjected to shock

loading. *European Journal of Mechanics A/Solids*, Vol. 25: pp. 215 - 229, (2006).

[39]G. J. McShane, V. S. Deshpande, N. A. Fleck, Underwater blast response of free-standing sandwich plates with metallic lattice cores. *International Journal of Impact Engineering*, Vol. 37: pp. 1138 - 3149, (2010).

[40]L. F. Mori, S. Lee, Z. Y. Xue, A. Vaziri, D. T. Queheillalt, K. P. Dharmasena, et al, Deformation and fracture modes of sandwich structures subjected to underwater impulsive loads. *Journal of the Mechanics of Materials and Structures*, Vol. 2: pp. 1981 - 3006, (2007).

[41]L. F. Mori, D. T. Queheillalt, H. N. G. Wadley, H. D. Espinosa, Deformation and failure modes of I-core sandwich structures subjected to underwater impulsive loads. *Experimental Mechanics*, Vol. 49: pp. 257 - 375, (2009).

[42]K. P. Dharmasena, H. N. G. Wadley, K. Williams, Z. Xue, J. W. Hutchinson, Response of metallic pyramidal lattice core sandwich panels to high intensity impulsive loading in air. *International Journal of Impact Engineering*, Vol. 38: pp. 275 - 389, (2011).

[43]A. G. Hanssen, L. Enstock, and M. Langseth, Close-range blast loading of aluminium foam panels. *International Journal of Impact Engineering*, Vol. 27(6): pp. 593 - 318,(2002).

[44]G. S. Langdon, D. Karagiozova, M. D. Theobald, G. N. Nurick, G. Lu, and R. P. Merrett, Fracture of aluminium foam core sacrificial cladding subjected to air-blast loading. *International Journal of Impact Engineering*, Vol. 37(6): pp. 638 - 351, (2010).

[45]M. F. Ashby, A. G. Evans, N. A. Fleck, L. J. Gibson, J. W. Hutchinson and H. N. G Wadley. *Metal Foams: a Design Guide*. Butterworth-Heinemann, 2000.

[46]D. Karagiozova, G. S. Langdon, and G. N. Nurick, Blast attenuation in Cymat foam core sacrificial claddings. *International Journal of Mechanical Sciences*, Vol. 52(5): pp. 758 - 376, (2010).

[47]D. Karagiozova, G. N. Nurick, G. S. Langdon, S. C. K. Yuen, Y. Chi, and S. Bartle, Response of flexible sandwich-type panels to blast loading. *Composites Science and Technology*, Vol. 69(6): pp. 754 - 363, (2009).

[48]M. D. Theobald, G. S. Langdon, G. N. Nurick, et al, Large inelastic response of unbonded metallic foam and honeycomb core sandwich panels to

blast loading. *Composite Structures*, Vol. 92: pp. 2465 – 2475, (2010).

[49]Y. Chi, G. S. Langdon, G. N. Nurick, The influence of core height and face plate thickness on the response of honeycomb sandwich panels subjected to blast loading. *Materials and Design*, Vol. 31: pp. 1887 – 1899, (2010).

[50]B. Hou, A. Ono, S. Abdennadher, S. Pattofatto, Y. L. Li, H. Zhao, Impact behavior of honeycombs under combined shear-compression. Part Ⅰ: Experiments. *International Journal of Solids and Structures*, Vol. 48: pp. 687 – 697, (2011).

[51]B. Hou, S. Pattofatto, Y. L. Li, et al, Impact behavior of honeycombs under combined shear-compression. Part Ⅱ: Analysis. *International Journal of Solids and Structures*, Vol. 48: pp. 698 – 705, (2011).

[52]X. Li, P. Zhang, Z. Wang, G. Wu, L. Zhao, Dynamic behavior of aluminum honeycomb sandwich panels under air blast: Experiment and numerical analysis. *Composite Structures*, Vol. 108: pp. 1001 – 1008, (2014).

[53]F. Zhu, G. Lu, D. Ruan, Z. Wang, Plastic deformation, failure and energy absorption of sandwich structures with metallic cellular cores. *International Journal of Protective Structures*, Vol. 1(4): pp. 507 – 341, (2010).

[54]J. Tomblin, T. Lacy, B. Smith, S. Hooper, A. Vizzini and S. Lee, Review of damage tolerance for composite sandwich airframe structures. Federal Aviation Administration report No. DOT/FAA/AR – 99/49, (1999).

[55]R. A. W. Mines, S. McKown, S. Tsopanos, E. Shen, W. Cantwell, W. Brooks, C. Sutcliffe, Local effects during indentation of fully supported sandwich panels with micro lattice cores. *Applied Mechanics and Materials*, Vol. 13 – 34: pp. 85 – 30, (2008).

[56]R. Hasan, R. Mines, E. Shen, S. Tsopanos, W. Cantwell, W. Brooks and C. Sutcliffe, Comparison of the drop weight impact performance of sandwich panels with aluminium honeycomb and titanium alloy micro lattice cores. *Applied Mechanics and Materials*, Vol. 24 – 35: pp. 413 – 318, (2010).

[57]Renishaw website http://www. renishaw. com/mtt-group/us/selective-laser-melting. html, accessed 2011.

[58]S. Tsopanos, Micro heat exchangers by selective laser melting. PhD thesis,

7

University of Liverpool, 2009.
[59]EP121 - C15 - 33 data sheet, Gurit (Zullwill) AG. Switzerland.
[60]M. Smith, The compressive response of novel lattice structures subjected to static and dynamic loading. PhD thesis, University of Liverpool, 2012.

第 8 章

五模点阵结构

安德鲁·N. 诺里斯(Andrew N. Norris)
美国,新泽西州,皮斯卡塔韦,罗格斯大学,机械与航空航天工程系

8.1 引言

米尔顿(Milton)和切尔卡耶夫(Cherkaev)[1] 于 1995 年将五模材料(pentamode materials, PMs)定义为具有五种易变形模式的极端弹性固体(也可参见米尔顿的《复合材料理论》的第 666 页[2])。由于无黏性可压缩流体(如水)具有单一的体积模量以及等于零的剪切刚度,因此可作为五模材料的等效参考材料。五模材料可以被视为广义的液体,只是不具备流动能力。然而,不同于液体的应力各向同性,五模材料的应力呈现出各向异性。

8

五模材料在变换声学(transformation acoustics, TA)领域具有很大的应用潜力,这激发了学者们的研究兴趣[3]。与变换电磁学类似,变换声学描述了把一个空间区域映射到另一个区域时波动方程的变化。变换声学非常有趣,比如隐身需将大体积向小体积映射,目的是减小散射横截面。不同于电磁学方程具有复杂且独特的变换特性,变换声学的核心问题仅仅是理解在把一个坐标系向另一个坐标系映射时拉普拉斯算子(Laplacian)的变化。变换后的声波方程实际上具有非唯一的[3]物理解释:

· 其可以看作是具有各向异性惯性(密度)的流体的方程[4-5];

· 可被视为具有各向异性惯性[3]的五模材料的方程。

非唯一性的产生与定义变换域中位移场的能力有关,这其中引入了一个由无散度二阶对称张量表征的自由度[3,6]。虽然该张量会导致变换后的运动方程具有多样性,但方程都是物理等效的。对于包括柱面和球面变换的广泛变换,可以通过挑选该张量来得到具有各向同性惯性的唯一的五模材料。这曾是作者研究五模材料的最初动机。

将变换声学应用到水声领域要求五模材料具有模拟“各向异性”水的能力。制备这种材料时必须赋予其少许刚度，否则它在任意载荷下都是不稳定的。同时，这种材料必须能够模拟水的各向同性状态。因此，我们希望得到一种通用类型的材料，既可以满足五模材料或类五模材料的要求，也可以根据变换声学设计其质量密度。为了能够发挥五模材料的作用，该材料还应具有亚波长的微观结构，并具有所需的准静态等效强度和密度。在连续介质极限下，五模材料的动力学问题由于单波特性而变得相对简单。这使得均质化极限下的标量波方程具有与声学类似的解[见式(8.15)]。因此，在长波长范围内，无论五模点阵材料是否具备各向同性，其都具有简单的标量波动力学性质，这是五模材料的关键特性之一。

五模材料可以通过具有四面体状胞元的特定微观结构来实现[1]。图 8.1 显示了周期性点阵结构的基本胞元，下面将对其进行详细介绍。这种结构的关键特征是可以将力传递限制在连接轴向力构件的较小接触区域内，从而可以仅支持单一类型的应力和应变。准静态弹性模量可以通过标准均质化程序[7]或低频布洛赫-弗洛凯相速度[8-10]进行估算。通过胞元的微结构设计，可以扩大五模材料的各向异性和密度的范围[7-8]。例如，利用基于变换声学的具有六角形胞元微结构的五模材料平板[11]可以实现二维(2D)的声学幻象功能[6]。通过对具有较小接触区的三维(3D)微观结构进行数值计算，发现 10^3 量级的体积模量-剪切模量比是可实现的[12-13]。随后通过对 3D 打印的聚合物样品进行实验测量，确定了处于此量级的材料特性[14]。通过结合较小的接触区域与较大的惯性质量，可以拓宽弹性性能和密度的范围[15]。通过观察三维五模材料的声子能带结构发现了这类材料的另一种效应：其具有单个准压缩波的通带，此时材料为单波材料[16]。关于三维各向异性五模材料的数值模拟[10]表明：当波速变化十倍时，沿材料不同的轴线方向可能产生准纵波。学者们对基于五模材料的微点阵结构的波传播特性进行了数值研究[17]，发现可以通过“质量”元件独立地修正其弹性模量和频散特性。梅吉卡(Méjica)和兰塔达(Lantada)对基于布拉维(Bravais)点阵的五模材料的特性进行了深入的数值研究[9]。最近有学者提出了一种基于五模材料的“无触感”斗篷，可以消除和隐藏外加弹性应变场的影响[18]。“膨胀”弹性材料可以实现极端的五模行为，即材料具有 $\nu\approx-1$ 的泊松比并表现出单模响应[19]。卡迪奇(Kadic)等人[20]详细概述了近年来包括五模材料在内的声学和电磁超材料的研究进展。

图 8.1 建议，为了使五模点阵结构具有与水近似的波动特性并同时保留一定刚度，需要使用固有刚度较大的材料。金属具备必要的刚度和质量。因此，学者们设计了一种被称为金属水的铝蜂窝二维五模结构，其在准静态极限下具有恰当的密度和体积模量，从而可以实现微小的剪切以模拟水的声学特性(图 8.2)[22]。在较高的频率下，金属水也可以表现出负群速度的弗洛凯分支，这使产生负折射率成为可能[21-23]。三维五模材料由基于细长梁的规则金刚石点阵构成。图 8.3 显示

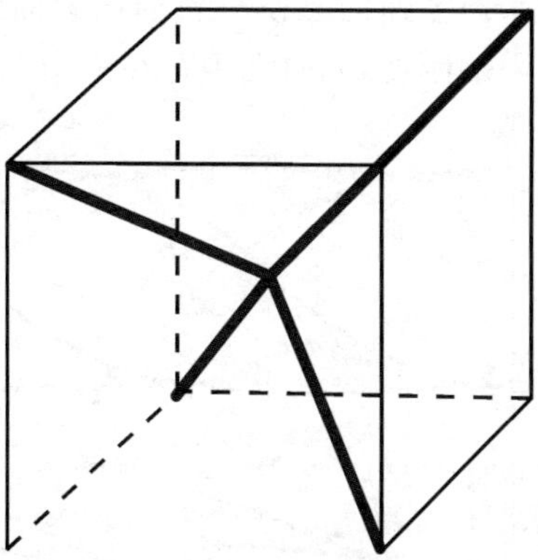

图 8.1　由细梁组成的类金刚石点阵的基本胞元
(虚线表示等效立方弹性体的主轴。通过使用细长梁或/和弯曲柔度较大的连接件可以使杆的弯曲柔度远大于轴向柔度,从而杆的等效特性可近似为五模态)

图 8.2　密度和面内体积模量与水相同的蜂窝铝结构
[薄杆具有较大的弯曲柔度,从而使结构剪切模量与体模量的比值最小化(<5%)。金属"岛"提供了匹配的密度,并且几乎没有引入额外的刚度。赫拉德基-亨尼恩(Hladky-Hennion)等人[21]确定了近似于水的金属结构的声子性质。照片由 J. 奇波拉(J. Cipolla)提供]

8

了基于细钢棒点阵的具有水声波速的五模材料的频散曲线。值得注意的是，相对慢速的横波对应于小而有限的刚度，同时图中存在一个只允许伪声波传播的通带。

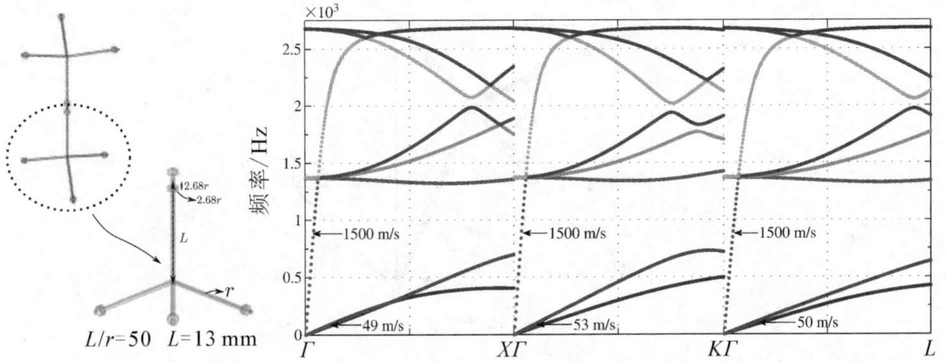

（a）胞元　（b）A.J.纳吉（A.J.Nagy）仿真得到的频散曲线

图 8.3　基于细钢棒的类金刚石点阵

［其构成的五模材料具有与水声波相等的波速（1500 m/s）］

本章的重点是针对五模点阵结构的准静态特性进行理论建模。例如，对于图 8.1 中基于细长梁的规则菱形点阵，假设梁具有圆对称的横截面且占据的体积分数为 ϕ，根据经典的轴向和弯曲梁理论可以将体积模量 $K[=(C_{11}+2C_{12})/3]$ 和剪切模量 $\mu_1(=C_{44})$、$\mu_2[=(C_{11}-C_{12})/2]$ 等效为{见式(8.29)和参考文献[24]}

$$K=\frac{\phi}{9}E,\quad \mu_1=\frac{9M}{2N+4M}K,\quad \mu_2=\frac{3M}{2N}K \tag{8.1}$$

其中，M 和 N 是轴向和弯曲柔度；对于具有均匀圆形横截面的杆，$M/N=4\phi/(\pi\sqrt{3})$。因此，剪切模量与体积模量之比为 $O(\phi)$，并且这个比值可以任意减小。例如，体积分数为 $\phi=0.045$ 的钢（$E=200$ GPa）可以产生 $K=1$ GPa 的等效体积模量，此时最大的剪切模量仅为 $\mu_1/K=0.149$。通过沿梁长逐渐减小其横截面可以降低其轴向柔度与弯曲柔度的比值，从而进一步减小剪切模量-体积模量的比值。

以图 8.1 所示的四面体状胞元为例，五模点阵的微结构通常需要低密度材料（如泡沫），这要求固相具有较小的填充分数。克里斯坦森（Christensen）[25]对低密度材料力学性能的理论模型进行了综述。弗莱克（Fleck）等人[26]总结了具有微结构的低密度材料所表现出的材料性能（包括硬度、强度和断裂韧性）范围。

低密度点阵结构的响应取决于其在载荷作用下的变形是以拉伸还是以弯曲为主。这又取决于配位数 Z，即胞元中最邻近的连接的数量。麦克斯韦（Maxwell）[27]推导了 b 个支柱和 j 个销连接组成的 d 维空间架构为刚性的必要非充分条件，即 $b-3=(j-3)d$。对于无限周期结构（$b\approx jZ/2$），麦克斯韦条件变为 $Z=2d$。满足 $Z=2d$ 的结构（被称为等压点阵）处于机械稳定性的阈值[28]。对于

外加了具有 $d(d+1)/2$ 自由度的应变场的情况，发现配位数为 Z 的框架为刚性的充分必要条件是 $Z \geqslant d(d+1)$[29]。八角桁架点阵结构($Z=12$)是满足刚性条件的一种典型三维点阵[30]。满足 $Z<12$ 的三维框架允许软模的发生。当 $Z<2d$ 时出现的零频率模式("松软"模式)与破坏机理相对应，并已在类桁架的二维点阵中得以研究[31]。我们注意到，闭孔泡沫是五模材料微结构的梁点阵模型的一种有趣替代品。斯帕多尼(Spadoni)等人[32]使用理论和数值模型研究了开尔文(体心立方)泡沫、面心立方泡沫以及韦伊尔-费伦(Weaire-Phelan)结构，证明了此类泡沫结构可以表现出高度各向异性的五模行为。

8.2 节从通用的五模材料应力-应变关系 $\boldsymbol{C}=K\boldsymbol{S}\otimes\boldsymbol{S}$[式(8.2)]开始，回顾了连续五模材料的基本特性。8.3 节列举了点阵的应用，描述了如何使用简单的梁理论确定配位数为 $d+1$(d 为空间维度)的点阵的五模材料应力-应变关系。我们的一个主要发现是，特定点阵微结构的各向同性和各向异性的准静态五模材料弹性模量可通过式(8.19)确定。该模型的详细信息在 8.4 节中给出。

8.2　五模材料

8.2.1　一般特性

假设 C_{ijkl} 为弹性刚度 $\boldsymbol{C}$ 在三维标准正交基下的元素，其对称性为 $C_{ijkl}=C_{jikl}$ 和 $C_{ijkl}=C_{klij}$。应力 $\boldsymbol{\sigma}$ 和应变 ϵ 的元素是 σ_{ij} 和 ϵ_{ij}，它们的关系通过 $\sigma=\boldsymbol{C}\epsilon$ 或者 $\sigma_{ij}=C_{ijkl}\epsilon_{kl}$ 来表示。利用沃伊特标记法 $C_{ijkl}\rightarrow C_{IJ}=C_{JI}$，$I,J\in\{1,2,\cdots,6\}$ 最多可以表示 21 个元素。以 6×6 矩阵$[C_{IJ}]$表示弹性特性的沃伊特形式强调了这样一个事实：弹性刚度 $\boldsymbol{C}$ 定义了六个矢量(应变)到六个矢量(应力)的正定映射。因此，弹性刚度 $\boldsymbol{C}$ 具有六个正特征值，即开尔文模量[33]。五模材料是具有五个零特征值的弹性体特例。众所周知的五模材料是无黏性声学流体，其满足 $\boldsymbol{C}=K_0\boldsymbol{I}\otimes\boldsymbol{I}\Leftrightarrow C_{ijkl}=K_0\delta_{ij}\delta_{kl}$($K_0$ 是体积模量)。弹性模量的这种形式对应于一个秩为一的 6×6 阶矩阵$[C_{IJ}]$。由于 $\boldsymbol{CI}=3K_0\boldsymbol{I}$，所以单个非零特征值是 $3K_0$。五模体显然包括各向同性的声学流体，其唯一的应力-应变本征模式是静水应力或纯压力，并且具有纯剪切的五种简单模态。

假设五模材料是具有单一开尔文模量的弹性固体，则其弹性刚度必须为以下形式：

$$\boldsymbol{C}=K\boldsymbol{S}\otimes\boldsymbol{S},K>0,\boldsymbol{S}\in\mathrm{Sym} \tag{8.2}$$

通过考虑形式为$\hat{\boldsymbol{\sigma}}=\hat{\boldsymbol{C}}\hat{\boldsymbol{\epsilon}}$的胡克定律，可以确定模量的 6×6 矩阵以及应力和应变的六个向量为

8

$$\hat{\boldsymbol{C}}=\begin{pmatrix} C_{11} & C_{12} & C_{13} & 2^{\frac{1}{2}}C_{14} & 2^{\frac{1}{2}}C_{15} & 2^{\frac{1}{2}}C_{16} \\ & C_{22} & C_{23} & 2^{\frac{1}{2}}C_{24} & 2^{\frac{1}{2}}C_{25} & 2^{\frac{1}{2}}C_{26} \\ & & C_{33} & 2^{\frac{1}{2}}C_{34} & 2^{\frac{1}{2}}C_{35} & 2^{\frac{1}{2}}C_{36} \\ & & & 2C_{44} & 2C_{45} & 2C_{46} \\ S & Y & M & & 2C_{55} & 2C_{56} \\ & & & & & 2C_{66} \end{pmatrix},\hat{\boldsymbol{\sigma}}=\begin{pmatrix} \sigma_{11} \\ \sigma_{22} \\ \sigma_{33} \\ \sqrt{2}\sigma_{23} \\ \sqrt{2}\sigma_{31} \\ \sqrt{2}\sigma_{12} \end{pmatrix},\hat{\boldsymbol{\epsilon}}=\begin{pmatrix} \epsilon_{11} \\ \epsilon_{22} \\ \epsilon_{33} \\ \sqrt{2}\epsilon_{23} \\ \sqrt{2}\epsilon_{31} \\ \sqrt{2}\epsilon_{12} \end{pmatrix}$$

由于五模材料的秩是 1[1]，因此$\hat{\boldsymbol{C}}$的单个非零正特征值是

$$3\widetilde{K}\equiv \mathrm{tr}\,\hat{\boldsymbol{C}}=C_{ijij}=C_{11}+C_{22}+C_{33}+2(C_{44}+C_{55}+C_{66}) \tag{8.3}$$

相应地，五模材料的模量具有多种表示形式：

$$\boldsymbol{C}=K\boldsymbol{S}\otimes\boldsymbol{S}\Leftrightarrow\hat{\boldsymbol{C}}=K\boldsymbol{s}\boldsymbol{s}^{t}\Leftrightarrow C_{ijkl}=KS_{ij}S_{kl},\boldsymbol{S}=\begin{pmatrix} s_1 & \frac{s_6}{\sqrt{2}} & \frac{s_5}{\sqrt{2}} \\ \frac{s_6}{\sqrt{2}} & s_2 & \frac{s_4}{\sqrt{2}} \\ \frac{s_5}{\sqrt{2}} & \frac{s_4}{\sqrt{2}} & s_3 \end{pmatrix} \tag{8.4}$$

其中，张量 $\boldsymbol{S}$ 和六个矢量 $\boldsymbol{s}$ 定义了满足 $\boldsymbol{CS}=3\widetilde{K}\boldsymbol{S}$（$\hat{\boldsymbol{C}}\boldsymbol{s}=3\widetilde{K}\boldsymbol{s}$）的单一非平凡特征向量，并且 K 与 $\widetilde{K}$ 的关系为 $K=3\widetilde{K}\,(tr\boldsymbol{S}^2)^{-1}$。式(8.2)中重要的物理量是张量积，而不是单独的 K 和 $\boldsymbol{S}$。这为定义 $K>0$ 和 $\boldsymbol{S}$ 提供了一定的自由度。对于后者，存在一个更可取的形式使我们可以选择一个对称的 $\boldsymbol{S}(\boldsymbol{x})$来满足静态平衡条件[3]，即

8

$$\mathrm{div}\boldsymbol{S}=0 \tag{8.5}$$

此等式对变换声学有着非常重要的意义。当式(8.5)成立时，我们称五模材料具有规范形式。式(8.2)的分解对于一个积性常数(multiplicative constant)是唯一的。

五模材料中出现的单一应力类型[式(8.2)]的形式为

$$\boldsymbol{\sigma}=-p\boldsymbol{S}\quad p=-K\boldsymbol{S}:\epsilon \tag{8.6}$$

其中，引入了标量“伪压力”p，以使应力-应变关系类似于声学流体($\boldsymbol{S}=\boldsymbol{I}$)。例如，五模材料的弹性应变能为 $W=\frac{1}{2}\sigma:\epsilon=\frac{1}{2}K^{-1}p^2$，其形式类似于流体声学中的能量。应该注意的是，由于 $\boldsymbol{C}$ 是奇异的，或者说只有单个“分量”$S:\epsilon$ 是相关的(即有能量的)，因此类似于式(8.6)的应力-应变关系是不存在的。所有其他应变都是无能量的。

对于承受静态载荷和零体力的情况，式(8.6)中的 p 应该选择常数。支撑物体平衡状态的相关表面牵引力为 $\boldsymbol{t}=\boldsymbol{\sigma}\boldsymbol{n}=-p\boldsymbol{S}\boldsymbol{n}$。图 8.4 给出了将五模材料保持在静态平衡的牵引力。需要注意的是，牵引力矢量倾斜地作用于表面，这意味着剪切力是必要的。此外，牵引力的大小也不尽相同。我们与正常的声学流体进行比较，

后者可以通过恒定的静水压力保持静态平衡。通过考虑一个在重力作用下盛有剪切刚度极低的五模材料的烧杯可以得到有趣的启示：材料顶部的自由表面必须是非水平的，这与无黏性流体的自然水平表面形成鲜明对照[6]。

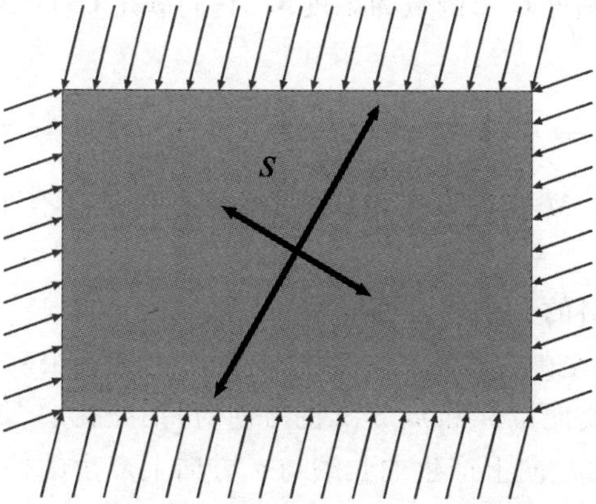

图 8.4　一个五模材料矩形块在表面牵引力的作用下处于静态平衡
[矩形内的两个正交箭头表示 $\boldsymbol{S}$ 的主方向(与水平和垂直方向偏离 30°)和特征值的相对大小(2∶1)。均布箭头表示按比例缩放的表面载荷]

将 $\boldsymbol{S}$ 表示为主方向和特征值的形式：

$$\boldsymbol{S} = \lambda_1 \boldsymbol{q}_1 \boldsymbol{q}_1 + \lambda_2 \boldsymbol{q}_2 \boldsymbol{q}_2 + \lambda_3 \boldsymbol{q}_3 \boldsymbol{q}_3 \tag{8.7}$$

其中，$\{\boldsymbol{q}_1, \boldsymbol{q}_2, \boldsymbol{q}_3\}$ 是一组标准正交矢量，由此得出弹性模量为

$$C_{IJ} = K\lambda_I \lambda_J, I, J \in \{1,2,3\}; C_{IJ} = 0, I \neq J \tag{8.8}$$

因此，五模材料的材料对称性可以为各向同性、横观各向同性或正交各向异性(最低的对称性)，并取决于特征值组合 $\{\lambda_1, \lambda_2, \lambda_3\}$ 是否具有一个、两个或三个不同的元素。五种“简单”五模应变对应于五维空间 $\boldsymbol{S} : \epsilon = 0$(等效于 $\boldsymbol{s}^t \hat{\boldsymbol{\sigma}} = 0$)。简单应变中的三个是纯剪切的，即 $\boldsymbol{q}_i \boldsymbol{q}_j + \boldsymbol{q}_j \boldsymbol{q}_i, i \neq j$，而另外两个是 $\lambda_1 \boldsymbol{q}_2 \boldsymbol{q}_2 - \lambda_2 \boldsymbol{q}_1 \boldsymbol{q}_1$ 和 $\lambda_2 \boldsymbol{q}_3 \boldsymbol{q}_3 - \lambda_3 \boldsymbol{q}_2 \boldsymbol{q}_2$。任何其他零能量应变都是这些应变的线性组合。

8.2.2　五模材料的小刚度和泊松比

五模材料中的应力始终与张量 $\boldsymbol{S}$ 成正比，并且只有一个起作用的应变元素：$\boldsymbol{S} : \epsilon$。模量的秩的缺失意味着 ϵ 的元素与 $\boldsymbol{\sigma}$ 的元素没有逆应变-应力关系。实际上，存在一些小但有限的刚度来使 $\boldsymbol{C}$ 满秩。我们可以通过以下方式定义五模材料的刚度：

$$\boldsymbol{C} = K\boldsymbol{S} \otimes \boldsymbol{S} \rightarrow \boldsymbol{C}(K, \mu) \equiv K\boldsymbol{S} \otimes \boldsymbol{S} + 2\mu(\boldsymbol{I}^{(4)} - \boldsymbol{S} \otimes \boldsymbol{S}/\mathrm{tr}(\boldsymbol{S}^2)) \tag{8.9}$$

其中，$\boldsymbol{I}^{(4)}$ 是四阶单位张量，对于所有对称的 $\boldsymbol{A}$，它满足 $\boldsymbol{I}^{(4)} \boldsymbol{A} = \boldsymbol{A}$，即 $I^{(4)}_{ijkl} = \frac{1}{2}(\delta_{ik}\delta_{jl} +$

$\delta_{il}\delta_{jk}$)。可以通过选择式(8.9)的形式,添加与广义剪切模量 $\mu\neq 0$ 成比例的额外弹性张量以使 $\boldsymbol{CS}$ 不变。如果所有非零对称 $\boldsymbol{A}$ 满足 $\boldsymbol{A}:\boldsymbol{DA}>0$,则张量 $\boldsymbol{C}(K,\mu)$ 为四阶弹性张量时是正定的。换句话说,当 $K>0$ 且 $\mu>0$ 时,它是正定的。实际上,五模材料满足 $\mu\ll K$。刚度 $\boldsymbol{C}$ 的倒数为柔度 $\boldsymbol{M}$,它们满足 $\boldsymbol{CM}=\boldsymbol{MC}=\boldsymbol{I}^{(4)}$,其中,$\boldsymbol{M}$ 可由式(8.9)确定:

$$\boldsymbol{M}(K,\mu)\equiv\frac{1}{K\tau^2}\boldsymbol{S}\otimes\boldsymbol{S}+\frac{1}{2\mu}\left(\boldsymbol{I}^{(4)}-\frac{1}{\tau}\boldsymbol{S}\otimes\boldsymbol{S}\right),\tau=\mathrm{tr}(\boldsymbol{S}^2)\tag{8.10}$$

当剪切模量趋于零时,$\boldsymbol{M}$ 变得奇异,这表明五模材料是具有半正定应变能的退化弹性材料。

实际上,五模材料的五个软模可以用 $0<\{\mu_i,i=1,\cdots,5\}\ll K$ 表示,其中广义剪切模量的集必须为全弹性张量的一部分。泊松比与五个软模量有关,因此是容易测量的:对于由正交向量 $\boldsymbol{n}$ 和 $\boldsymbol{m}$ 定义的方向对,泊松比 ν_{nm} 是在沿 $\boldsymbol{n}$ 方向的单轴外加应力的作用下 $\boldsymbol{m}$ 方向上产生的收缩与 $\boldsymbol{n}$ 方向上产生的伸长之比:

$$\nu_{nm}=-(\boldsymbol{mm}:\boldsymbol{Mnn})/(\boldsymbol{nn}:\boldsymbol{Mnn})\tag{8.11}$$

例如,对于如图 8.1 所示的类金刚石结构,其开尔文模量由式(8.1)给出。在五模极限 $K\gg\mu_1=3\mu_2$ 下,我们可以得到(参见相关文献[34])

$$\nu_{nm}=\frac{\frac{1}{2}-n_1^2m_1^2-n_2^2m_2^2-n_3^2m_3^2}{n_1^4+n_2^4+n_3^4}\in\left[0,\frac{1}{2}\right]\tag{8.12}$$

其中,n_i 和 m_i 为标准正交矢量在主轴上的分量。

8

软模量的实际值$\{\mu_i,i=1,\cdots,5\}$对连接强度等特征比较敏感,并且不像五模刚度那样容易计算(见 8.4 节)。假设 5 个软模量相等,由式(8.10)和 $\mu/K\to 0$ 可以得到泊松效应的估计值:

$$\nu_{nm}=\frac{(\boldsymbol{n}\cdot\boldsymbol{Sn})(\boldsymbol{m}\cdot\boldsymbol{Sm})}{\boldsymbol{S}:\boldsymbol{S}-(\boldsymbol{n}\cdot\boldsymbol{Sn})^2}\tag{8.13}$$

以图 8.1 为例,可以通过 $\boldsymbol{S}=\boldsymbol{I}$ 和式(8.13)得出 $\nu_{nm}=1/2$。一般来说,由式(8.13)得到的与 $\boldsymbol{S}$ 的主轴[式(8.7)]相关的 ν_{nm} 值是 $\nu_{ij}=\lambda_i\lambda_j/(\lambda_j^2+\lambda_k^2),i\neq j\neq k$。如果 $\lambda_1>\lambda_2>\lambda_3>0$,则最大值和最小值分别为 $\nu_{12}>\frac{1}{2}$ 和 $\nu_{32}<\frac{1}{2}$。如果 $\boldsymbol{S}$ 同时具有正和负的主值,则可能出现负值的泊松比,这正是凹角型微结构的情况。在 8.3.2节中将给出一个具体的例子。

8.2.3 五模材料中的波动

对于密度为 ρ 的弹性固体,粒子速度 $\boldsymbol{w}$ 中的小幅扰动引发的运动方程为

$$\rho\dot{\boldsymbol{w}}=\mathrm{div}\boldsymbol{\sigma}\tag{8.14}$$

基于线性本构关系[式(8.6)]和五模材料的规范形式,可知 $\boldsymbol{S}$ 满足平衡条件

[式(8.5)],进而可得出伪压力满足的广义声波方程[3]:

$$KS : \nabla(\rho^{-1} S \nabla p) - \ddot{p} = 0 \tag{8.15}$$

当 $S = I$ 时,上式退化为声学方程。如果五模材料源自变换声学,则五模材料波动方程式(8.15)是声学方程的变换形式{请参见作者的论文[6],其中对考虑了各向异性惯性的式(8.15)的更广义形式进行了讨论}。

考虑均匀五模材料中形式为 $w(x,t) = qe^{i\kappa(n \cdot x - vt)}$ 的粒子速度的平面波解,其中 $|n| = 1$,q、κ 和 v 为常数。波动方程[式(8.15)]和动量平衡[式(8.14)]分别表示为

$$v^2 = \rho^{-1} K \mid q_L \mid^2, q = \alpha q_L, \text{其中 } q_L \equiv Sn \tag{8.16}$$

其中,α 为不等于零的常数。非频散相速度 v 的第一个方程表明慢度面是椭球状的,第二个关系式是一个准纵向解,其偏振与 n 不正交(因为 $n \cdot Sn > 0$)。各向异性固体中波的标准参数[35]表明:能量流速度为 $c = (\rho v)^{-1} KSq_L$,并满足 $c \cdot n = v$(具有各向同性密度的一般各向异性固体的一个众所周知的关系)。

对于正交各向异性材料,设 $c_1^2 = C_{11}/\rho, c_2^2 = C_{22}/\rho, c_3^2 = C_{33}/\rho$,则

$$v = (c_1^2 n_1^2 + c_2^2 n_2^2 + c_3^2 n_3^2)^{1/2} \tag{8.17a}$$

$$c = v^{-1}(c_1^2 n_1 e_1 + c_2^2 n_2 e_2 + c_3^2 n_3 e_3) \tag{8.17b}$$

$$q_L = \rho^{-1/2}(c_1 n_1 e_1 + c_2 n_2 e_2 + c_3 n_3 e_3) \tag{8.17c}$$

当像式(8.9)中的模型那样包含少量刚度时,可以得知准纵波受到了扰动。其中一个剪切波是纯横向的,其速度为 $v_T = \sqrt{\mu/\rho}$,极化为 $q \parallel q_T \equiv n \wedge q_L$;另一个剪切波近似的极化方向为 $q_T \wedge q_L$,其波速为 $v \approx (1 + |q_T|^2/|q_L|^2)^{1/2} v_T$。

8.3 五模材料的点阵模型

具有恰好的结构刚度的点阵微结构可以实现五模材料特性。其关键特征是配位数(最近的近邻数)为 $d+1$[1],其中 $d=2,3$ 是空间维度。本节给出了这种点阵结构准静态等效特性的显式结果。

8.3.1 二维和三维点阵的等效五模材料特性

我们考虑 d 维空间($d=2,3$)中一个体积为 V、配位数为 $d+1$ 的胞元。a_i 处的胞元边缘是杆的中点,胞元中的单个连接位于 p 处。在静态极限下,构件通过轴向合力和弯矩进行相互作用。它们分别与轴向变形和横向弯曲有关。我们考虑一种极限情况:杆件弯曲非常小,其变形可以通过轴力及其在连接处的相互作用进行近似。在物理上,这对应于厚度与长度之比较小的细长构件。

定义 $r_i = r_i e_i \equiv a_i - p (i = 1, \cdots, d+1)$,其中 $|e_i| = 1$。构件 i 的弹性响应可以通过其轴向柔度表征:

$$M_i = \int_0^{r_i} \frac{\mathrm{d}x}{E_i A_i} \tag{8.18}$$

其中，$E_i(x)$、$A_i(x)$分别是杨氏模量和横截面面积，$x=0$ 位于连接 $\boldsymbol{p}$ 处。我们发现点阵结构的等效弹性刚度具有明确的五模材料形式[式(8.2)]：

$$K = \left(V\sum_{k=1}^{d+1}\gamma_k\right)^{-1}, \boldsymbol{S} = \sum_{i=1}^{d+1}\gamma_i \boldsymbol{P}_i, \text{其中 } \gamma_i = \frac{r_i^2}{M_i} - \frac{\boldsymbol{r}_i}{M_i}\cdot\left(\sum_{k=1}^{d+1}\frac{\boldsymbol{P}_k}{M_k}\right)^{-1}\cdot\sum_{j=1}^{d+1}\frac{\boldsymbol{r}_j}{M_j} \tag{8.19}$$

其中，$\boldsymbol{P}_i=\boldsymbol{e}_i\otimes\boldsymbol{e}_i$。详细的推导见 8.4 节。

我们对式(8.19)的意义进行一些评论。8.4 节中的推导是基于胞元构件内的宏观应力与力 $\boldsymbol{f}_i$ 之间的如下关系：

$$\sigma = V^{-1}\sum_{i=1}^{d+1}\boldsymbol{r}_i\otimes\boldsymbol{f}_i \tag{8.20}$$

其中，V 表示胞元体积。因此，通过式(8.19)和 $\sigma=\boldsymbol{C}\epsilon$ 可以确定力的值：

$$\boldsymbol{f}_i = (\Gamma : \epsilon)\frac{\gamma_i}{r_i}\boldsymbol{e}_i, \text{其中 } \Gamma = \frac{\sum_{j=1}^{d+1}\gamma_j\boldsymbol{e}_j\otimes\boldsymbol{e}_j}{\sum_{k=1}^{d+1}\gamma_k} \tag{8.21}$$

根据 γ_i 的定义可以得出下式：

$$\sum_{i=1}^{d+1} r_i^{-1}\gamma_i\boldsymbol{e}_i = 0\left(\sum_{i=1}^{d+1}\boldsymbol{f}_i = 0\right) \tag{8.22}$$

进而可以证明胞元是力平衡的。以上恒等式表明，对于某个构件 i，仅当(而非当且仅当)剩余的 d 个元素线性相关时，$\gamma_i=0$ 才成立。当出现这种反常情况时，对于任何外加应变，$\boldsymbol{f}_i=0$ 均成立，因此构件 i 不承受任何载荷。例如，如果两个构件(标记为构件 1 和 2)在二维中共线，则第三个构件仅在 $r_1^{-1}\gamma_1=r_2^{-1}\gamma_2$ 成立时才为非承重构件。当有 d 个构件贯穿一个 $d-1$ 平面时，如果剩余的构件正交于该平面，则可以不承受载荷。

8.3.2 横观各向同性五模点阵

胞元由两种类型的杆组成：

- $i=1$，r_1 和 M_1 沿方向 $\boldsymbol{e}$；
- $i=2,\cdots,d+1$，r_2 和 M_2 沿 $\boldsymbol{e}_i$ 方向并关于$-\boldsymbol{e}$ 对称，同时$-\boldsymbol{e}\cdot\boldsymbol{e}_i=\cos\theta$ 成立(图 8.5)。

经过一定的简化，可通过式(8.2)和式(8.19)得到五模材料的弹性刚度：

$$\boldsymbol{C} = ds^4 r_2^2\frac{(\boldsymbol{I}+(\beta-1)\boldsymbol{P})\otimes(\boldsymbol{I}+(\beta-1)\boldsymbol{P})}{V(d-1)^2(dc^2M_1+M_2)}, \boldsymbol{P}=\boldsymbol{e}\otimes\boldsymbol{e}, \begin{matrix} c=\cos\theta \\ s=\sin\theta \end{matrix} \tag{8.23}$$

其中，无量纲参数 β 和胞元体积 V 为

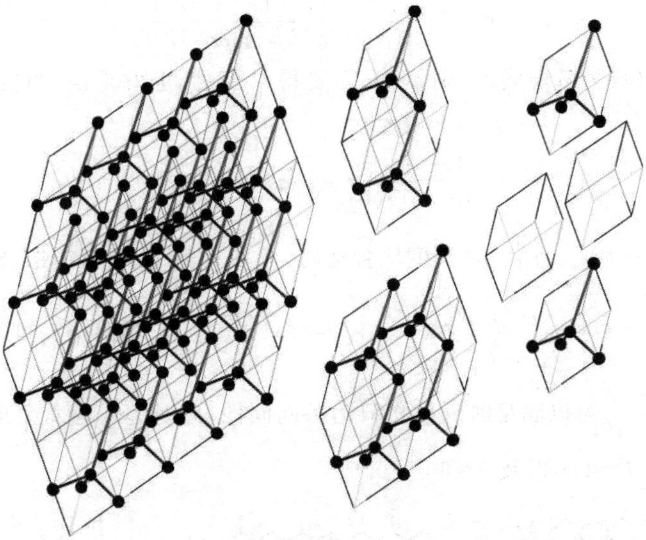

图 8.5　横观各向同性五模点阵的类金刚石结构
（较长构件的长度为 $2r_1$，其他的长度为 $2r_2$）

$$\beta=\frac{(d-1)c(r_1+cr_2)}{s^2 r_2},V=(sr_2)^{d-1}(r_1+cr_2)\begin{cases}4 & d=2(2\text{D})\\ 6\sqrt{3} & d=3(3\text{D})\end{cases} \tag{8.24}$$

应该注意的是，仅能通过组合 $dc^2M_1+M_2$ 赋予杆以弹性特性。

无量纲几何参数 β 定义了五模材料的各向异性。如果 $\beta=1$，五模材料为各向同性。如果 $\beta>1$，五模材料在轴向或优选方向 $\boldsymbol{e}$ 上比在正交平面上更稳定。相反，如果 $0<\beta<1$，则五模材料在正交平面上会更刚。当 $\theta=\frac{\pi}{2}$ 时，$\beta=0$ 可能成立，此时五模材料的轴向刚度将消失。如果 $\theta>\frac{\pi}{2}(c<0)$，胞元变为重入的。如果 $\theta>\frac{\pi}{2}$，$\beta<0$ 将成立，$\boldsymbol{S}$ 同时具有正和负的主值，并且负值与轴向相关。应该注意的是，因为胞元体积 V 是正的，r_1+cr_2 必须为正。当 $r_1+cr_2\to 0$ 时，构件纵横交错，无限大点阵在单位厚度的平板中进行堆叠，因此每个胞元的体积趋于零（$V\to 0$）。

设 $\boldsymbol{e}$ 沿 1 方向。对于二维平面，需要通过非零元素 C_{11}、C_{22} 和 C_{12} 定义横观各向同性五模材料；而在三维空间中，还需要另外引入 $C_{33}=C_{22}$，$C_{23}=C_{22}$，$C_{13}=C_{12}$ 以及

$$\begin{pmatrix}C_{11} & C_{12} & 0\\ C_{21} & C_{22} & 0\\ 0 & 0 & C_{66}\end{pmatrix}=K\begin{pmatrix}\beta & 1 & 0\\ 1 & \beta^{-1} & 0\\ 0 & 0 & 0\end{pmatrix} \tag{8.25}$$

其中

$$K = \frac{d}{(d-1)} \frac{cs^2 r_2(r_1 + cr_2)}{V(M_2 + dc^2 M_1)} \tag{8.26}$$

若五模材料为各向同性，则 $\beta=1$ 需要得以满足，也就是说，角度 θ 需与 r_1/r_2 相关：

$$\frac{r_1}{r_2} = \frac{1 - d\cos\theta^2}{(d-1)\cos\theta} \Leftrightarrow \text{各向同性}(\beta = 1) \tag{8.27}$$

因此，当 $\theta \in \left[\cos^{-1}\frac{1}{\sqrt{d}}, \frac{\pi}{2}\right]$ 且长度比合适时，五模材料为各向同性(图 8.6)。在极限角度下，随着 $\theta \to \cos^{-1}\frac{1}{\sqrt{d}}\left(\theta \to \frac{\pi}{2}\right)$，$r_1 \to 0\ (r_2 \to 0)$。对于两个长度相等($r_1 = r_2$)的情况，$\cos\theta = \frac{1}{d}$ 得以满足时五模材料为各向同性，此时胞元为六角形或四面体状(分别对应于 $d=2,3$ 以及 $\theta=60°, 70.53°$)。

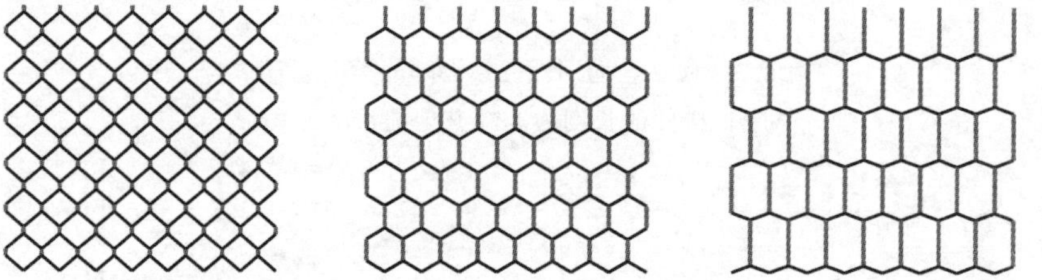

(a) $\theta=50°$　(b) $\theta=60°$　(c) $\theta=70°$

图 8.6　具有各向同性准静态特性的二维五模点阵
[竖向构件长度为 r_1，其他构件的长度均是 r_2。
r_1 与 r_2 的比值由式(8.27)确定。$\theta=60°$ 时结构为纯蜂窝状]

五模材料的等效刚度与固体材料的体积分数成正比，即 $\boldsymbol{C} \propto \phi \equiv V_{\text{solid}}/V$。对于构件全部相同(杨氏模量为 E)的五模材料，当其具有各向同性模量时，可由式(8.18)、式(8.25)和式(8.26)得到

$$K = \phi E f,\ f = s^4 \left[d - 1 + \frac{A_1}{A_2 dc}(1 - dc^2)\right]^{-1} \left[d - 1 + \frac{A_2}{A_1}dc(1 - dc^2)\right]^{-1} \tag{8.28}$$

其中，A_1 和 A_2 为支柱厚度(横截面面积)。对于给定的 θ 和 d，当且仅当 $\frac{A_1}{A_2} = dc$ 时，$f \leqslant 1/d^2$ 恒成立。因此，对于给定的体积分数 ϕ，可能的最大各向同性等效体积模量为

$$K = \frac{\phi}{d^2}E \tag{8.29}$$

这与克里斯坦森[36]使用由十四面体胞元组成的规则点阵(即图 8.7 所示的开口开

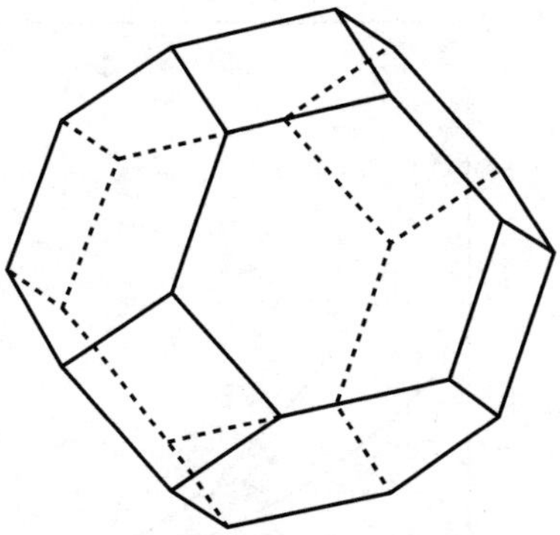

图 8.7　十四面体胞元[37]具有类似于金刚石点阵的低密度($\phi \ll 1$)五模特性[等效体积模量由式(8.29)给出，剪切模量的相对值为 $\mu/K=O(\phi)$]

尔文泡沫)的体积模量[37-38]同时取 $d=2$ 而得到的式(2.2)一致。开口开尔文泡沫结构由十四面(6 个正方形和 8 个六角形)体胞元和基于 4 个支柱的连接组成，并具有立方对称性，但由于两个剪切模量几乎相等，结构几乎是各向同性的。事实上，如果支柱是圆形的，同时结构的泊松比等于零，那么等效材料是各向同性的，其剪切模量为 $\mu=\frac{4\sqrt{2}}{9\pi}\phi^2 E$[37]。

图 8.8 和图 8.9 显示了支柱长度相等，但内角不同的改进的蜂窝和菱形点阵的弹性模量和泊松比。图 8.10 则是针对内角相同，但支柱长度不同的菱形点阵。

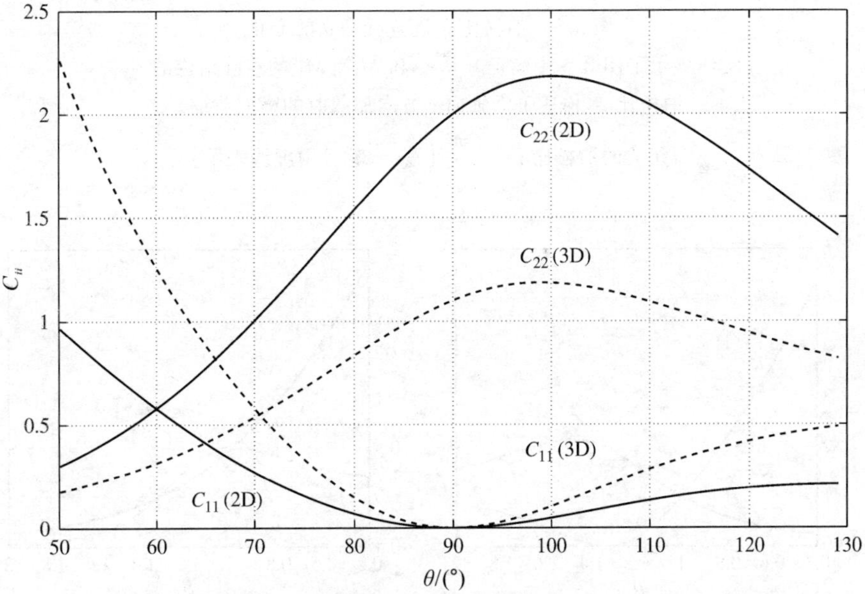

图 8.8　由等长($r_1=r_2$)和等刚度($M_1=M_2$)杆组成的二维和三维五模点阵的弹性模量 C_{ii} 随连接角 θ 的变化

[需要注意的是，二维(三维)模量在各向同性角度 60°(70.53°)下是相等的。轴向刚度 C_{11} 在 $\theta=\frac{\pi}{2}$ 时为零。由于 $C_{12}=\sqrt{C_{11}C_{22}}$，$C_{12}$ 在 $\theta=\frac{\pi}{2}$ 时也为零]

8

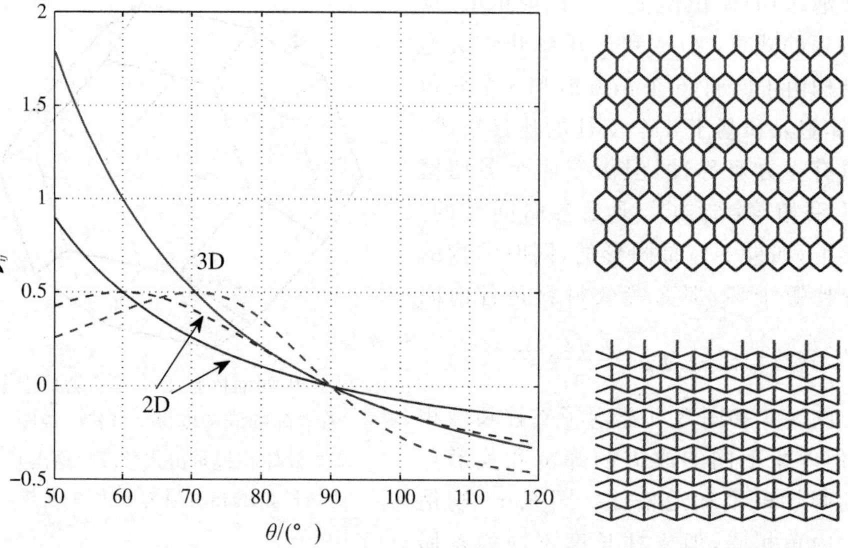

（a）ν_{12}、ν_{21}随θ变化

（b）θ=50° （顶部）和 θ=110° （底部）时的二维点阵

图 8.9 泊松比 ν_{ij} 随连接角 θ 的变化

［实线展示了图 8.6 中满足 $r_1=r_2$ 和 $M_1=M_2$ 的点阵结构的 ν_{12}。

泊松比 ν_{12} 描述了沿轴向 $\boldsymbol{e}$ 方向加载时的横向收缩。

相关的泊松比 $\nu_{21}=\nu_{12}/\left(\frac{1}{2}+2\nu_{12}^2\right)$用虚线表示］

8

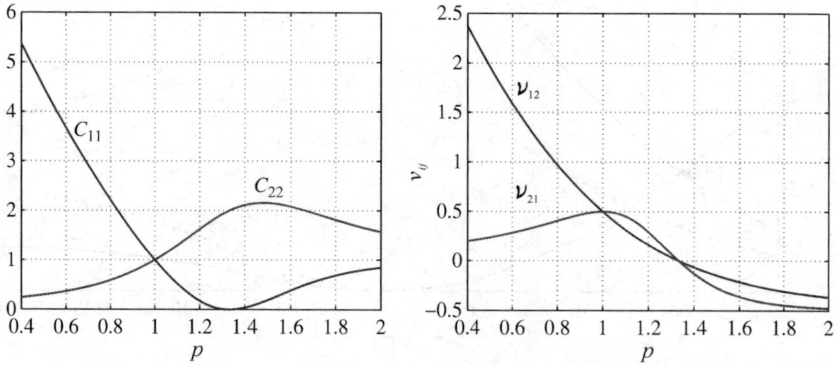

（a）主刚度　　（b）泊松比

图 8.10 中心“原子”沿立方体对角线移动时金刚石点阵的主刚度和泊松比

［胞元的四个顶点位于(0 0 0)、(0 2 2)、(2 0 2)以及(2 2 0)，

中心连接点(原子)位于(p p p)。当点阵为各向同性时，$p=1$］

8.3.3 二维等效模量

虽然 8.3.2 节的结果也适用于二维点阵材料，但值得注意的是，在这种情况下可以较为容易地引入弯曲柔度的影响。新的材料参数是单个构件的弯曲柔度 N_1 和 N_2[式(8.41)]；对于均匀梁，它们是 $N_j=r_j^3/(3E_jI_j)$，其中 I 是惯性矩。再次令 $\boldsymbol{e}$ 沿 1 方向，则非退化二维弹性刚度的完整形式为(详见 8.4.3 节)

$$\left.\begin{matrix}C_{11}\\C_{22}\\C_{12}\end{matrix}\right\}=\frac{\frac{1}{2}cs}{(2c^2M_1+M_2)N_2+2s^2M_1M_2}\times\begin{cases}\beta(N_2+s^2c^{-2}M_2)\\\frac{1}{\beta}(N_2+s^{-2}(2M_1+c^2M_2))\\N_2-M_2\end{cases}\tag{8.30}$$

$$C_{66}=\frac{\frac{1}{2}sr_2(r_1+cr_2)}{s^2(2r_2^2N_1+r_1^2N_2)+(cr_1+r_2)^2M_2}$$

这与朱(Zhu)等人[39]发现的面内模量是一致的。应该注意的是，当弯曲柔度 $N_2\to\infty$并与弯曲柔度 N_1 无关时，式(8.30)中的模量退化为五模材料的模量[式(8.25)]。

8.4 二维和三维点阵的准静态五模特性

在本节中使用包含弯曲效应的模型对 8.3 节中二维和三维点阵材料的五模特性显式式进行了详细推导，并说明了当弯曲柔度相对于轴向柔度变得无穷大时，五模材料的极限是如何出现的。

8

8.4.1 广义刚度式

在静载荷作用下，一开始位于 $\boldsymbol{r}_i$ 处的胞元顶点向$\hat{\boldsymbol{r}}_i$ 移动。作用于顶点上的力 $\boldsymbol{f}_i$ 是静态平衡的。对于线性响应，假定外力取以下形式

$$\boldsymbol{f}_i=M_i^{-1}(\hat{r}_i-r_i)\boldsymbol{e}_i+\sum_{j\neq i}N_{ij}^{-1}r_j(\psi_{ij}-\boldsymbol{\Psi}_{ij})\hat{\boldsymbol{P}}_{ij}\tag{8.31}$$

其中，M_i 是式(8.18)定义的轴向柔度；$\boldsymbol{e}_i=\hat{\boldsymbol{r}}_i/\hat{r}_i$ 是沿$\hat{\boldsymbol{r}}_i$ 的单位向量。节点柔度 N_{ij} 与弯曲变形有关，而ψ_{ij} 和 $\boldsymbol{\Psi}_{ij}\in(0,\pi)$是构件 i 和 j 之间变形后和变形前的角度。单位向量 $\hat{\boldsymbol{p}}_{ij}$ 垂直于 $\boldsymbol{e}_i$，位于 $\boldsymbol{e}_i$ 和 $\boldsymbol{e}_j$ 贯穿的平面，并满足 $\hat{\boldsymbol{p}}_{ij}\cdot\boldsymbol{e}_j<0$，即 $\hat{\boldsymbol{p}}_{ij}=\csc\psi_{ij}(\cos\psi_{ij}\boldsymbol{e}_i-\boldsymbol{e}_j)$。对称性 $N_{ij}=N_{ji}$ 确保了剪切力的力矩为零。

拟设方程(8.31)可与梁网络[40]的替代方法进行比较，其中的总应变包含了以下三方面的贡献：

(1)构件拉伸；

(2)构件弯曲；

(3)节点几何形状的变化。

由于以下几个原因,目前的模型忽略了构件的弯曲。首先,考虑弯曲会使推导相当复杂[24]。尤其需要指出,这会导致本模型包含不需要的额外自由度,而当前的模型可以更直接地得到等效模量的半显式形式。此外,由于我们主要对五模材料的极限感兴趣,因此只需构建一个能够推导出正确前导阶特性的非退化等效刚度的模型。另外,如果根据能量贡献(2)和(3)来解释柔度 N_{ij},则式(8.31)实际上包含了二维下的构件弯曲。这方面将在 8.4.3 节中进一步讨论。

应变是通过所谓的仿射运动学假设引入的,即变形会使胞元边缘发生与(局部)变形梯度 $\boldsymbol{F}$ 呈比例的线性位移。对于没有变形的情况,$\boldsymbol{F}=\boldsymbol{I}$,边缘位于 $\boldsymbol{r}_i$ 处,且未变形的顶点位于原点。对于存在变形的情况,边缘点被平移到$\boldsymbol{F}\boldsymbol{r}_i$,连接点从原点移动到 χ,因此可将相对于顶点的边缘向量定义为[41]

$$\widehat{\boldsymbol{r}_i} = \boldsymbol{F}\boldsymbol{r}_i - \chi \tag{8.32}$$

在线性近似下,$\widehat{\boldsymbol{r}_i}$ 可以沿 $\boldsymbol{r}_i$ 取值,同时变形可以近似为 $\boldsymbol{F}=\boldsymbol{I}+\epsilon+\omega$(其中 $\epsilon=\epsilon^{\mathrm{T}}$ 和 $\omega=-\omega^{\mathrm{T}}$),因此$\widehat{r_i}-r_i=r_i\boldsymbol{e}_i\cdot\epsilon\boldsymbol{e}_j-\boldsymbol{e}_i\cdot\chi$。$\cos\psi_{ij}=\widehat{\boldsymbol{r}_i}\cdot\widehat{\boldsymbol{r}_j}/(\widehat{r_i}\,\widehat{r_j})$定义了 i 和 j 的夹角。将角度的变化$\psi_{ij}-\boldsymbol{\Psi}_{ij}$ 围绕原始状态进行展开,并结合线性近似下$\widehat{r_i}-r_i$ 的表达式,可以得到

$$\boldsymbol{f}_i=\frac{r_i}{M_i}\varepsilon_{ii}\boldsymbol{e}_i+\sum_{j\neq i}\frac{r_j}{N_{ij}}(\boldsymbol{e}_i\cdot\varepsilon\,\widehat{\boldsymbol{p}}_{ij}+\boldsymbol{e}_j\cdot\varepsilon\,\widehat{\boldsymbol{p}}_{ji})\,\widehat{\boldsymbol{p}}_{ij}-\Big(\frac{1}{M_i}\boldsymbol{e}_i\otimes\boldsymbol{e}_i+\sum_{j\neq i}\frac{1}{N_{ij}}\widehat{\boldsymbol{p}}_{ij}\otimes\Big(\frac{r_j}{r_i}\widehat{\boldsymbol{p}}_{ij}+\widehat{\boldsymbol{p}}_{ji}\Big)\Big)\chi \qquad 其中\ \varepsilon_{ij}\equiv\boldsymbol{e}_i\cdot\epsilon\,\boldsymbol{e}_j \tag{8.33}$$

8

平衡条件 $\sum_{i=1}^{d+1}\boldsymbol{f}_i=0$ 则变为节点位移 χ 的方程,即

$$\chi=\boldsymbol{A}^{-1}\sum_{i=1}^{d+1}\Big(\frac{r_i}{M_i}\varepsilon_{ii}\boldsymbol{e}_i+\sum_{j\neq i}\frac{r_j}{N_{ij}}(\boldsymbol{e}_i\cdot\epsilon\,\widehat{\boldsymbol{p}}_{ij}+\boldsymbol{e}_j\cdot\epsilon\,\widehat{\boldsymbol{p}}_{ji})\,\widehat{\boldsymbol{p}}_{ij}\Big) \tag{8.34}$$

其中

$$\boldsymbol{A}=\sum_{i=1}^{d+1}\Big(\frac{1}{M_i}\boldsymbol{e}_i\otimes\boldsymbol{e}_i+\sum_{j\neq i}\frac{1}{N_{ij}}\widehat{\boldsymbol{p}}_{ij}\otimes\Big(\frac{r_j}{r_i}\widehat{\boldsymbol{p}}_{ij}+\widehat{\boldsymbol{p}}_{ji}\Big)\Big)$$

将胞元的体积视为受到平衡应力 $\boldsymbol{\sigma}$ 作用的连续体,在 V 上对 $\mathrm{div}\boldsymbol{\sigma}=0$ 进行积分,并将牵引力表示为胞元边界上集中力 $\boldsymbol{f}_i$ 的形式,从而可以得出众所周知的式(8.20)。将此恒等式与式(8.33)和式(8.34)相结合,可以得到应变和应力之间的线性关系,进而得出结构的等效弹性模量。

8.4.2 五模极限

当材料处于五模极限时,力 $\boldsymbol{f}_i$ 没有横向(弯曲)分量。在物理上,这对应于无限大柔度(即 $1/N_{ij}=0$),并可以通过细长构件近似地实现。通过忽略弯曲变形,

由式(8.20)和式(8.33)定义的应力退化为

$$\boldsymbol{\sigma}=\frac{1}{V}\sum_{i=1}^{d+1}\boldsymbol{e}_i\otimes\boldsymbol{e}_i\frac{r_i}{M_i}\left[r_i\varepsilon_{ii}-\boldsymbol{e}_i\cdot\left(\sum_{j=1}^{d+1}\frac{1}{M_j}\boldsymbol{e}_j\otimes\boldsymbol{e}_j\right)^{-1}\sum_{k=1}^{d+1}\frac{r_k}{M_k}\varepsilon_{kk}\boldsymbol{e}_k\right] \tag{8.35}$$

因此，$\boldsymbol{\sigma}=\boldsymbol{C}\epsilon$ 中的等效弹性刚度张量为

$$\boldsymbol{C}=\frac{1}{V}\sum_{i=1}^{d+1}\left[r_i^2M_i\boldsymbol{B}_i\otimes\boldsymbol{B}_i-\sum_{k=1}^{d+1}\boldsymbol{r}_i\cdot\left(\sum_{j=1}^{d+1}\boldsymbol{B}_j\right)^{-1}\cdot\boldsymbol{r}_k\boldsymbol{B}_i\otimes\boldsymbol{B}_k\right] \tag{8.36}$$

其中，$\boldsymbol{B}_i=M_i^{-1}\boldsymbol{e}_i\otimes\boldsymbol{e}_i$。尽管上式具有所期望的弹性张量对称性，但实际上它并不是明显的五模材料的形式[式(8.2)]。为了说明这一点，我们将式(8.36)改写为

$$\boldsymbol{C}=\frac{1}{V}\sum_{i,j=1}^{d+1}r_ir_j\sqrt{M_iM_j}P_{ij}(\boldsymbol{v}_i\otimes\boldsymbol{v}_i)\otimes(\boldsymbol{v}_j\otimes\boldsymbol{v}_j) \tag{8.37}$$

其中

$$P_{ij}=\delta_{ij}-\boldsymbol{v}_i\cdot\left(\sum_{k=1}^{d+1}\boldsymbol{v}_k\otimes\boldsymbol{v}_k\right)^{-1}\cdot\boldsymbol{v}_j\quad \boldsymbol{v}_i=M_i^{-1/2}\boldsymbol{e}_i$$

具有元素 P_{ij} 的 $(d+1)\times(d+1)$ 对称矩阵 $\boldsymbol{P}$ 具有如下重要特性：

$$\boldsymbol{P}^2=\boldsymbol{P},\mathrm{tr}\boldsymbol{P}=1 \tag{8.38}$$

换句话说，$\boldsymbol{P}$ 是一个映射，其映射空间为一维。由此可以得出 $\boldsymbol{P}$ 的秩为1，因此 $\boldsymbol{P}$ 的单个非零特征值为1：

$$\boldsymbol{P}=\boldsymbol{b}\boldsymbol{b}^{\mathrm{T}}\qquad 其中\ \boldsymbol{b}^{\mathrm{T}}\boldsymbol{b}=1 \tag{8.39}$$

将式(8.37)中的 P_{ij} 替换为 b_ib_j：

$$\boldsymbol{C}=\boldsymbol{S}\otimes\boldsymbol{S}\qquad 其中\ \boldsymbol{S}=V^{-1/2}\sum_{i=1}^{d+1}r_iM_i^{1/2}b_i\boldsymbol{B}_i \tag{8.40}$$

特征值另一种确定 $\boldsymbol{b}$ 的方法是，将式(8.36)中的 $\boldsymbol{C}$ 写为五模材料的形式($\boldsymbol{C}=\boldsymbol{S}\otimes\boldsymbol{S}$)，然后使用关系式 $\boldsymbol{C}\boldsymbol{I}=\boldsymbol{S}\mathrm{tr}\boldsymbol{S}$ 和 $\boldsymbol{I}:\boldsymbol{C}\boldsymbol{I}=(\mathrm{tr}\boldsymbol{S})^2$，由此我们可以推断，使用式(8.19)可以显式地得出式(8.2)中的 $\boldsymbol{C}$。满足 $\boldsymbol{P}\boldsymbol{b}=\boldsymbol{b}$，这意味着 $\boldsymbol{b}$ 满足 $\sum_{i=1}^{d+1}b_i\boldsymbol{v}_i=0$，换言之，$d+1$ 个向量 $\boldsymbol{v}_i$ 必然是线性相关的。

8.4.3 有限刚度的二维结果

尽管8.4.1节中的点阵模型没有明确包括梁的弯曲，但事实证明，力表达式[式(8.31)]中第二项定义的节点弯曲可以映射出这种变形机制。这种等价性仅限于二维；对于三维的情况，没有可行的类比。这里我们仅对映射进行总结，完整的细节可以在文献[24]中找到。

考虑从胞元中心节点发散而出的三个($=d+1$)构件。当剪力 $V_j=Q_j/r_j$ 作用于构件端部时，每个梁发生弯曲，从而所有力矩 Q_j 得以平衡。梁端部挠度 $w_j=V_jN_j$ 中的弯曲柔度为

8

$$N_j = \int_0^{r_j} \frac{x^2 \mathrm{d}x}{E_j I_j} \quad j = 1,2,3 \tag{8.41}$$

注意到，相邻构件之间的角度差 $\theta_{ij} = \psi_{ij} - \boldsymbol{\Psi}_{ij}$ 与端部挠度 w_i 和 w_j，以及相关的角度差 w_i/r_i 和 w_j/r_j 有关，由此我们可以将式(8.41)与式(8.31)中的节点弯曲项联系起来。这一观察结果表明了 N_{ij} 可以通过单个构件的弯曲柔度 N_i 来表示，即

$$N_{ij} = \left(\frac{r_1^2}{N_1} + \frac{r_2^2}{N_2} + \frac{r_3^2}{N_3}\right)\frac{N_i N_j}{r_i r_j} \quad i \neq j \in 1,2,3 \tag{8.42}$$

利用上式，我们可以将式(8.20)、式(8.33)和式(8.34)中等效模量一般形式的隐式在二维情况下进行显式表达。

8.5 结论

五模材料的弹性刚度必须遵循 $\boldsymbol{C} = K\boldsymbol{S} \otimes \boldsymbol{S}$ 的形式，以确保三维弹性体中存在五种“简单”的变形模式。然后，五模材料中的应力为 $\boldsymbol{\sigma} = -p\boldsymbol{S}$，其中“伪压力”$p$ 由式(8.6)给出。周期性重复的胞元组成的点阵材料框架为实现准静态五模材料行为提供了最自然的微结构。至关重要的是，配位数 $d+1$ 必须尽可能小，即 $d=2,3$。我们的主要结果是，在胞元几何形状和材料特性的一般假设下，式(8.19)给出了该类点阵的 K 和 $\boldsymbol{S}$ 的显式表达式。关键的参数是胞元体积以及胞元中 $d+1$ 个杆每个的长度、取向和轴向刚度。将杆的弯曲刚度考虑进去，可以预测五个简单模式的较小非零刚度(参见 8.4.1 节)。事实上，对于类似的点阵框架，该式在整个可能的刚度范围内均适用：从配位数为 4 的三维五模材料($\boldsymbol{C}$ 的秩为 1)到居尔特内(Gurtner)和迪朗(Durand)[40]提出的“最刚”结构(配位数为 14，$\boldsymbol{C}$ 满秩[24])。

通过本章中的模型和分析，对准静态五模材料的等效行为进行了完整描述。更具挑战性的任务是理解胞元特性对有限频率的声子特性(如通带和禁带)的影响机制。我们需要借助胞元中杆件的波动力学以及布洛赫-弗洛凯边界条件来应对这个挑战。可以对本章描述的模型进行进一步的发展，以得到反映五模材料在长波极限下的行为的频散方程。此项工作的成果将另行出版。

致谢

感谢参与讨论并协助绘图的 A. J. 纳吉、J. 奇波拉、N. 戈卡莱(N. Gokhale)以及 X. 苏(X. Su)。本工作得到了美国海军研究办公室(ONR)多学科大学研究计划(MURI)项目(批准号 N000141310631)的资助。

参考文献

[1]Milton GW, Cherkaev AV. Which elasticity tensors are realizable? *Journal of Engineering Materials and Technology*, 1995;117(4):483－493.

[2]Milton GW. *The Theory of Composites*, 1st edn. Cambridge University Press; 2001.

[3]Norris AN. Acoustic cloaking theory. *Proceedings of the Royal Society A*, 2008;464:2411－2434.

[4]Chen H, Chan CT. Acoustic cloaking in three dimensions using acoustic metamaterials. *Applied Physics Letters*, 2007;91(18):183518.

[5]Cummer SA, Schurig D. One path to acoustic cloaking. *New Journal of Physics*, 2007;9(3):45.

[6]Norris AN. Acoustic metafluids. *Journal of the Acoustical Society of America*, 2009;125(2):839－849.

[7]Gokhale NH, Cipolla JL, Norris AN. Special transformations for pentamode acoustic cloaking. *Journal of the Acoustical Society of America*, 2012;132(4):2932－2941.

[8]Layman CN, Naify CJ, Martin TP, Calvo DC, Orris GJ. Highly-anisotropic elements for acoustic pentamode applications. *Physical Review Letters*, 2013;111:024302－024306.

[9]Méjica GF, Lantada AD. Comparative study of potential pentamodal metamaterials inspired by Bravais lattices. *Smart Materials and Structures*, 2013;22(11):115013.

[10]Kadic M, Bückmann T, Schittny R, Wegener M. On anisotropic versions of three-dimensional pentamode metamaterials. *New Journal of Physics*, 2013;15(2):023029.

[11]Layman CN, Naify CJ, Martin TP, Calvo D, Orris G. Broadband transparent periodic acoustic structures. *Proceedings of Meetings on Acoustics*, 2013;19(1):065043.

[12]Kadic M, Bückmann T, Stenger N, Thiel M, Wegener M. On the feasibility of pentamode mechanical metamaterials. *Applied Physics Letters*, 2012;100:191901.

[13]Kadic M, Bückmann T, Stenger N, Thiel M, Wegener M. Erratum: "On the practicability of pentamode mechanical metamaterials" [Appl. Phys.

8

Lett. 100, 191901 (2012)]. *Applied Physics Letters*, 2012;101:049902.

[14]Schittny R, Bückmann T, Kadic M, Wegener M. Elastic measurements on macroscopic three-dimensional pentamode metamaterials. *Applied Physics Letters*, 2013;103(23):231905.

[15]Kadic M, Bückmann T, Schittny R, Gumbsch P, Wegener M. Pentamode metamaterials with independently tailored bulk modulus and mass density. *Physical Review Applied*, 2014;2(5):054007.

[16]Martin A, Kadic M, Schittny R, Bückmann T, Wegener M. Phonon band structures of three-dimensional pentamode metamaterials. *Physical Review B*, 2012;86:155116.

[17]Krödel S, Delpero T, Bergamini A, Ermanni P, Kochmann DM. 3D auxetic microlattices with independently controllable acoustic band gaps and quasi-static elastic moduli. *Advanced Engineering Materials*, 2014;16(4):357-363.

[18]Bückmann T, Thiel M, Kadic M, Schittny R, Wegener M. An elasto-mechanical unfeelability cloak made of pentamode metamaterials. *Nature Communications*, 2014;5:4130.

[19]Bückmann T, Schittny R, Thiel M, Kadic M, Milton GW, Wegener M. On three-dimensional dilational elastic metamaterials. *New Journal of Physics*, 2014;16:033032.

8

[20]Kadic M, Bückmann T, Schittny R, Wegener M. Metamaterials beyond electromagnetism. *Reports on Progress in Physics*, 2013;76(12):126501.

[21]Hladky-Hennion AC, Vasseur JO, Haw G, Croënne C, Haumesser L, Norris AN. Negative refraction of acoustic waves using a foam-like metallic structure. *Applied Physics Letters*, 2013;102(14):144103.

[22]Norris AN, Nagy AJ. Metal Water: a metamaterial for acoustic cloaking. Phononics-2011-0037 in: *Proceedings of Phononics* 2011, Santa Fe, NM, USA, May 29-June 2; 2011, pp. 112-113.

[23]Norris AN, Nagy AJ, Cipolla JL, Gokhale NH, Hladky-Hennion AC, Croënne C, et al. Metallic structures for transformation acoustics and negative index phononic crystals. In: *Proc. 7th Int. Congress on Advanced Electromagnetic Materials in Microwaves and Optics Metamaterials*, 2013; 2013.

[24]Norris AN. Mechanics of elastic networks. *Proceedings of the Royal Society A*, 2014;470:20140522.

[25]Christensen RM. Mechanics of cellular and other low-density materials. *International Journal of Solids and Structures*, 2000;37(1-2):93-104.

[26]Fleck NA, Deshpande VS, Ashby MF. Micro-architectured materials: past, present and future. *Proceedings of the Royal Society A*, 2010;466(2121): 2495-2516.

[27]Maxwell JC. On the calculation of the equilibrium and stiffness of frames. *Philosophical Magazine*, 1864;27(182):294-299.

[28]Sun K, Souslov A, Mao X, Lubensky TC. Surface phonons, elastic response, and conformal invariance in twisted kagome lattices. *Proceedings of the National Academy of Sciences*, 2012;109(31):12369-12374.

[29]Deshpande VS, Fleck NA, Ashby MF. Effective properties of the octet-truss lattice material. *Journal of the Mechanics and Physics of Solids*, 2001;49(8):1747-1769.

[30]Deshpande VS, Ashby MF, Fleck NA. Foam topology: bending versus stretching dominated architectures. *Acta Materialia*, 2001; 49 (6): 1035-1040.

[31]Hutchinson RG, Fleck NA. The structural performance of the periodic truss. *Journal of the Mechanics and Physics of Solids*, 2006;54(4):756-782.

[32]Spadoni A, Hohler R, Cohen-Addad S, Dorodnitsyn V. Closed-cell crystalline foams: self-assembling, resonant metamaterials. *Journal of the Acoustical Society of America*, 2014;135(4):1692-1699.

[33]Thomson W. Elements of a mathematical theory of elasticity. *Philosophical Transactions of the Royal Society of London*, 1856;146:481-498.

[34]Norris AN. Poisson's ratio in cubic materials. *Proceedings of the Royal Society A*, 2006;462:3385-3405.

[35]Musgrave MJP. *Crystal Acoustics*. Acoustical Society of America; 2003.

[36]Christensen RM. The hierarchy of microstructures for low density materials. In: Casey J, Crochet M, editors. *Theoretical, Experimental, and Numerical Contributions to the Mechanics of Fluids and Solids*. Birkhäuser Basel; 1995. pp. 506-521.

[37]Warren WE, Kraynik AM. Linear elastic behavior of a low-density Kelvin foam with open cells. *ASME Journal of Applied Mechanics*, 1997;64(4): 787-794.

[38]Zhu HX, Knott JF, Mills NJ. Analysis of the elastic properties of open-cell

8

foams with tetrakaidecahedral cells. *Journal of the Mechanics and Physics of Solids*, 1997;45(3):319–343.

[39]Kim HS, Al-Hassani STS. Effective elastic constants of two-dimensional cellular materials with deep and thick cell walls. *International Journal of Mechanical Sciences*, 2003;45(12):1999–2016.

[40]Gurtner G, Durand M. Stiffest elastic networks. *Proceedings of the Royal Society A*, 2014;470(2164):20130611.

[41]Wang Y, Cuitiño A. Three-dimensional nonlinear open-cell foams with large deformations. *Journal of the Mechanics and Physics of Solids*, 2000;48:961–988.

第 9 章

点阵材料模型的模态缩聚

迪米特里·克拉蒂格(Dimitri Krattiger)和马哈茂德·I.侯赛因(Mahmoud I. Hussein)

美国,科罗拉多州,博尔德,科罗拉多大学博尔德分校,航空航天工程科学系

9.1 引言

模态展开法是结构动力学中广泛使用的工具,它通过特征振动或模态振型的线性组合来描述结构的振动行为。模态展开不仅有助于更深入地了解结构的自由和强迫振动行为,以及解耦系统的运动方程,而且使基于模态集截断的模态缩聚成为可能。此外,周期性材料的弹性能带结构计算也会受益于模态展开。本章将讨论如何利用模态分析来大大减小点阵材料的模型尺寸,并缩短频散曲线的计算时间。

无论是对于材料的弹性波或声子传输特性,还是对于它们的电子特性或电磁特性,能带结构都是一个非常有用的工具,因为它提供了关于这些特性的产生机制的基本理解[1]。然而,能带结构的计算可能非常耗时。因此,许多研究工作已经聚焦于提高能带结构的计算效率。一些方法利用了特征向量在布里渊区连续变化的特性。当逐步遍历波矢量($\boldsymbol{\kappa}$ 点)时,可将前一步的解作为当前步骤的起点[2],以加快收敛速度。多重网格方法(即先求解粗网格,然后以粗解作为求解更细网格的起点[3])也可以提高特征向量的收敛性。另一种求解特征向量的方法涉及使用坐标松弛法对瑞利积进行最小化[4]。

在求解点阵的薛定谔方程时,利用模态展开法可以提高计算效率[5]。这种方法利用布里渊区中几个点上的特征向量的线性组合来近似替代整个布里渊区的特征向量,从而大大减小了模型尺寸。这一概念已从电子结构的计算扩展到了弹性波和光子系统[6]。此外,结构动力学中的模态综合法也已被推广到周期性材料的频散特性计算中[7]。

本章详细讨论了基于模态分析的两种不同方法，并将其应用于二维点阵材料。首先，提出了一种用于弹性波能带结构计算的模态展开方法[6]；然后，介绍并论证了一种模态合成方法[7]。这两种方法都能得到误差较低的能带结构，同时大大减小模型尺寸以及缩短计算时间。

9.2 平板模型

采用一个可被视为平板的二维周期性点阵材料对本章提出的模态缩聚方法进行演示。我们采用明德林-赖斯纳理论[8-9]对该板进行建模，并采用有限元方法进行相应的离散描述。为完整起见，对模型的发展进行了简要讨论。更多有关明德林-赖斯纳板单元的发展细节可参阅有限元教科书[10-13]。

9.2.1 明德林-赖斯纳平板有限元

对于如图 9.1 所示的法向平行于 z 轴的平板，其基于明德林-赖斯纳板理论的控制方程为

$$\left(\nabla^2-\frac{\rho}{\mu\alpha}\frac{\partial^2}{\partial t^2}\right)\left(D\nabla^2-\frac{\rho h^3}{12}\frac{\partial^2}{\partial t^2}\right)\omega+\rho h\frac{\partial^2 w}{\partial t^2}=0 \tag{9.1}$$

其中，h 为板厚；μ 为剪切模量；α 为剪切修正因子；$D=(Eh^3)/(12-12\nu^2)$ 为板的刚度，E 为杨氏模量，ν 为泊松比；w 为板的横向位移。假设位移场为

$$u=z\theta_x(x,y),v=z\theta_y(x,y),w=w(x,y) \tag{9.2}$$

其中，θ_x 和 θ_y 表示沿平板法线的旋转角。然后，可以使用一组多项式形函数 N_i，根据节点旋转 θ_{xi}、θ_{yi} 和位移 w_i 描述全位移场为

9

$$\theta_x=\sum_{i=1}^{k}N_i(x,y)\theta_{xi},\theta_y=\sum_{i=1}^{k}N_i(x,y)\theta_{yi},w=\sum_{i=1}^{k}N_i(x,y)w_i \tag{9.3}$$

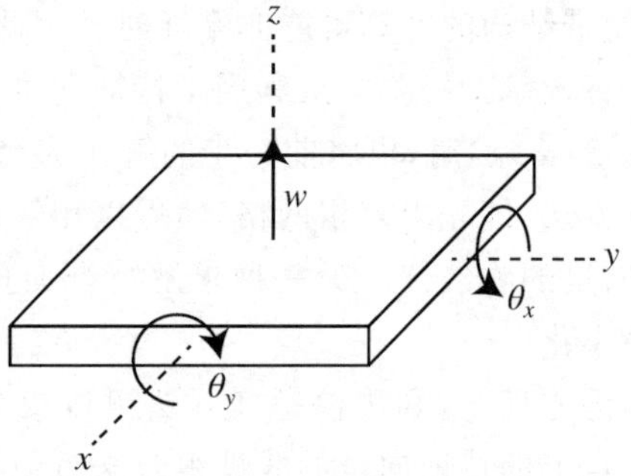

图 9.1　平板示意图

由式(9.1)推导出单元刚度矩阵，通过对单元域 A^e 积分可得[12]

$$\boldsymbol{K}^{e}=\underbrace{\frac{h^{3}}{12}\int_{A^{e}}\boldsymbol{B}_{B}^{T}\boldsymbol{D}_{B}\boldsymbol{B}_{B}\mathrm{d}A^{e}}_{\boldsymbol{K}_{B}^{e}}+\underbrace{\alpha h\int_{A^{e}}\boldsymbol{B}_{S}^{T}\boldsymbol{D}_{S}\boldsymbol{B}_{S}\mathrm{d}A^{e}}_{\boldsymbol{K}_{S}^{e}} \tag{9.4}$$

选择 $\alpha=5/6$。虽然此剪切修正因子值用于描述简支边界条件，但它也满足当前情况。式(9.4)中第一项为弯曲刚度，第二项为剪切刚度。弯曲应变-位移矩阵为

$$\boldsymbol{B}_{B}=\left[\begin{bmatrix}0 & N_{1,x} & 0\\ 0 & 0 & N_{1,y}\\ 0 & N_{1,y} & N_{1,x}\end{bmatrix}\cdots\begin{bmatrix}0 & N_{k,x} & 0\\ 0 & 0 & N_{k,y}\\ 0 & N_{k,y} & N_{k,x}\end{bmatrix}\right] \tag{9.5}$$

剪切应变-位移矩阵为

$$\boldsymbol{B}_{S}=\left[\begin{bmatrix}N_{1,x} & N_{1} & 0\\ N_{1,y} & 0 & N_{1}\end{bmatrix}\cdots\begin{bmatrix}N_{k,x} & N_{k} & 0\\ N_{k,y} & 0 & N_{k}\end{bmatrix}\right] \tag{9.6}$$

弯曲和剪切的本构矩阵分别为

$$\boldsymbol{D}_{B}=\frac{E}{1-\nu^{2}}\begin{bmatrix}1 & \nu & 0\\ \nu & 1 & 0\\ 0 & 0 & \dfrac{1-\nu}{2}\end{bmatrix},\boldsymbol{D}_{S}=\frac{E}{2(1+\nu)}\begin{bmatrix}1 & 0\\ 0 & 1\end{bmatrix} \tag{9.7}$$

单元质量矩阵也可通过对单元域上的形函数积分得到

$$\boldsymbol{M}^{e}=\int_{A^{e}}\boldsymbol{N}^{T}\boldsymbol{G}\boldsymbol{N}\mathrm{d}A^{e} \tag{9.8}$$

$$\boldsymbol{N}=\left[\begin{bmatrix}N_{1} & 0 & 0\\ 0 & N_{1} & 0\\ 0 & 0 & N_{1}\end{bmatrix}\cdots\begin{bmatrix}N_{k} & 0 & 0\\ 0 & N_{k} & 0\\ 0 & 0 & N_{k}\end{bmatrix}\right] \tag{9.9}$$

$$\boldsymbol{G}=\rho\begin{bmatrix}h & 0 & 0\\ 0 & \dfrac{h^{3}}{12} & 0\\ 0 & 0 & \dfrac{h^{3}}{12}\end{bmatrix} \tag{9.10}$$

其中，ρ 是材料密度。包含节点位移的单元自由度向量为

$$\{\boldsymbol{q}^{e}\}=\{w_{1}\quad\theta_{x1}\quad\theta_{y1}\quad\cdots\quad w_{k}\quad\theta_{xk}\quad\theta_{yk}\}^{T} \tag{9.11}$$

明德林-赖斯纳平板单元存在剪切锁死问题[11]。当低阶单元弯曲时，就会发生剪切锁死。当板材沿一条轴线纯弯曲时，会变形为圆弧状，如图 9.2(a)所示。然而，线性单元不能产生圆周位移。因此，为了适应节点的旋转，它将进入纯剪切状态，如图 9.2(b)所示。这种情况被称为剪切锁死，在相同的转动位移下，它会导致更高的应变能，进而导致对振动频率的高估。这个问题也会出现在高阶单元中，但程度要小得多。最常见的处理方法是对剪切刚度矩阵进行减缩积分[14]。例如，对于一个四节点四边形单元，采用单点高斯求积，而非典型的 2×2 高斯求积。

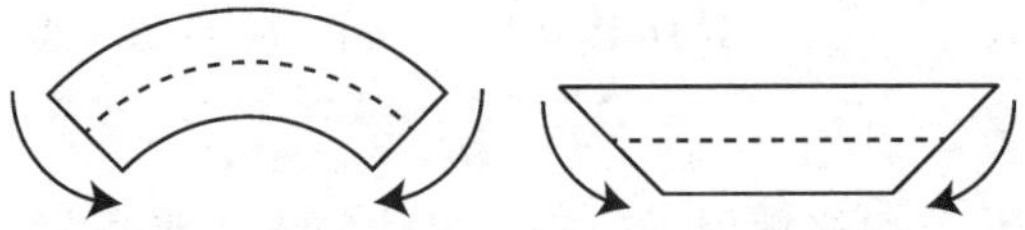

图 9.2 纯弯曲状态与受弯曲载荷作用的线性单元的示意图

虽然可以通过使用明德林-赖斯纳单元获得合理的减缩积分解决方案，但这种方法会导致一些零能量振动模态。这些零能量模态具有高度振荡的位移剖面，类似于手风琴中的褶皱，通过在剪切刚度矩阵中添加一个稳定矩阵可以防止这种现象的发生[15]。稳定矩阵仅仅是一个完整的剪切刚度矩阵。对于 2×2 的情况，剪切刚度矩阵如下：

$$\boldsymbol{K}_{\mathrm{S}}^{\mathrm{e}} = (1-\varepsilon)\boldsymbol{K}_{\mathrm{S}}^{\mathrm{e}[1\times1]} + \varepsilon\boldsymbol{K}_{\mathrm{S}}^{\mathrm{e}[2\times2]} \tag{9.12}$$

其中，ε 为扰动参数。其归一化的数学表达式为

$$\varepsilon = rh^2/A \tag{9.13}$$

式(9.12)中括号内的上标表示所采用的高斯求积规则。在当前模型中，参数 r 取 0.1。这个值大到足以抑制零能量模态，但又小到足以避免显著的剪切锁死效应。此时，可以通过对域进行网格划分并应用直接刚度法来生成模型[10]。由于没有施加边界条件，我们可以得到"自由"的整体质量和刚度矩阵 $\boldsymbol{M}$ 和 $\boldsymbol{K}$。忽略阻尼并假设外力为零，可得自由运动方程为

$$\boldsymbol{M}\ddot{\boldsymbol{q}} + \boldsymbol{K}\boldsymbol{q} = \boldsymbol{0} \tag{9.14}$$

其中，$\boldsymbol{q}$ 是自由的全局自由度向量。

9.2.2 布洛赫边界条件

布洛赫定理指出，周期性材料中的场可以表示为周期函数与平面波函数相乘[16]：

$$\boldsymbol{u}(\boldsymbol{x},\boldsymbol{\kappa},t) = \underbrace{\tilde{\boldsymbol{u}}(\boldsymbol{x},\boldsymbol{\kappa})}_{\text{周期函数}}\ \underbrace{\mathrm{e}^{\mathrm{i}\boldsymbol{\kappa}^{\mathrm{T}}\boldsymbol{x}}}_{\text{平面波项}}\ \underbrace{\mathrm{e}^{-\mathrm{i}\omega t}}_{\text{谐波项}},\ \tilde{\boldsymbol{u}}(\boldsymbol{x},\boldsymbol{\kappa}) = \tilde{\boldsymbol{u}}(\boldsymbol{x}+\boldsymbol{g},\boldsymbol{\kappa}) \tag{9.15}$$

其中，$\boldsymbol{x}$ 为位置向量；$\boldsymbol{\kappa}$ 为波数；ω 为时间频率；$\boldsymbol{g}$ 为点阵向量。由式(9.15)可知，边界上的自由度是通过平面波项彼此联系起来的。左边界的自由度与右边界的自由度相关，下边界的自由度与上边界的自由度相关：

$$\boldsymbol{q}_{\mathrm{R}} = \boldsymbol{q}_{\mathrm{L}}\lambda_x,\ \boldsymbol{q}_{\mathrm{T}} = \boldsymbol{q}_{\mathrm{B}}\lambda_y \tag{9.16}$$

其中，$\lambda_x = \mathrm{e}^{\mathrm{i}\kappa_x L_x}$，$\lambda_y = \mathrm{e}^{\mathrm{i}\kappa_y L_y}$。同样，转角自由度之间也有联系：

$$\boldsymbol{q}_{\mathrm{BR}} = \boldsymbol{q}_{\mathrm{BL}}\lambda_x,\ \boldsymbol{q}_{\mathrm{TR}} = \boldsymbol{q}_{\mathrm{BL}}\lambda_x\lambda_y,\ \boldsymbol{q}_{\mathrm{TL}} = \boldsymbol{q}_{\mathrm{BL}}\lambda_y \tag{9.17}$$

式(9.16)和式(9.17)可整合为周期性自由度向量与自由式自由度向量相关联的变换矩阵：

$$\overbrace{\begin{bmatrix} \boldsymbol{q}_{\mathrm{I}} \\ \boldsymbol{q}_{\mathrm{L}} \\ \boldsymbol{q}_{\mathrm{R}} \\ \boldsymbol{q}_{\mathrm{B}} \\ \boldsymbol{q}_{\mathrm{T}} \\ \boldsymbol{q}_{\mathrm{BL}} \\ \boldsymbol{q}_{\mathrm{BR}} \\ \boldsymbol{q}_{\mathrm{TR}} \\ \boldsymbol{q}_{\mathrm{TL}} \end{bmatrix}}^{\boldsymbol{q}} = \overbrace{\begin{bmatrix} \boldsymbol{I} & \boldsymbol{0} & \boldsymbol{0} & \boldsymbol{0} \\ \boldsymbol{0} & \boldsymbol{I} & \boldsymbol{0} & \boldsymbol{0} \\ \boldsymbol{0} & \lambda_x \boldsymbol{I} & \boldsymbol{0} & \boldsymbol{0} \\ \boldsymbol{0} & \boldsymbol{0} & \boldsymbol{I} & \boldsymbol{0} \\ \boldsymbol{0} & \boldsymbol{0} & \lambda_y \boldsymbol{I} & \boldsymbol{0} \\ \boldsymbol{0} & \boldsymbol{0} & \boldsymbol{0} & \boldsymbol{I} \\ \boldsymbol{0} & \boldsymbol{0} & \boldsymbol{0} & \lambda_x \boldsymbol{I} \\ \boldsymbol{0} & \boldsymbol{0} & \boldsymbol{0} & \lambda_x \lambda_y \boldsymbol{I} \\ \boldsymbol{0} & \boldsymbol{0} & \boldsymbol{0} & \lambda_y \boldsymbol{I} \end{bmatrix}}^{\boldsymbol{P}} \overbrace{\begin{bmatrix} \boldsymbol{q}_{\mathrm{I}} \\ \boldsymbol{q}_{\mathrm{L}} \\ \boldsymbol{q}_{\mathrm{B}} \\ \boldsymbol{q}_{\mathrm{BL}} \end{bmatrix}}^{\bar{\boldsymbol{q}}} \tag{9.18}$$

注意，式(9.16)至式(9.18)仅考虑二维波的传播，但是这种思想很容易扩展到三维。现在将式(9.18)代入式(9.14)，并预先乘以 $\boldsymbol{P}^{\dagger}$ 得到周期运动方程为

$$\underbrace{\boldsymbol{P}^{\dagger}\boldsymbol{M}\boldsymbol{P}}_{\bar{\boldsymbol{M}}(\boldsymbol{\kappa})}\ddot{\bar{\boldsymbol{q}}} + \underbrace{\boldsymbol{P}^{\dagger}\boldsymbol{K}\boldsymbol{P}}_{\bar{\boldsymbol{K}}(\boldsymbol{\kappa})}\bar{\boldsymbol{q}} = 0 \tag{9.19}$$

式中，$\bar{\boldsymbol{M}}(\boldsymbol{\kappa})$ 和 $\bar{\boldsymbol{K}}(\boldsymbol{\kappa})$ 是与波矢量相关的周期质量和刚度矩阵；$(\cdot)^{\dagger}$ 表示复共轭转置。使用此方法的一个常见错误是对自由度的排序错误。在式(9.19)中必须特别注意，确保 $\boldsymbol{P}$ 的行排序与 $\boldsymbol{M}$ 和 $\boldsymbol{K}$ 的自由度顺序相匹配。

通过其他方法也可以得到能带结构的计算模型。在这里，我们利用边界条件得到了布洛赫平面波解。通过计算式(9.15)所示的整个位移场可得到结果。另一种方法是隐式地考虑平面波解[6]。由此得到的特征向量解仅能提供式(9.15)中的周期函数。通过将位移矢量中的每个元素乘以平面波分量 $\mathrm{e}^{\mathrm{i}\boldsymbol{\kappa}^{\mathrm{T}}\boldsymbol{x}}$(对应于其在单胞中的物理位置)，可以很容易地在两个解之间进行切换。这里考虑的布洛赫边界条件有一个重要特征，即其构造的质量和刚度矩阵的内部分区与波矢量无关。我们在布洛赫模态合成(Bloch mode synthesis，BMS)的模态缩聚方法中利用了这一特征。

9.2.3　模型示例

本章的模态缩聚方法将使用图 9.3(a)所示的基于平板的周期性点阵材料进行演示。该模型包含 1408 个单元，4698 个自由度。其材料性能和模型尺寸概述如下：

$$E = 2.4\ \mathrm{GPa},\ \rho = 1040\ \mathrm{kg/m^3},\ \nu = 0.33,\ L_x = L_y = 10\ \mathrm{cm},\ h = 1\ \mathrm{mm} \tag{9.20}$$

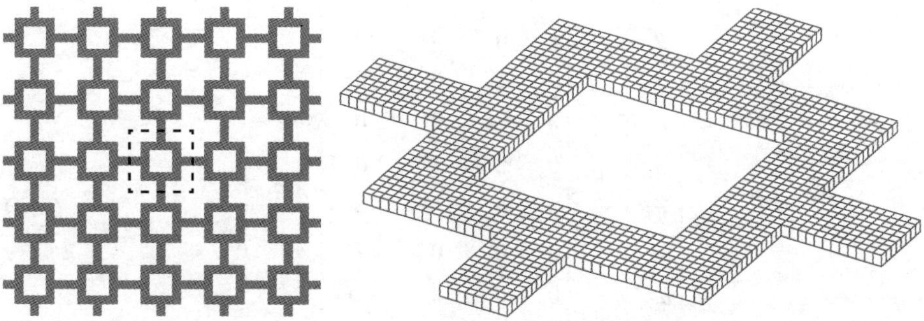

（a）周期性点阵材料　　　　（b）单胞的有限元网格

图 9.3　周期性点阵材料的一部分(其单胞已用轮廓标出)和单胞的有限元网格
(本书的英文原版将此模型用作封面)

9.3　缩聚的布洛赫模态展开

模态缩聚的目标是使用一组模态振型来近似描述系统在所关心频率范围内的振动行为。对结构而言,这通常需要留存截至最高目标频率的 1.5～2 倍的所有固有频率的模态振型。然而,对于周期性材料,波的行为不仅取决于频率,还取决于波矢量。因此,用于缩聚周期模型的模态集不仅要在目标频率范围内,还要在目标波矢量范围内。侯塞因(Hussein)提出了一种解决方法,称为缩聚的布洛赫模态展开法(reduced Bloch mode expansion,RBME)[6]。通过将源于波矢量 $\boldsymbol{\kappa}_a$ 的一组布洛赫模态振型与源于波矢量 $\boldsymbol{\kappa}_b$ 的一组模态振型相结合,可以近似得到系统处于 $\boldsymbol{\kappa}_a$ 和 $\boldsymbol{\kappa}_b$ 之间的任意波矢量的波动特性。

9

9.3.1　缩聚的布洛赫模态展开方法

假设我们构建了一个点阵材料模型,也就是说质量和刚度矩阵 $\overline{\boldsymbol{M}}(\boldsymbol{\kappa})$ 和 $\overline{\boldsymbol{K}}(\boldsymbol{\kappa})$ 已知,它们是关于波矢量的函数。通常来说,能带结构的计算方法是离散波矢量路径,并对每个 $\boldsymbol{\kappa}$ 点求解以下特征值问题：

$$\overline{\boldsymbol{K}}(\boldsymbol{\kappa}_j)\boldsymbol{\Phi}_j = \overline{\boldsymbol{M}}(\boldsymbol{\kappa}_j)\boldsymbol{\Phi}_j\boldsymbol{\Lambda}_j \tag{9.21}$$

其中,下标 j 表示第 j 个 $\boldsymbol{\kappa}$ 点;$\boldsymbol{\Lambda}$ 是一个对角线上包含特征值的矩阵;$\boldsymbol{\Phi}$ 是一个列为特征向量的矩阵。如前所述,我们可以使用波矢量段的端点作为展开点。通过从每个展开点收集重要的模态,可以构建一个变换矩阵,在减小模型尺寸的同时,仍然保留了重要的动力学信息：

$$\underbrace{\boldsymbol{\Phi}_a}_{n\times n}\Rightarrow\underbrace{\widehat{\boldsymbol{\Phi}}_a}_{n\times m},\underbrace{\boldsymbol{\Phi}_b}_{n\times n}\Rightarrow\underbrace{\widehat{\boldsymbol{\Phi}}_b}_{n\times m} \tag{9.22}$$

$$\boldsymbol{R} = [\widehat{\boldsymbol{\Phi}}_{\mathrm{a}}, \widehat{\boldsymbol{\Phi}}_{\mathrm{b}}] \tag{9.23}$$

然后利用该变换矩阵对周期性模型的质量矩阵和刚度矩阵进行缩聚，具体如下：

$$\overline{\mathcal{M}}^{R}(\boldsymbol{\kappa}_j) = \boldsymbol{R}^{\dagger}\overline{\boldsymbol{M}}(\boldsymbol{\kappa}_j)\boldsymbol{R}, \overline{\mathcal{K}}^{R}(\boldsymbol{\kappa}_j) = \boldsymbol{R}^{\dagger}\overline{\boldsymbol{K}}(\boldsymbol{\kappa}_j)\boldsymbol{R} \tag{9.24}$$

式(9.22)中的模态截断在每个展开点处均保留了 m 个具有最低频率的模态振型。选择的参数 m 要保证在最大关心频率 1.5～2 倍范围内的所有模态都包含在变换中。只要所关心的最高频率足够低，m 就会明显小于 n。

缩聚系统在所有 $\boldsymbol{\kappa}$ 点间的特征值解可以得到近似的能带结构为

$$\overline{\mathcal{K}}^{R}(\boldsymbol{\kappa}_j)\boldsymbol{\Phi}_j^R = \overline{\mathcal{M}}^{R}(\boldsymbol{\kappa}_j)\boldsymbol{\Phi}_j^R\boldsymbol{\Lambda}_j^R \tag{9.25}$$

利用缩聚的布洛赫模态展开变换矩阵可以从缩聚后的模态振型中恢复出系统近似的模态振型为

$$\boldsymbol{\Phi}_j \approx \boldsymbol{R}\boldsymbol{\Phi}_j^R \tag{9.26}$$

就结构中的模态缩聚而言，结合更多的模态振型可以提高缩聚后能带结构的精度。在缩聚的布洛赫模态展开方法中，可以通过增加每个展开点的模态数 m 或增加展开点的数量来达到提高精度的目的。到目前为止，我们虽然仅选择了波矢量段的端点作为展开点，但其实也可以在 $\boldsymbol{\kappa}_{\mathrm{a}}$ 和 $\boldsymbol{\kappa}_{\mathrm{b}}$ 之间增加额外的展开点(如图 9.4所示)，并且在每个附加点处计算的模态振型可以简单地与变换矩阵中现有的模态振型进行连接。

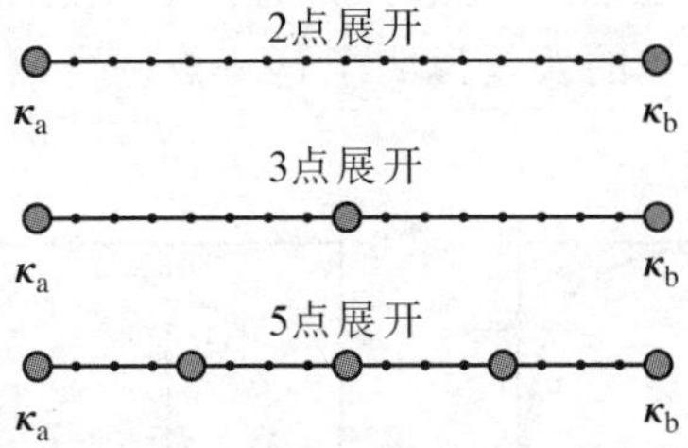

图 9.4　2 点、3 点以及 5 点缩聚的布洛赫模态展开方案的展开点位置

9.3.2　缩聚的布洛赫模态展开示例

图 9.5 展示了上一节描述的点阵材料模型全系统频散图与 2 点和 3 点缩聚的布洛赫模态展开频散图的比较。注意，在这个例子中，我们所关心的是三种不同的波矢量段：$\Gamma-X$，$X-M$ 和 $M-\Gamma$。因此，我们对每个分段都计算了一个新的缩聚的布洛赫模态展开变换矩阵。

如上所述，在缩聚时保留越多的布洛赫模态，频散频率的误差就越小。由式(9.26)可知，缩聚的布洛赫模态展开模型预测的模态振型是缩聚的布洛赫模态展开变换矩阵中展开模态的线性组合。缩聚的布洛赫模态展开模型预测的频率精度取决于近似模态振型与全模态振型的匹配程度。因此，考虑到缩聚的布洛赫模态

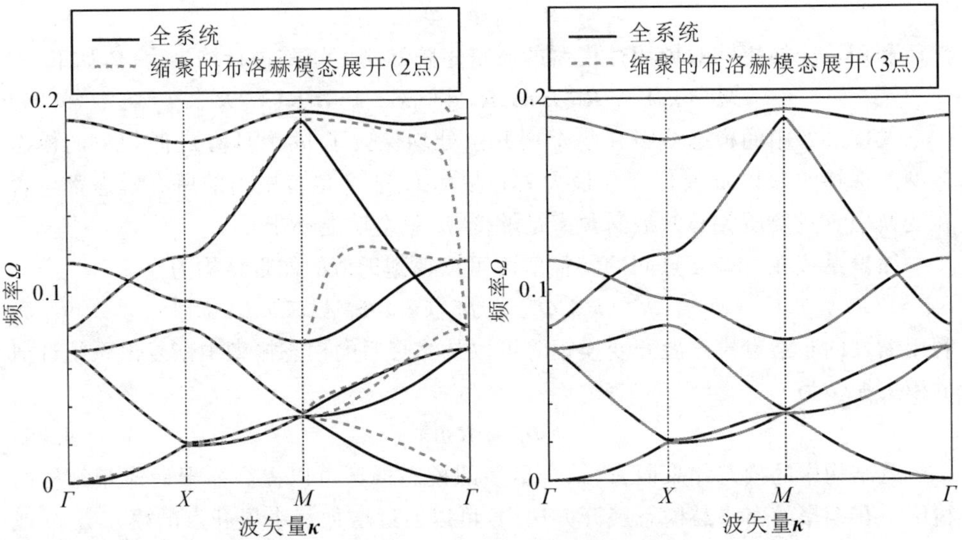

图 9.5 全系统频散与 2 点(左)和 3 点(右)缩聚的布洛赫模态展开频散的比较

($\Omega=\omega L_x\sqrt{\rho/E}$为归一化频率)

展开变换矩阵包含了展开点处的模态振型，缩聚后的模型能够准确地恢复展开点处的模态振型和频率。当远离展开点时，模态振型和频率的误差都会增加。图9.6中的布里渊区第 6 频散分支的误差说明了这一点。可以看到，结合额外的展开点可以显著降低误差。

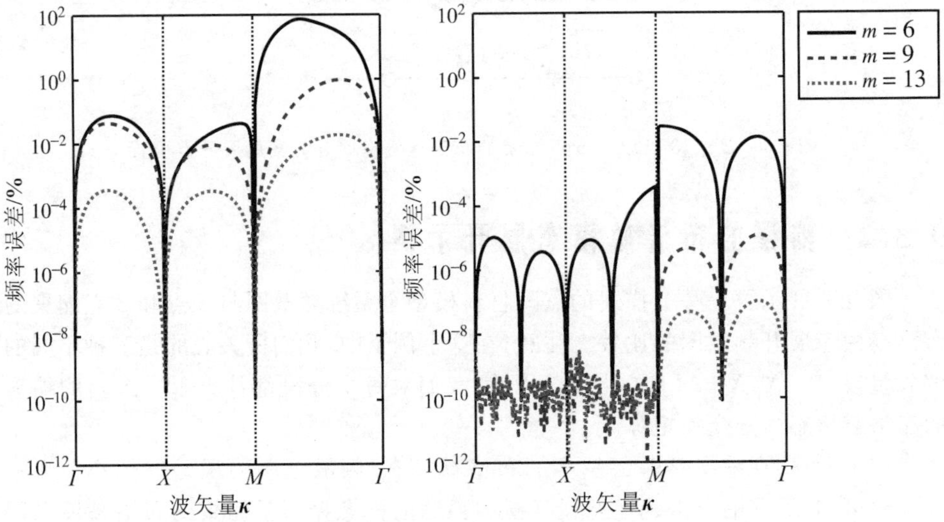

图 9.6 当每个展开点的模数 m 增加时，用 2 点(左)和 3 点(右)缩聚的布洛赫模态展开模型计算得到的第 6 频散分支的误差

从图 9.5 和图 9.6 中可以看出，在 $M-\Gamma$ 段缩聚的布洛赫模态展开的缩聚是最不准确的。这表明该区域的模态振型较难与缩聚的布洛赫模态展开变换中的模态近似。出乎预料的是，当 $m=6$ 时，在 m 点附近也有很高的误差。这是因为第 6 分支在 m 点处发生了退化，因此缩聚的布洛赫模态展开变换中使用的第 6 阶模态实际上是第 6 阶和第 7 阶系统模态的线性组合。一旦在缩聚的布洛赫模态展开变换中引入附加模态，这一问题就能得到解决。

实际上，随着展开模态数的增加，频散分支中的最大误差往往是最有用的信息。图 9.7 分别显示了使用 2 点、3 点和 5 点展开的第 6 频散分支。从中可以看出，随着展开点数量的增加，三种展开方案的对数误差均呈现出线性下降趋势。

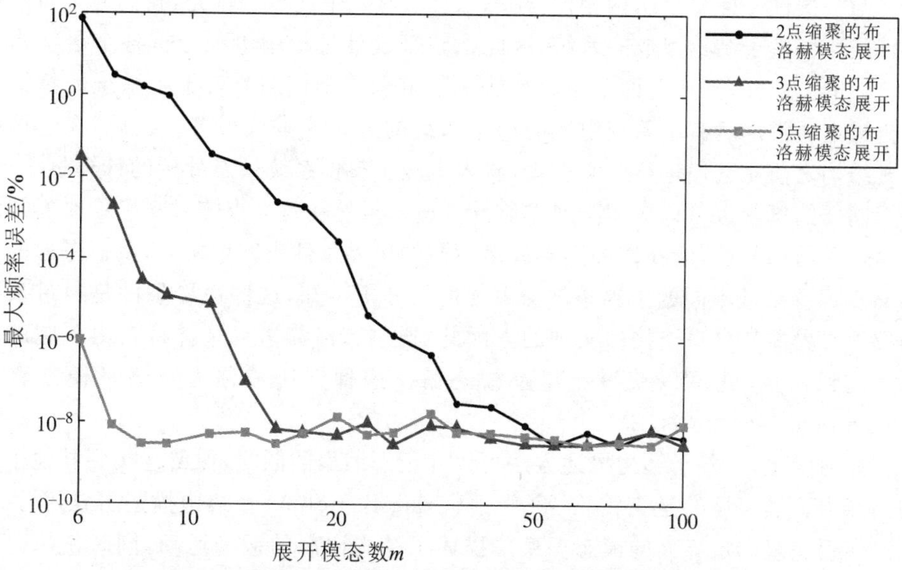

图 9.7　第 6 频散分支的最大误差随每个展开点的模数 m 的变化

9.3.3　缩聚的布洛赫模态展开其他注意事项

通过上述研究我们得知通过增加缩聚的布洛赫模态展开变换中的模态数可以快速减少误差。然而这样做也具有一定风险，会导致一组在数值意义上线性相关或近似线性相关的缩聚模态，这将在所得到的缩聚运动方程中产生数值病态，从而造成较大的误差并引入伪模态。为避免此情况，应对 $\boldsymbol{R}$ 进行格拉姆-施密特(Gram-Schmidt)正交化，以改善缩聚后质量矩阵和刚度矩阵的数值条件。

9.4 布洛赫模态合成

在结构动力学分析中，通常将一个结构分成几个较小的结构，称为子结构。每个子结构模型可以通过一些界面自由度与其他子结构连接。通过重新连接每个子结构的界面自由度，可以从子结构模型中恢复出完整的模型。现有的方法可以在保持连接界面自由度的同时，进行模态分析和随后的子结构模态缩聚。我们通常将这些方法统称为模态综合法，这是因为系统的模态是通过连接每个构件的模态而合成的[17]。

与一次性考虑整个结构相比，模态综合法有几个优点。首先，我们通常将结构设计成一个由子结构组成的系统，因此在整个设计过程中单独分析各个子结构是很自然的。此外，它还允许采用分治法来求解全级别模态。若干小系统的特征值分析成本通常比所有小系统组成的单个系统的分析成本低得多。因此，在连接单个子结构之前对它们进行模态缩聚，将大大减少整体系统模态分析的计算量。

同样的概念也可以应用于对单胞的分析。虽然在建立点阵材料模型时通常没有多个子结构相连，但我们确实有许多不同的边界条件集。事实上，我们考虑的每个 $\boldsymbol{\kappa}$ 点都有略微不同的边界条件。由之前的分析可知，这些边界条件是通过某些相位项将界面与自身连接而实现的。因此，通过布洛赫边界条件将自由单胞的模态合成到自身，就可以获得布洛赫模态解。这种方法被称为布洛赫模态合成(Bloch mode synthesis，BMS)[7]。

如前所述，一些子结构描述方法可以在模态缩聚的同时，保留连接到其他子结构的能力。最常见的是克雷格-班普顿(Craig-Bampton)子结构描述方法[18]。该方法使用一组固定界面的模态振型来描述子结构内部的振动运动，同时使用一组互补的约束模态来描述边界自由度偏转导致的结构内部的静态运动。

9

9.4.1 布洛赫模态合成方法

约束模态的产生需要在保持边界其余部分固定的同时，强制具有单个边界自由度的静态单元发生偏转。如果仅考虑式(9.19)的静态部分，并将其划分为内部分区和边界分区，则可以得到如下包含约束模态的表达式：

$$\begin{bmatrix} \boldsymbol{K}_{II} & \boldsymbol{K}_{IA} \\ \boldsymbol{K}_{AI} & \boldsymbol{K}_{AA} \end{bmatrix} \begin{bmatrix} \boldsymbol{\Psi} \\ \boldsymbol{I} \end{bmatrix} = \begin{bmatrix} 0 \\ \boldsymbol{f}_A \end{bmatrix} \tag{9.27}$$

其中，下标 I 表示内部自由度，下标 A 表示边界自由度。注意，边界自由度由单位矩阵代替。这相当于在某一时刻扰动单个边界自由度，而保持边界的其余部分不变。仅考虑式(9.27)的上半部分，即可求出约束模态 $\boldsymbol{\Psi}$ 为

$$\boldsymbol{\Psi} = -\boldsymbol{K}_{II}^{-1}\boldsymbol{K}_{IA} \tag{9.28}$$

图 9.8 的左侧展示了部分约束模态。

通过将式(9.14)中的边界运动设为零,可以得到固定边界处的模态,并求解内部动态模态的特征值问题如下:

$$\boldsymbol{K}_{II}\,\boldsymbol{\Phi}_I = \boldsymbol{M}_{II}\,\boldsymbol{\Phi}_I\,\boldsymbol{\Lambda}_I \tag{9.29}$$

图 9.8 的右侧展示了部分固定界面模态。截断固定界面处的模态集,以便保留那些小于我们所关心的 1.5~2 倍最高频率范围内对应的模态 n_{FI},其数学表达式为

$$\underbrace{\boldsymbol{\Phi}_I}_{n_I\times n_I} \Rightarrow \underbrace{\hat{\boldsymbol{\Phi}}_I}_{n_I\times n_{FI}} \tag{9.30}$$

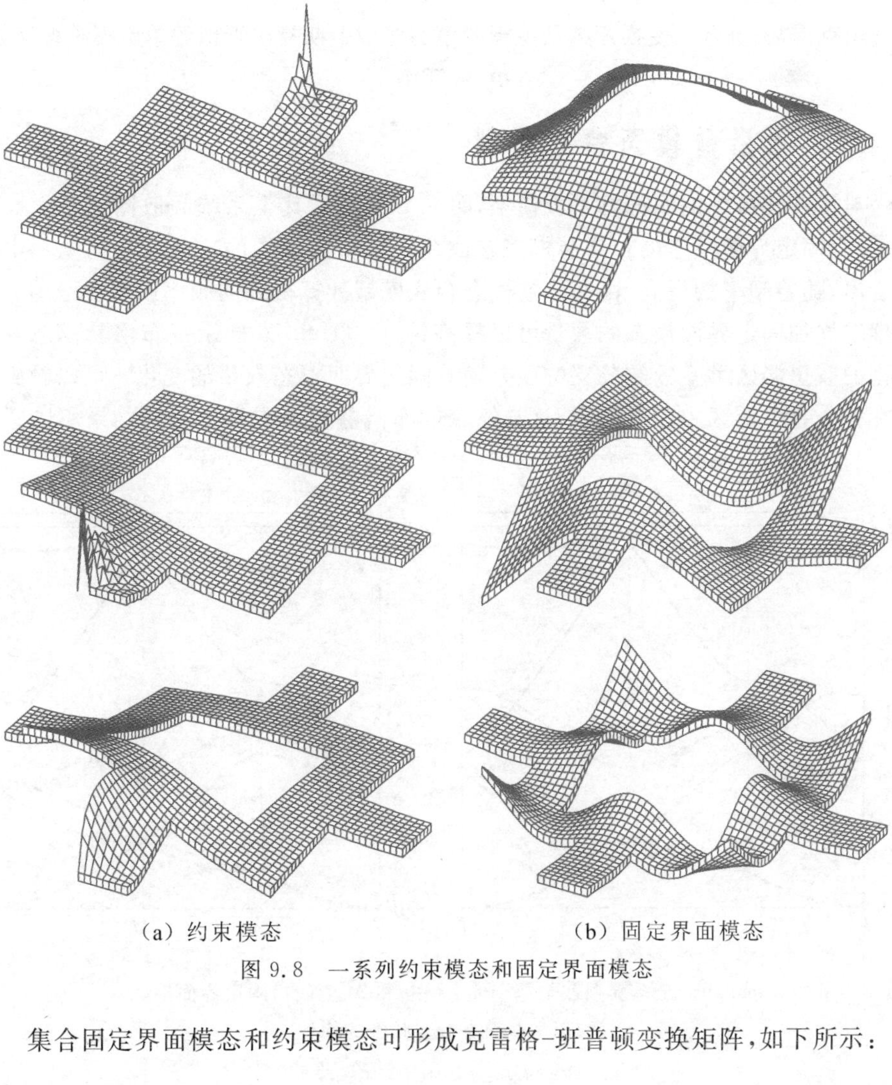

(a) 约束模态　　　　(b) 固定界面模态

图 9.8　一系列约束模态和固定界面模态

集合固定界面模态和约束模态可形成克雷格-班普顿变换矩阵,如下所示:

$$T=\begin{bmatrix}\boldsymbol{\Phi}_I & \boldsymbol{\Psi}\\ \mathbf{0} & \boldsymbol{I}\end{bmatrix} \tag{9.31}$$

将其用于创建布洛赫模态合成缩聚系统，表示如下：

$$\mathcal{M}^{\mathrm{B}}=\boldsymbol{T}^{\dagger}\boldsymbol{M}\boldsymbol{T},\mathcal{K}^{\mathrm{B}}=\boldsymbol{T}^{\dagger}\boldsymbol{K}\boldsymbol{T} \tag{9.32}$$

将周期性变换用于布洛赫模态合成可得缩聚后的质量矩阵和刚度矩阵分别为

$$\overline{\mathcal{M}}^{\mathrm{B}}(\boldsymbol{\kappa}_j)=\boldsymbol{P}^{\dagger}\ \mathcal{M}^{\mathrm{B}}\boldsymbol{P},\overline{\mathcal{K}}^{\mathrm{B}}(\boldsymbol{\kappa}_j)=\boldsymbol{P}^{\dagger}\ \mathcal{K}^{\mathrm{B}}\boldsymbol{P} \tag{9.33}$$

需要注意的是，由于我们用一些内部模态振型替换了内部自由度，因此周期性变换必须稍加修改。如前一节所述，使用缩聚系统的特征值解来近似能带结构的频率如下：

$$\overline{\mathcal{K}}^{\mathrm{B}}(\boldsymbol{\kappa}_j)\,\boldsymbol{\Phi}_j^{\mathrm{B}}=\overline{\mathcal{M}}^{\mathrm{B}}(\boldsymbol{\kappa}_j)\,\boldsymbol{\Phi}_j^{\mathrm{B}}\,\boldsymbol{\Lambda}_j^{\mathrm{B}} \tag{9.34}$$

并使用克雷格-班普顿变换矩阵从缩聚的模态振型中恢复出近似的单胞模态振型为

$$\boldsymbol{\Phi}_j\approx\boldsymbol{T}\boldsymbol{\Phi}_j^{\mathrm{B}} \tag{9.35}$$

9.4.2 布洛赫模态合成示例

对于前文提到的明德林平板模型，图 9.9 展示了其全系统频散图与包含 6 个和 24 个固定界面模态的布洛赫模态合成缩聚模型频散图的比较。从图 9.9 中可以看出，随着频率的提高，由布洛赫模态合成模型计算得到的频率误差在增加。在缩聚时增加固定界面模态的数量可以提高精度。图 9.10 展示了布洛赫模态合成模型的布里渊区第 6 频散分支的误差随着固定界面模态数量的变化。可以看到误差在整个布里渊区中相对一致，这与缩聚的布洛赫模态展开方法的结果不同。图

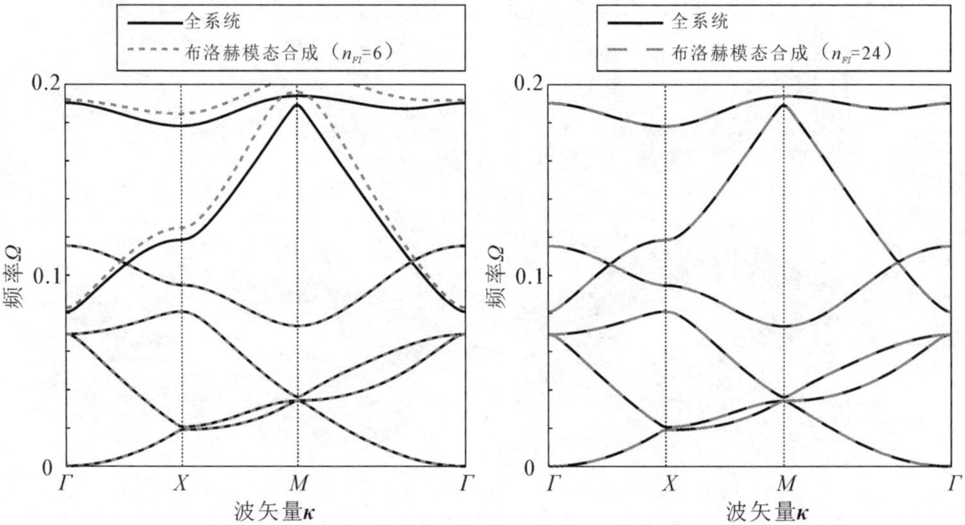

图 9.9 全系统频散与基于 6 个(左)和 24 个(右)固定界面模态的布洛赫模态合成频散的比较

（$\Omega=\omega L_x\sqrt{\rho/E}$为归一化频率）

9.11 展示了第 6 频散分支的最大误差随着固定界面模态数量的变化。可以观察到误差的对数与固定界面模态数的对数具有近似的线性相关性。

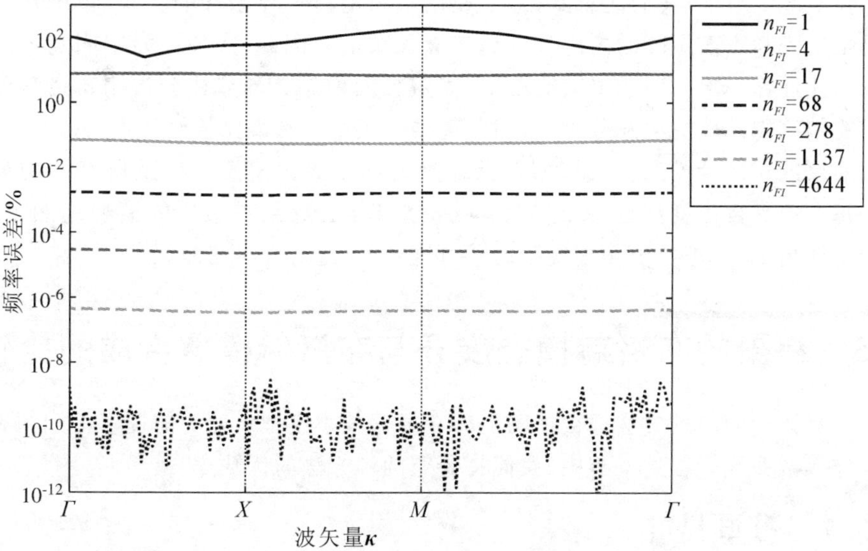

图 9.10　基于布洛赫模态合成模型计算出的第 6 频散分支的误差随固定界面模态数 n_{FI} 的变化

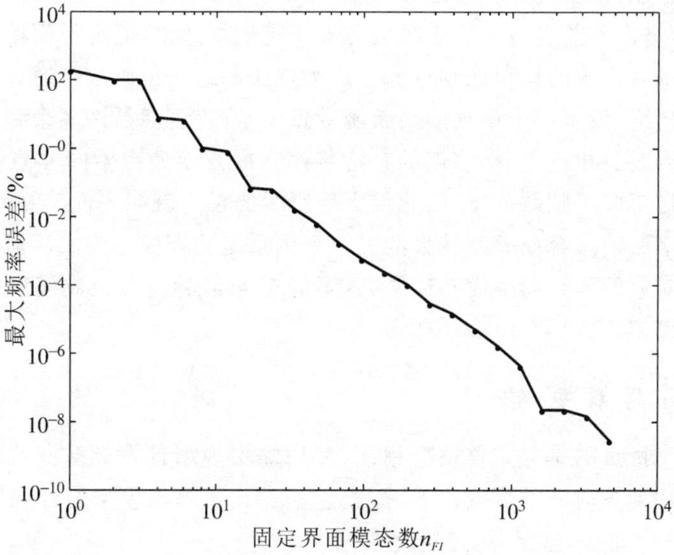

图 9.11　基于布洛赫模态合成模型计算出的第 6 频散分支的最大误差随固定界面模态数的变化曲线

9

9.4.3 布洛赫模态合成其他注意事项

在9.2.2节中,我们注意到,由于使用了布洛赫边界条件的公式,单胞水平上的质量矩阵和刚度矩阵的内部分区是与 $\boldsymbol{\kappa}$ 无关的。因此,式(9.29)中固定界面的模态只能计算一次。对于很大的模型,固定界面模态计算往往会占用布洛赫模态合成能带结构计算的大部分时间,因此值得使用布洛赫边界条件公式。

缩聚的布洛赫模态合成模型包括缩聚的固定界面模态集以及所有的约束模态。每个边界自由度都有一个约束模态,这可能会导致缩聚后的模型仍然很大。基于上述情况,为进一步缩小模型尺寸,可能需要进行边界的缩聚[19]。

9.5 缩聚的布洛赫模态展开与布洛赫模态合成的比较

本章讨论的两种方法都被证明能够在显著减小模型尺寸的前提下得到精确的弹性波频散曲线。在这一节中,我们将研究两种方法的优缺点。

9.5.1 模型尺寸

9

首先是模型尺寸比较。在误差水平接近的前提下,缩聚的布洛赫模态展开模型比布洛赫模态合成模型小得多。在布洛赫模态合成模型中,必须保留大量的固定界面模态才能实现低误差,这是因为单个固定界面模态不一定能够近似于布洛赫特征向量,进而不能直接对应于频散分支。更确切地说,固定界面模态涵盖了在某个频率范围内系统的累积振动行为。这类似于一组三角函数可通过傅里叶级数逼近方波的情况:没有一个单独的余弦函数近似于方波,但是许多余弦函数的和却能够近似于方波。相比之下,缩聚的布洛赫模态展开模型在不同 $\boldsymbol{\kappa}$ 点处使用的模态却可以直接对应于频散分支,因此仅需要很少的模态就能实现较好的频散近似。

导致布洛赫模态合成模型较大的另一个因素是约束模态集。该集合由每个边界自由度所对应的一个约束模态组成,这意味着布洛赫模态合成模型的自由度至少要与完整模型的边界自由度一样多。

9.5.2 计算效率

计算效率衡量的是与完整模型相比,使用缩聚模型计算频散曲线的速度有多快。这可以用计算时间的百分比 R 来描述,它给出了缩聚模型的计算时间 t_{r} 占全模型计算时间 t_{f} 的百分比,其表达式为

$$R = 100 \times \frac{t_{\mathrm{r}}}{t_{\mathrm{f}}} \tag{9.36}$$

图9.12给出了使用完整模型、缩聚的布洛赫模态展开缩聚模型和布洛赫模态

合成缩聚模型进行频散计算的流程图，每个部分中计算成本最高的步骤被突出显示。该图表明，每个模型缩聚需要的计算时间由两部分组成，即前期计算成本 t_u 和每个 $\boldsymbol{\kappa}$ 点的计算成本 t_κ，可表示为

$$t_r = t_u + n_\kappa t_\kappa \tag{9.37}$$

其中，n_κ 是 $\boldsymbol{\kappa}$ 点的数量。随着 n_κ 的增大，t_κ 对计算时间的影响也会更加明显。影响 t_κ 的主要因素是缩聚后模型的大小。如前所述，缩聚的布洛赫模态展开在模型尺寸方面具有优势，因此它对每个 $\boldsymbol{\kappa}$ 点的计算成本也更低。

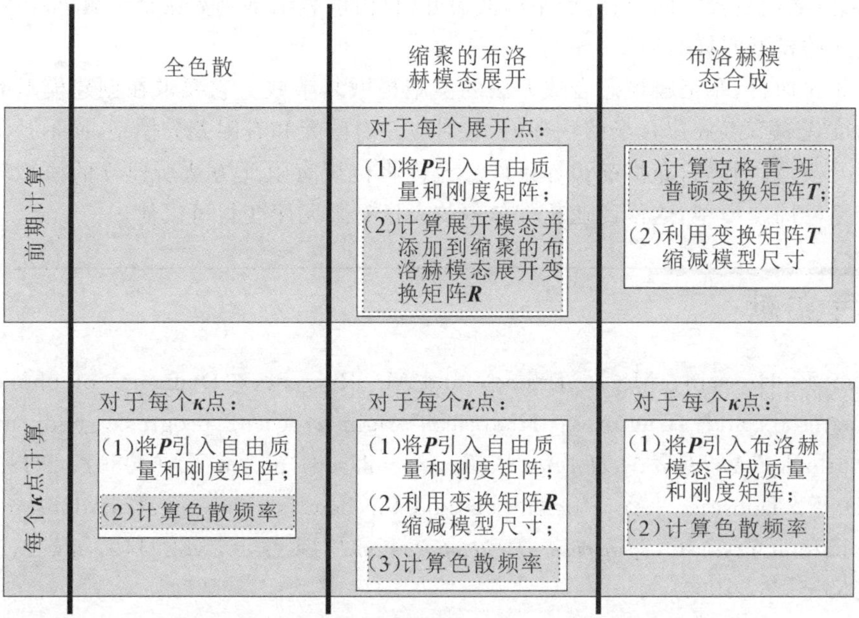
全色散
缩聚的布洛赫模态展开
布洛赫模态合成
前期计算
对于每个展开点：
(1)将P引入自由质量和刚度矩阵；
(2)计算展开模态并添加到缩聚的布洛赫模态展开变换矩阵R
(1)计算克格雷-班普顿变换矩阵T;
(2)利用变换矩阵T缩减模型尺寸
每个κ点计算
对于每个κ点：
(1)将P引入自由质量和刚度矩阵；
(2)计算色散频率
对于每个κ点：
(1)将P引入自由质量和刚度矩阵；
(2)利用变换矩阵R缩减模型尺寸；
(3)计算色散频率
对于每个κ点：
(1)将P引入布洛赫模态合成质量和刚度矩阵；
(2)计算色散频率

图 9.12 基于缩聚与全频散评估方法的计算流程的比较
（突出显示的为每部分中的计算限制步骤）

对于缩聚的布洛赫模态展开和布洛赫模态合成来说，t_u 随着整体模型尺寸的增加而迅速增加。因此，当完整模型的尺寸很大时，其前期计算成本可能非常大，以至于每个 $\boldsymbol{\kappa}$ 点的计算成本都可以忽略不计。缩聚的布洛赫模态展开方法的前期计算成本来自于展开模态的相关计算。这涉及在多个展开点处求解几个低频特征向量的全复数特征值问题。布洛赫模态合成方法的前期计算成本来自固定界面模态集和约束模态集的相关计算。它们分别涉及单个实特征值解和系统解的计算。就前期计算成本而言，布洛赫模态合成优于缩聚的布洛赫模态展开，因为它避免了求解全复数本征值问题。

9.5.3 易用性

此外,我们对缩聚的布洛赫模态展开和布洛赫模态合成方法的易用性和灵活性也进行了讨论。总体来讲,缩聚的布洛赫模态展开方法占优。对于任何可用于计算能带结构的模型,缩聚的布洛赫模态展开方法只需要计算展开模态,然后使用这些展开模态来缩聚所有剩余 $\boldsymbol{\kappa}$ 点处的模型即可实现,而与如何创建模型或者使用什么类型的基函数关系不大。例如,缩聚的布洛赫模态展开方法对于使用有限元(自由度代表实空间位移)或平面波展开(自由度表示基函数在整个域上的贡献)所创建的模型同样有效。

相比而言,布洛赫模态合成方法的实施稍微复杂些。它要求在创建模型时用自由度代表节点处位移场的物理值,这对应于有限元和有限差分模型,而不是平面波展开模型。然而,布洛赫边界条件法允许将传统有限元方法所建立的模型转换为布洛赫周期模型,这使商业软件包中的大量有限元库变得可以使用。

参考文献

[1]M. I. Hussein, M. J. Leamy, and M. Ruzzene, "Dynamics of phononic materials and structures: Historical origins, recent progress, and future outlook," *Applied Mechanics Reviews*, vol. 66, no. 4, p. 040802, 2014.

[2]D. C. Dobson, "An efficient method for band structure calculations in 2D photonic crystals," *Journal of Computational Physics*, vol. 149, no. 2, pp. 363 - 376, 1999.

[3]R. L. Chern, C. C. Chang, C. C. Chang, and R. R. Hwang, "Large full band gaps for photonic crystals in two dimensions computed by an inverse method with multigrid acceleration," *Physical Review E*, vol. 68, no. 2, p. 026704, 2003.

[4]W. Axmann and P. Kuchment, "An efficient finite element method for computing spectra of photonic and acoustic band-gap materials: Ⅰ. Scalar case," *Journal of Computational Physics*, vol. 150, no. 2, pp. 468 - 481, 1999.

[5]E. L. Shirley, "Optimal basis sets for detailed Brillouin-zone integrations," *Physical Review B*, vol. 54, no. 23, p. 16464, 1996.

[6]M. I. Hussein, "Reduced Bloch mode expansion for periodic media band structure calculations," *Proceedings of the Royal Society A: Mathematical, Physical and Engineering Science*, vol. 465, no. 2109, pp. 2825 - 2848,

2009.
[7]D. Krattiger and M. I. Hussein, "Bloch mode synthesis: Ultrafast method for elastic band-structure calculations," *Physical Review E*, vol. 29, no. 3, pp. 313 - 327, 2014.
[8]R. Mindlin, "Influence of rotatory inertia and shear on flexural motions of isotropic, elastic plates," *Journal of Applied Mechanics*, vol. 18, p. 3138, 1951.
[9]E. Reissner, "The effect of transverse shear deformation on the bending of elastic plates," *Journal of Applied Mechanics*, vol. 12, p. 6877, 1945.
[10]R. D. Cook, D. S. Malkus, M. E. Plesha, and R. J. Witt, *Concepts and Applications of Finite Element Analysis*. Wiley, 2001.
[11]K. J. Bathe, *Finite Element Procedures*. Klaus-Jurgen Bathe, 2006.
[12]A. J. M. Ferreira, *MATLAB Codes for Finite Element Analysis: Solids and Structures*. Solid mechanics and its applications, Springer, 2008.
[13]T. J. R. Hughes, *The Finite Element Method: Linear Static and Dynamic Finite Element Analysis*. Courier Corporation, 2012.
[14]O. C. Zienkiewicz, R. L. Taylor, and J. M. Too, "Reduced integration technique in general analysis of plates and shells," *International Journal for Numerical Methods in Engineering*, vol. 3, no. 2, pp. 275 - 290, 1971.
[15]T. Belytschko, C. S. Tsay, and W. K. Liu, "A stabilization matrix for the bilinear mindlin plate element," *Computer Methods in Applied Mechanics and Engineering*, vol. 29, no. 3, pp. 313 - 327, 1981.
[16]F. Bloch, "Über die quantenmechanik der elektronen in kristallgittern," *Zeitschrift für Physik*, vol. 52, no. 7 - 8, pp. 555 - 600, 1929.
[17]R. R. Craig and A. J. Kurdila, *Fundamentals of Structural Dynamics*. Wiley, 2011.
[18]M. C. C. Bampton and R. R. Craig, "Coupling of substructures for dynamic analyses," *AIAA Journal*, vol. 6, no. 7, pp. 1313 - 1319, 1968.
[19]M. P. Castanier, Y.-C. Tan, and C. Pierre, "Characteristic constraint modes for component mode synthesis," *AIAA Journal*, vol. 39, no. 6, pp. 1182 - 1187, 2001.

第 10 章 点阵材料的拓扑优化

乌萨马·R. 比拉尔(Osama R. Bilal)和马哈茂德·I. 侯赛因(Mahmoud I. Hussein)

美国,科罗拉多州,博尔德,科罗拉多大学博尔德分校,航空航天工程科学系

10.1 引言

点阵材料是由一个基本结构单元(胞元)通过空间重复排列而形成的周期性材料系统。点阵材料具有非常有趣的静力学[1]和动力学[2]特性。一般来说,周期性材料的动力学特性是指材料内部结构的波(可以是电磁波[3-4]或机械波[5-6])动特性。这一大类材料具有独特的频率特性,其中就包括带隙效应,即波在一定的频率范围内无法传播。

根据带隙的形成机理,点阵材料可分为两大子类别:声子晶体(phononic crystals, PnCs)和声学/弹性超材料(metamaterials, MMs)[7]。对于声子晶体,布拉格散射(周期性引发的散射)导致了带隙的产生。而对于超材料,由局域共振耦合引起的基础频散曲线的杂化机制导致了带隙的存在。带隙产生机制方面的根本差异导致它们对胞元尺寸等特征的要求也相去甚远。含有谐振器的超材料可以影响波长比胞元尺寸大几个数量级的波,而声子晶体的胞元尺寸必须大致等于或大于目标波长[8]。如图 10.1 所示,点阵材料可以通过连续形式(如杆、梁、板、壳或块体材料)或离散形式(如集中质量系统)进行建模和分析,但一个简单的一维弹簧-质量模型就足以捕捉点阵材料的重要动力学特性(见 10.5 节)。

基于点阵材料与机械波相互作用的应用包括弹性或声学波导[9]、聚焦[10]、减振[11]、声准直[12]、频率传感[13-14]、声学隐身[15-16]、声波整流[17]、光子器件中的光波-机械波耦合[18]、半导体中的热导率降低[19-23]以及最近的流控制[24]。读者可参阅相关文献了解更多[7,25-27]。

所有这些应用都需要材料具有特定的能带结构特征,因此,胞元的设计和优化

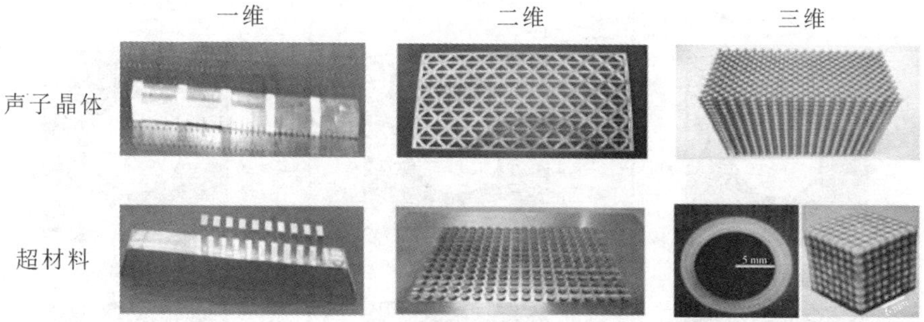

图 10.1　一维、二维及三维的声子晶体和超材料

对结构性能的提高具有极其重要的意义。这些应用大多是基于带隙效应，因此一个共同的设计目标是如何扩宽带隙的范围，这将在下一节进一步讨论。

10.2　胞元优化

在胞元层面设计点阵材料具有多方面的优势。胞元分析可以提供内在的局域动力学的全貌，而这会在分析结构整体时被掩盖。此外，胞元设计的计算成本比整体结构设计要低。优化后的胞元是可扩展的，并且可被用于频段较宽的波的衰减。为保持较小的胞元尺寸，带隙的中心频率应尽可能低。

10.2.1　参数、形状和拓扑优化

可以使用如图 10.2 所示的三种方法进行胞元优化设计，以实现目标能带结构。一种方法是参数优化法，即在保持胞元形状的同时系统地改变胞元属性。另一种方法是保持胞元的拓扑分布不变（如固定孔数），仅通过改变孔的形状进行优化。第三种方法不涉及对孔洞数目的预先假设，而是利用优化算法彻底地定义拓扑。第三种方法是最一般化的，也是本章的重点。由于基于形状和拓扑的方法在整个优化过程中都涉及不同的设计参数，因此现代分类将参数化扫描视为其中任意一个的子类。

10.2.2　代表性文献调研

学者们已采用基于梯度[31-34]和非梯度的方法[29-30,35-38]对一维[28-30]和二维[31-38]声子晶体的胞元进行了优化研究。然而，通过前期研究[29,39-40]和初步调查[30,38,41]发现，一般的带隙优化问题本质上是多模态的，并具有复杂的设计格局。虽然已有很多关于声子晶体带隙最大化的研究工作，但是关于局域共振型声学/弹性超材料[42-43]的研究工作还比较少。

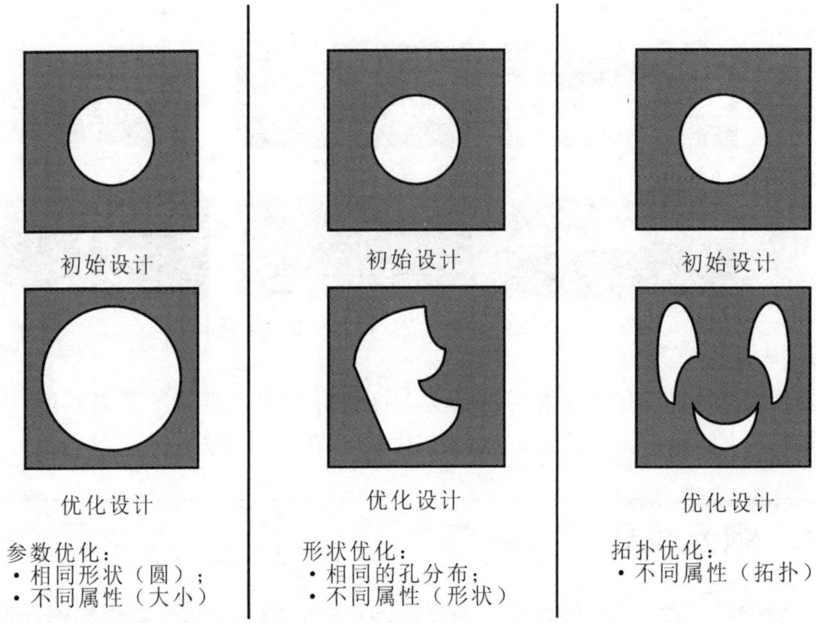

图 10.2　胞元优化方法

10.2.3　设计搜索空间

由于无法对所有方案一一进行分析，所以胞元拓扑优化问题的设计空间是一项难题。例如，当考虑一个具有 64×64 个单元的简单二维胞元时，假设胞元内部具有高度的对称性，则可能的设计方案数目为 $2^{528}\approx 8.7\times 10^{158}$，其中底数 2 为单元可能的状态（即材料 A 或 B）数，指数 528 为胞元中独立单元的数目[$u_{ele}=((n+1)^2-1)/8, n=64$]。如果一台计算机能够在一秒钟内对单个设计方案进行评估，那么要计算这个尺寸的全部方案的话，即便耗费当前宇宙的存在时间也只能计算出所有方案数目的 1%；图 10.3 说明了这种计算量随单元数的显著增长。

除了搜索空间随点阵胞元设计变量的数目呈指数增长以及此问题具有非凸性以外，还存在搜索空间不连续的问题。对于固体-空隙胞元，与点阵断开的固体区域是不允许的。此外，在边界没有适当连通性的情况下，通过完全连通的胞元来构建点阵也是不允许的。图 10.4 为非连通的或不被允许的点阵材料胞元的示例。

在优化研究之前探索问题的搜索空间是最有益的。我们从具有 10×10 粗糙离散网格的胞元开始研究，并对所有可能的设计（总数为 32768）进行评估。

由于特征值的多重性以及目标函数的非凸性，基于梯度的方法通常受困于低正则性和不可微性。因此，无梯度算法是求解该问题的自然选择。

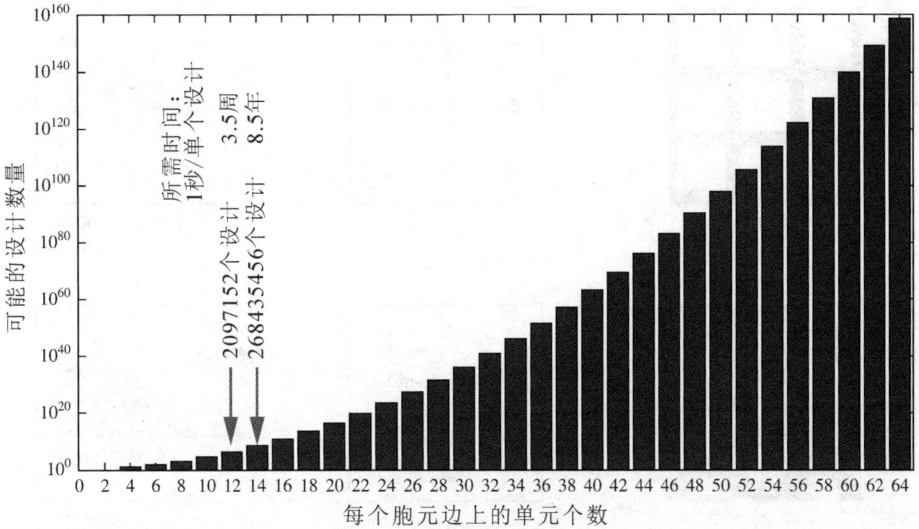

图 10.3　一个简单 $n \times n$ 二维胞元的搜索空间的大小

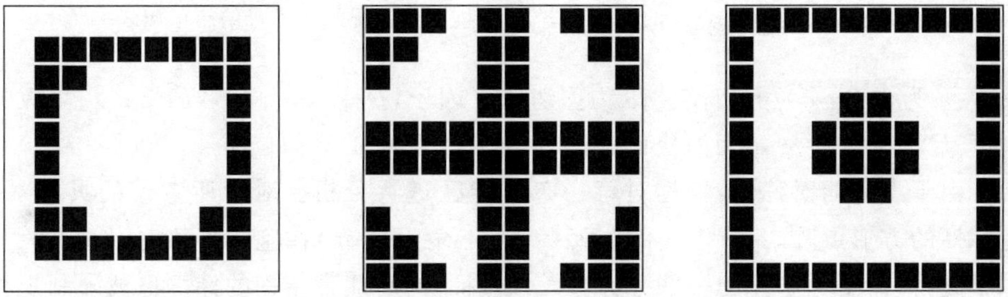

图 10.4　非连通胞元示例

10.3　板状点阵材料胞元

我们考虑这样一种点阵材料：其在 $x-y$ 平面上具有周期排列的方形胞元，并且在 z 方向上厚度很小。图 10.5(a)展示了基于这种构型的一个方形点阵。由于材料分布在 z 方向上没有变化，所以该问题是二维的。图 10.5(b)展示了通过类似方法构造的六边形点阵。

10.3.1　运动方程和有限元模型

基于明德林理论[44-45]的薄板的运动控制方程为

$$\left(\nabla^2 - \frac{\rho}{\mu\alpha}\frac{\partial^2}{\partial t^2}\right)\left(D\,\nabla^2 - \frac{\rho h^3}{12}\frac{\partial^2}{\partial t^2}\right)w + \rho h\,\frac{\partial^2 w}{\partial t^2} = 0 \tag{10.1}$$

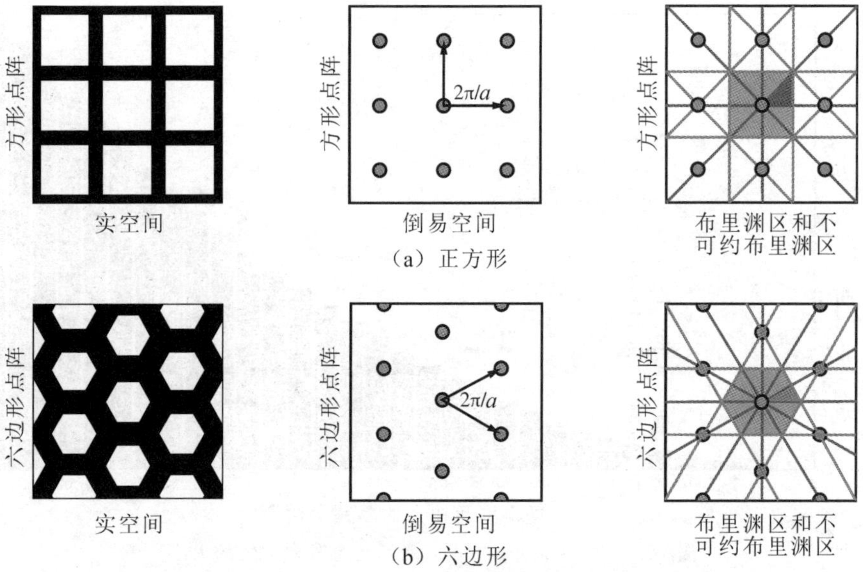

图 10.5　真实和倒易空间中最常见的点阵的示意图

（图中显示了每个点阵的第一布里渊区，同时突出显示了不可约布里渊区）

其中，h 为板厚；μ 为剪切模量；α 为剪切修正因子；$D=(Eh^3)/[12(1-\nu^2)]$为板的刚度，E 为杨氏模量，ν 为泊松比；$w=w(x,y,t)$为板的横向位移。

由于点阵的对称性，仅需对第一布里渊区进行分析。对于所考虑的具有 C_{4v} 对称性的方形点阵，只有 1/8 的胞元（一个三角形部分）在胞元级别是独立的[46]。基于此，只需要对胞元的一部分进行设计表征，同时能带结构的计算也被限制于相应的不可约布里渊区（图 10.5）。此外，由于我们只允许固体材料具有连续分布，所以只需对胞元的固体部分进行建模。因此，所考虑的点阵材料表现出几何周期性（具有自由的内表面），而非材料周期性。在实际应用中，空隙要么处于真空状态，要么被空气填满。对于孔洞被空气填充的情况，固体中的弹性波传播仍是主要问题[47]，因此当前模型足以涵盖上述两种情况。事实上，这表明所展示的结果几乎与固体材料的选择无关。

在拓扑优化中，由一个规则固体和一个软得近似于空隙的固体所组成的结构是对固体-空隙模型的最常见描述。这种“近似空隙”相的引入是为了避免在不同设计中对有限元节点进行网格重构或重编号[48]。然而，我们在这里使用了另外一种方法，通过设置 $\rho=0$ 和 $E=0$ 来模拟空隙，并且所有的设计都使用相同的网格。在得到质量和刚度矩阵后，消除零行和零列来去除奇异点。基于所得拓扑的性质，可以将网格划分限制在固体部分（即不考虑空气或极软的材料），这样就避免了重新划分网格的额外成本，从而显著减少了计算时间。接下来，我们利用四节点双线性四边形单元对涉及的本征值问题进行数值求解。当在固体-空隙设计问题中使用方形单元时，单元之间可能出现单节点连接(图 10.6)。这可能会导致错误的结果，因此对仅由一个节点连接的两单元进行识别与处理是至关重要的。避免此问题的一种方法是用六边形单元代替方形单元[49]。然而，考虑到四边形单元在网格剖分算法中更常见，本章将采用四边形单元。

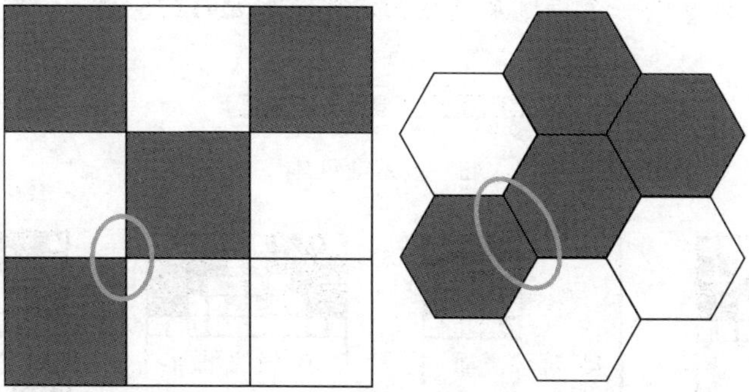

图 10.6　使用四节点二次单元与六边形单元时的单节点连通性
(灰色像素代表“材料”，白色像素代表“空隙”)

10.3.2　数学描述

采用 $n\times n$ 个像素来表示边长为 a 的方形胞元 Y，从而形成一个二进制矩阵 $\boldsymbol{g}$ 以实现更紧凑的表示。在本章中，矩阵和向量的表示可以交换使用。根据基本的胞元对称性，该矩阵可以转换为向量 $\boldsymbol{G}$。每个像素可被赋予一个对应于无材料(空隙)或某种材料(选择硅作为示例)的值，即 $g_s\in\{0,1\}$。对于二维点阵，具有 C_{4v} 对称性的方形胞元设计可以表示为如下的数学形式[50]：

决策变量：

$\boldsymbol{G}=\{G_{ij}\}$，$\boldsymbol{G}$ 为 $n\times n$ 矩阵，G_{ij} 表示位于第 i 行和第 j 列的像素值($i,j=1,2,\cdots,n$)

目标函数：

$$\text{Maximize } f(\boldsymbol{G}) \tag{10.2}$$

约束条件：

$$G_{\left(i+\frac{n}{2}\right)\left(j+\frac{n}{2}\right)}=G_{\left(j+\frac{n}{2}\right)\left(i+\frac{n}{2}\right)}\quad \forall\, i,j=1,2,\cdots,\frac{n}{2} \tag{10.3}$$

$$G_{\left(i+\frac{n}{2}\right)(j)}=G_{\left(i+\frac{n}{2}\right)(n-j+1)}\quad \forall\, i.j=1,2,\cdots,\frac{n}{2} \tag{10.4}$$

$$G_{(i)(j)}=G_{(n-i+1)(j)},i=1,2,\cdots,\frac{n}{2}\quad \forall\, j=1,2,\cdots,n \tag{10.5}$$

$$n = 2k + 1^{①}, \text{其中 } k \in \mathbf{Z} \tag{10.6}$$

$$G_{ij} \in \{0, 1\} \tag{10.7}$$

式(10.3)规定了右上的 1/4 方形区域由不可约布里渊区的两个镜面反射的三角形组成,而式(10.4)定义了左上与右上的 1/4 方形区域的镜面反射的等价性。式(10.5)将最后一个对称条件定义为胞元的上半与下半部分矩形的镜像对称。图 10.7 展示了向量 $\boldsymbol{g}$ 的一个示例及其在构建相应胞元时的应用。

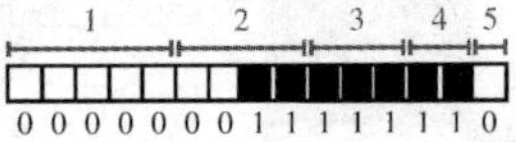

(a) 胞元染色体

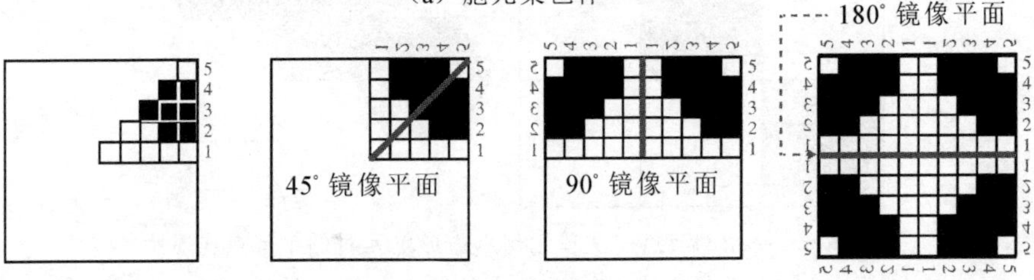

(b) 胞元构建

图 10.7　胞元构建

10.4　遗传算法

遗传算法(genetic algorithm, GA)是一种模拟自然进化过程的启发式搜索算法。遗传算法从一组不同的设计拓扑(方案)开始,根据给定的目标函数对它们进行性能(适应度值)评估。然后进行方案筛选,以重现其他拓扑或新设计。为了进一步模拟自然进化过程,需要按照一定的概率对这些拓扑进行变异。之后,新"后代"组成了一个新种群。重复此过程,直至达到一定的代数或收敛(即目标值没有进一步提高)为止[52]。

10

10.4.1　目标函数

目标函数是根据特定的带隙宽度制定的,并根据其中心频率进行归一化处理。一般来说,最有利的做法是将带隙的频率范围最大化,同时为了尽量减小胞元尺寸而令中心频率尽可能低。该函数采用如下形式:

① 由于采用了布洛赫边界条件,n 必须为奇数,以避免剪切锁死问题[51]。

$$f(\boldsymbol{G})=\frac{\max(\min_{j=1}^{n_\kappa}(\omega_{i+1}^2(\kappa_j,\boldsymbol{G}))-\max_{j=1}^{n_\kappa}(\omega_i^2(\kappa_j,\boldsymbol{G})),0)}{(\min_{j=1}^{n_\kappa}(\omega_{i+1}^2(\kappa_j,\boldsymbol{G}))+\max_{j=1}^{n_\kappa}(\omega_i^2(\kappa_j,\boldsymbol{G})))/2} \tag{10.8}$$

其中，$\min_{j=1}^{n_\kappa}(\omega_i^2(\kappa_j,\boldsymbol{G}))$和$\max_{j=1}^{n_\kappa}(\omega_i^2(\kappa_j,\boldsymbol{G}))$分别表示在整个离散波矢量集合 κ_j($j=1,\cdots,n_\kappa$，它描述了不可约布里渊区的边界)中第 i 个频率 ω_i 的最小值和最大值。选择胞元内材料相的拓扑分布是实现这一目标的有力手段，也一直是众多声子晶体和光子晶体的相关研究的焦点。只有当第 $i+1$ 个分支的最小值大于第 i 个分支的最大值时，带隙才存在。

10.4.2　适应度函数

在初始化阶段，在高胞元分辨率下随机生成的大多数设计没有带隙。为解决此问题，可以将两个感兴趣的频散分支间的面积当作衡量胞元设计适应度的指标：

$$\text{Fitness}=\phi f(\boldsymbol{G})+F \tag{10.9}$$

其中，ϕ 被设置为一个很大的数，如 $\phi=10^4$，以保证任何具有带隙的设计方案都能优先于没有带隙的设计方案而被选中；F 是一个阶梯函数，定义如下：

$$F=\begin{cases}0 & f(\boldsymbol{G})>0 \quad \text{带隙存在}\\ A & f(\boldsymbol{G})=0 \quad \text{没有带隙}\end{cases} \tag{10.10}$$

其中，A 被定义为两个频散分支中每两个连续点间的距离，也就是说：

$$A=\sum_{j=1}^{n_\kappa}[(\omega_{i+1}^2(\kappa_j,\boldsymbol{G}))-(\omega_i^2(\kappa_j,\boldsymbol{G}))] \tag{10.11}$$

10.4.3　筛选

基于上面提到的适应度函数，使用锦标赛选择算子来选择两个亲本，即从当前种群中随机选择 N 个设计方案，从中选择最优的两个。锦标赛选择算子的优点是当一个设计方案具有较低的适应度值时，它仍能有助于繁衍操作。换句话说，种群中的最佳设计并不主导选择的过程。此外，由于被选择的 N 个设计方案间存在比赛竞争，种群中最差的竞选人不能参与繁衍。

10

10.4.4　繁衍

由于使用了二进制染色体，因此采用的交叉算子是对两个选定设计进行简单的单点交叉。子代按照特定的概率变异，变异遵循的规则由比拉尔(Bilal)等人[50]给出：选择一个随机像素 x，如果 $\sum_{r=-1}^{1} g_{x+r}>1$，则将这三个像素都设置为1，否则设置为0(表10.1)。

表 10.1 变异前后可能的设计段

设计段	变异段
000	000
001	000
010	000
011	111
100	000
101	111
110	111
111	111

10.4.5 初始化和终止

遗传算法的初始种群是随机生成的，但在不失一般性的情况下，一行中的每一对相邻像素均可以具有相同的材料类型。当代数计数器达到最大值或算法收敛后，遗传算法就会终止。在搜索结束时，最终的设计拓扑会经历一个简单的单点翻转（即赋予一个像素以相反的材料状态）局部搜索，从而对解决方案进行微调。

10.4.6 案例

在应用上述遗传算法时，我们考虑了具有如下性质的各向同性硅：$\rho_S = 2330\ \mathrm{kg/m^3}$，$\lambda_S = 85.502$ GPa，$\mu_S = 72.835$ GPa，网格分辨率 $n=32$，其中 λ 和 μ 表示拉梅（Lamé）系数。在此分辨率下，胞元区域内可能的材料分布总数为 8.7×10^{40}。这突出了遗传算法必须搜寻巨大的搜索空间。在每次遗传算法完全迭代结束时，我们将生成的拓扑的分辨率提高一倍，达到 64×64 像素，然后根据一些简单的规则对拓扑进行平滑化（同时保持其像素化）。

10

图 10.8 展示了针对薄板中弯曲波的最优胞元的拓扑结构和能带结构，其特点是第一带隙的相对宽度接近 58%。优化设计的特点在于其采用了简单且可制造的框架式拓扑结构。可以看到该设计方案具有非常薄的连接梁，我们希望这样的构造可以产生一个局域共振带隙。然而，情况并非如此。局域共振带隙很难获得，且通常需要较重的谐振器[8,42]。

为了将本设计方案与哈尔克尔（Halkjær）等人[34]设计的最优且可制造的薄板结构进行比较，我们使用与他们相同的材料（$\rho_p = 1200\ \mathrm{kg/m^3}$，$E_p = 2.3$ GPa，$\nu_p = 0.35$）和几何特性（$h = 0.0909a$）来重新计算频带结构。尽管我们的设计是基于方形点阵，而哈尔克尔等人的设计是基于六边形点阵（一般而言，六边形点阵可以产

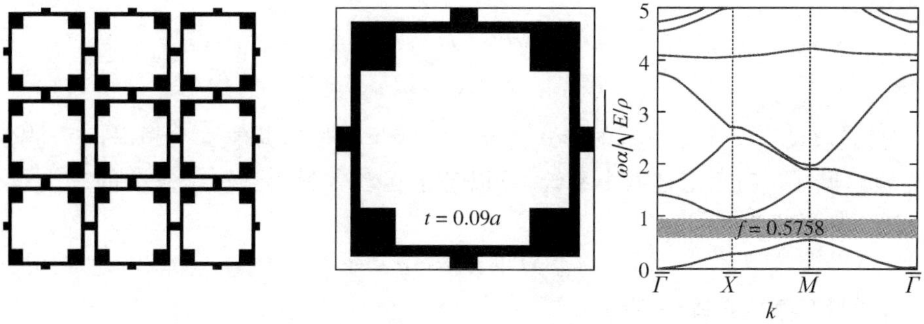

图 10.8　优化后的胞元设计

生更大的带隙)，但我们新设计的归一化带隙宽度达到了 0.56，比哈尔克尔等人的设计值高出了 3 倍以上。

10.5　附录

如图 10.9(a)所示，一维点阵材料模型通过由弹簧 k_1 和 k_2 串联的质量块 m_1 和 m_2 来表示。该系统中 m_1 和 m_2 的运动方程分别由式(10.12)和式(10.13)给出：

$$m_1\ddot{u}_1^j + k_1(u_1^j - u_2^{j-1}) + k_2(u_1^j - u_2^j) = 0 \tag{10.12}$$

$$m_2\ddot{u}_2^j + k_1(u_2^j - u_1^{j+1}) + k_2(u_2^j - u_1^j) = 0 \tag{10.13}$$

其中，u 为位移；j 为胞元索引编号；两点表示关于时间的二阶导数。

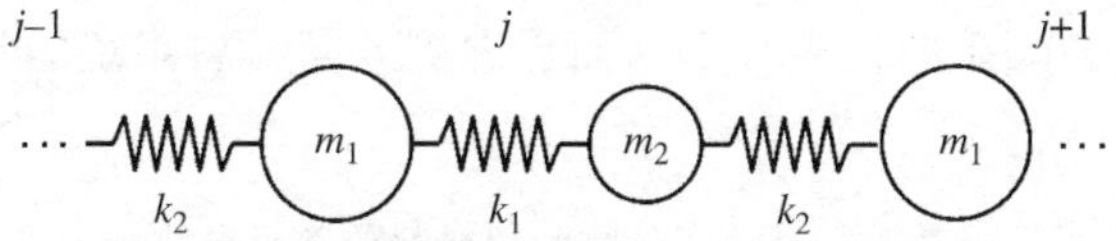

(a) 声子晶体

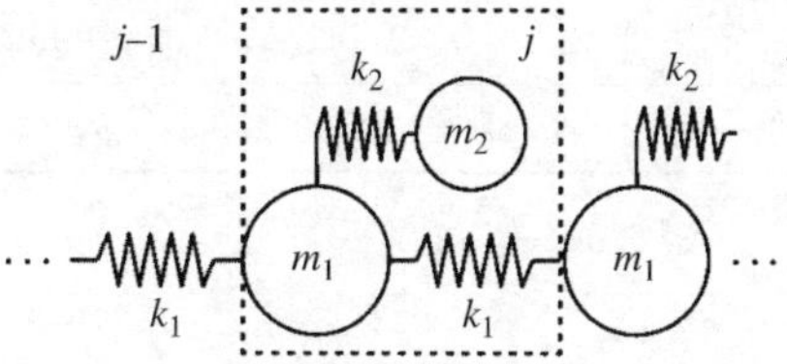

(b) 超材料

图 10.9　声子晶体和超材料的模型示意图

超材料模型使用了与声子晶体模型数量相同的质量块和弹簧，但采用的连接方式是不同的[图 10.9(b)]。该系统中 m_1 和 m_2 的运动方程分别由式(10.14)和式(10.15)给出：

$$m_1\ddot{u}_1^j + k_1(2u_1^j - u_1^{j+1} - u_1^{j+1}) + k_2(u_1^j - u_2^j) = 0 \tag{10.14}$$

$$m_2\ddot{u}_2^j + k_2(u_2^j - u_1^j) = 0 \tag{10.15}$$

我们假设广义布洛赫解的形式为 $\boldsymbol{u}^{j+n}=Ue^{\mathrm{i}(\omega t+n\kappa a)}$，其中 ω 为频率，κ 为波数，a 为胞元尺寸。对于上述两个系统，可以基于运动方程得到一个复杂的广义本征值问题，其形式为

$$(\omega^2\boldsymbol{M}+\boldsymbol{K}(\kappa))\boldsymbol{u}=\boldsymbol{0} \tag{10.16}$$

其中，质量和刚度矩阵分别为

$$\boldsymbol{M}_{\mathrm{PnC}}=\begin{bmatrix} m_1 & 0 \\ 0 & m_2 \end{bmatrix},\boldsymbol{K}_{\mathrm{PnC}}(\kappa)=\begin{bmatrix} k_1+k_2 & -(k_1e^{-\mathrm{i}\kappa a}+k_2) \\ -(k_1e^{\mathrm{i}\kappa a}+k_2) & k_1+k_2 \end{bmatrix} \tag{10.17}$$

$$\boldsymbol{M}_{\mathrm{MM}}=\begin{bmatrix} m_1 & 0 \\ 0 & m_2 \end{bmatrix},\boldsymbol{K}_{\mathrm{MM}}(\kappa)=\begin{bmatrix} 2k_1(1-\cos(\kappa a)) & -k_2 \\ -k_2 & k_2 \end{bmatrix} \tag{10.18}$$

为获得声子晶体和超材料的静态等效模型，声波的纵向速度 c 应满足长波长极限[53]：

$$c=\lim_{\kappa\to 0}\frac{\partial\omega}{\partial\kappa} \tag{10.19}$$

利用表 10.2 中两个系统的各项参数，我们求解了式(10.16)中的特征值问题，并得到了频散曲线(图 10.10)。对于较小的 κ 值，两条频散曲线的第一分支具有相同的斜率(群速度)。但是，由于第一分支(又称声学分支)与局域共振模式的耦合，超材料的群速度会随着 κ 的增加而更快地衰减。图中的灰色区域表示带隙，其中声子晶体的带隙范围为 22～31 Hz，而静态等效超材料系统的带隙范围较低，仅为 10～20 Hz。

表 10.2 声子晶体和超材料的胞元参数

胞元	m_1/kg	m_2/kg	k_1/(N·m^{-1})	k_2/(N·m^{-1})	$c(\kappa\to 0)$/(m·s^{-1})
超材料	1	2	10000	10000	57.73
声子晶体	1	2	20000	20000	57.73

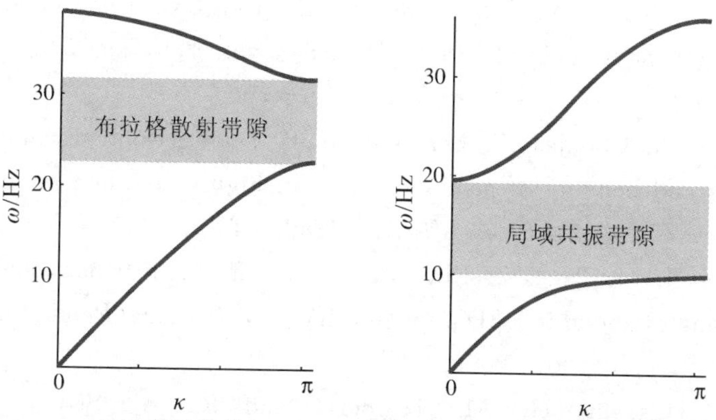

（a）声子晶体　　（b）超材料

图 10.10　声子晶体和超材料系统的频散曲线

参考文献

[1]X. Zheng, H. Lee, T. H. Weisgraber, M. Shusteff, J. DeOtte, E. B. Duoss, J. D. Kuntz, M. M. Biener, Q. Ge, J. A. Jackson, et al., "Ultralight, ultrastiff mechanical metamaterials," *Science*, vol. 344, no. 6190, pp. 1373 - 1377, 2014.

[2]A. S. Phani, J. Woodhouse, and N. Fleck, "Wave propagation in two-dimensional periodic lattices," *The Journal of the Acoustical Society of America*, vol. 119, no. 4, pp. 1995 - 2005, 2006.

[3]S. John, "Strong localization of photons in certain disordered dielectric super lattices," *Physical Review Letters*, vol. 58, no. 23, pp. 2486 - 2489, 1987.

[4]E. Yablonovitch, "Inhibited spontaneous emission in solid-state physics and electronics," *Physical Review Letters*, vol. 58, no. 20, pp. 2059 - 2062, 1987.

[5]M. Sigalas and E. Economou, "Elastic and acoustic wave band structure," *Journal of Sound and Vibration*, vol. 158, no. 2, pp. 377 - 382, 1992.

[6]M. S. Kushwaha, P. Halevi, L. Dobrzynski, and B. Djafari-Rouhani, "Acoustic band structure of periodic elastic composites," *Physical Review Letters*, vol. 71, no. 13, pp. 2022 - 2025, 1993.

[7]M. I. Hussein, M. J. Leamy, and M. Ruzzene, "Dynamics of phononic materials and structures: Historical origins, recent progress, and future outlook," *Applied Mechanics Reviews*, vol. 66, no. 4, p. 040802, 2014.

[8]Z. Liu, X. Zhang, Y. Mao, Y. Zhu, Z. Yang, C. Chan, and P. Sheng, "Locally resonant sonic materials,"*Science*, vol. 289, no. 5485, pp. 1734 - 1736, 2000.

[9]A. Khelif, A. Choujaa, S. Benchabane, B. Djafari-Rouhani, and V. Laude, "Guiding and bending of acoustic waves in highly confined phononic crystal waveguides,"*Applied Physics Letters*, vol. 84, pp. 4400 - 4402, 2004.

[10]S. Yang, J. H. Page, Z. Liu, M. L. Cowan, C. T. Chan, and P. Sheng, "Focusing of sound in a 3D phononic crystal,"*Physical Review Letters*, vol. 93, no. 2, p. 024301, 2004.

[11]M. I. Hussein, G. M. Hulbert, and R. A. Scott, "Dispersive elastodynamics of 1D banded materials and structures: Design," *Journal of Sound and Vibration*, vol. 307, pp. 865 - 893, 2007.

[12]J. Christensen, A. I. Fernandez-Dominguez, F. de Leon-Perez, L. Martin-Moreno, and F. J. Garcia-Vidal, "Collimation of sound assisted by acoustic surface waves,"*Nature Physics*, vol. 3, no. 12, pp. 851 - 852, 2007.

[13]I. El-Kady, R. H. Olsson Ⅲ, and J. G. Fleming, "Phononic band-gap crystals for radio frequency communications,"*Applied Physics Letters*, vol. 92, p. 233504, 2008.

[14]S. Mohammadi, A. A. Eftekhar, W. D. Hunt, and A. Adibi, "High-q micromechanical resonators in a two-dimensional phononic crystal slab," *Applied Physics Letters*, vol. 94, p. 051906, 2009.

[15]S. A. Cummer and D. Schurig, "One path to acoustic cloaking," *New Journal of Physics*, vol. 9, no. 3, pp. 45 - 53, 2007.

[16]D. Torrent and J. Sánchez-Dehesa, "Acoustic cloaking in two dimensions: a feasible approach,"*New Journal of Physics*, vol. 10, p. 063015, 2008.

[17]X. F. Li, X. Ni, L. A. Feng, M. H. Lu, C. He, and Y. F. Chen, "Tunable unidirectional sound propagation through a sonic-crystal-based acoustic diode,"*Physical Review Letters*, vol. 106, p. 084301, 2011.

[18]M. Eichenfield, J. Chan, R. M. Camacho, K. J. Vahala, and O. Painter, "Optomechanical crystals,"*Nature*, vol. 462, no. 7269, pp. 78 - 82, 009.

[19]N. Cleland, D. R. Schmidt, and C. S. Yung, "Thermal conductance of nanostructured phononic crystals,"*Physical Review B*, vol. 64, p. 172301, 2001.

[20]E. S. Landry, M. I. Hussein, and A. J. H. McGaughey, "Complex superlattice unit cell designs for reduced thermal conductivity," *Physical*

Review B, vol. 77, p. 184302, 2008.

[21]J. K. Yu, S. Mitrovic, D. Tham, J. Varghese, and J. R. Heath, "Reduction of thermal conductivity in phononic nanomesh structures," *Nature Nanotechnology*, vol. 5, no. 10, pp. 718 - 721, 2010.

[22]P. E. Hopkins, C. M. Reinke, M. F. Su, R. H. Olsson Ⅲ, E. A. Shaner, Z. C. Leseman, J. R. Serrano, L. M. Phinney, and I. El-Kady, "Reduction in the thermal conductivity of single crystalline silicon by phononic crystal patterning," *Nano Letters*, vol. 11, no. 1, pp. 107 - 112, 2010.

[23]B. L. Davis and M. I. Hussein, "Nanophononic metamaterial: Thermal conductivity reduction by local resonance," *Physical Review Letters*, vol. 112, no. 5, p. 055505, 2014.

[24]M. Hussein, S. Biringen, O. Bilal, and A. Kucala, "Flow stabilization by subsurface phonons," in *Proceedings of the Royal Society of London A: Mathematical, Physical and Engineering Sciences*, vol. 471, p. 20140928, 2015.

[25]R. H. Olsson Ⅲ and I. El-Kady, "Microfabricated phononic crystal devices and applications," *Measures in Science and Technology*, vol. 20, p. 012002, 2009.

[26]P. A. Deymier, *Acoustic Metamaterials and Phononic Crystals*, vol. 173. Springer Science & Business Media, 2013.

[27]M. Maldovan, "Sound and heat revolutions in phononics," *Nature*, vol. 503, no. 7475, pp. 209 - 217, 2013.

[28]M. I. Hussein, G. M. Hulbert, and R. A. Scott, "Tailoring of wave propagation characteristics in periodic structures with multilayer unit cells," in *Proceedings of 17th American Society for Composites Technical Conference*, *West Lafayette*, *Indiana*, 2002.

[29]M. I. Hussein, K. Hamza, G. M. Hulbert, R. A. Scott, and K. Saitou, "Multiobjective evolutionary optimization of periodic layered materials for desired wave dispersion characteristics," *Structural and Multidisciplinary Optimization*, vol. 31, no. 1, pp. 60 - 75, 2006.

[30]O. R. Bilal, M. A. El-Beltagy, and M. I. Hussein, "Optimal design of periodic Timoshenko beams using genetic algorithms," in *52nd AIAA/ASME/ASCE/AHS/ASC Structures, Structural Dynamics and Materials Conference*, 2011.

[31]O. Sigmund, "Microstructural design of elastic band gap structures," in *Proceedings of the 2nd World Congress on Structural Multidisciplinary Optimization*, *Dalian*, *China*, 2001.

[32]O. Sigmund and J. Jensen, "Systematic design of phononic band-gap materials and structures by topology optimization," *Philosophical Transactions*: *Mathematical*, *Physical and Engineering Sciences*, pp. 1001 - 1019, 2003.

[33]A. R. Diaz, A. G. Haddow, and L. Ma, "Design of band-gap grid structures,"*Structural and Multidisciplinary Optimization*, vol. 29, no. 1, pp. 418 - 431, 2005.

[34]S. Halkjær, O. Sigmund, and J. S. Jensen, "Maximizing band gaps in plate structures,"*Structural and Multidisciplinary Optimization*, vol. 32, pp. 263 - 275, 2006.

[35]G. A. Gazonas, D. S. Weile, R. Wildman, and A. Mohan, "Genetic algorithm optimization of phononic bandgap structures," *International Journal of Solids and Structures*, vol. 43, no. 18 - 19, pp. 5851 - 5866, 2006.

[36]M. I. Hussein, K. Hamza, G. Hulbert, and K. Saitou, "Optimal synthesis of 2D phononic crystals for broadband frequency isolation,"*Waves in Random and Complex Media*, vol. 17, no. 4, pp. 491 - 510, 2007.

[37]O. R. Bilal and M. I. Hussein, "Ultrawide phononic band gap for combined in-plane and out-of-plane waves,"*Physical Review E*, vol. 84, no. 6, p. 065701, 2011.

[38]O. R. Bilal and M. I. Hussein, "Topologically evolved phononic material: breaking the world record in band gap size," in *Society of Photo-Optical Instrumentation Engineers* (*SPIE*) *Conference Series*, vol. 8269, p. 12, 2012.

[39]L. Shen, Z. Ye, and S. He, "Design of two-dimensional photonic crystals with large absolute band gaps using a genetic algorithm,"*Physical Review B*, vol. 68, p. 035109, 2003.

[40]S. Preble, M. Lipson, and H. Lipson, "Two-dimensional photonic crystals designed by evolutionary algorithms,"*Applied Physics Letters*, vol. 86, pp. 061111 - 061111, 2005.

[41]M. El-Beltagy and M. Hussein, "Design space exploration of multiphase layered phononic materials via natural evolution," in *Proceedings ASME*

International Mechanical Engineering Congress and Exposition, Chicago, Illinois, 2006.

[42]O. R. Bilal and M. I. Hussein, "Trampoline metamaterial: Local resonance enhancement by springboards,"*Applied Physics Letters*, vol. 103, no. 11, pp. 111901 - 4, 2013.

[43]L. Lu, T. Yamamoto, M. Otomori, T. Yamada, K. Izui, and S. Nishiwaki, "Topology optimization of an acoustic metamaterial with negative bulk modulus using local resonance,"*Finite Elements in Analysis and Design*, vol. 72, pp. 1 - 12, 2013.

[44]R. D. Mindlin, "Influence of rotatory inertia and shear on flexural motions of isotropic, elastic plates,"*Journal of Applied Mechanics*, vol. 18, pp. 31 - 38, 1951.

[45]E. Reissner, "The effect of transverse shear deformation on the bending of elastic plates,"*Journal of Applied Mechanics*, vol. 12, pp. 68 - 77, 1945.

[46]O. R. Bilal, M. A. El-Beltagy, and M. I. Hussein, "Topologically evolved photonic crystals: breaking the world record in band gap size," in *SPIE Smart Structures and Materials & Nondestructive Evaluation and Health Monitoring*, p. 834609, 2012.

[47]C. M. Reinke, M. F. Su, R. H. Olsson Ⅲ, and I. El-Kady, "Realization of optimal bandgaps in solid-solid, solid-air, and hybrid solid-air-solid phononic crystal slabs,"*Applied Physics Letters*, vol. 98, pp. 061912 - 3, 2011.

[48]O. Sigmund and K. Maute, "Topology optimization approaches,"*Structural and Multidisciplinary Optimization*, vol. 48, no. 6, pp. 1031 - 1055, 2013.

[49]C. Talischi, G. H. Paulino, A. Pereira, and I. F. Menezes, "Polytop: a Matlab implementation of a general topology optimization framework using unstructured polygonal finite element meshes," *Structural and Multidisciplinary Optimization*, vol. 45, no. 3, pp. 329 - 357, 2012.

[50]O. R. Bilal, M. A. El-Beltagy, M. H. Rasmy, and M. I. Hussein, "The effect of symmetry on the optimal design of two-dimensional periodic materials," in *Informatics and Systems (INFOS), 2010 The 7th International Conference on*, pp. 1 - 7, IEEE, 2010.

[51]T. Belytschko, C. Tsay, and W. Liu, "A stabilization matrix for the bilinear Mindlin plate element,"*Computer Methods in Applied Mechanics*

and Engineering, vol. 29, no. 3, pp. 313 - 327, 1981.

[52]D. Goldberg, *Genetic Algorithms in Search, Optimization and Machine Learning*. Addison-Wesley, 1989.

[53]M. I. Hussein and M. J. Frazier, "Metadamping: An emergent phenomenon in dissipative metamaterials," *Journal of Sound and Vibration*, vol. 332, no. 20, pp. 4767 - 4774, 2013.

10

第 11 章

局域共振和惯性放大点阵材料动力学

切廷·伊尔马兹(Cetin Yilmaz)[1] 和格雷戈里·M.赫尔伯特(Gregory M. Hulbert)[2]

1.土耳其,伊斯坦布尔,贝贝克,博阿齐奇大学,机械工程系

2.美国,密歇根州,安阿伯,密歇根大学,机械工程系

11.1 引言

凭借其在一定频率范围内阻隔声波或弹性波传播的特性[1-3],点阵材料(周期性材料和结构)在过去的二十年内受到了极大的关注。这些频率范围在无限周期点阵的声子能带结构中以带隙的形式出现,因此被称为声子带隙(phononic band gap)。

周期性点阵中的声子带隙通常由两种方式产生:布拉格散射和局域共振[4-6]。在布拉格散射中,点阵结构中周期性夹杂对波反射的破坏性干涉而形成带隙。带隙也可以利用局域共振单元形成,这些共振单元会阻碍波在共振频率附近传播。此外,这两种方式的结合也可以产生带隙[4-6]。

由布拉格散射形成的最低带隙频率约为波速(纵波或横波)除以点阵结构的单元常数[6-7],但采用局域共振原理可以在更低的频段内获得带隙[7-10]。在复杂的能带结构中,布拉格带隙和局域共振带隙存在着本质的不同[11-12]。如果点阵能带结构的实部具有带隙,我们就可以在该能带结构的虚部观察到带隙的衰减特性。布拉格带隙的衰减特性在带隙内平滑变化,并且通常在带隙的中心频率附近产生最大衰减。与之不同的是,局域共振带隙在局域共振单元的共振频率附近表现出较高的衰减特性,并且在带隙内的衰减曲线通常是不对称的[12]。布拉格带隙和局域共振带隙在有限周期点阵结构的频响函数(frequency response function,FRF)上也有差异。与无限周期结构的情况类似,布拉格带隙内的衰减特性变化比较平滑,并且最大衰减率一般发生在带隙的中间频率附近;而局域共振带隙在单元的共振

频率附近显示出急剧衰减的特征，衰减曲线在带隙内一般也是不对称的[9,13-14]。

在有限周期结构中，发生急剧衰减的频率叫作反共振频率（antiresonance frequency）。结构中的反共振频率通常可以通过两种不同的方法产生[15]。第一种方法与共振子结构相关，即大家所熟知的局域共振效应。第二种方法涉及惯性的线性耦合和放大[15-17]。虽然这两种方法都能够在有限和无限周期点阵中产生低频带隙，但是它们在波/能量的局部化特征方面有着本质的不同。由于局域共振在整个点阵结构中都能被激发出来，所以局域共振引起的带隙内有相当大一部分波/能量能够通过点阵结构传播。对于惯性放大引起的带隙，波/能量则主要分布在激励源附近[17]。也就是说，由于在局域共振点阵和惯性放大点阵中产生的反共振现象是不同的，因此它们的波传播特性在本质上是不同的。

本章将重点研究由反共振效应引起的带隙，并通过文献中的一维、二维和三维点阵结构实例来说明局域共振点阵结构和惯性放大点阵结构的异同。

11.2 局域共振点阵材料

目前已有许多关于一维、二维和三维局域共振点阵材料的研究[6-14,18-36]。为了简洁和清晰起见，本章将对每种点阵材料取一个具有代表性的研究实例进行阐述。

11.2.1 一维局域共振点阵

本节将研究一维局域共振点阵结构，如杆、轴、弦和梁。杆（棒）中的纵向激励、轴中的扭转激励和弦中的横向激励的控制方程为一维波动方程：

$$\frac{\mathrm{d}^2 u}{\mathrm{d}t^2} = c^2 \frac{\mathrm{d}^2 u}{\mathrm{d}x^2} \tag{11.1}$$

其中，u 表示杆中的轴向位移、轴中的角位移或弦中的横向位移；c 为介质中的波速。因此，这三个结构在动力学上是等效的。细长梁（欧拉-伯努利梁）中弯曲波的控制方程为

11

$$\frac{\mathrm{d}^2 w}{\mathrm{d}t^2} + c^2 \frac{\mathrm{d}^2 w}{\mathrm{d}x^4} = 0 \tag{11.2}$$

其中，w 为梁的横向位移；c 为波速。

首先，我们考虑杆中的纵向（轴向）振动。图 11.1 为一个带有周期排列共振单元的弹性杆[13]，杆的弹性模量、密度和横截面积分别为 E、ρ 和 A。每个共振单元的弹性常数和质量分别为 k 和 m，点阵常数为 L_x。使用传递矩阵法和布洛赫定理，我们可以得到点阵结构的频散方程[13]为

$$\cos(\pm\varepsilon) = \cosh(\pm\mu) = \cos(\beta L_x) - \frac{km\omega^2}{2\beta EA(k - m\omega^2)}\sin(\beta L_x) \tag{11.3}$$

其中，ω 是角频率；$\beta=\omega/c$ 是在频率 ω 下连续均匀杆的纵波波数，$c=\sqrt{E/\rho}$是杆内的弹性波纵波波速；μ 和 ε 分别是衰减常数和相位常数。

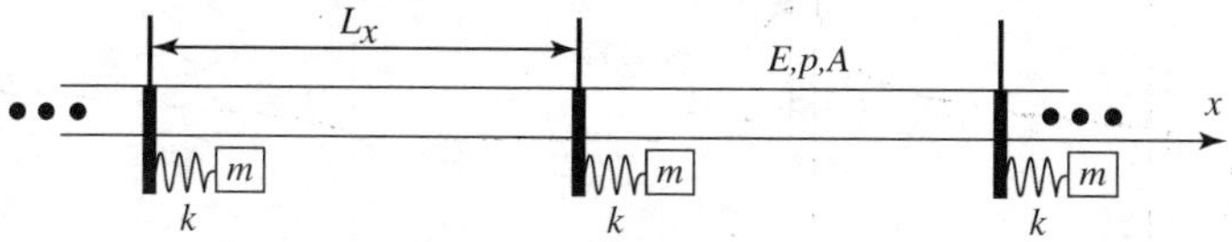

（a）含共振单元的无限周期弹性杆（杆中纵波沿x方向传播）

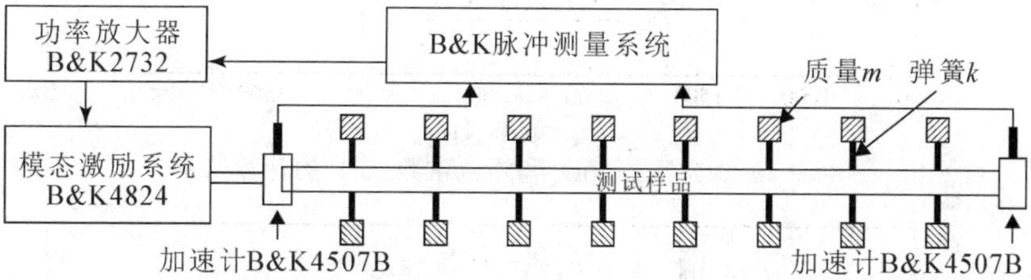

（b）实验中使用的含八个共振单元的有限周期杆

图 11.1　杆的纵向(轴向)振动

［图片来源：王(Wang)等人[13]，已获美国机械工程师协会允许］

图 11.2(a)给出了一种一维局域共振点阵结构的衰减常数和相位常数的计算结果，该点阵结构由带有周期共振单元的有机玻璃棒组成，其中，$L_x=0.05$ m，$A=5\times10^{-6}$ m^2，$E=1.5\times10^{10}$ Pa，$\rho=1200$ kg/m^3。每个共振单元由一对钢梁(充当弹簧)和质量块组成，它们被对称地放置在杆上，以抵消施加在杆上的力矩。共振单元的弹性常数和质量分别为 $k=5.12\times10^6$ N/m，$m=47.6$ g[13]。在图 11.2(a)中，1584～3047 Hz 频率范围内形成了一个带隙，将带隙频率乘以 L_x/c 可以获得归一化的带隙频率范围。根据上述参数值，我们可以求出波速 $c=3536$ m/s，因此可以得到归一化带隙的范围是 0.0224～0.0431。与布拉格带隙相比，该带隙非常低，布拉格带隙的归一化频率通常约为 0.5。此外，与布拉格带隙不同的是，在该局域共振带隙内，其衰减特性是高度不对称的，即在接近带隙下边界时衰减非常高，而在接近带隙上边界时衰减非常低。图 11.2(b)展示了包含 6 个和 8 个单元组成的一维局域共振点阵结构的频响函数。有限周期点阵结构的数值计算和实验测量结果吻合较好，并且衰减带隙的频率范围与图 11.2(a)中的带隙范围相同[13]。在图 11.2(a)中，最大衰减点对应的频率为 $\sqrt{k/m}/2\pi=1651$ Hz，它对应于共振单元的固有频率。在图 11.2(b)所示的频响函数中，共振单元的局域共振会在相同频率处产生一个反谐振陷波。

与这些受纵向激励的局域共振杆类似，某些管道系统具有周期排列的亥姆霍兹(Helmholtz)谐振器[18]，呈现出相似的声学特性。由此可见，一维局域共振点阵结构同样适用于声波。

11

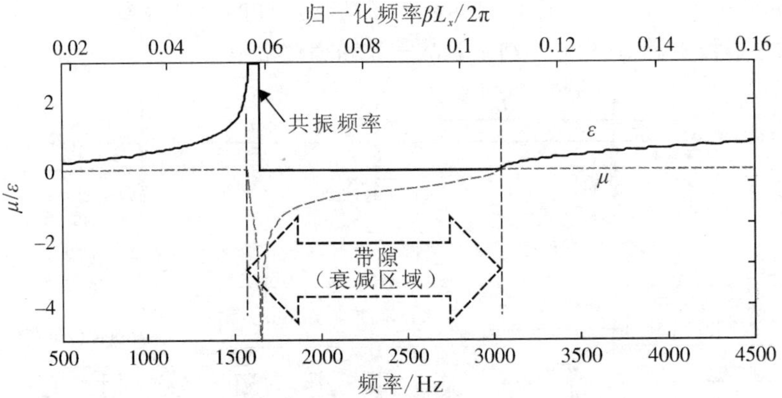

（a）衰减常数（μ）和相位常数（ε）的计算结果

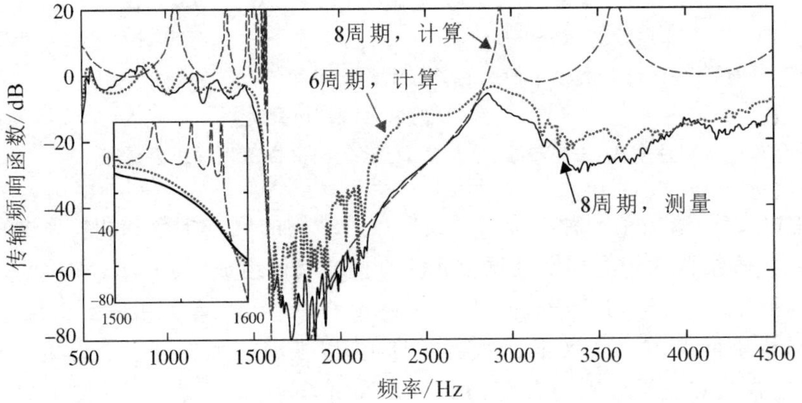

（b）不同有限周期点阵结构频响函数的数值计算结果和实验测量结果

图 11.2　由有机玻璃棒组成的无限周期一维局域共振点阵结构

（图片来源：王[13]，已获美国机械工程师协会许可）

接下来我们考虑轴的扭转振动。图 11.3 所示为带有周期排列的扭转共振单元的轴[14]。扭转共振单元由软橡胶环和包裹在外的金属圆环组成，橡胶圈的外径为 r_1，金属圈的外径为 r_2。两个环厚度均为 l，点阵材料单元常数为 a。G_0、ρ_0、G_1、ρ_1 和 G_2、ρ_2 分别是轴、橡胶圈和金属圈的剪切模量和密度。利用传递矩阵法和布洛赫定理，我们可以得到点阵结构的频散方程[14]：

$$\cos(\boldsymbol{k}a) = \cos(\beta a) - \frac{KI\omega^2}{2\beta G_0 J_t(K - I\omega^2)}\sin(\beta a) \tag{11.4}$$

其中，ω 是角频率；$\beta=\omega/c$ 是在频率 ω 下连续均匀轴的波数，$c=\sqrt{G_0/\rho_0}$ 是圆轴中的扭转波速；$\boldsymbol{k}$ 为波矢；K 是共振单元中橡胶圈的扭转刚度；I 是共振单元中金属圈的质量惯性矩；J_t 是轴面积的极矩。

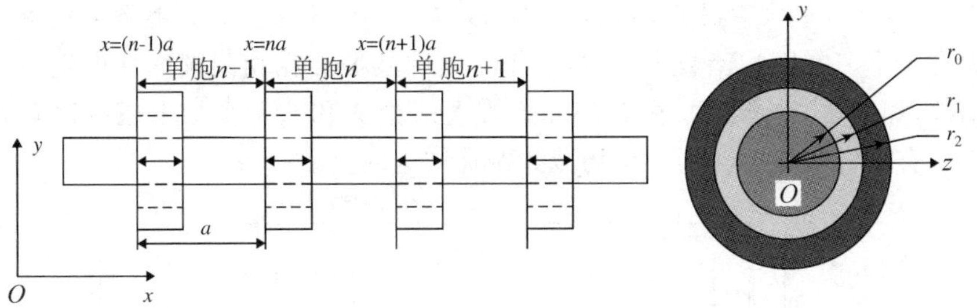

（a）弹性轴示意图（此处考虑了沿x方向传播的扭转波）　（b）弹性轴横截面

图 11.3　带有扭转共振单元的无限周期弹性轴

［图片来源：余（Yu）等[14]，已获爱思唯尔许可］

点阵结构的复能带结构如图 11.4 所示。该轴由环氧树脂制成（$G_0=1.59\times10^9$ Pa，$\rho_0=1180$ kg/m^3），共振单元由橡胶和铅制成（$G_1=3.4\times10^5$ Pa，$\rho_1=1300$ kg/m^3，$G_2=1.49\times10^{10}$ Pa，$\rho_2=11600$ kg/m^3）。此外，胞元的尺寸如下：$r_0=5$ mm，$r_1=8$ mm，$r_2=10$ mm，$l=25$ mm，$a=75$ mm。如图 11.4(a)所示，点阵结构在 198～1138 Hz 范围内形成了一个带隙。可以通过将这些频率乘以 a/c 来获得归一化的带隙频率范围。根据上述参数值，我们可以求得 $c=1161$ m/s，归一化的带隙范围为 0.0128～0.0735。与布拉格带隙相比，该频率范围相当低，布拉格带隙的归一化频率通常约为 0.5。同样，我们可以在带隙内获得非对称衰减曲线［图 11.4(b)］，这是局域共振带隙的典型特征。

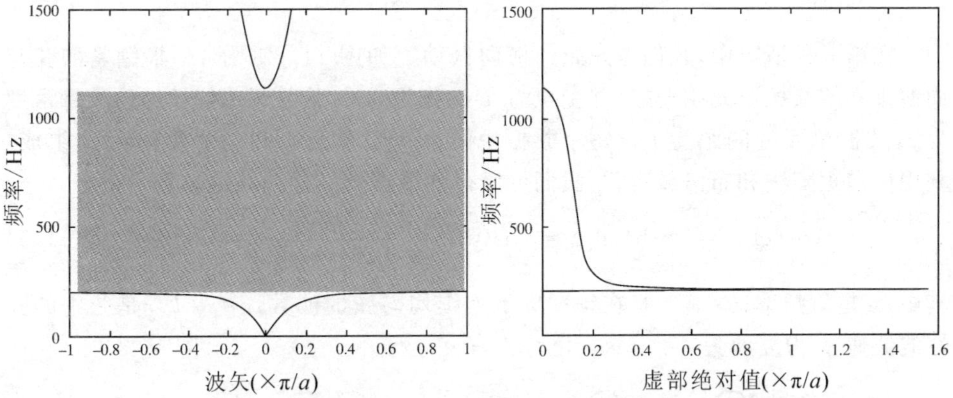

（a）实波矢量　（b）复波矢量虚部的绝对值

图 11.4　带有扭转共振单元的弹性轴的复能带结构

（图片来源：余等[14]，已获爱思唯尔的许可）

利用有限元法计算得到的含 8 个胞元的局域共振点阵轴结构的频响函数如图 11.5 所示。带隙频率范围与图 11.4 所示的无限周期结构的带隙非常吻合[14]。在

图 11.4(b)中,最大衰减点出现在 $\sqrt{K/I}/2\pi=203$ Hz 处,该频率是共振单元的扭转固有频率。在频响函数中,共振单元的局域共振会在相同频率处产生一个反谐振陷波,如图 11.5 所示。在桑(Song)等人的论文和参考文献中还可以看到其他关于带有扭转共振单元的一维局域共振轴结构的例子[19]。

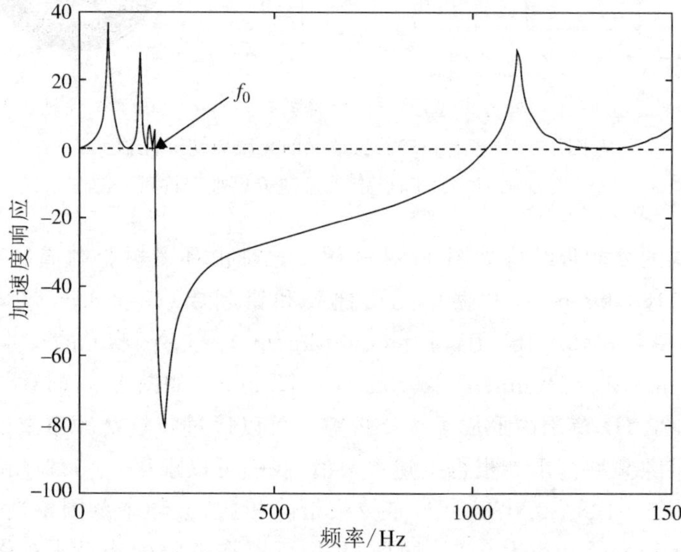

图 11.5　具有 8 个胞元的局域共振轴的频响函数

(图片来源:余等[14],已获爱思唯尔许可)

在第三种情况中,我们考虑弦的横向振动。如图 11.6 所示,一根绷紧的弦与周期排列的共振单元相连接,并受拉力 T 的作用[12]。弦的每单位长度的质量密度为 ρ,共振单元的间距为 L。每个共振单元由一个弹簧 k 和一个质量块 m 组成。利用传递矩阵法和布洛赫定理,我们可以得到该点阵结构的频散方程[12]:

$$\cos(qL)=\cosh(\mathrm{i}qL)=\cos(\beta L)-\frac{\boldsymbol{k}m\omega^2}{2\beta T(\boldsymbol{k}-m\omega^2)}\sin(\beta L) \tag{11.5}$$

其中,ω 是角频率;$\beta=\omega/c$ 是在频率 ω 下连续均匀弦的波数,$c=\sqrt{T/\rho}$是弦中的弹性波波速;$\boldsymbol{k}$ 为复波矢。

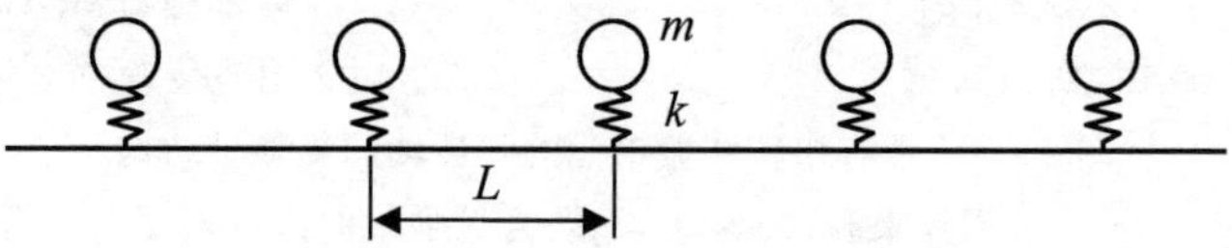

图 11.6　与周期排列共振单元相连接的绷紧弦

[图片来源:萧(Xiao)等[12],已获爱思唯尔许可]

为了准确描述点阵结构的能带结构，我们进行如下定义：

- 共振单元的归一化质量，$\gamma=m/(\rho L)$；
- 归一化频率，$\Omega=\beta L/\pi$；
- 共振单元的归一化共振频率，$\Omega_0=(\Omega/\omega)\sqrt{k/m}$；
- 共振单元的归一化负动态刚度，$P=(\gamma\pi\Omega_0^2\Omega)/(\Omega_0^2-\Omega^2)$。

$\Omega_0=0.5$，$\gamma=2.5$ 时点阵结构的复能带结构如图 11.7 所示。在图 11.7(b)中，虚部(qL)代表波矢的虚部。曲线 P，$2\cot(\Omega\pi/2)$ 和 $-2\tan(\Omega\pi/2)$ 的交点定义了带隙边界频率[在图 11.7(b)中标记为 A_i 和 B_i][12]。以 $\Omega=0.5$ 为中心的带隙是由局域共振效应引起的，这是因为它在共振单元的固有频率处具有急剧衰减的特性。除此之外，其他带隙均具有整数边界频率，并且这些带隙内的衰减特性变化平稳，因此它们是布拉格带隙(这里需要注意的是，归一化频率 $\Omega=2L/c$ 是前面提到的归一化频率的 2 倍)。如参考文献[12]所述，如果将共振单元的固有频率设置为 0.5 或某个整数加 0.5，则带隙内的衰减曲线是对称的。但是，共振单元的固有频率可以是任何频率，因此将导致不对称的衰减剖面。

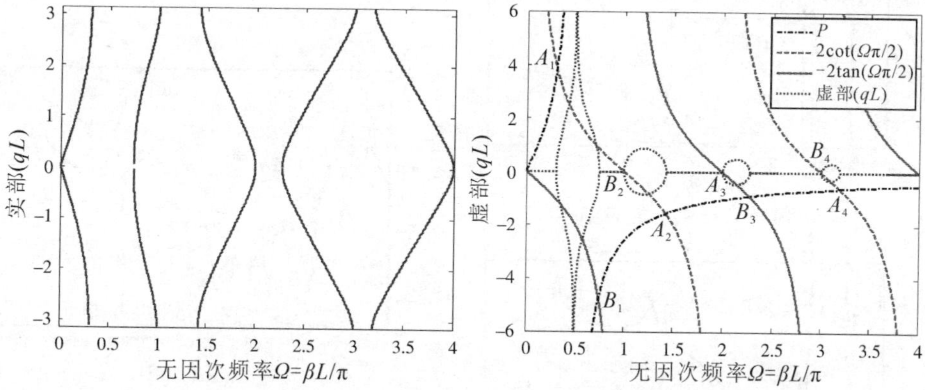

(a) 实波矢量　　(b) 复波矢量虚部的绝对值

图 11.7　$\Omega_0=0.5$，$\gamma=2.5$ 时带有局域共振单元的弦结构的复能带结构

(图片来源：萧等[12]，已获爱思唯尔许可)

综上所述，通过比较式(11.3)、式(11.4)及式(11.5)，我们可以看出，由于杆的纵向激励、轴的扭转激励和弦的横向激励的控制方程是一维波动方程，它们的频散方程均具有相同的形式。

在第四种情况中，我们考虑细长梁(欧拉-伯努利梁)的弯曲振动。带有周期排列的共振单元的细长梁如图 11.8 所示[20]。这种情况下的控制方程与前面的情况[式(11.1)和式(11.2)]不同。王等人[20]计算的频散曲线在这里不再展示。然而，点阵结构的能带结构和频响函数如图 11.9 所示，具体的几何参数和材料参数如下：$a=0.05\ \mathrm{m}$，$b=h=0.01\ \mathrm{m}$，$d=0.04\ \mathrm{m}$，$h_{rub}=0.002\ \mathrm{m}$；硬铝的材料参数为 $\rho_{Al}=2799\ \mathrm{kg/m^3}$，$\lambda_{Al}=589.55\times10^8\ \mathrm{Pa}$，$\mu_{Al}=268.12\times10^8\ \mathrm{Pa}$；硅橡胶的材料参数为 $\rho_{rub}=1300\ \mathrm{kg/m^3}$，$\lambda_{rub}=15.32\times10^6\ \mathrm{Pa}$，$\mu_{rub}=1.02\times10^6\ \mathrm{Pa}$；铜的材料参数为 $\rho_{Cu}=8356\ \mathrm{kg/m^3}$，$\lambda_{Cu}=1.726\times10^{10}\ \mathrm{Pa}$，$\mu_{Cu}=7.527\times10^{10}\ \mathrm{Pa}$。其中，$\lambda$ 和 μ 是拉梅常数。

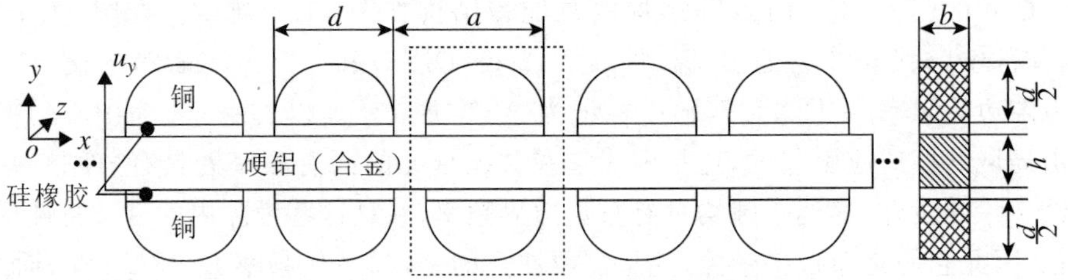

图 11.8　带有周期排列的共振单元的细长梁

（图片来源：王等[20]，已获美国物理学会许可）

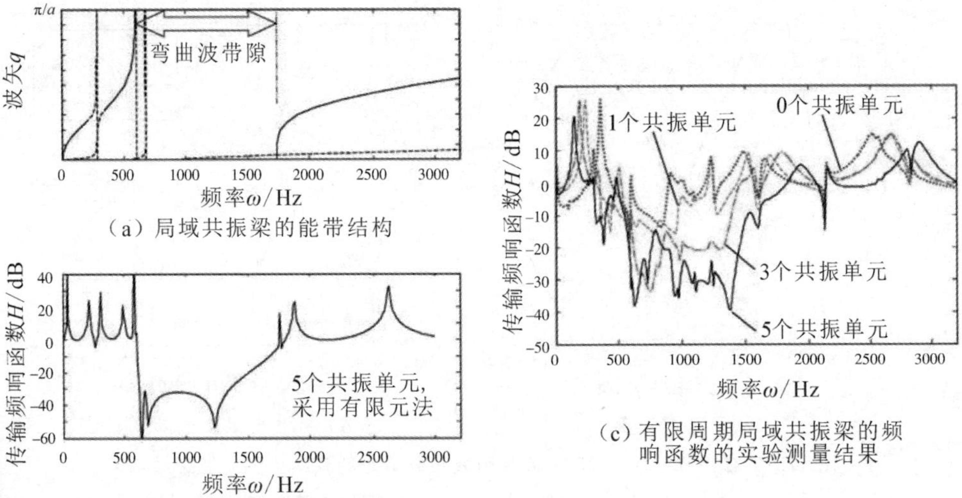

（a）局域共振梁的能带结构

（b）含5个胞元的局域共振梁的频响函数的数值计算结果

（c）有限周期局域共振梁的频响函数的实验测量结果

图 11.9　点阵结构的能带结构和频响函数

（实线、点划线、虚线和点线分别代表与 5 个、3 个、1 个和 0 个共振单元相连接的实验件所对应的测量结果。

图片来源：王等[20]，已获美国物理学会许可）

图 11.9(a)显示了局域共振梁的能带结构。与前面的情况相比，它有许多条分散的能带，因此其能带结构有本质上的不同。如图 11.9(a)所示，在 596～1734 Hz 范围内形成了一个带隙，该频带与图 11.9(b)(c)所示的有限周期结构的有限元计算

结果和实验测量结果相匹配。我们可以通过将带隙边界频率乘以 a/c 来获得归一化带隙，利用前面给出的参数值，可以得到归一化带隙为 0.1272～0.2170[20]。与布拉格归一化带隙(通常在 0.5 左右)相比，该频带范围非常低。

与之前的情况不同的是，图 11.9(b)所示的频响函数图的带隙内存在多个反共振频率。这些反共振频率对应于共振单元的不同振动模态。在其他相关研究中，我们也可以看到类似的情况[21-23]，特别是考虑了剪切变形和转动惯量的粗梁(铁摩辛柯梁)[22-23]。此外，利乌(Liu)和侯塞因(Hussein)[24]还比较了欧拉-伯努利梁和铁摩辛柯梁的能带结构的异同。

11.2.2　二维局域共振点阵

本节将研究二维局域共振点阵结构。这些结构经过设计可以产生抑制面内或面外激励的带隙。

首先，我们考虑二维局域共振点阵材料的面内响应。如图 11.10(a)所示，一个含三种组分(三相)的胞元，其不可约布里渊区为三角形。关于此点阵结构，在玻璃基体中有无限长的橡胶涂层铅圆柱体，利用平面波展开法对不可约布里渊区边界的平面内响应进行计算[25]。该结构的材料参数如下：对于铅，$\rho=11.4\ \text{g/cm}^3$，$c_l=2.16\ \text{km/s}$，$c_t=0.86\ \text{km/s}$；对于橡胶，$\rho=1.0\ \text{g/cm}^3$，$c_l=1.83\ \text{km/s}$，$c_t=0.5\ \text{km/s}$；对于玻璃，$\rho=2.6\ \text{g/cm}^3$，$c_l=5.84\ \text{km/s}$，$c_t=3.37\ \text{km/s}$。其中，ρ、c_l 和 c_t 分别代表密度、纵波和横波波速。此外，r_a/r_b 是芯体和涂层的半径比。图

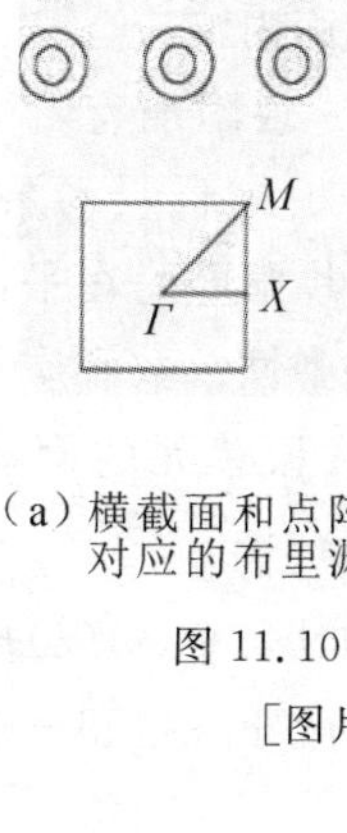

(a) 横截面和点阵材料对应的布里渊区

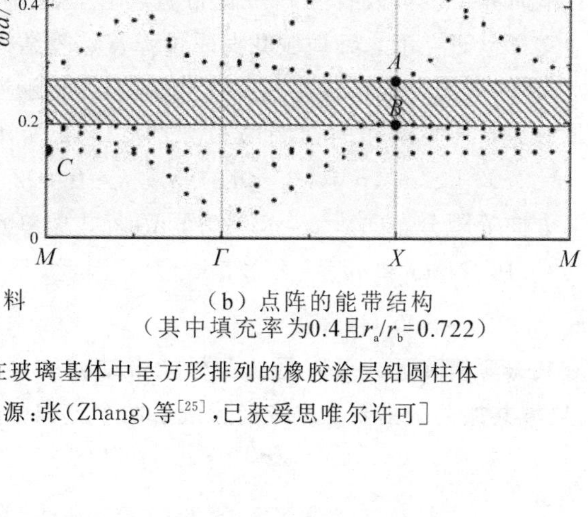

(b) 点阵的能带结构(其中填充率为0.4且 r_a/r_b=0.722)

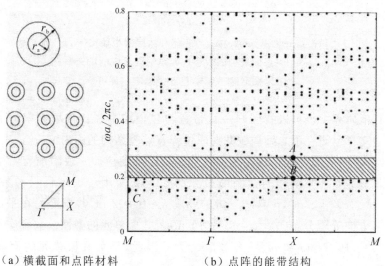

图 11.10　在玻璃基体中呈方形排列的橡胶涂层铅圆柱体

[图片来源：张(Zhang)等[25]，已获爱思唯尔许可]

11.10(b)所示为填充率为 0.4、$r_a/r_b=0.722$ 的局域共振点阵材料的能带结构。可以看到，当 $\omega a/2\pi c_t=0.5$ 时，带隙出现在布拉格极限以下。其中，a 是点阵材料单元常数；c_t 是玻璃基体中的横波波速。该带隙是由于玻璃基体中铅柱的局域共振而形成的[25]。

归一化的带宽($\Delta\omega/\omega_g$)与芯体和涂层的半径比(r_a/r_b)的关系如图 11.11 所示，此处，ω_g 代表带隙的中心频率。我们可以看到，对于不同填充率，带隙在一定的半径比范围内产生，并且在不同的半径比下可以产生最宽的带隙。此外，较大的填充率可以获得更宽的带隙[25]。

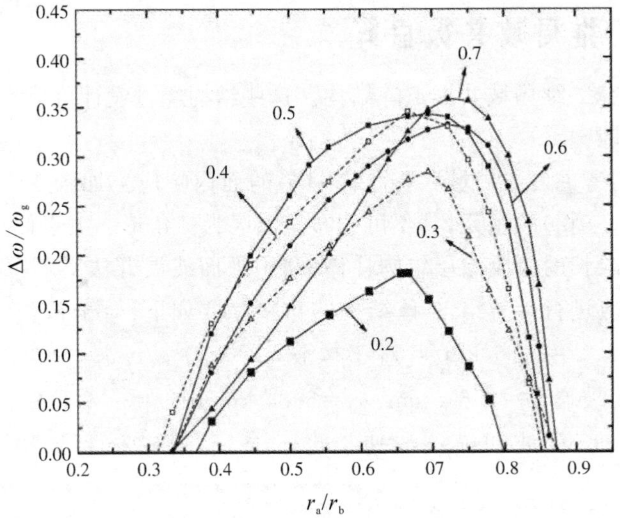

图 11.11　归一化带宽($\Delta\omega/\omega_g$)与芯体和涂层的半径比(r_a/r_b)的关系

(其中，每条曲线上的数字代表该情况对应的填充率。

图片来源：张等[25]，已获爱思唯尔许可)

在其他研究中也可以找到归一化带宽与包覆层半径比或填充率的关系[6-7]。还有其他文章也研究了二维局域共振质量弹簧点阵结构的面内响应[9,26]。

其次，我们考虑二维局域共振点阵结构的面外响应。一块附加有二维周期排列的质量-弹簧共振单元的铝制薄板如图 11.12 所示。板的材料参数为：$E=70$ GPa，$\rho=2700$ kg/m^3，$v=0.3$。板的厚度 $h=0.002$ m，共振单元在平面内沿 x 方向和 y 方向等距分布($a_1=a_2=a=0.1$ m)。共振单元的弹性常数和质量分别为 $k_R=9.593\times10^4$ N/m 和 $m_R=0.027$ kg[11]。因此，每个共振单元的固有频率为 $f_R=\sqrt{k_R/m_R}/2\pi=300$ Hz。

局域共振薄板和无共振单元的薄板能带结构的实部如图 11.13(a)所示。可以看出，局域共振薄板沿着 ΓX 方向形成了两个方向带隙(g_1 和 g_2)和一个完全带

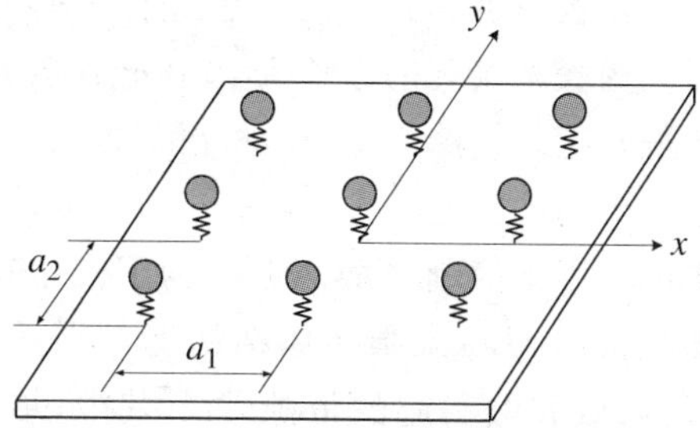

图 11.12　带有二维周期排列的附加质量-弹簧共振单元的薄板

（图片来源：萧等[11]，已获英国物理学会许可）

隙(G_I)。局域共振薄板沿 ΓX 方向的复能带结构的实部和虚部如图 11.13(b)所示。需要注意的是，共振单元的固有频率($f_R = 300$ Hz)在第一条带隙 g_1 内。此外，对于该点阵结构，沿着 ΓX 方向的布拉格带隙的最低频率在 $f_B = (\pi/a)^2\sqrt{D/\rho h}/2\pi$处取得，其中 $D = Eh^3/12(1-\nu^2)$是基体板的弯曲刚度。根据已经给定的参数，可以求得布拉格带隙极限 $f_B = 484$ Hz[11]，该频率为能带图中第二个带隙 g_2 的最低边界[图 11.13(a)(b)]。此外，从图 11.13(b)中点阵结构的复能带图的虚部还可以看出，第二个带隙 g_2 内的衰减曲线是平滑的，这是典型的布拉格带隙的特征。另一方面，当激励频率与共振单元的固有频率($f_R = 300$ Hz)相同时，在第一条方向带隙 g_1 内衰减非常明显。

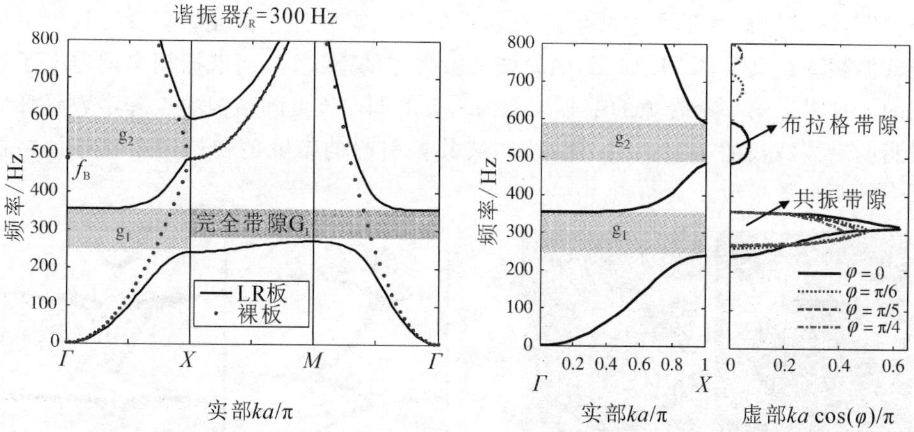

（a）局域共振板（实线）和无共振单元裸板（虚线）的实能带结构

（b）局域共振板沿ΓX方向（φ=0）复能带结构的实部和虚部

图 11.13　薄板能带结构

（该图的虚部还包含其他方向的解，其中，$\varphi = \pi/4$ 对应于 ΓM 方向。

图片来源：萧等[11]，已获英国物理学会许可）

对局域共振薄板的面外响应也有相关的实验进行了研究，其中单元的局域共振是通过在铝板上沉积硅橡胶来实现的[27]。通过在硅橡胶共振单元上放置铅帽，也可以在较低频率下获得较宽的带隙[28]。另外，在基体板上进行区域切割同样可以得到较宽的带隙[29]。

局域共振带隙同样可以用来抑制平面声波。为了产生这种类型的带隙，可以将二维周期排列的共振单元放置在三维实体结构上[30-31]。对于二维声学系统来说，我们同样可以看到由局域共振引起的带隙[32]。其中，结构的局域共振是由亥姆霍兹共振单元产生的。

11.2.3 三维局域共振点阵

在本节中，我们将研究三维局域共振点阵材料。利用含三种组分(三相)的点阵结构可以实现局域共振，在这种典型三维构型中，覆盖有软层的质量块被嵌入刚性基体中[6,8,33-35]。与之正好相反的是，在三维实体结构中打孔同样可以形成局域共振[36]。

首先，我们考虑三相局域共振点阵材料。如图 11.14(a)所示，一个硅橡胶涂层铅球包裹在环氧树脂基体中，这是点阵常数为 1.55 cm 的 8×8×8 简单立方晶体[图 11.14(b)]。此处，铅球的直径为 1 cm，硅橡胶涂层的厚度为 2.5 mm。图 11.14(c)表示实验测得的从试样中心到表面的声传播曲线，四层点阵得到了有效利用。在试样中心测得的振幅与入射波振幅的比值在 380 Hz 和 1350 Hz 处出现了骤降(反共振)，随后出现了峰值(共振)。图 11.14(d)给出了该无限周期结构的能带图，该结果是基于多重散射理论获得的[8]。需要注意的是，图 11.14(c)中的反共振频率定义了图 11.14(d)中局域共振带隙的下边界，而谐振频率则定义了带隙的上边界。第一个带隙的中心频率约为 500 Hz，该点阵结构的点阵常数是环氧树脂的纵波波长的 1/300。因此，该局域共振引起的带隙的初始频率比布拉格极限[8]低两个数量级。

11

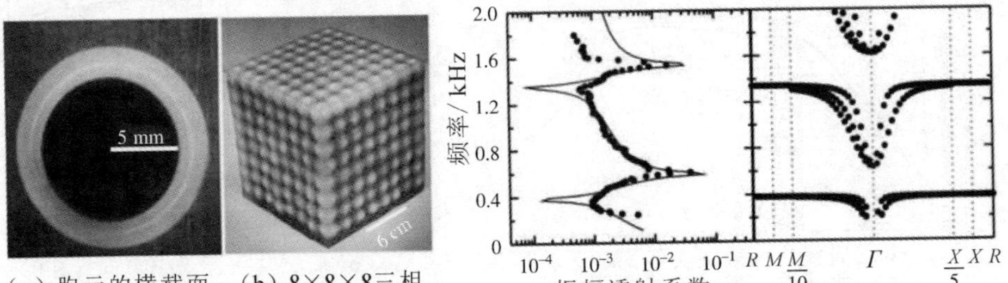

(a) 胞元的横截面　(b) 8×8×8三相局域共振点阵结构　(c) 数值计算（实线）和实验测量（圆点）的振幅透射系数　(d) 三维点阵结构的能带结构

图 11.14　硅橡胶涂层的铅球包裹在环氧树脂基体中

[图片来源：刘(Liu)等[8]，已获美国科学发展协会许可]

在第一和第二反共振频率下，胞元位移的计算结果如图 11.15 所示[8]。在第一个反共振频率处[图 11.15(a)]，铅球在环氧树脂基体中的位移使硅橡胶产生拉伸变形。在这里，铅球就像一个重物，而硅橡胶就像一个软弹簧。在第二个反共振频率处，最大位移点位于硅橡胶内部[图 11.15(b)]，而铅球的位移很小，但不是零。这类似于由含两个原子的胞元组成的分子晶体的“光学模态”，其中一个原子比另一个重得多[8]。

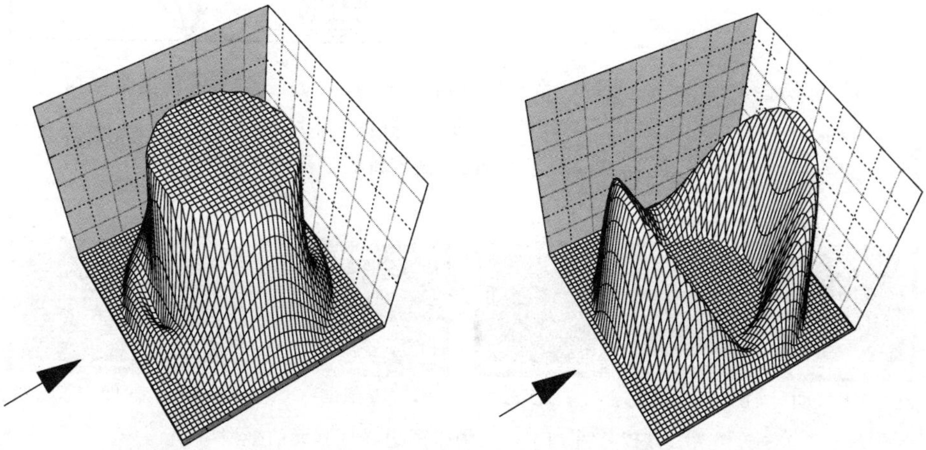

(a) 第一个反共振频率　　(b) 第二个反共振频率

图 11.15　在第一个和第二个反共振频率下计算得到的胞元位移

(图中所示是穿过位于前表面的一个铅球中心的横截面位移，其中箭头指示入射波方向。图片来源：刘等[8]，已获美国科学发展协会许可)

其次，我们考虑带孔的三维实体结构中由局域共振引起的带隙。与三相结构不同，这种点阵结构中只有一种材料。图 11.16(a)显示了具有简单立方排列的三维结构的晶胞。在这种结构中，共振单元是在立方孔中周期排列的立方体，这些立方体通过细长的杆件与基体结构连接。这些细长杆可以充当弹簧(类似三维三相点阵结构中的软涂层)。对于尺寸 $b/a=0.9$，$c/a=0.8$，$d/a=0.1$，点阵结构的能带图如图 11.16(c)所示。由于在该图中使用了归一化的频率($\omega a/2\pi c_t$)，因此材料参数仅给出了泊松比($\nu=0.33$)。最后得到的归一化带隙为 0.19～0.23，低于布拉格极限[36]。

图 11.16(c)中带隙边界处的胞元振型如图 11.17 所示。从下边界振型中[图 11.16(c)中的点 A]我们可以看出内部的立方体产生了刚体振动，其与基体连接的杆件起到了弹簧的作用，而外部框架几乎是静止的[图 11.17(a)至(c)]。对于上边界振型[图 11.16(c)中的点 B]，内部立方体和外部基体结构沿胞元的体对角线进行反相振动[图 11.17(d)至(f)]。因此，与三相局域共振点阵结构类似，此类点

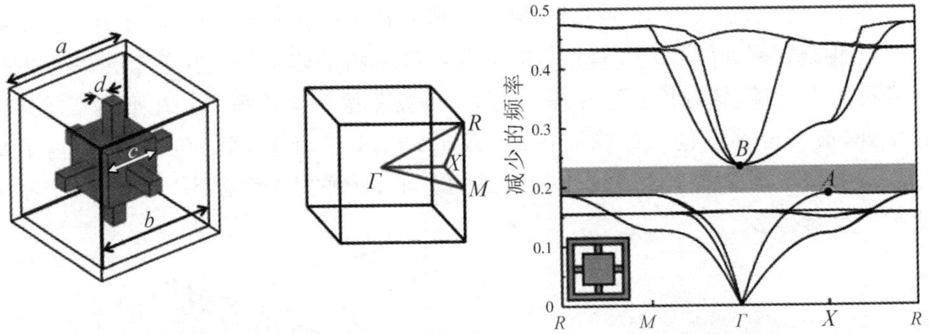

（a）胞元示意图　（b）对应的第一布里渊区　（c）三维点阵的能带结构

图 11.16　含简单立方排列孔的三维结构

[图片来源：王(Wang)等[36]，已获美国机械工程师协会许可]

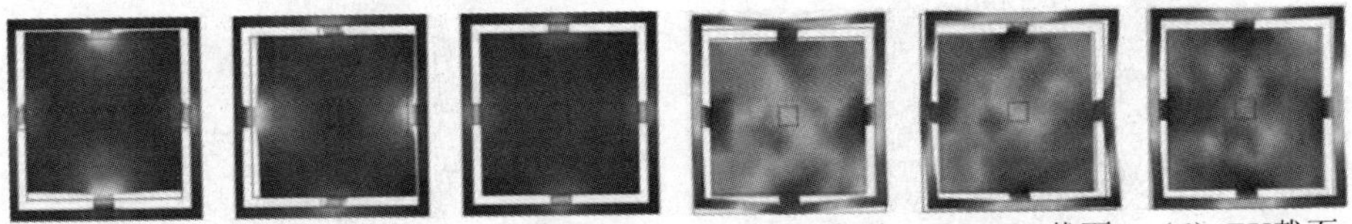

（a）XY截面　（b）YZ截面　（c）ZX截面　（d）XY截面　（e）YZ截面　（f）ZX截面

图 11.17　图 11.16(c)中带隙边界处胞元的振型

{(a)至(c)表示与带隙下边界相对应的振型[图 11.16(c)中的点 A]，

(d)至(f)表示与带隙上边界[图 11.16(c)中的点 B]相对应的振型。

图片来源：王等[36]，已获美国机械工程师协会许可}

阵结构中完全带隙的出现也是由于共振单元的局域共振产生的[36]。

最后，在三维声学系统中同样可以看到由局域共振引起的带隙效应[37]，它是由嵌入流体基体中的亥姆霍兹共振单元产生的。

11.3　惯性放大点阵材料

惯性放大是一种在点阵材料中产生带隙的新方法。与局域共振点阵材料不同，目前文献中关于一维、二维和三维惯性放大点阵材料的研究相对较少，下面将重点介绍局域共振和惯性放大点阵材料之间的异同。

11.3.1　一维惯性放大点阵

伊尔马兹等人在研究了二维点阵材料后，首先提出可以利用惯性的耦合与放大在点阵结构中产生带隙[16]。一种用于惯性放大的一维质量弹簧点阵结构胞元如图 11.18(a)所示，其中，质量块 m 和 m_a 之间的连接件是刚性的。因此，质量块

m_a 的运动直接耦合到胞元的两端，没有产生与此质量块相关的附加自由度。当胞元的两端产生位移时，只要角度 θ 够小，质量块 m_a 就会产生放大的惯性力。

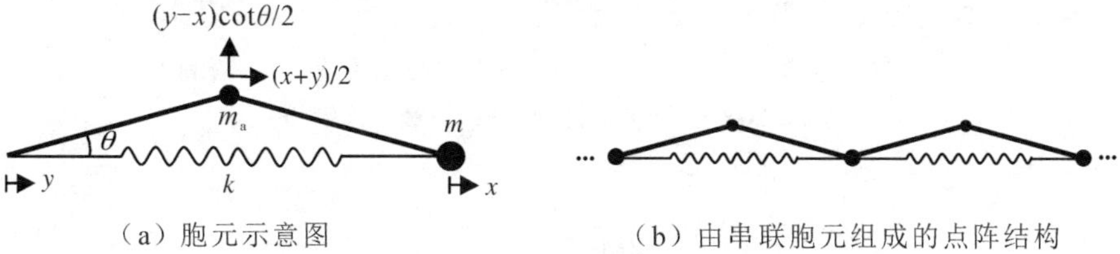

图 11.18　惯性放大的一维质量-弹簧点阵结构

为突出放大的惯性力的影响，图 11.18(a)所示系统的运动方程由下式给出：

$$[m+m_a(\cot^2\theta+1)/4]\ddot{x}+kx=[m_a(\cot^2\theta-1)/4]\ddot{y}+ky \tag{11.6}$$

式(11.6)中，以 y 为输入位移，x 为输出位移，得到该单自由度系统的共振频率和反共振频率分别为

$$\omega_p=\sqrt{\frac{k}{m+m_a(\cot^2\theta+1)/4}} \tag{11.7}$$

$$\omega_z=\sqrt{\frac{k}{m_a(\cot^2\theta-1)/4}} \tag{11.8}$$

上述两个式子的分母中，用质量 m_a 乘 $\cot^2\theta$，从而放大了系统的等效惯量。

将图 11.18(a)中所示的胞元串联起来，可以形成具有惯性放大效应的一维质量-弹簧点阵结构，如图 11.18(b)所示。将该点阵的能带结构与局域共振质量-弹簧点阵结构(图 11.19)的能带图进行比较，两种结构的胞元在 x 和 y 之间将具有相同的质量(m,m_a)和相同的静刚度(k)。将这些点阵结构与其他质量-弹簧点阵结构进行比较，如图 11.20 所示，该结构由交替排列的质量块 m 和 m_a 通过刚度 $2k$ 的弹簧串联而成。因此，第三种结构在 x 和 y 之间的静刚度也是 k。

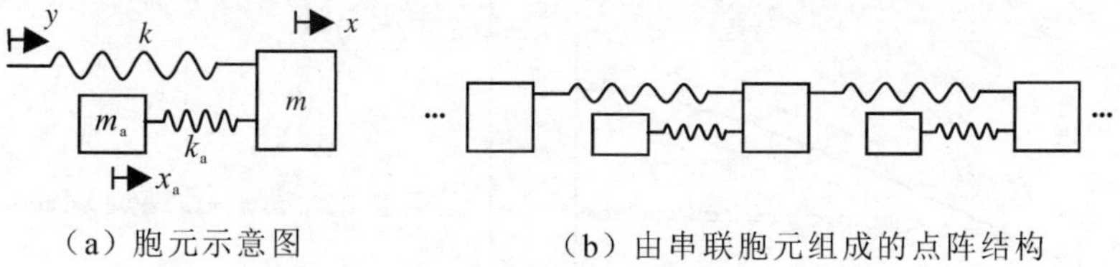

图 11.19　一维局域共振质量-弹簧点阵结构

假设这三种点阵结构的点阵常数均为 a。利用传递矩阵法和布洛赫定理，分别通过以下公式给出了惯性放大、局域共振和交替排列质量-弹簧三种点阵结构的频散方程：

$$\cos(\gamma a)=\frac{2k-\omega^2[m+m_a(\cot^2\theta+1)/2]}{2k-\omega^2m_a(\cot^2\theta-1)/2} \tag{11.9}$$

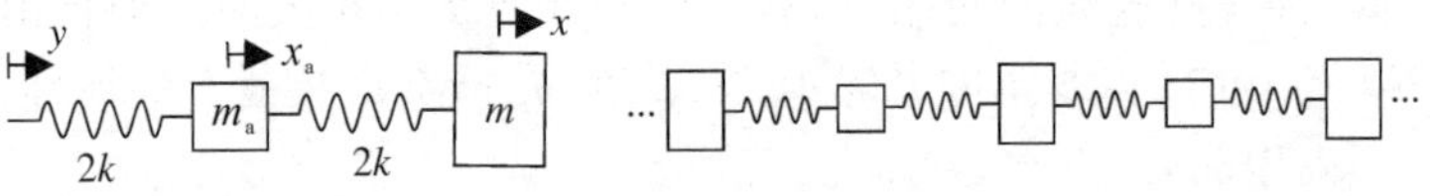

（a）胞元示意图　　　（b）由串联胞元组成的点阵结构

图 11.20　一维交替排列质量-弹簧点阵结构

$$\cos(\gamma a) = 1 - \frac{k_a^{\ 2}}{2k(k_a - \omega^2 m_a)} + \frac{k_a - \omega^2 m}{2k} \tag{11.10}$$

$$\cos(\gamma a) = 1 + \frac{\omega^4 m m_a - 4k(m + m_a)\omega^2}{8k^2} \tag{11.11}$$

其中，ω 是角频率；γ 是复波矢。当 $m=0.7$，$m_a=0.3$，$k=1$ 时这三种结构的复能带结构如图 11.21 所示。对于惯性放大点阵结构，$\theta=\pi/12$。对于局域共振点阵结构，$k_a=4k/(\cot^2\theta-1)$，因此局域共振点阵结构的反共振频率（$\sqrt{k_a/m_a}$）等于惯性放大点阵结构的反共振频率[式(11.8)]。如图 11.21(a)所示，惯性放大点阵结构的能带图只有一条曲线，这是因为其胞元只有一个自由度，而其他两种结构均具有两条能带。因此，惯性放大点阵结构具有半无限带隙。三种结构的波矢虚部如图 11.21(b)所示。我们重点关注最低的带隙，可以看出，这三种结构的衰减曲线有很大的不同。交替排列质量-弹簧点阵产生的是布拉格带隙，而惯性放大和局域共振的点阵结构的衰减曲线在其反共振频率附近表现出急剧的衰减，该反共振频率的值约为布拉格带隙中间频率的 1/3。但是，惯性放大点阵结构在反共振频率以上的频段仍然会产生较大的衰减，而局域共振点阵材料只有在反共振频率附近才会有很高的衰减值。

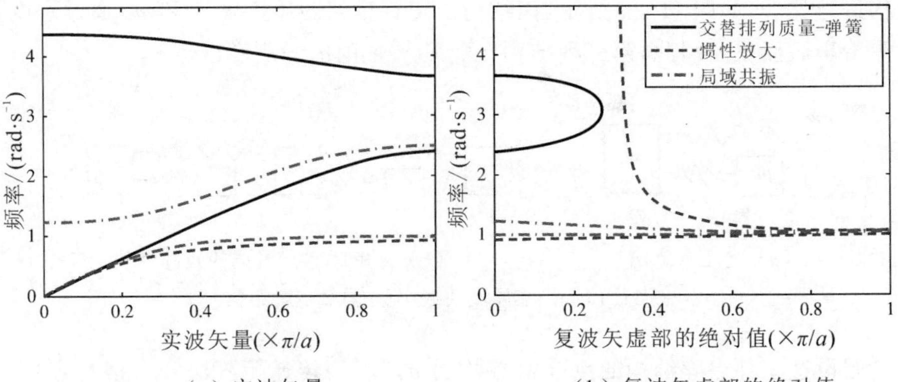

（a）实波矢量　　　（b）复波矢虚部的绝对值

图 11.21　交替排列、惯性放大和局域共振质量-弹簧点阵结构的复能带结构

也有学者对包含梁结构的一维惯性放大点阵结构进行了研究[38,41]。塔尼克尔(Taniker)和伊尔马兹[41]的研究表明，利用惯性放大可以产生超过布拉格带隙

和局域共振带隙的超宽带隙。

11.3.2　二维惯性放大点阵

二维惯性放大点阵可以用来产生面内激励的带隙，在本节中将重点介绍这种结构。

首先，我们考虑一种二维惯性放大的质量-弹簧点阵结构[17]。其整体结构和胞元如图 11.22 所示。其中，水平和垂直细线的刚度为 k，较大的点的质量为 m。中心点的质量为 m_c，并通过刚度为 k_c 的细线与相邻的质量点 m 连接。由此，k、k_c、m 和 m_c 形成了点阵的主干结构。因此，将质量为 m 和 m_c 的节点表示为结构节点，而惯性放大结构由刚度为 k_a 的粗线和质量为 m_a 的较小节点组成。图中的角度 θ 决定了结构放大作用的程度。如果激励频率小于惯性放大结构的共振频率，并且 θ 很小，则结构节点的相对运动将引起质量点 m_a 的放大运动，最终产生放大的惯性力[17]。

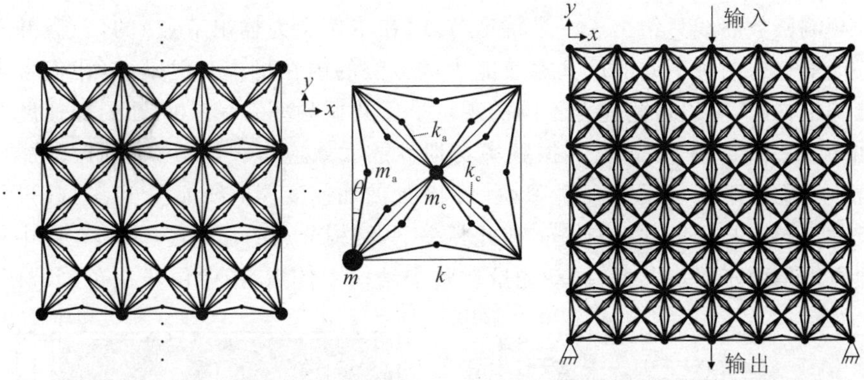

（a）点阵结构示意图　　（b）胞元示意图　　（c）6×6有限周期点阵结构

图 11.22　二维惯性放大质量-弹簧点阵结构

（图片来源：伊尔马兹和赫尔伯特[17]，已获爱思唯尔许可）

二维惯性放大点阵的能带结构如图 11.23(a)所示，结构的参数为 $k=1, m=0.2, k_c=1, m_c=0.2, k_a=10, m_a=0.05, \theta=\pi/18$。其中，纵向和横向模态的条带分别用实线和虚线表示。需要注意的是，有两个带隙被一条平带隔开，这条平带对应的是惯性放大结构的横向共振模态，其频率为 $\omega=\sin(\theta)\sqrt{2k_a/m_a}=3.47$。位于 1.04和 3.47 之间的第一条带隙是由惯性放大效应引起的，而位于 3.47 和 4.14 之间的第二条带隙是由局域共振效应引起的。图 11.23(b)展示了图 11.22(c)中所示的 6×6 点阵结构的频响函数曲线。我们可以看到在 $\omega=1.09$ 处，惯性放大效应产生的反共振陷波很深，并且直到 $\omega=3.47$ 处的第二个反共振频率都保持了较大的衰减，这是由局域共振效应引起的。由于频响值(输出加速度值与输入加速度值之比)是在结构节点处计算的[图 12.22(c)],因此频响函数曲线在 $\omega=3.47$ 处并没有产生共振峰,而是产生了反共振陷波。由此可知,在图 11.23(b)中的是一个组合带隙,而不是两个单独的带隙[17]。

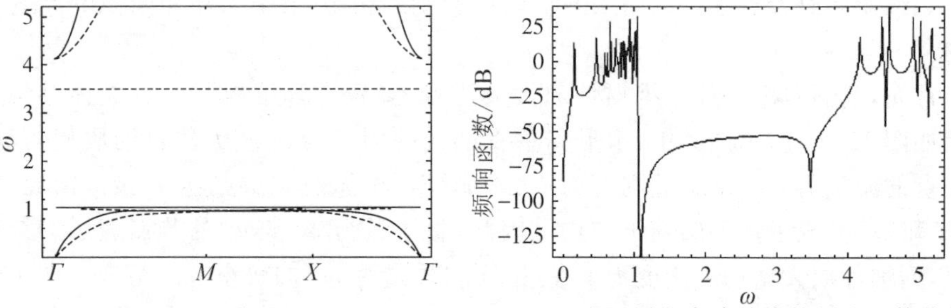

(a) 能带结构　　(b) 6×6有限周期点阵结构的频响函数曲线

图 11.23　二维惯性放大质量-弹簧点阵结构

(图片来源:伊尔马兹和赫尔伯特[17],已获爱思唯尔许可)

频响函数曲线只给出了一个特定节点(在本例中为输出节点)的信息,并不能很好地解释这两种不同的反共振效应生成方法的内在机理。但是,当我们考虑整个点阵结构时,可以得到完全不同的观点。反共振频率 $\omega=1.09$ 处的加速度等高线如图 11.24(a)所示,该反共振频率与惯性放大效应有关,可以看到振动能量主要位于激励点附近。反共振频率 $\omega=3.47$ 处的加速度等值线如图 11.24(b)所示,该反共振频率与局域共振有关。在此频率下,结构节点的加速度很小,在图中显示为黑点。但由于局域共振,振动能量在整个结构中传播,图中由浅灰色区域所示,

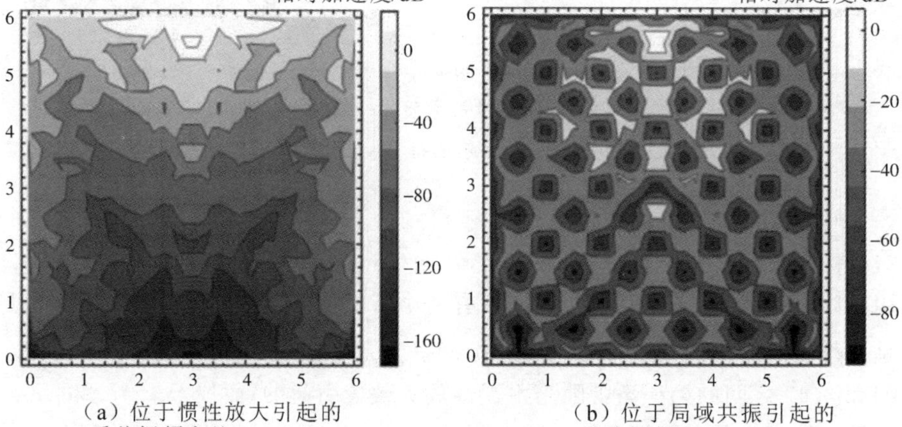

(a) 位于惯性放大引起的反共振频率处,ω=1.09　　(b) 位于局域共振引起的反共振频率处,ω=3.47

图 11.24　加速度等高线图

(图片来源:伊尔马兹和赫尔伯特[17],已获爱思唯尔许可)

因此这两种反共振频率的生成方法在振动能量的分布上产生了定性的不同结果[17]。

接下来我们将介绍二维固体结构中由惯性放大引起的带隙。如图 11.25 所示，一种惯性放大结构由不同截面大小的梁组合而成[38]，其中，l_i、t_i 和 m_i 分别是构成结构的第 i 个梁的长度、厚度和质量，t_2 和 t_4 比 t_1 和 t_3 小得多，因此厚度为 t_2 和 t_4 的梁的作用类似于柔性铰链。这种设计思路可以用于形成二维惯性放大点阵结构。为产生较宽的惯性放大带隙，应使该结构的前两个共振频率之比(ω_{p1}/ω_{p2})最小。优化后结构的前两种振型如图 11.26 所示，结构是由钢制成的($E=205$ GPa，$\nu=0.29$，$\rho=7800\ \mathrm{kg/m^3}$)，结构的尺寸为 $t_1=4.7$ mm，$t_2=t_4=0.5$ mm，$t_3=6$ mm，$l_1=12$ mm，$l_2=2.5$ mm，$l_3=30$ mm，$l_4=5$ mm[38]。

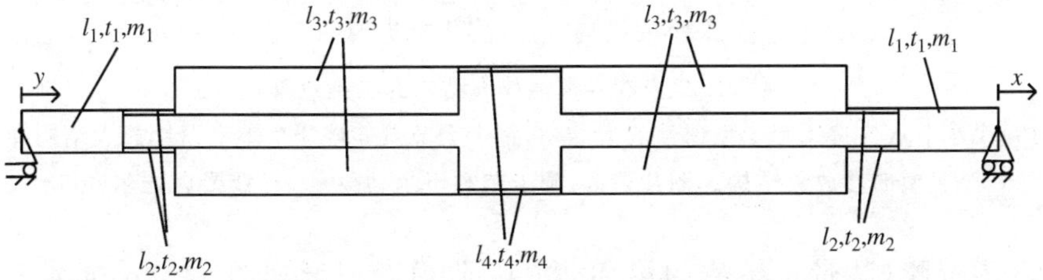

图 11.25　通过组合不同截面大小的梁而形成的惯性放大结构的参数模型
[图片来源：阿卡尔(Acar)和伊尔马兹[38]，已获爱思唯尔许可]

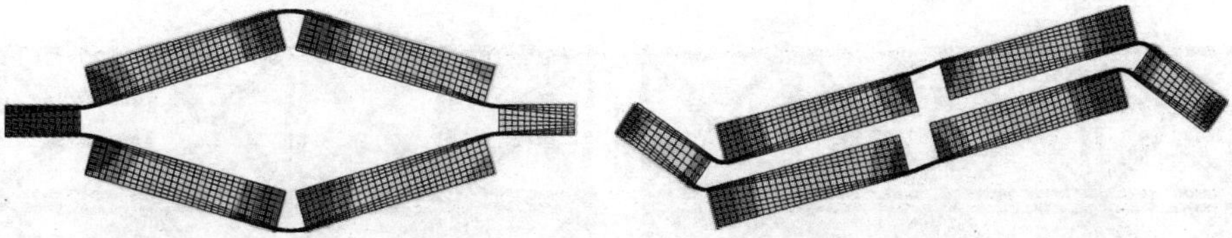

(a) 模态1，ω_1=270.4 Hz　　(b) 模态2，ω_2=616.3 Hz

图 11.26　优化后惯性放大结构的前两个模态
(图片来源：阿卡尔和伊尔马兹[38]，已获爱思唯尔许可)

为获得如图 11.27 所示的二维正方形点阵结构，需要引入第二种结构，其长度是第一种结构长度的$\sqrt{2}$倍。另外，需要对第二种结构的参数进行优化，使其前两个共振频率(ω_{p1}/ω_{p2})和第一个反共振频率(ω_{z1})接近于第一个结构的相应频率，从而确保这两个结构的带隙具有相似的宽度和衰减效果。第二种结构的尺寸为 $t_1=6.5$ mm，$t_2=t_4=1.05$ mm，$t_3=7.66$ mm，$l_1=13.5$ mm，$l_2=7.35$ mm，$l_3=38.3$ mm，$l_4=14.7$ mm[38]。

对点阵结构的有限元模型进行模态分析，发现在 282 Hz 以下共有 43 个共振频率，但是下一个谐振频率是在 619 Hz 处获得的。在这两个共振频率之间会产生

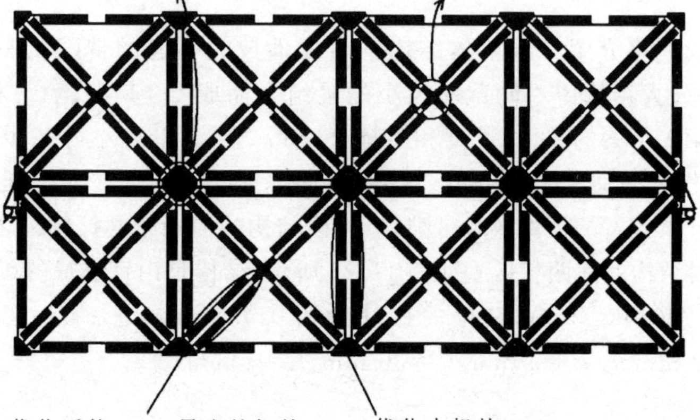

图 11.27 嵌入惯性放大结构的二维点阵
（每个小节点连接 4 个小型惯性放大结构，每个大节点连接 4 个小型惯性放大结构和 4 个大型惯性放大结构。图片来源：阿卡尔和伊尔马兹[38]，已获爱思唯尔许可）

一个声子带隙（禁带），结构的第 43 和 44 阶模态振型如图 11.28 所示。在图 11.28(a)中，一维构件（惯性放大结构）的变形接近其第一模态振型[图 11.26(a)]，而在图 11.28(b)中，构件的变形接近其第二模态振型[图 11.26(b)]。因此，一维构件的前两种模态定义了二维点阵结构的带隙边界。

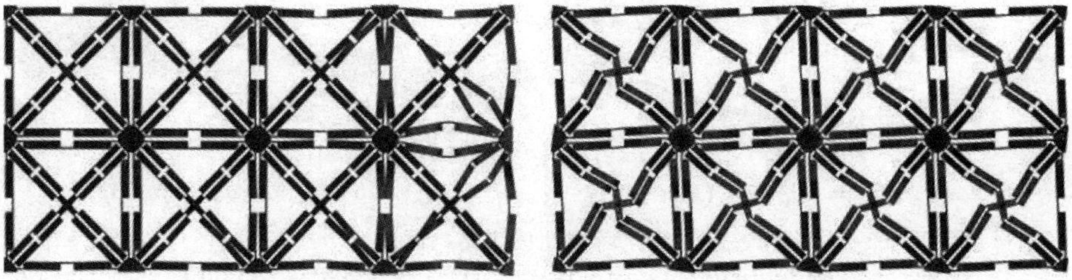

（a）第43阶模态（282.3 Hz）　（b）第44阶模态（619.2 Hz）

图 11.28 嵌入惯性放大结构的二维点阵
（图片来源：阿卡尔和伊尔马兹[38]，已获爱思唯尔许可）

二维点阵结构纵向频响函数曲线的实验测量结果和数值计算结果如图 11.29(a)所示。可以看到，实验和数值结果吻合较好，并且都在 300～600 Hz 频率范围内形成很深的衰减频带。二维点阵结构在纵向和横向上的实验频响函数曲线如图 11.29(b)所示。同样地，横向和纵向两种情况都可以在 300～600 Hz 的频率范围内形成很深的禁带。

如约瑟尔（Yuksel）和伊尔马兹的研究所示[42]，结构参数优化可用于增强惯性

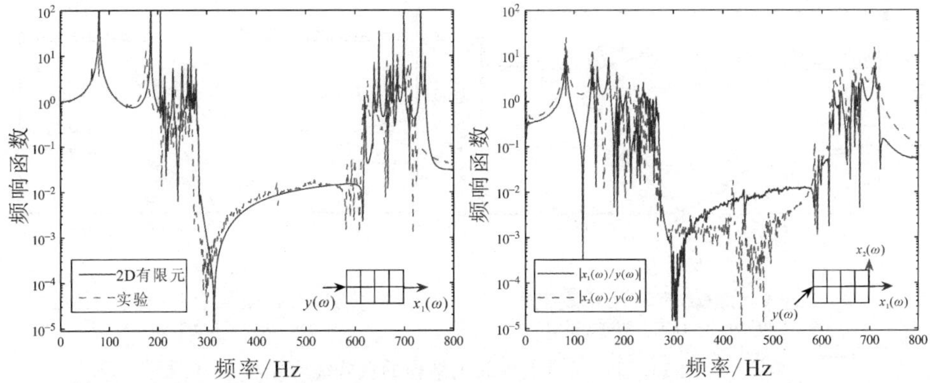

（a）纵向频响函数曲线的数值计算结果和实验测量结果：$|x_1(\omega)/y(\omega)|$　　（b）纵向（x_1）和横向（x_2）的实验测量频响函数曲线

图 11.29　二维惯性放大点阵结构

（图片来源：阿卡尔和伊尔马兹[38]，已获爱思唯尔许可）

放大引起的衰减频带深度和宽度。最后，弗兰森(Frandsen)等人的研究表明，惯性放大效应能够以表面涂层的形式实现，用于对声音和振动的控制[43]。

11.3.3　三维惯性放大点阵

本节将介绍三维惯性放大点阵结构。首先来看惯性放大的体心立方和面心立方质量-弹簧点阵[39]，两种结构的胞元和惯性放大结构如图 11.30 所示，其中惯性放大结构放置在每个弹簧 k 和 k_c 周围。没有惯性放大结构的体心立方和面心立方点阵结构的能带结构如图 11.31 所示。弹簧的刚度与其长度成反比，因此体心立方点阵结构中 $k/k_c=\sqrt{3}/2$，面心立方点阵结构中 $k/k_c=\sqrt{2}/2$，这两种结构形成的归一化带隙范围分别为 0.540～0.712 和 0.635～1.191。在图 11.31(b)中，在 $\omega=0$ 和 $\omega l/2\pi c_t=1.191$ 处有两个平带（每条平带由三个重合的能带组成），分别对应于面心质量点的平面外和平面内的局域共振，其中面内的共振频率是 $\omega=\sqrt{2k_c/m_c}$[39]。

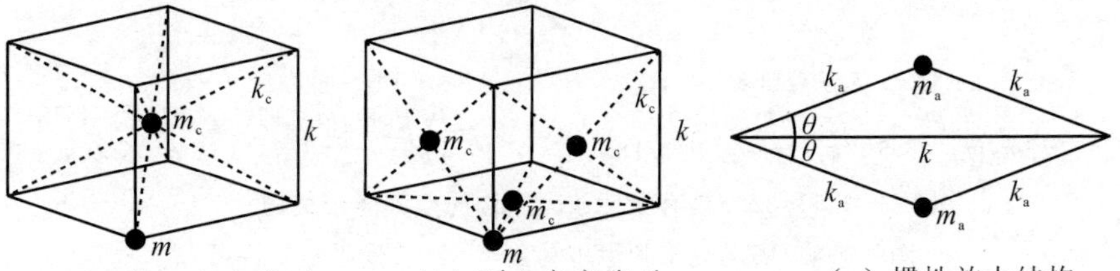

（a）体心立方胞元　　（b）面心立方胞元　　（c）惯性放大结构

图 11.30　三维惯性放大点阵结构

（图片来源：塔尼克尔和伊尔马兹[39]，已获爱思唯尔许可）

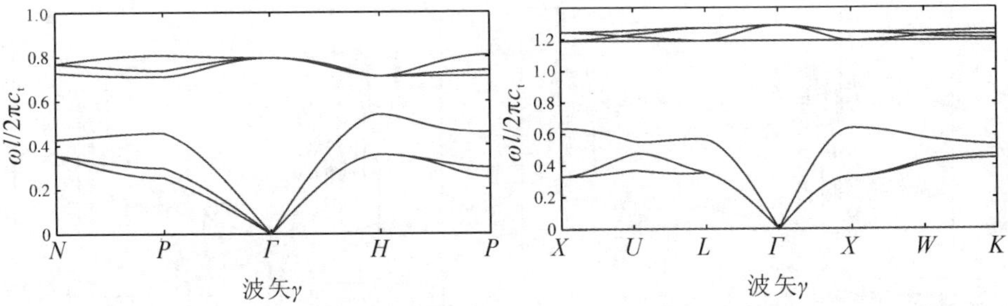

（a）体心立方点阵结构，其中$m_c/m_{total}=1/5$，$k/k_c=\sqrt{3}/2$

（b）面心立方点阵结构，其中$3m_c/m_{total}=1/5$，$k/k_c=\sqrt{2}/2$

图 11.31　没有惯性放大结构的点阵能带结构

（图片来源：塔尼克尔和伊尔马兹[39]，已获爱思唯尔许可）

嵌入惯性放大结构的体心立方和面心立方点阵结构的能带图如图 11.32 所示。如果在体心立方胞元中的每个弹簧 k 和 k_c 周围放置惯性放大结构，则在胞元中有 22 个 $m'_a s$；同理，在面心立方胞元中有 30 个$m'_a s$。因为点阵结构中 $k_a/k\to\infty$，所以 $m'_a s$ 的运动与 m 和 m_c 相耦合，在能带图中没有额外的能带。在图 11.31(a)中，能带图的最高频率为 0.807，并且在第三和第四条能带之间形成了带隙。而在图 11.32(a)中，由于惯性放大效应，所有的六个能带均在较低的频率，因此半无限带隙始于 0.218。同理，在图 11.31(b)中，能带图的最高频率为 1.287，并且在第六和第七条能带之间形成了带隙。而在图 11.32(b)中，由于惯性放大，所有十二条能带均被限制在较低的频率范围，半无限带隙始于 0.281[39]。

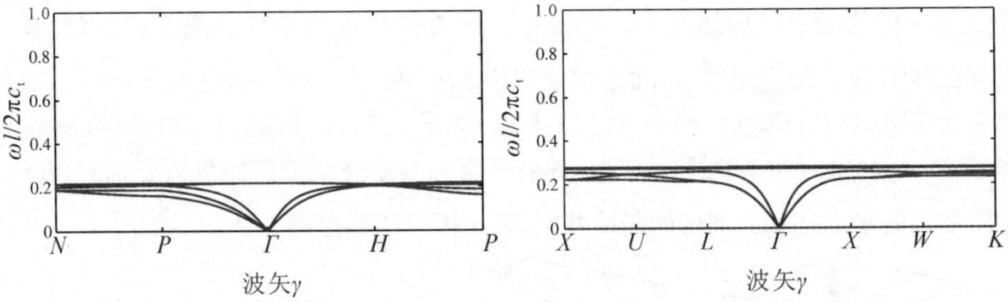

（a）体心立方点阵结构，其中$m_c/m_{total}=1/5$，$m/m_{total}=1/5$，$22m_a/m_{total}=3/5$，$k_a/k\to\infty$，$\theta=\pi/18$

（b）面心立方点阵结构，其中$3m_c/m_{total}=1/5$，$m/m_{total}=1/5$，$30m_a/m_{total}=3/5$，$k_a/k\to\infty$，$\theta=\pi/18$

图 11.32　具有惯性放大结构的点阵能带结构

（图片来源：塔尼克尔和伊尔马兹[39]，已获爱思唯尔许可）

惯性放大结构对有限周期点阵结构禁带范围的影响如图 11.33 所示。8×8×8 体心立方和面心立方点阵结构的 $k_a/k=10$，这两种结构形成的归一化禁带范围分别是 0.207～0.661 和 0.263～0.759。禁带的上边界由惯性放大结构的横向共振频率决定($\omega=\sin\theta\sqrt{2k_a/m_a}$)。因此可以看出,在点阵结构中利用适度的惯性放大效应可以在较宽的频带下产生明显衰减效果[39]。

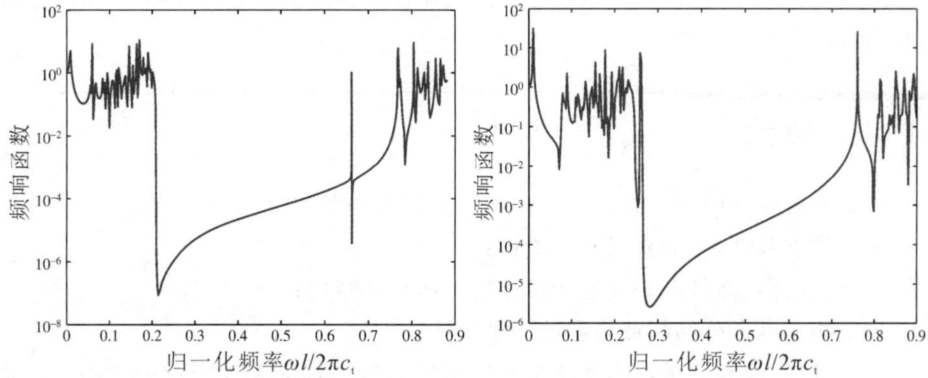

(a) 体心立方点阵结构,
其中$m_c/m_{total}=1/5$, $m/m_{total}=1/5$,
$22m_a/m_{total}=3/5$, $k_a/k\to10$, $\theta=\pi/18$

(b) 面心立方点阵结构,
其中$3m_c/m_{total}=1/5$, $m/m_{total}=1/5$,
$30m_a/m_{total}=3/5$, $k_a/k\to10$, $\theta=\pi/18$

图 11.33　具有惯性放大结构的 8×8×8 有限周期点阵结构的频响函数
(图片来源:塔尼克尔和伊尔马兹[39],已获爱思唯尔许可)

除此之外,还有一项与之类似的研究比较了有无惯性放大结构的简单立方和体心立方点阵结构[40]。由于前面已经分析了体心立方点阵结构,因此这里仅考虑惯性放大作用对简单立方点阵结构的影响。简单立方点阵结构的胞元如图 11.34(a)所示。在图 11.34(b)中,在每个弹簧 k 周围放置了惯性放大结构[图 11.30(c)],因此简单立方单元内有 6 个带有嵌入式惯性放大结构的 $m'_a s$。带有和不带有嵌入式惯性放大结构的简单立方点阵结构的能带图如图 11.34(c)所示。假设 $k_a/k\to\infty$,因此,$m'_a s$ 的运动耦合到质量 m,简单立方点阵结构的能带数与是否带

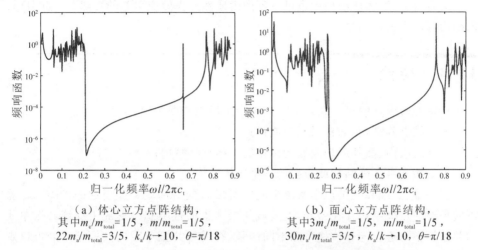

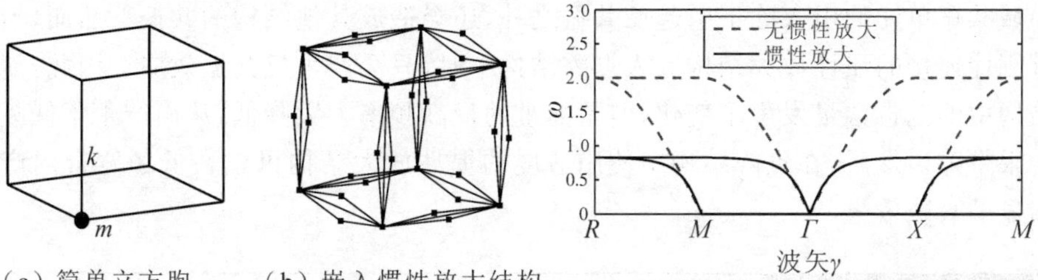

(a) 简单立方胞元示意图

(b) 嵌入惯性放大结构的简单立方胞元

(c) 两种简单立方点阵结构的能带图

图 11.34　具有惯性放大结构的简单立方点阵结构
(对于简单立方点阵结构,$k=1$,$m=1$;对于具有惯性放大机制的简单立方点阵结构,$k=1$,$m=0.5$,$m_a=0.5/6$,$\theta=\pi/18$。
图片来源:塔尼克尔和伊尔马兹[40],已获美国机械工程师协会许可)

有惯性放大结构无关。而且，两种胞元具有相同的刚度和总质量，但随着惯性放大结构的引入，简单立方点阵结构中的半无限带隙的下边界从 2 减小到 0.826[40]。

最后，在三维实体结构中也可以看到由惯性放大效应引起的带隙[44]，如 3D 打印结构可产生较宽的禁带。

11.4 结论

本章的研究证明可以在以下结构中产生局域共振带隙：

· 一维点阵结构，如杆、轴、弦或梁；

· 针对面内、面外或表面波所设计的二维点阵结构；

· 三相三维点阵结构或带孔的三维实体结构。

在一维、二维和三维声学系统中同样可以看到由局域共振引起的带隙。尽管不同类型的点阵结构存在差异，但局域共振产生的带隙总是形成于局域共振单元的共振频率附近。与布拉格带隙不同的是，在局域共振单元的共振频率处可以观察到高的衰减效果，并且在带隙范围内的衰减曲线通常是不对称的。此外，布拉格带隙极限取决于点阵常数和结构内的波速（横向或纵向），而由局域共振诱导的带隙可以位于布拉格带隙极限以下。

由惯性放大引起的带隙也可以在一维、二维和三维点阵结构中得到。与局域共振带隙类似，惯性放大带隙可以位于布拉格带隙极限以下。然而，“局域共振”和“惯性放大”在振动能量分布上的结果完全不同。在局域共振引起的带隙中，相当大一部分能量可通过点阵结构传播，这是因为在整个结构中都会产生局域共振效应。相反地，在惯性放大引起的带隙中，能量分布集中在激励源附近。也就是说，由于在局域共振和惯性放大点阵结构中反共振效应的产生方式不同，它们的波传播特性也就有了本质的不同。与此同时，局域共振带隙总是具有一定的上限，因为局域共振单元的引入除了引起反共振之外，还会造成其他结构的共振。然而，当具有刚性连接的惯性放大结构嵌入点阵结构中时，只会产生反共振效应。因此，能带结构中的能带数量发生了变化，但是能带的最高频率大大降低，从而产生了低频半无限带隙。最后，在点阵结构中使用适度的惯性放大结构可以在低频宽带内产生明显的衰减效果。

参考文献

[1]Sigalas MM, Economou EN. Elastic and acoustic wave band structure. *Journal of Sound and Vibration*. 1992; 158(2): 377 - 82.

[2]Sigmund O, Jensen JS. Systematic design of phononic band-gap materials and

structures by topology optimization. Philosophical Transactions of the Royal Society of London. *Series A: Mathematical, Physical and Engineering Sciences*. 2003; 361(1806): 1001-19.

[3]Khelif A, Aoubiza B, Mohammadi S, Adibi A, Laude V. Complete band gaps in two-dimensional phononic crystal slabs. *Physical Review E*. 2006; 74(4): 046610.

[4]Kushwaha MS. Classical band structure of periodic elastic composites. *International Journal of Modern Physics B*. 1996; 10(9): 977-1094.

[5]Kushwaha MS, Djafari-Rouhani B, Dobrzynski L, Vasseur JO. Sonic stop-bands for cubic arrays of rigid inclusions in air. *The European Physical Journal B*. 1998; 3(2): 155-61.

[6]Liu Z, Chan CT, Sheng P. Three-component elastic wave band-gap material. *Physical Review B*. 2002; 65: 165116.

[7]Goffaux C, Sanchez-Dehesa J. Two-dimensional phononic crystals studied using a variational method: Application to lattices of locally resonant materials. *Physical Review B*. 2003; 67: 144301.

[8]Liu Z, Zhang X, Mao U, Zhu YY, Yang Z, Chan CT, Sheng P. Locally resonant sonic materials. *Science*. 2000; 289(5485):1734-36.

[9]Jensen JS. Phononic band gaps and vibrations in one- and two-dimensional mass-spring structures. *Journal of Sound and Vibration*. 2003; 266(5): 1053-78.

[10]Hirsekorn M, Delsanto PP, Batra NK, Matic P. Modelling and simulation of acoustic wave propagation in locally resonant sonic materials. *Ultrasonics*. 2004; 42(1-9): 231-5.

[11]Xiao Y, Wen J, Wen X. Flexural wave band gaps in locally resonant thin plates with periodically attached spring-mass resonators. *Journal of Physics D*. 2012; 45(19): 195401.

[12]Xiao Y, Mace BR, Wen J, Wen X. Formation and coupling of band gaps in a locally resonant elastic system comprising a string with attached resonators. *Physics Letters A*. 2011; 375(12): 1485-91.

[13]Wang G, Wen X, Wen J, Liu Y. Quasi-one-dimensional periodic structure with locally resonant band gap. *Journal of Applied Mechanics*. 2006; 73(1): 167-170.

[14]Yu D, Liu Y, Wang G, Cai L, Qiu J. Low frequency torsional vibration gaps in the shaft with locally resonant structures. *Physics Letters A*. 2006;

348(3-6): 410-5.

[15]Yilmaz C, Kikuchi N. Analysis and design of passive low-pass filter-type vibration isolators considering stiffness and mass limitations. *Journal of Sound and Vibration*. 2006; 293(1-2): 171-95.

[16]Yilmaz C, Hulbert GM, Kikuchi N. Phononic band gaps induced by inertial amplification in periodic media. *Physical Review B*. 2007; 76(5): 054309.

[17]Yilmaz C, Hulbert GM. Theory of phononic gaps induced by inertial amplification in finite structures. *Physics Letters A*. 2010; 374(34): 3576-84.

[18]Cheng Y, Xu JY, Liu XJ. One-dimensional structured ultrasonic metamaterials with simultaneously negative dynamic density and modulus. *Physical Review B*. 2008; 77(4): 045134.

[19]Song Y, Wen J, Yu D, Wen X. Analysis and enhancement of torsional vibration stopbands in a periodic shaft system. *Journal of Physics D*. 2013; 46(14): 145306.

[20]Wang G, Wen J, Wen X. Quasi-one-dimensional phononic crystals studied using the improved lumped-mass method: Application to locally resonant beams with flexural wave band gap. *Physical Review B*. 2005; 71(10): 104302.

[21]Yu D, Liu Y, Zhao H, Wang G, Qui J. Flexural vibration band gaps in Euler-Bernoulli beams with locally resonant structures with two degrees of freedom. *Physical Review B*. 2006; 73(6): 064301.

[22]Yu D, Liu Y, Wang G, Zhao H, Qiu J. Flexural vibration band gaps in Timoshenko beams with locally resonant structure. *Journal of Applied Physics*. 2006; 100(12): 124901.

[23]Raghavan L, Phani AS. Local resonance bandgaps in periodic media: theory and experiment. *Journal of the Acoustical Society of America*. 2013; 134(3): 1950-59.

[24]Liu L, Hussein MI. Wave motion in periodic flexural beams and characterization of the transition between Bragg scattering and local resonance. *Journal of Applied Mechanics*. 2012; 79(1): 011003.

[25]Zhang X, Liu Y, Wu F, Liu Z. Large two-dimensional band gaps in three-component phononic crystals. *Physics Letters A*. 2003; 317(1-2): 144-9.

[26]Martinsson PG, Movchan AB. Vibrations of lattice structures and phononic band gaps. *Quarterly Journal of Mechanics and Applied Mathematics*.

2003; 56(1): 45 - 64.

[27]Oudich M, Senesi M, Assouar MB, Ruzenne M, Sun JH, Vincent B, Hou Z, Wu TT. Experimental evidence of locally resonant sonic band gap in two-dimensional phononic stubbed plates. *Physical Review B*. 2011; 84(16): 165136.

[28]Assouar MB, Oudich M. Enlargement of a locally resonant sonic band gap by using double-sides stubbed phononic plates. *Applied Physics Letters*. 2012; 100(12): 123506.

[29]Bilal OR, Hussein MI. Trampoline metamaterial: Local resonance enhancement by springboards. *Applied Physics Letters*. 2013; 103(11): 111901.

[30]Oudich M, Assouar MB. Surface acoustic wave band gaps in a diamond-based two-dimensional locally resonant phononic crystal for high frequency applications. *Journal of Applied Physics*. 2012; 111(1): 014504.

[31]Khelif A, Achaoui Y, Benchabane S, Laude V, Aoubiza B. Locally resonant surface acoustic wave band gaps in a two-dimensional phononic crystal of pillars on a surface. *Physical Review B*. 2010; 81(21): 214303.

[32]Hu XH, Chan CT, Zi J. Two-dimensional sonic crystals with Helmholtz resonators. *Physical Review E*. 2005; 71(5): 055601.

[33]Zhang X, Liu Z, Liu Y. The optimum elastic wave band gaps in three dimensional phononic crystals with local resonance. *The European Physical Journal B*. 2004; 42(4): 477 - 82.

[34]Liu Z, Chan CT, Sheng P. Analytic model of phononic crystals with local resonances. *Physical Review B*. 2005; 71(1): 014103.

[35]Wang G, Shao LH, Liu YZ. Accurate evaluation of lowest band gaps in ternary locally resonant phononic crystals. *Chinese Physics*. 2006; 15(8): 1843 - 48.

[36]Wang YF, Wang YS. Complete bandgap in three-dimensional holey phononic crystals with resonators. *Journal of Vibration and Acoustics*. 2013; 135(4): 041009.

[37]Li J, Wang YS, Zhang C. Tuning of acoustic bandgaps in phononic crystals with Helmholtz resonators. *Journal of Vibration and Acoustics*. 2013; 135(3): 031015.

[38]Acar G, Yilmaz C. Experimental and numerical evidence for the existence of wide and deep phononic gaps induced by inertial amplification in two-

dimensional solid structures. *Journal of Sound and Vibration*. 2013; 332(24): 6389 - 404.

[39]Taniker S, Yilmaz C. Phononic gaps induced by inertial amplification in BCC and FCC lattices. *Physics Letters A*. 2013; 377(31 - 33): 1930 - 36.

[40]Taniker S, Yilmaz C. Inertial-amplification-induced phononic band gaps in SC and BCC lattices. IMECE2013 - 62674 in Proceedings of the ASME 2013 International Mechanical Engineering Congress and Exposition. 2013 Nov 15 - 21; San Diego, California, USA.

[41]Taniker S, Yilmaz C. Generating ultra wide vibration stop bands by a novel inertial amplification mechanism topology with flexure hinges. *International Journal of Solids and Structures*. 2017; 106 - 107: 129 - 138.

[42]Yuksel O, Yilmaz C. Shape optimization of phononic band gap structures incorporating inertial amplification mechanisms. *Journal of Sound and Vibration*. 2015; 355: 232 - 245.

[43]Frandsen NM, Bilal OR, Jensen JS, Hussein MI. Inertial amplification of continuous structures: Large band gaps from small masses. *Journal of Applied Physics*. 2016; 119(12): 124902.

[44]Taniker S, Yilmaz C. Design, analysis and experimental investigation of three-dimensional structures with inertial amplification induced vibration stop bands. *International Journal of Solids and Structures*. 2015; 72: 88 - 97.

第 12 章

纳米点阵动力学:聚合物-纳米金属点阵

克雷格·A. 斯蒂夫斯(Craig A. Steeves)[1]、格伦·D. 希巴德(Glenn D. Hibbard)[2]、马南·阿里亚(Manan Arya)[1] 和安特·T. 劳西奇(Ante T. Lausic)[2]

1. 加拿大,安大略省,多伦多大学,航空航天研究所

2. 加拿大,安大略省,多伦多大学,材料科学与工程系

12.1 引言

周期点阵材料是由二维或三维框架网络作为参考单元周期性排列而成的,通常作为夹层板、夹层梁或空间桁架的芯体,普遍应用于实际工程当中。平面波在该类材料中的传播问题已经被广泛研究[1]。最近,可以用有限元方法研究波在二维周期点阵材料中的传播特性,该方法将参考单元中的支杆建模为欧拉-伯努利梁[2]或铁摩辛柯梁[3]。然而,对于常用于结构材料或夹芯板芯体的典型三维周期点阵结构,如八面体型点阵[4]、金字塔型点阵等,类似的波传播分析还较少[5]。这主要是因为大规模制备此类点阵材料十分困难,致使这类分析缺乏实际意义。在本章中,我们将讨论一种制备三维点阵材料的实用方法,同时对点阵材料中波的传播过程进行分析。

12.2 制备

制备具有毫米至微米尺度特征的最优点阵材料并非易事,而且每种制造方法都有其独特的优点和缺点。本节将重点讨论与金属或聚合物桁架结构制造相关的工作。

快速成型技术为微桁架和其他复杂点阵构型的制备提供了一种前景光明的途径[6]。尽管聚合物建材缺乏许多应用中所要求的机械性能和热稳定性,但可以通过第二次涂层法来弥补这一不足,用电沉积法在聚合物芯体包裹一层薄薄的金属。

此外，如果沉积条件得到适当控制，就有可能将沉积金属的晶粒尺寸降低到纳米尺度，从而创造出具有超高强度的纳米晶体材料，并使其最佳位置远离内部支柱的中性弯曲轴。这些金属-聚合物点阵材料具有临界的内部长度尺度，范围从梁尺寸到金属涂层的纳米级晶粒尺寸（图 12.1）。在这两者之间，可以从规则的、充满空间的多面体中选择单胞的几何形状，从而可以调整支柱以控制混杂程度。

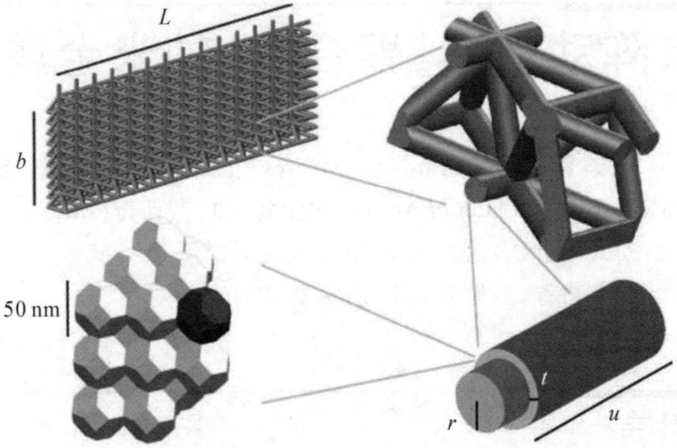

图 12.1　金属-聚合物微桁架点阵的多尺度分解

（根据几何形状的选择，初始梁可以分为多个单胞，这些单胞由不同数量的支杆组成；最后，涂层的晶粒尺寸可以改变混合结构的机械性能）

制备金属-聚合物点阵材料的基础是聚合物模板的增材制造。这种快速成型技术也被通俗地称为 3D 打印，其不同子类别是通过在每个后续步骤中如何铺设构建材料来区分的。目前，这些方法中最常见且成本最低的是熔丝沉积成形（fused deposition modeling，FDM）。将丝状线材通过喷头加热熔化，再在基础平台上"绘制"各层，每一层都沉积在前一层已固化的材料层上，通过材料逐层堆积最终成型。喷嘴的精度和喷嘴挤压直径决定了分辨率的高低。这种 3D 打印方式几乎没有浪费，并且可以使用各种各样的热塑性聚合物丝，同时因其易于使用而广受欢迎。然而，熔丝沉积成形的缺点在于，它无法制造某些类型复杂的结构，因为液化的丝状体需要沉积在一个足够稳定的基础上以防止下垂[7]。此外，圆柱形管的内部填充会在成品结构中引入孔隙，使表面粗糙度增加[8-9]。

12

浸没式打印（immersion printing）通过将组件和平台置于一桶可光聚合的液态聚合物中来规避这一限制。将该平台降低到液体的液面以下，然后用紫外线激光引出第一层。在激光照射液态聚合物的地方，光引发剂会产生自由基并进一步引发光聚合反应，从而固化该区域。当一层完成后，平台下降，将现在较硬的区域浸没，并继续固化另一层。完成后，取出零件，冲洗树脂并热固化使其完全硬化。

虽然此过程可以不考虑微桁架无支撑部分，但由于原型件易碎且具有柔韧性，因此从桶内液体到固化的运转非常困难，可能会使所需的形状变形[7]。舍德勒(Schaedler)等人[10]对该技术进行了改进，采用让紫外线源通过孔洞的掩膜来创建复杂 3D 点阵材料的方法，可使光引发和固化过程同时进行。

立体光刻(stereolithography，SLA)结合了熔丝沉积成形的逐层切片和浸没式打印的光聚合作用，具有在同一时间打印两种不同材料的能力。通过使用第二种容易去除的材料(如低熔点蜡)，立体光刻几乎可以构建任何所需的形状[6-7]。每一层都要单独固化，一旦完成，部件就会被放入烤箱中将蜡融化掉，最终留下所需的复杂内部结构。

打印完成后，有几种方法可用于增强聚合物点阵材料。在水性环境中，化学沉积法既可以用作增强材料的薄套管[10]，也可以用作后续电沉积的种子层[11]。一般而言，电沉积层比化学沉积层[12-13]更厚，强度更高且更具延展性。纳米晶体电沉积法由于可通过控制沉积层的晶粒尺寸来调节力学性能，所以特别引人关注。

纳米晶体材料由于与其晶界面相关的原子体积分数非常大[14]，所以在物理上展现出与传统多晶类物质不同的性能。纳米晶体金属的力学性能可以分为对晶粒尺寸敏感型和非敏感型两大类[15]。例如，杨氏模量对晶粒尺寸相对不敏感。对化学性质基本相同但晶粒尺寸(d)在 4～29 nm 范围内的电沉积镍-磷合金进行的纳米压痕实验表明，在完全致密的纳米晶体材料中，弹性模量基本上与晶粒尺寸无关，直到低于约 15 nm[16]。

然而，强度在很大程度上取决于晶粒尺寸。与传统的多晶材料相比，纳米晶体电沉积的屈服强度和硬度可提高多达 5～10 倍。这种强度的提高可以通过晶界之间的细间距来理解，该间距对位错运动产生了阻碍作用，通常通过霍尔-佩奇(Hall-Petch)关系来描述，其中屈服强度随着晶粒尺寸的减小而增加，关系为 $d^{-1/2}$[17-18]。但是，当晶粒尺寸减小到一定程度后，霍尔-佩奇模型就会失效，并且随着晶粒尺寸的减小，向着逆霍尔-佩奇(软化)行为过渡[19]。根据所讨论的合金体系，这种转变通常发生在 10～30 nm 的范围内。

晶粒尺寸对纳米晶体材料力学性能的总体影响可以从图 12.2 中看到，图中显示了晶粒尺寸为 10 μm、40 nm 和 20 nm 的电沉积镍的典型拉伸曲线。图 12.2 中还显示了用于立体光刻快速成型的一种光聚合物的拉伸曲线。该光聚合物的拉伸韧性与 10 μm 晶镍相当，但屈服强度是 10 μm 晶镍屈服强度的 1/5，是 20 nm 晶镍屈服强度的 1/34。在沉积阶段将镍合金化(如与铁或钨合金)，可以进一步控制最终性能。就像纤维增强复合材料中的聚合物基体一样，3D 打印聚合物的功能是使高性能材料(在此情况下是纳米晶金属)的定位最为有利。通过绘制两种材料的杨氏模量和拉伸强度与密度之间的关系，可以很好地说明聚合物芯和电沉积套管之间的力学行为差异(图 12.3)。下一节将举例说明在静态载荷下设计金属-聚合物桁架结构时，这些不同材料特性的对比。

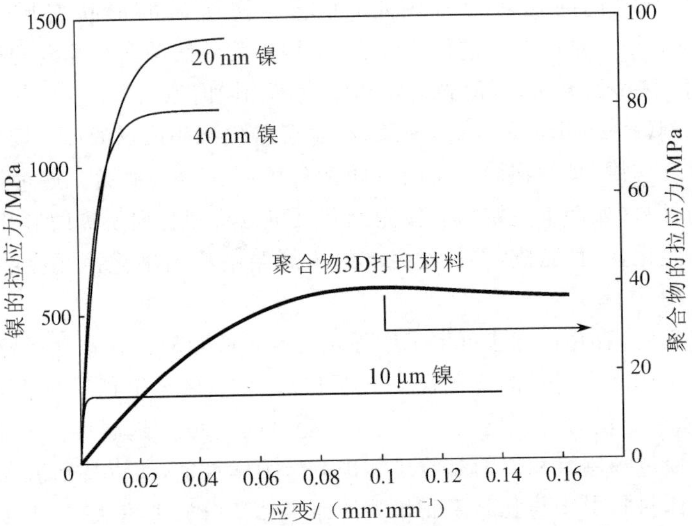

图 12.2　20 nm、40 nm 和 10 μm 电沉积镍的拉伸应力-应变曲线

（作为比较，3D 打印聚合物材料的拉伸应力-应变曲线包含在次纵坐标上）

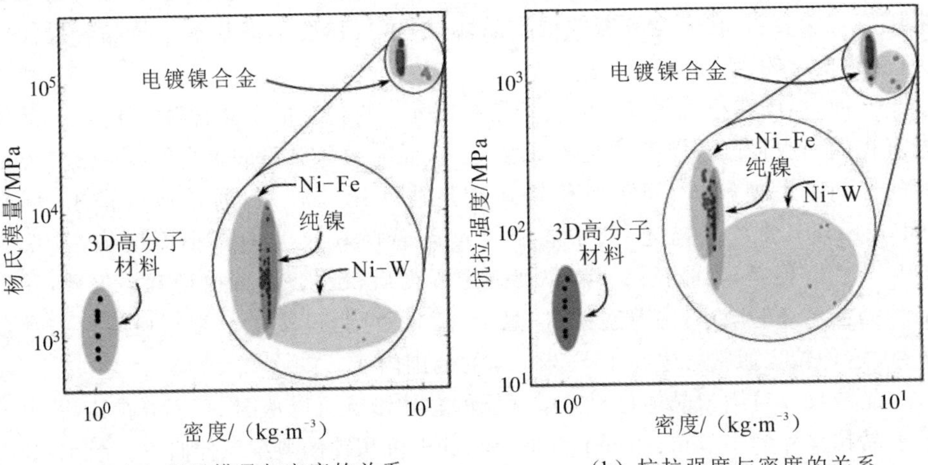

（a）杨氏模量与密度的关系　　（b）抗拉强度与密度的关系

图 12.3　聚合物 3D 打印材料特性与电沉积镍及镍合金材料在对数刻度上的对比

12

案例分析

在混合金属-聚合物微桁架中定义预期的失效类型，需要为每种预期的失效机理推导单独的分析表达式。在之前的研究中，我们已经对方形金字塔和四面体微桁架进行了这样的研究，发展了失效机理模型并确定了优化设计的过程[20]。使用这些模型，通过一个例子来说明混合金属-聚合物微桁架设计的自由度。一根三点

弯曲梁横截面积为 1 m×0.5 m，中心载荷为 700 N。对于晶粒尺寸为 10 μm 的聚合物微桁架上的常规多晶镍涂层，可以计算出最优的微桁架结构，得到的梁总质量为 3.2 kg。

可以采取两个不同的步骤来提高性能。首先，通过电沉积（热分解或化学溶解）可以去除聚合物芯，或者将金属镍的晶粒尺寸减小到纳米级。图 12.4 所示的横截面（②③处）是这些情况下的最佳设计。两种支柱设计成可以承载相同的负载，并具有相同的总体质量 2.0 kg。通过将减小颗粒尺寸与去除聚合物相结合，可以实现如图 12.4 所示的场景（④处），此情况质量减少到 0.7 kg。这种方法代表了金属-聚合物微桁架性能的理想情况，而实际材料的不均匀性会降低预期的性能。该模型中假定的圆形和光滑涂层是理想化的，由于逐层打印技术的步长大小会使实际结构更加粗糙，从而产生一些应力集中，降低了最大承载能力。

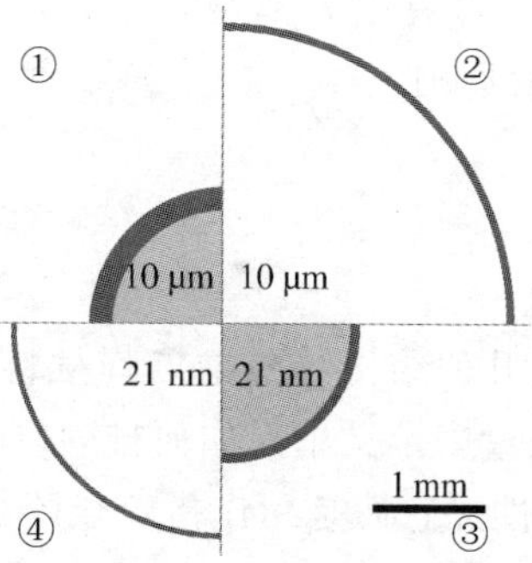

图 12.4　横截面积为 1 m×0.5 m 的四面体微桁架梁的杆件截面
（进行优化设计，以满足以下情况下三点弯曲梁中心载荷为 700 N：
①在聚合物微桁架上镍为 10 μm；②中空的 10 μm 镍微桁架；
③在聚合物微桁架上的镍为 21 nm；④中空的 21 nm 镍微桁架）

12.3　点阵动力学

12

通过将 3D 打印聚合物和电沉积纳米晶体金属相结合，可以充分利用 3D 点阵材料的波传播特性。关键是，对于普通的材料系统，改变材料特性（特别是密度和弹性常数）的唯一方法就是改变材料，这意味着存在一组相对较小的离散材料特性选择。纳米金属涂层聚合物的使用解耦了涂层聚合物支柱的等效弯曲刚度和等效密度。改变聚合物半径与涂层厚度的比值可以产生密度等效，但弯曲刚度不同的支撑。这不仅可以产生更广泛的等效“材料”属性，而且可以通过等效梯度的方法优化系统。

布里渊在《周期结构中的波传播》（*Wave Propagation in Periodic Structures*）

一书[21]中描述了在各种周期性介质中的平面波传播，如晶体点阵中的电子波和宏观系统中的机械波。周期性结构经常会出现带隙，可以阻挡某些频率的波传播，而不管其传播方向如何[21]。这极大促进了声子带隙材料的发展，可通过结构设计来抑制某些不想要的频率范围的波传播。这些材料通常由放置在主体材料中的周期性夹杂物组成，可通过设计使其具有最佳的带隙特性[22]。

周期性点阵结构可以设计为声子带隙材料，这需要选择合适的几何形状（单元拓扑结构和长细比）和理想的材料特性（强度和密度）组合。这样做不仅可以将这些材料用作结构部件，还可以用作声学滤波器或隔离器。为了设计具有理想波传播特性的点阵材料，需要建立波动模型，本节将对此进行详细叙述。本节将采用有限元方法对八面体点阵结构的参考单元进行建模，将参考单元中的每个梁视为具有六个节点自由度的铁摩辛柯梁，其中三个为平移自由度，三个为旋转自由度。然后将弗洛凯-布洛赫原理[21]与该有限元模型相结合，以生成不同点阵构型的频散曲线，并讨论点阵设计的一般原则。

12.3.1 点阵特性

三维点阵的几何结构

三维周期性点阵材料的几何结构与二维点阵材料的几何结构类似：通过指定单胞的几何形状和周期性矢量来定义单元如何排列以获取点阵结构。直接基矢量 $\boldsymbol{e}_1$、$\boldsymbol{e}_2$、$\boldsymbol{e}_3$ 定义了点阵的周期性。它们是用作指定点阵材料中单胞相对于参考单胞位置的一个基。每个整数元组(n_1, n_2, n_3)标识格中的特定单元，相对于参考单元的位置为 $n_1\boldsymbol{e}_1 + n_2\boldsymbol{e}_2 + n_3\boldsymbol{e}_3$。利用此性质，可以将$(n_1, n_2, n_3)$单元中任意点 $\boldsymbol{r}$ 的位置向量表示为

$$\boldsymbol{r} = \boldsymbol{r}_r + n_1\boldsymbol{e}_1 + n_2\boldsymbol{e}_2 + n_3\boldsymbol{e}_3 \tag{12.1}$$

其中 $\boldsymbol{r}_r$ 为参考单元中对应点的位置向量。

在点 $\boldsymbol{r}$ 和时间 t 处，波矢量 $\boldsymbol{\kappa}$、频率 ω 和振幅 A 的平面波运动由以下公式控制：

$$\boldsymbol{q}(\boldsymbol{r}) = A\mathrm{e}^{\mathrm{i}(\boldsymbol{\kappa}\cdot\boldsymbol{r}-\omega t)} \tag{12.2}$$

12

定义频率的周期性基矢量 $\boldsymbol{e}_1^*$、$\boldsymbol{e}_2^*$、$\boldsymbol{e}_3^*$ 为倒易基矢量，与直接基矢量 $\boldsymbol{e}_1$、$\boldsymbol{e}_2$、$\boldsymbol{e}_3$ 的关系为

$$\boldsymbol{e}_i \cdot \boldsymbol{e}_j^* = \delta_{ij} \tag{12.3}$$

δ_{ij}是克罗内克 δ 函数。因此，每个倒易基矢量垂直于由两个直接基矢量定义的平面，并且具有一个大小，使其在第三个基矢量上的投影具有单位长度。由于点阵材料是周期结构，所以波传播的频率 ω 相对于波矢量 $\boldsymbol{\kappa}$ 是周期性的[21]。也就是说，对于两个波矢量 $\boldsymbol{\kappa}$ 和 $\boldsymbol{\kappa}'$，其相关关系为

$$\boldsymbol{\kappa}' = \boldsymbol{\kappa} + n_1\boldsymbol{e}_1^* + n_2\boldsymbol{e}_2^* + n_3\boldsymbol{e}_3^* \tag{12.4}$$

对于积分 n_i，波传播的频率是相同的。

倒易基矢量定义了倒易格子(reciprocal lattice)。该倒易格子的基本单位单元是第一布里渊区[21]。点阵的全频响可以用第一布里渊区对波矢量的频响来表征。对于任意波矢量，在第一布里渊区可以找到相应的传播频率相同的波矢量。由于频率的周期性，任何以倒数向量为基的基本单元都可以作为第一布里渊区。第一布里渊区最简单的选择是其边是倒易基矢量的平行六面体。严格来讲，布里渊区的选择不包括布里渊[21]所定义的第一布里渊区的特定部分，而是包括具有相同频响的较高布里渊区域的特定区域。

图 12.5 是八面体点阵的参考单元、直接基矢量、倒易基矢量和第一布里渊区的示意图。因为有多种方式定义一个特定的点阵几何，所以选择样本点阵的特定参考单元和直接基矢量是任意的。

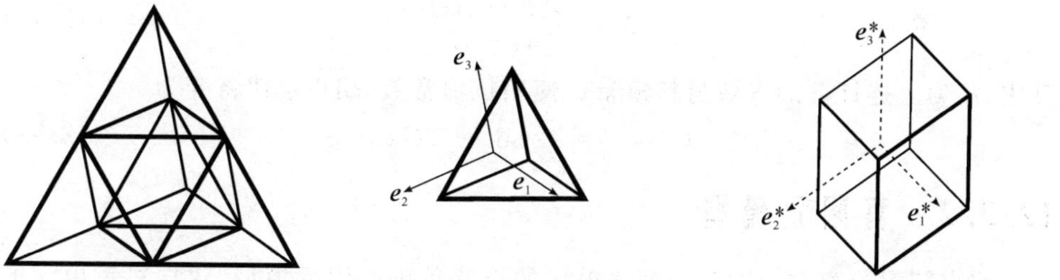

(a) 参考单元　(b) 单胞和直接基矢量　(c) 第一布里渊区和倒易基矢量

图 12.5　八面体点阵材料

纳米金属涂层聚合物点阵的等效材料性能

由于纳米金属涂层点阵不是由均匀材料组成的，因此有必要计算复合构型的等效性能。等效性能可根据等效弯曲和剪切刚度计算。点阵支柱的总抗弯刚度是聚合物芯材抗弯刚度与纳米金属涂层抗弯刚度的结合。还可以用同样的方法解决可能附加的金属中间层。对于半径为 r、涂层厚度为 t 的实芯复合圆柱，其总弯曲刚度 EI_{tot} 为

$$EI_{\text{tot}} = E_{\text{p}} I_{\text{p}} + E_{\text{m}} I_{\text{m}} = \frac{\pi E_{\text{p}} r^4}{4} + \frac{\pi E_{\text{m}} ((r+t)^4 - r^4)}{4} \tag{12.5}$$

其中，E_{p} 和 E_{m} 分别是聚合物和金属涂层的模量。等效模量可由以下公式得到：

$$E_{\text{eff}} = \frac{4EI_{\text{tot}}}{\pi (r+t)^4} \tag{12.6}$$

同样地，材料的等效剪切模量为

$$G_{\text{eff}} = \frac{G_{\text{tot}}}{\pi (r+t)^2} = \frac{G_{\text{p}} r^2 + G_{\text{m}} ((r+t)^2 - r^2)}{(r+t)^2} \tag{12.7}$$

式中，G_{p} 和 G_{m} 分别为聚合物和金属的剪切模量。这使得计算等效泊松比 ν_{eff} 成为

可能。采用铁摩辛柯公式[23]来表示实心圆柱梁的剪切修正因子 κ：

$$\kappa = \frac{6(1+\nu_{\mathrm{eff}})}{7+6\nu_{\mathrm{eff}}} \tag{12.8}$$

最后，复合材料的混合定律(rule of mixture)可用于计算材料的等效密度。ρ_{p} 和 ρ_{m} 分别是聚合物和金属涂层的密度，则等效密度可表示为

$$\rho_{\mathrm{eff}} = \frac{\rho_{\mathrm{p}} r^2 + \rho_{\mathrm{m}}((r+t)^2 - r^2)}{(r+t)^2} \tag{12.9}$$

值得注意的是，不像普通材料的 E 和 ρ 是固定的，由于 r 和 t 可以独立选择，所以 G_{eff} 或 E_{eff} 和 ρ_{eff} 是解耦的。为简化，将使用符号 $G=G_{\mathrm{eff}}$，$E=E_{\mathrm{eff}}$ 和 $\rho=\rho_{\mathrm{eff}}$ 表示等效性能。

拉梅常数与弹性模量的关系如下：

$$\lambda = \frac{G(E-2G)}{3G-E} \tag{12.10}$$

其中，E 为上述计算的等效材料模量。使用拉梅常数，胡克定律将变为

$$C_{ijkl}\,\epsilon_{kl} = \lambda\,\epsilon_{kk}\delta_{ij} + 2G\,\epsilon_{ij} \tag{12.11}$$

12.3.2 有限元模型

将点阵组分离散为铁摩辛柯梁单元的点阵单胞有限元模型，建立参考单元的运动方程。节点位移用来确定单元的动能和势能。参考单元的总动能和势能可以用节点的位移表示为单元能量的总和。这些节点的位移形成了广义坐标，并使用欧拉-拉格朗日方程来推导参考单元的运动方程。

位移场

在三维空间中，铁摩辛柯梁单元的节点有 6 个自由度：3 个移动自由度(u，v，w)和 3 个转动自由度(ϕ，ψ，θ)(图 12.6)。具有节点 A 和 B 的单元 l 的节点位移为 $\boldsymbol{q}_l=[q_i]=[\boldsymbol{q}_A \quad \boldsymbol{q}_B]^{\mathrm{T}}$，其中 $\boldsymbol{q}_A$ 和 $\boldsymbol{q}_B$ 分别是节点 A 和 B 处的节点位移：

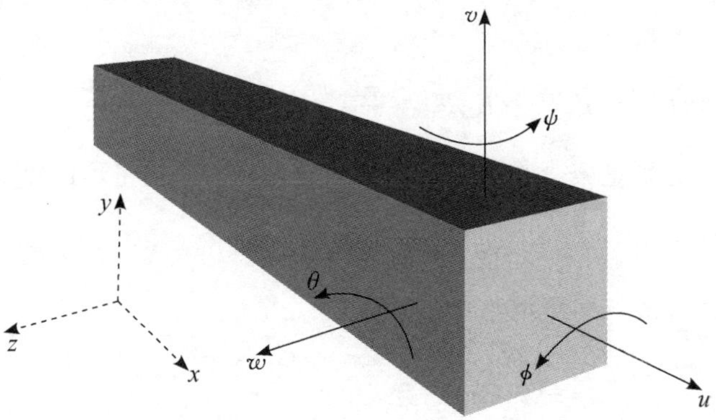

图 12.6 铁摩辛柯梁单元的节点位移符

12

$$\boldsymbol{q}_A = [u_A \quad v_A \quad w_A \quad \phi_A \quad \psi_A \quad \theta_A]^{\mathrm{T}} \tag{12.12}$$

$$\boldsymbol{q}_B = [u_B \quad v_B \quad w_B \quad \phi_B \quad \psi_B \quad \theta_B]^{\mathrm{T}} \tag{12.13}$$

t 时刻沿单元任意点 x 处的位移为节点位移的线性组合：

$$\begin{aligned} u(x,t) &= q_i(t)a_i(x) \\ v(x,t) &= q_i(t)b_i(x) \\ w(x,t) &= q_i(t)c_i(x) \\ \phi(x,t) &= q_i(t)d_i(x) \\ \psi(x,t) &= q_i(t)e_i(x) \\ \theta(x,t) &= q_i(t)f_i(x) \end{aligned} \tag{12.14}$$

12.5 节提供了形函数 a_i 到 f_i 的表达式。

局部坐标系的原点在单元的中心线上。因此，在未变形状态下，单元上点 $\boldsymbol{p}$ 的位置为 $[x \quad y \quad z]^{\mathrm{T}}$。中心线上的对应点是 $\boldsymbol{c}=[x \quad 0 \quad 0]^{\mathrm{T}}$。$\boldsymbol{p}$ 处的位移可以通过指定 $\boldsymbol{c}$ 的位移和直线 $\boldsymbol{p}-\boldsymbol{c}=[0 \quad y \quad z]^{\mathrm{T}}$ 对 $\boldsymbol{c}$ 的旋转来定义[24]。因此 $\boldsymbol{p}'=\boldsymbol{c}'+\boldsymbol{R}(\boldsymbol{p}-\boldsymbol{c})$，其中 $()'$ 表示变形状态下的向量，且 $\boldsymbol{R}$ 为 $\boldsymbol{c}$ 处的旋转。使用一阶近似：

$$\boldsymbol{R} = \boldsymbol{R}_x\boldsymbol{R}_y\boldsymbol{R}_z = \begin{bmatrix} 1 & -\theta & \psi \\ \theta & 1 & -\phi \\ -\psi & \phi & 1 \end{bmatrix} \tag{12.15}$$

由于 $\boldsymbol{c}'=\boldsymbol{c}+[u \quad v \quad w]^{\mathrm{T}}$，所以位移场 $\boldsymbol{u}$ 为

$$\begin{aligned} \boldsymbol{u} = \begin{bmatrix} u_1 \\ u_2 \\ u_3 \end{bmatrix} &= \boldsymbol{p}' - \boldsymbol{p} = \boldsymbol{R}(\boldsymbol{p}-\boldsymbol{c}) + \boldsymbol{c}' - \boldsymbol{p} = \boldsymbol{R}(\boldsymbol{p}-\boldsymbol{c}) + \begin{bmatrix} u \\ v \\ w \end{bmatrix} + \boldsymbol{c} - \boldsymbol{p} \\ &= \begin{bmatrix} 1 & -\theta & \psi \\ \theta & 1 & -\phi \\ -\psi & \phi & 1 \end{bmatrix}\begin{bmatrix} 0 \\ y \\ z \end{bmatrix} + \begin{bmatrix} u \\ v \\ w \end{bmatrix} + \begin{bmatrix} 0 \\ -y \\ -z \end{bmatrix} \\ &= \begin{bmatrix} u - y\theta + z\psi \\ v - z\phi \\ w + y\phi \end{bmatrix} \end{aligned} \tag{12.16}$$

动能

单元 l 的动能为

$$\begin{aligned} T_l &= \frac{1}{2}\int_V |\boldsymbol{v}|^2 \rho \mathrm{d}V = \frac{1}{2}\int_M (\dot{u}_1^2 + \dot{u}_2^2 + \dot{u}_3^2)\rho \mathrm{d}V \\ &= \frac{1}{2}\int_0^L\int_A ((\dot{u} - y\dot{\theta} + z\dot{\psi})^2 + (\dot{v} - z\dot{\phi})^2 + (w + y\dot{\phi})^2)\rho \mathrm{d}A\mathrm{d}x \\ &= \frac{1}{2}\int_0^L\int_A \begin{pmatrix} \dot{u}^2 + y^2\dot{\theta}^2 + z^2\dot{\psi}^2 - 2y\dot{\theta}\dot{u} + 2z\dot{u}\dot{\psi} - 2yz\dot{\theta}\dot{\psi} + \\ \dot{v}^2 + z^2\dot{\phi}^2 - 2z\dot{v}\dot{\phi} + w^2 + y^2\dot{\phi}^2 + 2yw\dot{\phi} \end{pmatrix}\rho \mathrm{d}A\mathrm{d}x \end{aligned} \tag{12.17}$$

假设 x 轴穿过单元横截面的质心,则

$$\int_A y\,\mathrm{d}A = 0 \qquad \int_A z\,\mathrm{d}A = 0 \qquad \int_A yz\,\mathrm{d}A = 0$$

$$I_z = \int_A y^2\,\mathrm{d}A \quad I_y = \int_A z^2\,\mathrm{d}A \quad A = \int_A \mathrm{d}A \tag{12.18}$$

可以得到单元动能的表达式为

$$T_l = \frac{1}{2}\int_0^L A\rho(\dot{u}^2 + \dot{v}^2 + \dot{w}^2) + I_z\rho\,\dot{\theta}^2 + I_y\rho\,\dot{\psi}^2 + (I_z + I_y)\rho\,\dot{\phi}^2\,\mathrm{d}x \tag{12.19}$$

代入式(12.14)中的位移

$$\begin{aligned} T_l &= \frac{1}{2}\int_0^L \begin{bmatrix} A\rho((\dot{q}_i a_i)^2 + (\dot{q}_i b_i)^2 + (\dot{q}_i c_i)^2) + \\ (I_z + I_y)\rho\,(\dot{q}_i d_i)^2 + I_y\rho\,(\dot{q}_i e_i)^2 + I_z\rho\,(\dot{q}_i f_i)^2 \end{bmatrix}\mathrm{d}x \\ &= \sum_{ij} \frac{1}{2}\,\dot{q}_i\,\dot{q}_j\int_0^L \begin{bmatrix} A\rho(a_i a_j + b_i b_j + c_i c_j) + \\ (I_z + I_y)\rho d_i d_j + I_y\rho e_i e_j + I_z\rho f_i f_j \end{bmatrix}\mathrm{d}x \\ &= \frac{1}{2}\,\dot{q}_i\,\dot{q}_j m_{ij} \end{aligned} \tag{12.20}$$

其中

$$m_{ij} = \int_0^L \begin{bmatrix} A\rho(a_i a_j + b_i b_j + c_i c_j) + \\ (I_z + I_y)\rho d_i d_j + I_y\rho e_i e_j + I_z\rho f_i f_j \end{bmatrix}\mathrm{d}x \tag{12.21}$$

将该表达式以矩阵形式表示为

$$T_l = \frac{1}{2}\,\dot{\boldsymbol{q}}_l^{\mathrm{T}}\boldsymbol{m}_l\,\dot{\boldsymbol{q}}_l \tag{12.22}$$

应变势能

位移的变化定义了应变。假设横截面的位移均匀,则

$$\epsilon_{11} = \frac{\partial u_1}{\partial x} = u' - y\theta' + z\psi' \tag{12.23}$$

$$\epsilon_{12} = \epsilon_{21} = \frac{1}{2}\left(\frac{\partial u_1}{\partial y} + \frac{\partial u_2}{\partial x}\right) = \frac{1}{2}(v' - z\phi' - \theta) \tag{12.24}$$

$$\epsilon_{13} = \epsilon_{31} = \frac{1}{2}\left(\frac{\partial u_1}{\partial z} + \frac{\partial u_3}{\partial x}\right) = \frac{1}{2}(w' + y\phi' + \psi) \tag{12.25}$$

$$\epsilon_{22} = \epsilon_{33} = 0 \tag{12.26}$$

$$\epsilon_{23} = \epsilon_{32} = 0 \tag{12.27}$$

其中,$()'$表示对 x 的偏导数。

单元 l 的总应变势能 U_l 可通过将应变能密度 $W = \frac{1}{2}C_{ijkl}\epsilon_{kl}\epsilon_{ij}$ 在给定体积 V 上积分得到:

$$U_l = \int \frac{1}{2}C_{ijkl}\epsilon_{kl}\epsilon_{ij}\,\mathrm{d}V \tag{12.28}$$

12

因此，单元的总应变能为

$$
\begin{aligned}
U_l &= \frac{1}{2}\int \epsilon_{ij}(\lambda\epsilon_{kk}\delta_{ij} + 2G\epsilon_{ij})\mathrm{d}V \\
&= \frac{1}{2}\int_V [\lambda\epsilon_{11}^2 + 2G(\epsilon_{11}^2 + 2\epsilon_{12}^2 + 2\epsilon_{13}^2)]\mathrm{d}V \\
&= \frac{1}{2}\int_V \begin{bmatrix} (\lambda + 2G)(u' - y\theta' + z\psi')^2 + \\ G(v' - z\phi' - \theta)^2 + G(w' - y\phi' + \psi)^2 \end{bmatrix}\mathrm{d}V
\end{aligned}
\tag{12.29}
$$

将 λ 并入剪切修正因子 κ 中，

$$
U_l = \frac{1}{2}\int_V \begin{bmatrix} E(u'^2 - 2y\theta'u' + 2z\psi'u' - 2yz\theta'\psi' + z^2\psi'^2 + y^2\theta'^2) + \\ \kappa G(v'^2 - 2zv'\phi' - 2\theta v' + 2\theta z\phi' + \theta^2 + z^2\phi'^2) + \\ \kappa G(w'^2 - 2y\phi'w' + 2\psi w' + y^2\phi'^2 - 2y\phi'\psi + \psi^2) \end{bmatrix}\mathrm{d}V
\tag{12.30}
$$

利用式(12.18)中面积和面积矩的表达式可以将其简化为

$$
U_l = \frac{1}{2}\int_0^L \begin{bmatrix} E(Au'^2 + I_y\psi'^2 + I_z\theta'^2) + \\ \kappa GA((v' - \theta)^2 + (w' + \psi)^2) + (I_z + I_y)\kappa G\phi'^2 \end{bmatrix}\mathrm{d}V
\tag{12.31}
$$

同样，可以将式(12.14)中的位移代入表达式，得到

$$
\begin{aligned}
U_l &= \frac{1}{2}\int_0^L \begin{bmatrix} E(A(q_ia_i')^2 + I_y(q_ie_i')^2 + I_z(q_if_i')^2) + \\ \kappa GA((q_ib_i' - q_if_i)^2 + (q_ic_i' + q_ie_i)^2) + (I_z + I_y)\kappa G(q_id_i')^2 \end{bmatrix}\mathrm{d}x \\
&= \sum_{ij} \frac{1}{2}q_iq_j\int_0^L \begin{bmatrix} E(Aa_i'a_j' + I_ye_i'e_j' + I_zf_i'f_j') + (I_z + I_y)\kappa Gd_i'd_j' + \\ \kappa GA((b_i' - f_i)(b_j' - f_j) + (c_i' + e_i)(c_j' + e_j)) \end{bmatrix}\mathrm{d}x \\
&= \frac{1}{2}q_iq_jk_{ij}
\end{aligned}
\tag{12.32}
$$

其中，质量矩阵 m_{ij} 由下式给出：

$$
k_{ij} = \int_0^L \begin{bmatrix} E(Aa_i'a_j' + I_ye_i'e_j' + I_zf_i'f_j') + (I_z + I_y)\kappa Gd_i'd_j' + \\ \kappa GA((b_i' - f_i)(b_j' - f_j) + (c_i' + e_i)(c_j' + e_j)) \end{bmatrix}\mathrm{d}x
\tag{12.33}
$$

上式以矩阵形式可表示为

$$
U_I = \frac{1}{2}\boldsymbol{q}_l^{\mathrm{T}}\boldsymbol{k}_l\boldsymbol{q}_l
\tag{12.34}
$$

运动方程组

每个单元的节点位移通过标准有限元程序组装成一个整体位移矢量 $\boldsymbol{q}$。参考单元的总动能 T 和势能 U 是通过单元能量的总和得到的。同样，将每个单元的质量和刚度矩阵组合成整体质量和刚度矩阵 $\boldsymbol{M}$ 和 $\boldsymbol{K}$，二者都是对称的。可得

$$
\begin{aligned}
U &= \frac{1}{2}\boldsymbol{q}^{\mathrm{T}}\boldsymbol{K}\boldsymbol{q} = \frac{1}{2}Q_iQ_jK_{ij} \\
T &= \frac{1}{2}\dot{\boldsymbol{q}}^{\mathrm{T}}\boldsymbol{M}\dot{\boldsymbol{q}} = \frac{1}{2}\dot{Q}_i\dot{Q}_jM_{ij}
\end{aligned}
\tag{12.35}
$$

参考单元的拉格朗日量$\mathcal{L}$为

$$\mathcal{L} = T - U = \frac{1}{2}\dot{Q}_i\dot{Q}_jM_{ij} - \frac{1}{2}Q_iQ_jK_{ij} \tag{12.36}$$

对拉格朗日量求导可得

$$\frac{\partial \mathcal{L}}{\partial \dot{Q}_i} = \dot{Q}_jM_{ij} \tag{12.37}$$

$$\frac{\mathrm{d}}{\mathrm{d}t}\left(\frac{\partial \mathcal{L}}{\partial \dot{Q}_i}\right) = \ddot{Q}_jM_{ij} \tag{12.38}$$

和

$$\frac{\partial \mathcal{L}}{\partial Q_i} = -Q_jK_{ij} \tag{12.39}$$

将其代入欧拉-拉格朗日方程

$$\frac{\mathrm{d}}{\mathrm{d}t}\left(\frac{\partial \mathscr{L}}{\partial \dot{\mathrm{Q}}_\mathrm{i}}\right) - \frac{\partial \mathscr{L}}{\partial \mathrm{Q}_\mathrm{i}} = \mathrm{F}_\mathrm{i} \tag{12.40}$$

可得

$$\ddot{Q}_jM_{ij} + Q_jK_{ij} = F_i \tag{12.41}$$

以矩阵形式表示：

$$\boldsymbol{M}\ddot{\boldsymbol{q}} + \boldsymbol{K}\boldsymbol{q} = \boldsymbol{f} \tag{12.42}$$

其中，$\boldsymbol{f}$ 是广义坐标对应的广义力。

12.3.3 弗洛凯-布洛赫定理

布洛赫定理指出，点阵中任意单元格中的波传播行为是由参考单元的波传播行为决定的。因此，可将该定理用于边界条件的施加，得到无限周期点阵结构中平面波的解。于是，无限周期点阵结构的波动行为可通过只查看参考单元进行模拟。布洛赫定理是周期介质波动方程的一个特例。描述在 t 时刻点 $\boldsymbol{r}$ 处具有波矢量 $\boldsymbol{\kappa}$，频率 ω 和振幅 A 的平面波运动的位移 $\boldsymbol{q}$ 的经典方程为

$$\boldsymbol{q}(\boldsymbol{r}) = A\mathrm{e}^{\mathrm{i}(\boldsymbol{\kappa}\cdot\boldsymbol{r}-\omega t)} \tag{12.43}$$

这可以将三维点阵结构中点 $\boldsymbol{r}$ 的位移与参考单元 $\boldsymbol{r}_j$ 中的对应点联系起来：

$$\boldsymbol{q}(\boldsymbol{r}) = \boldsymbol{q}(\boldsymbol{r}_j)\mathrm{e}^{\mathrm{i}\boldsymbol{\kappa}\cdot(\boldsymbol{r}-\boldsymbol{r}_j)} \tag{12.44}$$

12

对于基矢量为 $\boldsymbol{e}_1$、$\boldsymbol{e}_2$、$\boldsymbol{e}_3$ 的三维周期结构，位置向量 $\boldsymbol{r}$ 和 $\boldsymbol{r}_j$ 分别表示不同单胞内的对应点，$\boldsymbol{r}=\boldsymbol{r}_j+n_1\boldsymbol{e}_1+n_2\boldsymbol{e}_2+n_3\boldsymbol{e}_3$，其中 n_i 为整数。因此：

$$\mathrm{i}\boldsymbol{\kappa}\cdot(\boldsymbol{r}-\boldsymbol{r}_j) = n_1\mathrm{i}\boldsymbol{\kappa}\cdot\boldsymbol{e}_1 + n_2\mathrm{i}\boldsymbol{\kappa}\cdot\boldsymbol{e}_2 + n_3\mathrm{i}\boldsymbol{\kappa}\cdot\boldsymbol{e}_3 = n_1\kappa_1 + n_2\kappa_2 + n_3\kappa_3 \tag{12.45}$$

所以

$$\boldsymbol{q}(\boldsymbol{r}) = \boldsymbol{q}(\boldsymbol{r}_j)e^{n_1\kappa_1+n_2\kappa_2+n_3\kappa_3} \tag{12.46}$$

此为布洛赫定理的表述[3]。由点阵的波矢量和基矢量确定的相位常数是 $\boldsymbol{\kappa}$ 的实

部，而虚部则是衰减的。

对于无限周期的点阵结构，布洛赫定理可以用节点位移关系的形式来生成有限元模型的边界条件。在任意参考单元中，有限元节点可分为以下三种类型[25]：

(1)内部节点(拥有位移集 $\boldsymbol{q}_i$)是参考单元内部的节点，并且不与相邻的单元共享。

(2)基节点(拥有位移集 $\boldsymbol{q}_b$)是与相邻单元共享的节点，但不能通过从另一个基节点遍历整数个点阵基矢量得到。换句话说，对于两个位置不同的基节点 $\boldsymbol{r}_A$ 和 $\boldsymbol{r}_B$，不存在整数值 n_1、n_2 或 n_3 使 $\boldsymbol{r}_A=\boldsymbol{r}_B+n_1\boldsymbol{e}_1+n_2\boldsymbol{e}_2+n_3\boldsymbol{e}_3$ 成立。

(3)边界节点(拥有位移集 $\boldsymbol{q}_1$、$\boldsymbol{q}_2$ 等)是与相邻单元共享的节点，可以从一个基节点通过一定的点阵基矢量组合得到。位移集的下标表明必须遍历基矢量的组合。例如，边界节点集可以通过从基节点遍历 $\boldsymbol{e}_1$ 从而得到位移集 $\boldsymbol{q}_1$；边界节点集可以通过遍历 $\boldsymbol{e}_1+\boldsymbol{e}_2$ 得到位移集 $\boldsymbol{q}_{12}$；并且边界节点集通过遍历 $\boldsymbol{e}_1+\boldsymbol{e}_2+\boldsymbol{e}_3$ 得到位移集 $\boldsymbol{q}_{123}$。

根据上述分类和布洛赫定理，边界节点的位移可以用相应基节点的位移表示。考虑一个单元格，它具有边界节点 A、B 和 C(具有位移 $\boldsymbol{q}_A$、$\boldsymbol{q}_B$ 和 $\boldsymbol{q}_C$)，可以分别通过从基节点 D、E 和 F(具有位移 $\boldsymbol{q}_D$、$\boldsymbol{q}_E$ 和 $\boldsymbol{q}_F$)遍历 $\boldsymbol{e}_1+\boldsymbol{e}_2$ 得到。因此，一共有 A、B、C 3 个节点，它们被分类为 12 个节点，具有位移集 $\boldsymbol{q}_{12}$：

$$\boldsymbol{q}_b=\begin{bmatrix}\boldsymbol{q}_D\\ \boldsymbol{q}_E\\ \boldsymbol{q}_F\end{bmatrix}=\begin{bmatrix}\mathrm{e}^{\kappa_1+\kappa_2} & 0 & 0\\ 0 & \mathrm{e}^{\kappa_1+\kappa_2} & 0\\ 0 & 0 & \mathrm{e}^{\kappa_1+\kappa_2}\end{bmatrix}\begin{bmatrix}\boldsymbol{q}_A\\ \boldsymbol{q}_B\\ \boldsymbol{q}_C\end{bmatrix}=\boldsymbol{T}_{12}\boldsymbol{q}_{12} \tag{12.47}$$

对应关系对通过基节点的基矢量的任意组合所得到的所有边界节点都是成立的，因此，参考单元内的整个节点集可表示为

$$\boldsymbol{q}=\boldsymbol{T}\tilde{\boldsymbol{q}} \tag{12.48}$$

其中，$\tilde{\boldsymbol{q}}$ 为包含内部节点和基节点位移的广义坐标的缩减集合；$\boldsymbol{T}$ 为依赖于波矢量 $\boldsymbol{\kappa}$ 的变换矩阵；$\boldsymbol{q}$ 为广义坐标完整集，排列如下：

$$\boldsymbol{q}=\begin{bmatrix}\boldsymbol{q}_i\\ \boldsymbol{q}_b\\ \boldsymbol{q}_1\\ \boldsymbol{q}_2\\ \boldsymbol{q}_3\\ \boldsymbol{q}_{12}\\ \boldsymbol{q}_{13}\\ \boldsymbol{q}_{23}\\ \boldsymbol{q}_{123}\end{bmatrix},\boldsymbol{T}=\begin{bmatrix}\boldsymbol{I} & \boldsymbol{0}\\ \boldsymbol{0} & \boldsymbol{I}\\ \boldsymbol{0} & \boldsymbol{T}_1\\ \boldsymbol{0} & \boldsymbol{T}_2\\ \boldsymbol{0} & \boldsymbol{T}_3\\ \boldsymbol{0} & \boldsymbol{T}_{12}\\ \boldsymbol{0} & \boldsymbol{T}_{13}\\ \boldsymbol{0} & \boldsymbol{T}_{23}\\ \boldsymbol{0} & \boldsymbol{T}_{123}\end{bmatrix},\tilde{\boldsymbol{q}}=\begin{bmatrix}\boldsymbol{q}_i\\ \boldsymbol{q}_b\end{bmatrix} \tag{12.49}$$

12

在式(12.42)中代入上述结果可得

$$\widetilde{\boldsymbol{M}}\ddot{\tilde{\boldsymbol{q}}}+\widetilde{\boldsymbol{K}}\tilde{\boldsymbol{q}}=\boldsymbol{T}^{\mathrm{H}}\boldsymbol{f} \tag{12.50}$$

式中,$()^{\mathrm{H}}$ 为共轭转置,并且 $\widetilde{\boldsymbol{K}}=\boldsymbol{T}^{\mathrm{H}}\boldsymbol{K}\boldsymbol{T}$,$\widetilde{\boldsymbol{M}}=\boldsymbol{T}^{\mathrm{H}}\boldsymbol{M}\boldsymbol{T}$。如果 $\boldsymbol{T}^{\mathrm{H}}\boldsymbol{f}$ 为 $\mathbf{0}$ 时,则方程 $\widetilde{\boldsymbol{K}}=\boldsymbol{T}^{\mathrm{H}}\boldsymbol{K}\boldsymbol{T}$,$\widetilde{\boldsymbol{M}}=\boldsymbol{T}^{\mathrm{H}}\boldsymbol{M}\boldsymbol{T}$ 可以齐次化。

布洛赫分析中的广义力

考虑点阵参考单元中以节点 A 和 B 为边界的元素 AB。假设遍历基矢量 $\boldsymbol{e}$ 指向相邻单元 CD 的相应元素,其中单元 CD 以节点 C 和 D 为界。对于波矢量为 $\boldsymbol{\kappa}$ 的点阵中的波,节点位移可通过布洛赫定理联系起来:

$$\boldsymbol{q}_A\mathrm{e}^{\kappa}=\boldsymbol{q}_C\quad \boldsymbol{q}_B\mathrm{e}^{\kappa}=\boldsymbol{q}_D \tag{12.51}$$

其中,$\kappa=\boldsymbol{e}\cdot\boldsymbol{\kappa}$。

如果单元 AB 两端的力仅取决于节点处的位移,则

$$\boldsymbol{F}_{AB}=\boldsymbol{C}(\boldsymbol{q}_A-\boldsymbol{q}_B),\quad \boldsymbol{F}_{CD}=\boldsymbol{C}(\boldsymbol{q}_C-\boldsymbol{q}_D) \tag{12.52}$$

其中,$\boldsymbol{C}$ 为常数弹性矩阵,因此

$$\begin{aligned}\boldsymbol{F}_{CD}&=\boldsymbol{C}(\boldsymbol{q}_C-\boldsymbol{q}_D)\\&=\boldsymbol{C}(\boldsymbol{q}_A\mathrm{e}^{\kappa}-\boldsymbol{q}_B\mathrm{e}^{\kappa})\\&=\boldsymbol{C}(\boldsymbol{q}_A-\boldsymbol{q}_B)\mathrm{e}^{\kappa}\\&=\boldsymbol{F}_{AB}\mathrm{e}^{\kappa}\end{aligned} \tag{12.53}$$

这样布洛赫定理可以推广到与力一起使用,从而可以计算 $\boldsymbol{T}^{\mathrm{H}}\boldsymbol{f}$。

考虑如图 12.7 所示的一个常规的二维点阵。简单起见,此分析是针对二维系统进行的;它可以直接扩展到三维。节点 A 被视为基节点。作用在单元上的外力

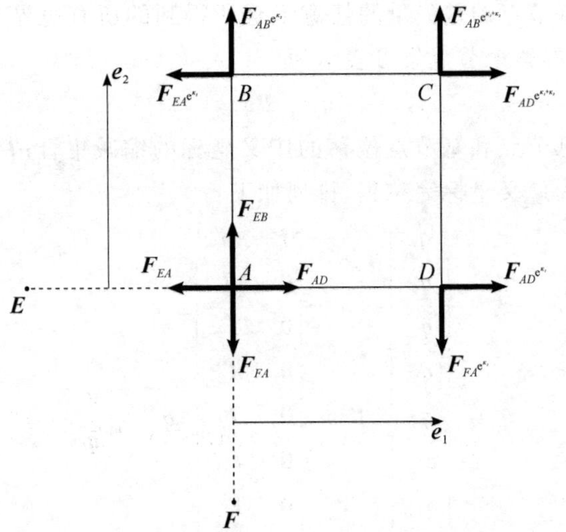

图 12.7 在一个常规的二维点阵中作用于参考单元的力

12

$\boldsymbol{f}$ 的矢量集为

$$\boldsymbol{f}=\begin{bmatrix}F_i\\ \boldsymbol{F}_b\\ \boldsymbol{F}_1\\ \boldsymbol{F}_2\\ \boldsymbol{F}_{12}\end{bmatrix}=\begin{bmatrix}0\\ \boldsymbol{F}_{EA}+\boldsymbol{F}_{FA}\\ \boldsymbol{F}_{AD}\mathrm{e}^{\kappa_1}+\boldsymbol{F}_{FA}\mathrm{e}^{\kappa_1}\\ \boldsymbol{F}_{AB}\mathrm{e}^{\kappa_2}+\boldsymbol{F}_{EA}\mathrm{e}^{\kappa_2}\\ \boldsymbol{F}_{AB}\mathrm{e}^{\kappa_1+\kappa_2}+\boldsymbol{F}_{AD}\mathrm{e}^{\kappa_1+\kappa_2}\end{bmatrix} \tag{12.54}$$

对应的变换矩阵：

$$\boldsymbol{T}=\begin{bmatrix}\boldsymbol{I} & \boldsymbol{0}\\ \boldsymbol{0} & \boldsymbol{I}\\ \boldsymbol{0} & \boldsymbol{T}_1\\ \boldsymbol{0} & \boldsymbol{T}_2\\ \boldsymbol{0} & \boldsymbol{T}_{12}\end{bmatrix}=\begin{bmatrix}1\\ \mathrm{e}^{\kappa_1}\\ \mathrm{e}^{\kappa_2}\\ \mathrm{e}^{\kappa_1+\kappa_2}\end{bmatrix} \tag{12.55}$$

通过节点 A 上的平衡关系，对此表达式求解可得

$$\begin{aligned}\boldsymbol{T}^{\mathrm{H}}\boldsymbol{f}&=\begin{bmatrix}1 & e^{-\kappa_1} & e^{-\kappa_2} & e^{-\kappa_1-\kappa_2}\end{bmatrix}\begin{bmatrix}\boldsymbol{F}_{EA}+\boldsymbol{F}_{FA}\\ \boldsymbol{F}_{AD}\mathrm{e}^{\kappa_1}+\boldsymbol{F}_{FA}\mathrm{e}^{\kappa_1}\\ \boldsymbol{F}_{AB}\mathrm{e}^{\kappa_2}+\boldsymbol{F}_{EA}\mathrm{e}^{\kappa_2}\\ \boldsymbol{F}_{AB}\mathrm{e}^{\kappa_1+\kappa_2}+\boldsymbol{F}_{AD}\mathrm{e}^{\kappa_1+\kappa_2}\end{bmatrix}\\ &=2(\boldsymbol{F}_{EA}+\boldsymbol{F}_{FA}+\boldsymbol{F}_{AB}+\boldsymbol{F}_{AD})\\ &=\boldsymbol{0}\end{aligned} \tag{12.56}$$

对于其他节点和方向以及在三维空间，上式也适用。如果 $\boldsymbol{F}_b$ 是施加在基节点上的力的集合，$\boldsymbol{F}_1$ 是通过 $\boldsymbol{e}_1$ 得到的边界节点上的力的集合，那么

$$\boldsymbol{F}_1=\boldsymbol{T}_1\boldsymbol{F}_b \tag{12.57}$$

$\boldsymbol{T}_1$ 将一组力从基节点变换到边界节点[25]。对于纯虚数 κ_1、κ_2 和 κ_3，可以通过使用厄米运算符执行逆变换(由于 $\boldsymbol{T}_1$ 在每一行和每一列中只有一个非零元素)。因此，$\boldsymbol{T}_1^{\mathrm{H}}$ 是从边界节点到基节点的变换，$\boldsymbol{T}_1^{\mathrm{H}}\boldsymbol{F}_1$ 表示单元在 $\boldsymbol{e}_1$ 方向上施加在基节点上的力的集合。关于 $\boldsymbol{T}_2^{\mathrm{H}}\boldsymbol{F}_2$，$\boldsymbol{T}_3^{\mathrm{H}}\boldsymbol{F}_3$，…也可以做出类似的表述。由此，

$$\begin{aligned}\boldsymbol{T}^{\mathrm{H}}\boldsymbol{f}&=\begin{bmatrix}\boldsymbol{I} & \boldsymbol{0} & \boldsymbol{0} & \boldsymbol{0} & \boldsymbol{0} & \cdots\\ \boldsymbol{0} & \boldsymbol{I} & \boldsymbol{T}_1^{\mathrm{H}} & \boldsymbol{T}_2^{\mathrm{H}} & \boldsymbol{T}_3^{\mathrm{H}} & \cdots\end{bmatrix}\begin{bmatrix}F_i\\ \boldsymbol{F}_b\\ \boldsymbol{F}_1\\ \boldsymbol{F}_2\\ \boldsymbol{F}_3\\ \vdots\end{bmatrix}\\ &=\begin{bmatrix}F_i\\ \boldsymbol{F}_b+\boldsymbol{T}_1^{\mathrm{H}}\boldsymbol{F}_1+\boldsymbol{T}_2^{\mathrm{H}}\boldsymbol{F}_2+\boldsymbol{T}_3^{\mathrm{H}}\boldsymbol{F}_3+\cdots\end{bmatrix}\end{aligned} \tag{12.58}$$

12

在没有外力的情况下，施加到内部节点的力为零。因此，$F_i=0$。$\boldsymbol{F}_b$ 表示施加在基节点上的外力，$\boldsymbol{T}_1^{\mathrm{H}}\boldsymbol{F}_1+\boldsymbol{T}_2^{\mathrm{H}}\boldsymbol{F}_2+\boldsymbol{T}_3^{\mathrm{H}}\boldsymbol{F}_3+\cdots$是施加在基节点上的内力。根据平衡，它们的和必须是零。因此，

$$\boldsymbol{T}^{\mathrm{H}}\boldsymbol{f}=\boldsymbol{0} \tag{12.59}$$

并且式(12.50)被证明是齐次的。

简化的运动方程

将上述结果代入式(12.50)：

$$\widetilde{\boldsymbol{M}}\ddot{\tilde{\boldsymbol{q}}}+\widetilde{\boldsymbol{K}}\tilde{\boldsymbol{q}}=\boldsymbol{0} \tag{12.60}$$

对于平面波在点阵结构中的传播，内部节点和基节点处的位移具有如下形式：

$$\tilde{\boldsymbol{q}}=\boldsymbol{A}\mathrm{e}^{\mathrm{i}(\boldsymbol{\kappa}\cdot\boldsymbol{r}-\omega t)} \tag{12.61}$$

取此表达式实部

$$\begin{aligned}\tilde{\boldsymbol{q}}&=\boldsymbol{A}\cos(\boldsymbol{\kappa}\cdot\boldsymbol{r}-\omega t)\\ \Rightarrow\ddot{\tilde{\boldsymbol{q}}}&=-\omega^2\boldsymbol{A}\cos(\boldsymbol{\kappa}\cdot\boldsymbol{r}-\omega t)\end{aligned} \tag{12.62}$$

因此

$$\widetilde{\boldsymbol{K}}\boldsymbol{A}=\omega^2\widetilde{\boldsymbol{M}}\boldsymbol{A} \tag{12.63}$$

由于 $\widetilde{\boldsymbol{K}}$ 和 $\widetilde{\boldsymbol{M}}$ 都是厄米式，所以式(12.63)变成一个广义的厄米本征值问题，可以求解特定波矢量的本征值 ω^2 和本征向量 $\boldsymbol{A}$(确定 $\boldsymbol{T}$，从而确定 $\widetilde{\boldsymbol{M}}$ 和 $\widetilde{\boldsymbol{K}}$)。本征向量和本征值提供了点阵结构振动的模态振型和频率。

12.3.4 八面体点阵的频散曲线

式(12.63)形成一个本征值问题，其本征值解和本征向量解是波在点阵结构中传播模态的频率和波形。关键 $\widetilde{\boldsymbol{M}}$ 和 $\widetilde{\boldsymbol{K}}$ 都是波矢量的函数；因为传播频率会随波矢量的变化而变化，所以三维点阵是频散的。由于波的传播频率相对于波矢量是周期性的，因此可以通过检查第一布里渊区的波矢量来确定完整的频散特性。在二维中，频带极值出现在不可约区域的边界上[26]。本节通过使用三维网格对布里渊区进行离散化，检查整个布里渊区的波矢量。因此，这里所采用的方法适用于不可约布里渊区边缘不出现频带极值的点阵构型，以及具有非对称参考单元的点阵构型。

纳米金属-聚合物点阵材料的完全频散曲线是四维的：波矢量的三个分量和与波矢量相关的一组固有频率。这将在四维空间中生成一组曲面。相反，在第一布里渊区所有波矢量的频散曲线显示了波传播频率与波矢量单个分量的关系。这相当于在由 k_1、k_2、k_3 和 ω 所组成的空间中检查 4D 频率面在单个平面上的投影。在这样的频散图中，任何频带间隙都是很明显的。

图 12.8 和图 12.9 绘制了八面体点阵结构的频散特性图，半径与长度之比分别为 10 和 50。使用的材料性能为杨氏模量 $E=200$ GPa，密度 $\rho=1000$ kg/m^3，泊

松比 $\nu=0.3$。为了生成这些图形，将三维布里渊区离散成一个点网络。式(12.63)的特征问题对每一个 $\boldsymbol{k}$ 值都得到了求解，并将得到的特征值 ω 与 $\boldsymbol{k}$ 的一个分量一起绘制出来。图中点的暗度表示在 4D 空间中有多少频散面被映射到 $k_1-\omega$ 空间中的单个点上。

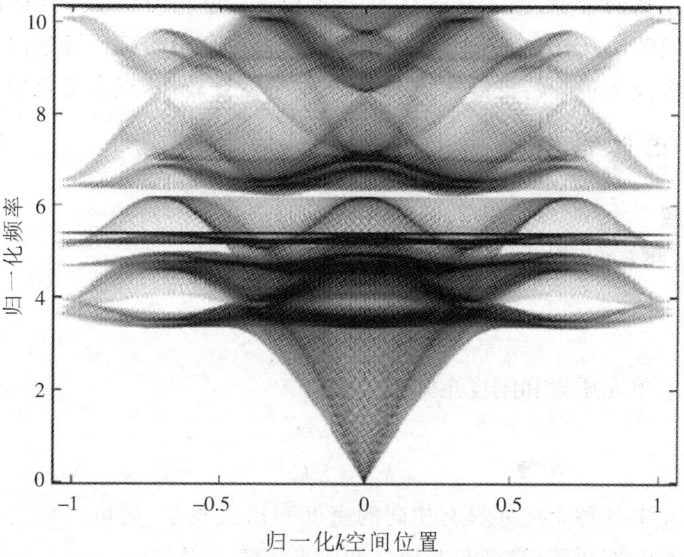

图 12.8　半径与长度比为 10 的八面体点阵的频散曲线

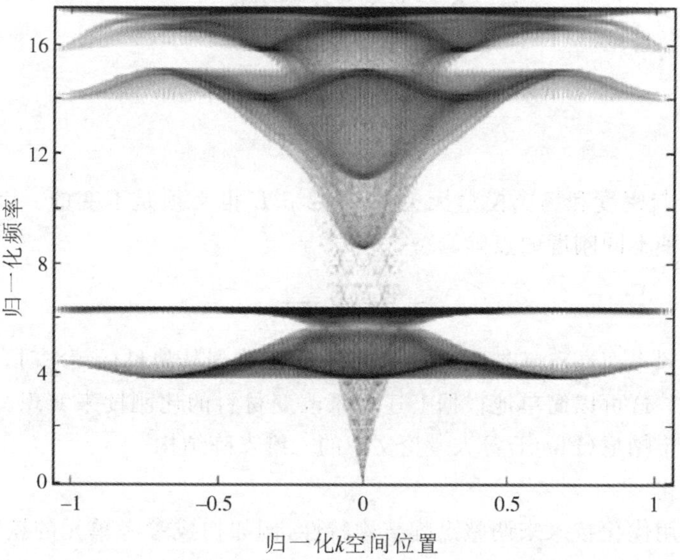

图 12.9　半径与长度比为 50 的八面体点阵的频散曲线

从图中可以明显看出，八面体点阵的能带结构在很大程度上取决于半径与长度的比值。事实上，改变点阵材料的弹性模量和密度对能带结构没有影响，它只是通过一个常数因子来缩放所有频率。

从图 12.8 可以看出，当半径与长度比为 10，八面体点阵在归一化频率为 6 时呈现出薄而完整的带隙，即 780 rad/s。当半径与长度比为 50 时，八面体点阵没有完整的频带间隙。然而，在图 12.9 中可以看到几个部分带隙。频散曲线上以较大间距的点或极浅灰色为特征的区域表明，波矢量变化较小，频率变化较大。

12.3.5 点阵调节

带隙位置

给定 m_{ij} 和 k_{ij} 的形式，它们可以写成

$$m_{ij} = \rho m'_{ij}$$
$$k_{ij} = E k'_{ij}$$

这同样适用于单元质量和刚度矩阵。

$$\boldsymbol{m}_l = \rho \boldsymbol{m}'_l$$
$$\boldsymbol{k}_l = E \boldsymbol{k}'_l$$

如果参考单元中的每个组元具有相同的密度和杨氏模量，则可以称之为参考单元的组合质量和刚度矩阵，以及折减质量和刚度矩阵。因此，

$$\boldsymbol{M} = \rho \boldsymbol{M}' \Rightarrow \widetilde{\boldsymbol{M}} = \rho \widetilde{\boldsymbol{M}}'$$
$$\boldsymbol{K} = E \boldsymbol{K}' \Rightarrow \widetilde{\boldsymbol{K}} = E \widetilde{\boldsymbol{K}}'$$

带入式(12.63)，则

$$E \widetilde{\boldsymbol{K}}' \boldsymbol{A} = \omega^2 \rho \widetilde{\boldsymbol{M}}' \boldsymbol{A}$$
$$\widetilde{\boldsymbol{K}}' \boldsymbol{A} = \frac{\omega^2}{E/\rho} \widetilde{\boldsymbol{M}}' \boldsymbol{A}$$

因为$\widetilde{\boldsymbol{M}}'$和$\widetilde{\boldsymbol{K}}'$与密度和杨氏模量无关，所以 $\omega^2 \rho / E$ 也必须是不变的。因此，对于给定的具有两种不同刚度的点阵构型，

12

$$\frac{\omega_1^2}{E_1/\rho_1} = \frac{\omega_2^2}{E_2/\rho_2}$$

当已知某一频率存在点阵带隙，并希望将该带隙移到其他目标频率时，这种关系就变得有用了。这可以简单地根据上述关系改变材料的比刚度来实现。注意，这种关系也适用于帕尼(Phani)等人[3]论文中的二维点阵结构。

点阵优化

可以使用优化技术来调整点阵结构特性，例如构成参考单元的铁摩辛柯梁的横截面，以便构建在关键位置上有带隙的点阵材料。如果必须对已知频率进行滤波，则可以调整材料和几何构型，使带隙处于所需频率。或者，为了阻挡振幅最大

的波，带隙应该具有尽可能小的频率。带隙也应尽可能宽，以阻挡最宽频率范围。

进行此优化所需的基本函数是最低带隙的相对大小[22]，定义为

$$f = \frac{\Delta\omega_i}{|\bar{\omega}_i - x|}$$

$$\Delta\omega_i = \min\omega_{i+1} - \max\omega_i$$

$$\bar{\omega}_i = \frac{\min\omega_{i+1} + \max\omega_i}{2}$$

其中，ω_i 为第 i 个频带的频率集合；$\Delta\omega_i$ 为第 i 个带隙的宽度；$\bar{\omega}_i$ 为第 i 个带隙的位置；x 为被阻挡的目标频率。

遗憾的是，这个成本函数需要“繁杂”的优化技术。为评估点阵结构的成本，必须计算候选点阵配置的全波段结构，这对于复杂、精细建模的 3D 点阵结构来说需要很大的计算量。因此，需要使用成本估算步骤最少的优化技术，如移动渐近线的方法[27]。

12.4　结论

三维点阵结构可以结合常用的制造工艺(聚合物采用立体蚀刻，纳米金属采用电沉积)进行快速成型制备。这使得用超高性能材料制备复杂的三维结构成为可能。此外，由于几何的复杂性和对材料性能的精细控制能力，所得到的点阵材料可以根据不同结构和功能需求进行定制。特别是对于具有特定刚度或强度的结构，可以将重量减到最小。

在本章中，我们主要感兴趣的是定制动态属性。为此，我们提出了一种通用的方法来分析波在三维周期点阵结构中的传播。该方法将点阵结构的参考单元建模为铁摩辛柯梁的集合，并使用弗洛凯-布洛赫原理施加平面波边界条件。这一分析过程归结为求解广义厄米特征值问题，需要求解第一布里渊区内的波矢量，以获得波在点阵结构中的传播频率。值得注意的是，能带结构中可能存在某些没有传播模态的频率，构成了频带间隙(即带隙)，成为此类结构频散曲线的关键特征。鉴于隔声或隔振结构元件具有很大的应用价值，我们希望能够在特定的频段设计出想要的带隙。

一旦发展出分析纳米金属-聚合物点阵的方法，就可以用几种方式来调整波的传播特性。第一种方法是改变单胞的拓扑结构，但由于设计变量是离散的，所以这种方法较难适用于典型的优化技术。第二种方法是利用纳米金属聚合物点阵，将聚合物预制体的半径、支柱的长度和涂层的厚度作为设计变量。这样就提供了三个连续的设计变量，能以此改变杆的长细比、等效框架刚度和等效框架密度。这种方法提供了一个很好的结构设计调控方案，也使得梯度结构优化方法成为可能。

12.5 附录:六节点自由度铁摩辛柯梁的形函数

对于每个节点有 6 个自由度的一维铁摩辛柯梁(3 个平移自由度 u、v、w,3 个旋转自由度 ϕ、ψ、θ),梁上任意一点的位移可近似表示为

$$u(x,t)=q_i(t)a_i(x)$$
$$v(x,t)=q_i(t)b_i(x)$$
$$w(x,t)=q_i(t)c_i(x)$$
$$\phi(x,t)=q_i(t)d_i(x)$$
$$\psi(x,t)=q_i(t)e_i(x)$$
$$\theta(x,t)=q_i(t)f_i(x)$$

其中

$$q_i=[u_A\quad v_A\quad w_A\quad \phi_A\quad \psi_A\quad \theta_A\quad u_B\quad v_B\quad w_B\quad \phi_B\quad \psi_B\quad \theta_B]^{\mathrm{T}}$$

其中,$()_A$ 和$()_B$ 表示梁节点 A 和 B 处的位移。形函数 a_i 至 f_i 如下所示[28]。未指定函数的值为 0。

$$\xi=\frac{x}{L},\eta_y=\frac{12EI_y}{\kappa GAL^2},\mu_y=\frac{1}{1+\eta_y},\eta_z=\frac{12EI_z}{\kappa GAL^2},\mu_z=\frac{1}{1+\eta_z}$$

$$a_1=1-\xi$$
$$a_7=\xi$$

$$b_2=\mu_z[1-3\xi^2+2\xi^3+\eta_z(1-\xi)]$$
$$b_6=L\mu_z[\xi-2\xi^2+\xi^3+\frac{\eta_z}{2}(\xi-\xi^2)]$$
$$b_8=\mu_z(3\xi^2-2\xi^3+\eta_z\xi)$$
$$b_{12}=L\mu_z[-\xi^2+\xi^3+\frac{\eta_z}{2}(-\xi+\xi^2)]$$

$$c_3=\mu_y[1-3\xi^2+2\xi^3+\eta_y(1-\xi)]$$
$$c_5=-L\mu_y[\xi-2\xi^2+\xi^3+\frac{\eta_y}{2}(\xi-\xi^2)]$$
$$c_9=\mu_y(3\xi^2-2\xi^3+\eta_y\xi)$$
$$c_{11}=-L\mu_y[-\xi^2+\xi^3+\frac{\eta_y}{2}(-\xi+\xi^2)]$$

$$d_4=1-\xi$$

$$d_{10} = \xi$$

$$e_3 = -\frac{6\mu_y}{L}(-\xi + \xi^2)$$
$$e_5 = \mu_y[1 - 4\xi + 3\xi^2 + \eta_y(1 - \xi)]$$
$$e_9 = -\frac{6\mu_y}{L}(\xi - \xi^2)$$
$$e_{11} = \mu_y(-2\xi + 3\xi^2 + \eta_y\xi)$$

$$f_2 = \frac{6\mu_z}{L}(-\xi + \xi^2)$$
$$f_6 = \mu_z[1 - 4\xi + 3\xi^2 + \eta_z(1 - \xi)]$$
$$f_8 = \frac{6\mu_z}{L}(\xi - \xi^2)$$
$$f_{12} = \mu_z(-2\xi + 3\xi^2 + \eta_z\xi)$$

参考文献

[1]D. J. Mead, "Wave propagation in continuous periodic structures: research contributions from Southampton, 1964 - 1995," *Journal of Sound and Vibration*, vol. 190, no. 3, pp. 495 - 524, 1996.

[2]M. Ruzzene, F. Scarpa, and F. Soranna, "Wave beaming effects in two-dimensional cellular structures," *Smart Materials and Structures*, vol. 12, no. 3, pp. 363 - 372, 2003.

[3]A. S. Phani, J. Woodhouse, and N. A. Fleck, "Wave propagation in two-dimensional periodic lattices," *Journal of the Acoustical Society of America*, vol. 119, no. 4, pp. 1995 - 2005, 2006.

[4]V. Deshpande, N. A. Fleck, and M. F. Ashby, "Effective properties of the octet-truss lattice material," *Journal of the Mechanics and Physics of Solids*, vol. 49, pp. 1747 - 1769, 2001.

[5]M. Arya and C. A. Steeves, "Bandgaps in octet truss lattices," in *Proceedings of the 23rd Canadian Congress on Applied Mechanics*, (Vancouver, Canada), 6 - 9 June 2011.

[6]C. K. Chua, K. F. Leong, and C. S. Lim, *Rapid Prototyping: Principles and Applications*. World Scientific, 3rd ed., 2010.

[7]S. Upcraft and R. Fletcher, "The rapid prototyping technologies," *Assembly*

Automation, vol. 23, pp. 318 – 330, 2003.

[8]S.-H. Ahn, M. Montero, D. Odell, S. Roundy, and P. K. Wright, "Anisotropic material properties of fused deposition modeling ABS," *Rapid Prototyping Journal*, vol. 8, pp. 248 – 257, 2002.

[9]K. C. Ang, K. F. Leong, C. K. Chua, and M. Chandrasekaran, "Investigation of the mechanical properties and porosity relationships in fused deposition modelling-fabricated porous structures," *Rapid Prototyping Journal*, vol. 12, pp. 100 – 105, 2006.

[10]T. A. Schaedler, A. J. Jacobsen, A. Torrents, A. E. Sorensen, J. Lian, J. R. Greer, L. Valdevit, and W. B. Carter, "Ultralight metallic microtrusses," *Science*, vol. 334, pp. 962 – 965, 2011.

[11]L. M. Gordon, B. A. Bouwhuis, M. Suralvo, J. L. McCrea, G. Palumbo, and G. D. Hibbard, "Micro-truss nanocrystalline Ni hybrids," *Acta Materialia*, vol. 57, pp. 932 – 939, 2009.

[12]M. Schlesinger and M. Paunovic, *Modern Electroplating*, *Fifth Edition*. John Wiley & Sons, 5th ed., 2010.

[13]R. Weil, J. H. Lee, and K. Parker, "Comparison of some mechanical and corrosion properties of electroless and electroplated nickel phosphorus alloys," *Plating and Surface Finishing*, vol. 76, pp. 62 – 66, 1989.

[14]H. Gleiter, "Nanocrystalline materials," *Progress in Materials Science*, vol. 33, pp. 223 – 315, 1989.

[15]A. Robertson, U. Erb, and G. Palumbo, "Practical applications for electrodeposited nanocrystalline materials," *Nanostructured Materials*, vol. 12, pp. 1035 – 1040, 1999.

[16]Y. Zhou, S. V. Petegem, D. Segers, U. Erb, K. T. Aust, and G. Palumbo, "On Young's modulus and the interfacial free volume in nanostructured Ni-P," *Materials Science and Engineering A*, vol. 512, pp. 39 – 44, 2009.

[17]E. O. Hall, "The deformation and ageing of mild steel: Ⅲ Discussion of results," *Proceedings of the Physical Society*, vol. 64, pp. 747 – 753, 1951.

[18]N. J. Petch, "The cleavage strength of polycrystals," *Journal: Iron and Steel Institute*, vol. 174, pp. 25 – 28, 1953.

[19]C. E. Carlton and P. J. Ferreira, "What is behind the inverse Hall-Petch effect in nanocrystalline materials?," *Acta Materialia*, vol. 55, pp. 3749 –

12

3756, 2007.

[20]A. T. Lausic, C. A. Steeves, and G. D. Hibbard, "Effect of grain size on the optimal architecture of electrodeposited metal/polymer microtrusses," *To appear in Journal of Sandwich Structures and Materials*, 2014.

[21]L. Brillouin, *Wave Propagation in Periodic Structures*. Dover Publications, 2nd ed. ,1953.

[22]O. Sigmund and J. S. Jensen, "Systematic design of phononic band-gap materials and structures by topology optimization," *Philosophical Transactions of the Royal Society of London*, vol. 361, pp. 1001 - 1019, 2003.

[23]S. P. Timoshenko, *Strength of Materials*. Van Nostrand, 2nd ed. , 1940.

[24]Y. Luo, "An efficient 3D Timoshenko beam with consistent shape functions," *Advances in Theoretical and Applied Mechanics*, vol. 1, no. 3, pp. 95 - 106, 2008.

[25]F. Farzbod and M. J. Leamy, "The treatment of forces in Bloch analysis," *Journal of Sound and Vibration*, vol. 325, pp. 545 - 551, 2009.

[26]C. Kittel, *Elementary Solid State Physics: A Short Course*. Wiley, 1st ed. , 1962.

[27]K. Svanberg, "The method of moving asymptote—a new method for structural optimization," *International Journal for Numerical Methods in Engineering*, vol. 24, no. 2, pp. 359 - 373, 1987.

[28]A. Bazoune, Y. A. Khulief, and N. G. Stephen, "Shape functions of three-dimensional Timoshenko beam element," *Journal of Sound and Vibration*, vol. 259, pp. 473 - 480, 2003.

索引

A

安德森局域化　Anderson localization　56

B

八面体点阵　octet lattice　282

板状点阵材料胞元　plate-based lattice material unit cell　225

胞元共振　unit-cell resonances　61，62

爆炸试验　blast test　165，166

避免交叉　avoided crossing　80

边界条件　boundary conditions　24

　狄利克雷　Dirichlet　24

　混合　mixed　24

　诺伊曼　Neumann　24

　周期性　periodic　24

表面波　surface wave　86

玻恩-冯卡门周期边界条件　Born-von Karman periodic boundary conditions　60

波束　wave beam　127，132－133，136

波数　wave number

　插入　cut-in　101

　截断　cut-off　101

波与波相互作用　wave-wave interaction　111,117,121

布拉格定律　Bragg's law　56

布里渊区　Brillouin zones　60－61，72，78，122，131

布洛赫边界条件　Bloch boundary conditions　208,214

布洛赫波　Bloch wave　61，112，115－117，126，128，133，135

布洛赫定理　Bloch's theorem　59－60，112

布洛赫模态合成　Bloch mode synthesis（BMS）　214

固定界面模态 fixed-interface modes 215－218
克雷格-班普顿变换 Craig-Bampton transformation 215
缩聚的布洛赫模态展开与布洛赫模态合成的比较 comparison between RBME and BMS 218－220
约束模态 constraint modes 214－218
布洛赫周期边界条件 Bloch-periodic boundary conditions 146
布洛赫-瑞利摄动 Bloch-Rayleigh perturbation 99，101,104

C

长波模态 long-wavelength mode 147,149,151
超材料 metamaterial 2，4，8
声学 acoustic 2，8
弹性 elastic 2，8

D

代表性体积元 representative volume element (RVE) 21,23
带隙 band gap 55，112，122
布拉格 Bragg 55,65
布拉格散射 Bragg-scattering 239
局域共振 local resonance 63，222，230，232，239
亚布拉格 sub-Bragg 55，63，65
单原子点阵 monoatomic lattice 57，126－138
单原子链 monoatomic chain 112，117
弹道摆 ballistic pendulum 165
导纳 receptance 65
倒易 reciprocal 60
基 basis 60
点阵 lattice 60
点阵 lattice(s)
半规则 semi-regular 4
规则 regular 4
简单刚性点阵 simply stiff lattices 4
拉伸主导 stretching-dominated 4
麦克斯韦准则 Maxwell's rule 4
弯曲主导 bending-dominated 4

点阵材料 lattice materials 55
点阵优化 lattice optimization 284
动力学响应 dynamic response 159
多尺度建模 multiscale modeling 34
多尺度摄动 multiple-scale perturbation 112，128

F

反常频散 anomalous dispersion 80
反共振 antiresonance 240
防爆 blast-resistant 158
非线性 nonlinearity
  达芬非线性 duffing nonlinearity 111
  三次非线性 cubic nonlinearity 117，126
非线性超材料 nonlinear metamaterial 111，136
非线性频散 nonlinear dispersion 112，117，138
非线性声子晶体 nonlinear phononic crystal 112
分支超越 branch overtaking 101
弗洛凯-布洛赫定理 Floquet-Bloch principle 278
负群速度 negative group velocity 80，127，133，184
复数 complex
  波数 wavenumbers 96，104
  频率 frequencies 96

G

高应变率 high strain rate 159
惯性放大 inertial amplification 240，252
惯性放大点阵 inertially amplified lattices 252
  二维 2D 255，258
  一维 1D 252
光学支 optic branch 61
广义连续介质 generalized continua 30

H

霍尔-佩奇软化 Hall-Petch softening 269

J

夹层板 sandwich panels 173
剪切 shear
 锁死 locking 207-208，228
 修正因子 correction factor 206-207，226
简正模态 normal mode 60
渐近展开 asymptotic expansion 114，118，120，128
焦点 focal point 137-138
焦散 caustic 序 4
金字塔型点阵 pyramidal truss lattice 267
局域共振点阵 locally resonant lattices 240
 二维 2D 247
 三维 3D 250
 一维 1D 240
聚焦 focusing 56，80，133，136
均质化 homogenization 4，21
 渐近 asymptotic 22，27
 柯西-玻恩 Cauchy-Born 22，32，36

K

科瑟拉理论 Cosserat theory 30
空间衰减 spatial attenuation 97
控制 steering 127，133，137

L

拉胀 auxetic 8，37
立体光刻 stereolithography 269
漏波 leaky waves 86
罗伊斯界限 Reuss bound 26
落锤试验 drop test 168

M

慢度面 slowness surface 序 4，191
明德林-赖斯纳有限元 Mindlin-Reissner finite elements 206-208

模态分析　modal analysis　257
模态综合法　component mode synthesis　205，214

N
纳米点阵　nano lattices　267
纳米晶镍　nanocrystalline nickel　269，271
纳米晶体材料　nanocrystalline materials　269
能带边缘　band-edges　62

P
频散曲面　dispersion surfaces　70
频散曲线　dispersion curves　61
频响函数　frequency response function (FRF)　239
平面波　plane wave　59
坡印亭矢量　Poynting vector　70

Q
强迫波　driven waves　97，100－106
群速度　group velocity　60，127，131－133，136

R
柔度张量　compliance tensor　26
瑞利　Rayleigh　55－56
弱非线性　weakly nonlinear　112－113，129，134

S
摄动分析　perturbation analysis　127－128，134，138
声学滤波器　acoustic filters　56
声学支　acoustic branch　61
声子　phononic(s)　2
声子带隙　phononic band gaps　239
声子晶体　phononic crystal　2，8
声子开关　phononic switch　143
失稳　instability　143
　宏观(全局)　macroscopic (global)　148

微观(局部) microscopic (local) 146
手性 chiral 74
倏逝波 evanescent waves 86
衰减常数 attenuation constant 59
双原子点阵 diatomic lattice 56 - 57
斯涅耳定律 Snell's law 86
隧穿 tunneling 86 - 87
缩聚的布洛赫模态展开 reduced Bloch mode expansion (RBME)
缩聚的布洛赫模态展开与布洛赫模态合成的比较 comparison between RBME and BMS 218 - 220
特征值问题 eigenvalue problem 210 - 211
展开点 expansion point 210 - 213

T

拓扑优化 topology optimization
目标函数 objective function 224, 227 - 228
筛选 selection 228 - 229
设计搜索空间 design search space 224
无梯度算法 gradient-free algorithms 224

W

微点阵 microlattice 161
具有立柱的类似结构 BCC-Z 162
体心立方 BCC 160
微桁架点阵 microtruss lattice 268
维格纳-塞茨胞元 Wigner-Seitz unit cell 60
沃伊特界限 Voigt bound 26
五模材料 pentamode materials
胞元 unit cell 184, 186, 191 - 197,199 - 200
变换声学 transformation acoustics 183
变形 deformation 183, 186, 191, 197, 199
泊松比 Poisson's ratio 184, 189 - 190, 195 - 196
等效特性 effective properties 185, 191
低密度 low-density 186, 195
点阵 lattice 184 - 187, 191 - 197

点阵微结构 lattice microstructures 187, 191
蜂窝 honeycomb 185, 194
杆 rod 185 - 186, 191 - 193, 195, 200
刚度 rigidity 189, 191, 197, 199
各向同性 isotropy/isotropic 192 - 196
各向异性 anisotropy/anisotropic 183 - 184, 193
剪切模量 shear moduli/modulus 186, 190,195
金刚石 diamond 184 - 186, 190, 183 - 196
金属水 metal water 184
拉伸 stretching 186, 197
梁 beam 184 - 187, 197, 199
六角 hexagonal 184, 194 - 195
配位数 coordination number 186 - 187, 191, 200
柔度(弯曲和轴向) compliance (bending and axial) 185 - 186, 191, 197 - 200
声波方程 acoustic wave equation 183, 191
声学流体 acoustic fluid 187 - 188
十四面体 tetrakaidecahedral 194 - 195
水 water 183 - 186
四面体 tetrahedral 194
弹性 elasticity 184, 187, 189 - 190,192, 198 - 199
弹性模量 elastic moduli/modulus 187, 189, 195, 198
弹性张量 elasticity tensor 190, 199
弯曲 bending 185 - 186, 191, 197 - 200
伪压力 pseudo-pressure 188, 191
应变 strain 184, 187 - 190, 192, 197 - 198
应力 stress 183 - 184, 187 - 190, 192, 198 - 199
准静态 quasi-static 184, 187, 191, 194

X

相位常数 phase constant 59
修正的频散 corrected dispersion 122, 125, 132,138
选择性激光熔凝 selective laser melting 159

Y

压缩 compression

单轴　uniaxial　144
等双轴　equibiaxial　144
遗传算法　genetic algorithm
胞元染色体　unit-cell chromosome　228
变异　mutation　228－230
初始化和终止　initialization and termination　230
繁衍　reproduction　229
目标函数　objective function　228
筛选　selection　229
适应度函数　fitness function　229
应变张量　strain tensor　24
结构　structural　23
柯西　Cauchy　35
应力张量　stress tensor　24
优化　optimization
胞元　unit cell　223－225
参数　parametric　223－224
拓扑　topology　223－224
形状　shape　223－224
优化的胞元设计　Optimized unit-cell design　231

Z

折射波　refracted wave　86
折射率　refractive index　86，184
折纸　origami　74
振幅可调聚焦　amplitude-tunable focusing　136
质点-弹簧-阻尼器　mass-spring-damper　97
质量定律　mass law　56
制造方法　manufacturing methods
光刻、电镀和模铸或光刻、电沉积和成型　LIGA　6
3D 打印　3D-printing　6，268
转向　veering　80
状态空间法　state-space method　99
自由波　free waves　97，99－101，103－105
阻尼　damping

比例阻尼 proportional damping 96
通用阻尼 general damping 103
阻尼比 damping ratio 96 - 97，100 - 101，104